Inhaltsverzeichnis

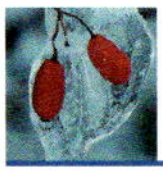

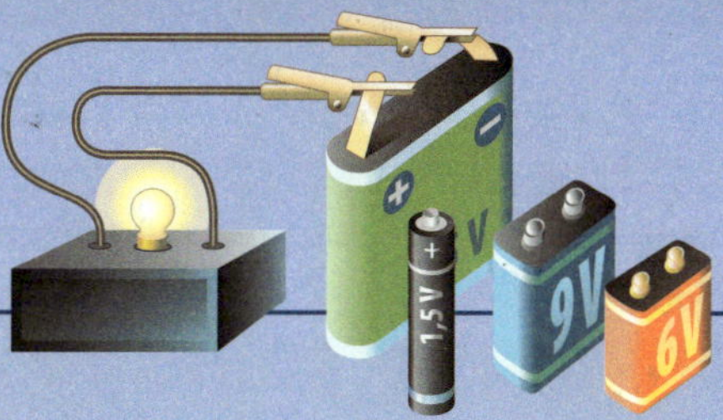

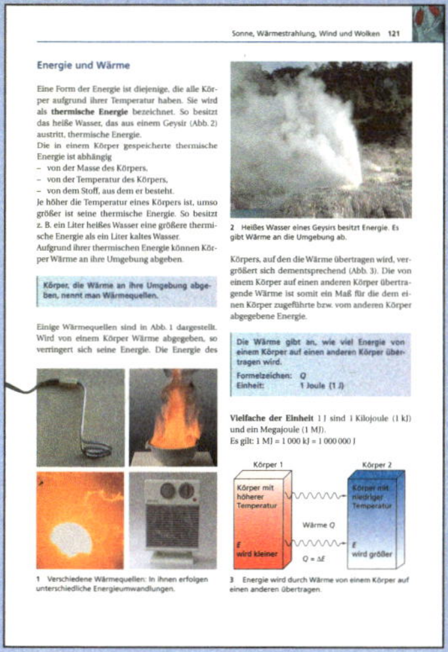

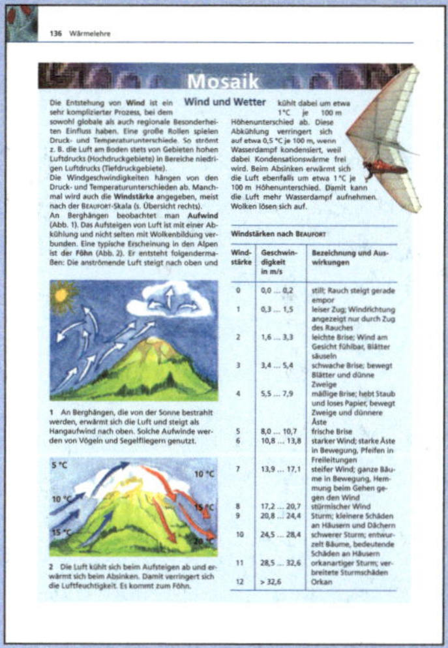

Inhaltsseiten
vermitteln dir – unterstützt durch **Merkstoff,** Tabellen und Übersichten – physikalisches Grundlagenwissen über wichtige Begriffe, Gesetze, Erscheinungen und Zusammenhänge.

Das Mosaik
enthält zusätzliche Informationen aus Physik, Natur und Technik.

Denk- und Arbeitsweisen
sind durch eine farbige Unterlegung hervorgehoben.

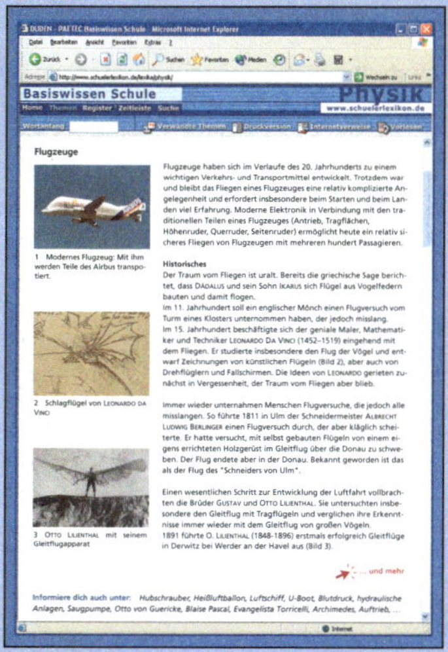

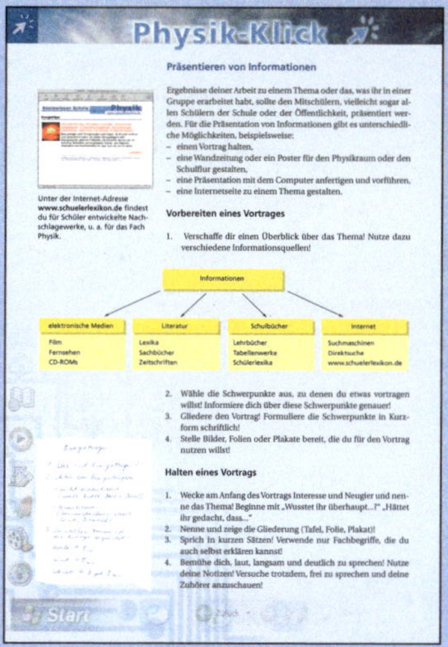

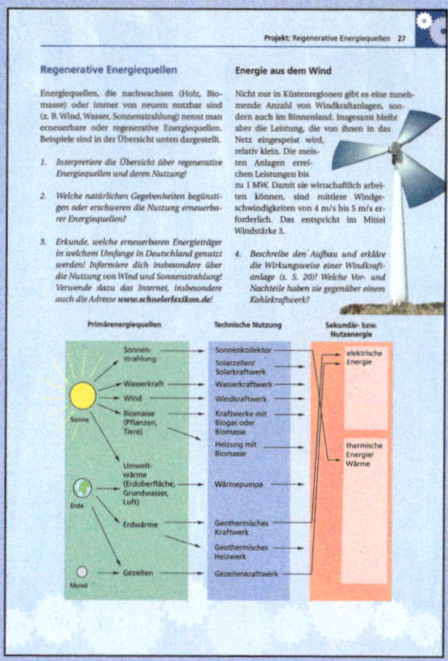

Internetseiten
regen zur weiterführenden Beschäftigung mit wichtigen und interessanten Themen unter Nutzung neuer Medien an.
Sie verweisen auf die Internet-Adresse www.schuelerlexikon.de.

Physik-Klick
Beim Umgang mit neuen Medien, insbesondere mit dem Internet, ist ein planvolles Arbeiten sinnvoll. Auf diesen Seiten werden Hinweise und Anregungen zur zweckmäßigen Arbeit mit neuen Medien gegeben.

Projekte
enthalten neben Sachinformationen interessante Fragen und Experimente, die du in der Gruppe bearbeiten kannst. Sie regen dich außerdem an, eigene Projektideen zu entwickeln.

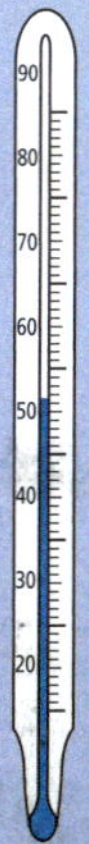

1 Energie in Natur und Technik

1.1 Energie und ihre Eigenschaften

Energie – ein Verwandlungskünstler

Ein Feuer im Kamin oder ein Lagerfeuer zu beobachten, verschafft uns ein angenehmes Gefühl. Von den brennenden Scheiten gehen Licht und Wärme aus. Brennstoffe haben chemische Energie, aus der beim Verbrennen Licht und Wärme wird. *Kann Energie entstehen? Kann Energie verloren gehen? Oder verwandelt sich Energie nur?*

Energiesparlampen statt Glühlampen

Zur Beleuchtung im Haushalt nutzen wir Glühlampen oder Energiesparlampen. Die für ihren Betrieb erforderliche elektrische Energie wird durch Kraftwerke bereitgestellt. Dabei wird Kohle, Erdöl oder Erdgas verbraucht. Bei gleicher Helligkeit braucht aber eine Energiesparlampe nur etwa ein Fünftel der Energie, die eine Glühlampe benötigt. *Warum ist es unbedingt notwendig, mit der Energie sparsam umzugehen, um unsere Umwelt zu schützen und zu erhalten?*

Energiereiche Nahrung

Ernährungsberater und Ärzte weisen uns immer wieder auf eine gesunde Ernährung hin. Neben Vitaminen, Eiweißen, Kohlenhydraten und Fetten spielt auch der Energiewert von Nahrungsmitteln eine Rolle. Jeder von uns nimmt täglich die unterschiedlichsten Nahrungsmittel und Getränke zu sich. Sie alle enthalten Energie. *Was ist Energie? Wo finden wir sie? Wie viel Energie enthalten die verschiedenen Nahrungsmittel? Wie viel Energie benötigt ein Mensch?*

Energie, Energieträger und Energieformen

Im Alltag spricht man viel über Energie, Energieverbrauch, Energiegewinnung und Energieumwandlung, wenn man Brennstoffe (z. B. Kohle, Öl und Gas), Kraftstoffe (z. B. Benzin und Diesel) oder elektrischen Strom nutzt, um Räume zu beheizen oder zu beleuchten, Fahrzeuge zu bewegen oder Maschinen anzutreiben. Überall nutzen wir die verschiedensten Formen der Energie. Wie wichtig z. B. elektrische Energie für uns ist, merkt man erst, wenn die Elektroenergieversorgung unterbrochen ist: Computer, Kühlschrank oder Radio funktionieren nicht mehr. Der Bildschirm des Fernsehapparates bleibt dunkel. Straßenbahnen können nicht mehr fahren.
Lampen, Geräte und Maschinen funktionieren nur, wenn man ihnen Energie zuführt.
In einer Glühlampe wird elektrischer Strom genutzt, um Licht zu erzeugen (Abb. 1).
Bei einem Elektroherd wird die zugeführte elektrische Energie in Wärme umgewandelt, die zum Backen und Kochen verwendet wird (Abb. 2).
Im Motor eines Fahrzeugs wird Benzin verbrannt. Dadurch kann der Motor das Auto in Bewegung setzen und in Bewegung halten (Abb. 3).
Auch der Mensch muss Energie in Form von Nahrung zu sich nehmen, um die notwendige Körpertemperatur aufrecht zu erhalten und alle Lebensfunktionen zu sichern. Bei schwerer körperlicher Arbeit muss die Energiezufuhr erhöht werden. Bei leichten Tätigkeiten kann die Energiezufuhr geringer sein.

4 Zu einer ausgewogenen Ernährung gehören Vitamine, Eiweiße und Fette. Nahrung besitzt Energie. Sie wird u. a. zur Aufrechterhaltung der Körpertemperatur und zum Verrichten von Arbeit benötigt.

> **Energie ist die Fähigkeit eines Körpers, mechanische Arbeit zu verrichten, Wärme abzugeben oder Licht auszusenden.**
>
> **Formelzeichen:** E
> **Einheit:** **1 Joule (1 J)**

Ein Joule ist die Energie, die man braucht, um einen Körper der Masse 100 g um 1 m zu heben.
Benannt ist die Einheit nach dem bedeutenden englischen Physiker JAMES PRESCOTT JOULE (1818–1889).
Vielfache der Einheit 1 J sind 1 Kilojoule (1 kJ) und ein Megajoule (1 MJ). Es gilt:

1 kJ = 1 000 J
1 MJ = 1 000 kJ = 1 000 000 J

Als Einheit der elektrischen Energie wird eine Kilowattstunde (1 kWh) verwendet. Es gilt:

1 kWh = 3,6 MJ
1 MJ = 0,28 kWh

1 Bei einer Leuchtstofflampe wird elektrische Energie in Licht umgewandelt.

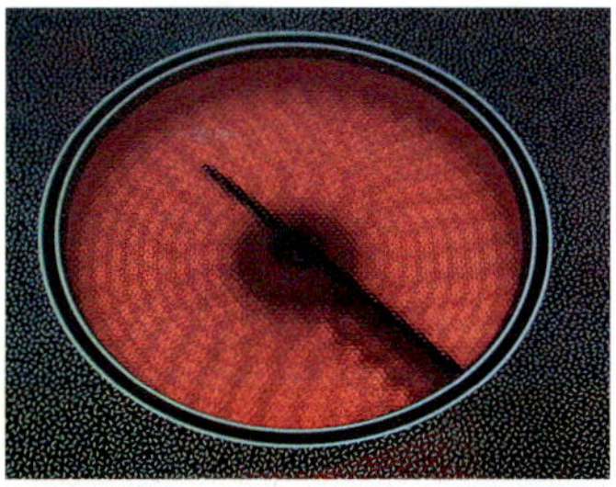

2 Bei einem Elektroherd wird elektrische Energie in Wärme umgewandelt.

3 Bei einem Pkw wird durch die im Benzin gespeicherte Energie das Auto bewegt.

Energieformen

Lageenergie

Körper, die aufgrund ihrer Lage mechanische Arbeit verrichten können, besitzen **potenzielle Energie** E_{pot}. Die Felsen besitzen potenzielle Energie.

Bewegungsenergie

Körper, die aufgrund ihrer Bewegung mechanische Arbeit verrichten können, besitzen **kinetische Energie** E_{kin}. Ein Flugzeug besitzt kinetische Energie.

Rotationsenergie

Körper, die aufgrund ihrer Rotation Arbeit verrichten können, besitzen **Rotationsenergie** E_{rot}. Der Rotor eines Hubschraubers besitzt Rotationsenergie.

Thermische Energie

Körper, die aufgrund ihrer Temperatur Wärme abgeben oder Licht aussenden können, besitzen **thermische Energie** E_{th}. Eine Kerzenflamme besitzt thermische (innere) Energie.

Chemische Energie

Körper, die bei chemischen Reaktionen Wärme abgeben, Arbeit verrichten oder Licht aussenden, besitzen **chemische Energie** E_{ch}. Beim Verbrennen von Holz entsteht Wärme und Licht.

Lichtenergie

Die Sonne und andere Lichtquellen senden Licht aus. Licht besitzt **Lichtenergie** E_{licht}. Sie wird manchmal auch als **Strahlungsenergie** bezeichnet.

Elektrische Energie

Körper, die aufgrund elektrischer Vorgänge Arbeit verrichten, Wärme abgeben oder Licht aussenden, besitzen **elektrische Energie** E_{el}. Elektrischer Strom und damit auch ein Blitz besitzt elektrische Energie.

Magnetische Energie

Körper, die aufgrund ihrer magnetischen Eigenschaften mechanische Arbeit verrichten können, besitzen **magnetische Energie** E_{magn}. Das Magnetfeld eines Lasthebemagneten besitzt magnetische Energie.

Kernenergie

Bei der Spaltung von Atomkernen und bei ihrer Verschmelzung wird Energie frei, die als **Kernenergie** E_{kern} bezeichnet wird. Kernenergie wird z. B. bei der Spaltung von Atomkernen des Urans und in der Sonne frei.

Arbeit und Energie

Beim Heben einer Tasche oder beim Verformen eines Expanders verrichten wir Arbeit. Es gibt auch viele Geräte, Maschinen und Anlagen, die der Mensch einsetzt, um Arbeit ausführen zu lassen.
Ein Kran oder ein Hubschrauber hebt einen Körper in eine bestimmte Höhe (Abb. 2). Dabei wird **Hubarbeit** verrichtet. Die Energie des Körpers vergrößert sich.

1 Zum Verrichten von Arbeit ist Energie erforderlich. Zugleich vergrößert sich die Energie des Körpers, an dem Arbeit verrichtet wird.

In einem Fitness-Center kann man mit speziellen Geräten die Armmuskulatur kräftigen (Abb. 1).
Dabei werden eine oder mehrere Federn gedehnt oder Körper gehoben. Es wird **Verformungsarbeit** oder Hubarbeit verrichtet und den Körpern damit Energie zugeführt.
Die Änderung der Energie der Körper ist genauso groß wie die verrichtete Arbeit.

Beim Anfahren und Beschleunigen eines Pkw wird an ihm Arbeit verrichtet, die man als **Beschleunigungsarbeit** bezeichnet. Die an dem Pkw verrichtete Beschleunigungsarbeit ist genau so groß wie die ihm zugeführte Energie. Entsprechendes gilt beim Beschleunigen von Fahrzeugen (Abb. 3).
Bei allen Geräten, Fahrzeugen, Maschinen und Anlagen tritt Reibung auf. Die wirkenden Reibungskräfte hemmen die Bewegung. Es wird **Reibungsarbeit** verrichtet. Dabei entsteht Wärme, die an die Umgebung abgegeben wird.

2 Beim Heben eines Körpers wird Hubarbeit verrichtet. Dabei vergrößert sich die Energie des gehobenen Körpers.

Allgemein gilt für den Zusammenhang zwischen Arbeit und Energie:

Die an einem Körper verrichtete Arbeit ist gleich der dem Körper oder der Umgebung zugeführten Energie.

Der Zusammenhang zwischen Arbeit und Energie lässt sich auch folgendermaßen formulieren: Die an einem Körper oder von einem Körper verrichtete Arbeit ist gleich der Änderung seiner Energie.

3 Beim Beschleunigen eines Autos wird Beschleunigungsarbeit verrichtet. Dabei vergrößert sich die Energie des Fahrzeuges.

Speicherung von Energie

Energie kann in unterschiedlichen Formen gespeichert werden. So besitzt z. B. das Wasser in einem Stausee potenzielle Energie (Lageenergie). Diese ist umso größer, je mehr Wasser im Stausee gespeichert ist. Ein fahrendes Auto oder ein rotierendes Schwungrad besitzen kinetische Energie (Bewegungsenergie). Diese ist umso größer, je schneller die Bewegung erfolgt.
In Brennstoffen wie Holz, Kohle, Erdgas oder Heizöl und in Treibstoffen wie Benzin und Dieselkraftstoff ist ebenfalls Energie gespeichert. Diese Energie wird beim Verbrennen der betreffenden Stoffe freigesetzt.
Der **Heizwert** dieser Stoffe gibt an, wie viel Energie beim Verbrennen von 1 kg oder 1 l oder 1 m^3 frei wird. In der Übersicht unten sind die durchschnittlichen Heizwerte verschiedener Stoffe angegeben. Elektrische Energie ist in Akkumulatoren und Batterien gespeichert. So kann z. B. die Batterie eines Pkw eine elektrische Energie von etwa 0,40 kWh bis 1,0 kWh speichern.

Energie kann in Energieträgern wie Brennstoffen, Treibstoffen, gehobenen und bewegten Körpern oder Batterien gespeichert werden.

Heizwerte von Brenn- und Treibstoffen

Stoff	Heizwert
Benzin	35 MJ/l
Braunkohlenbriketts	20 MJ/kg
Dieselkraftstoff	36 MJ/l
Erdgas	31 MJ/m^3
Holz (trocken)	9... 15 MJ/kg
Petroleum	41 MJ/l
Propan	94 MJ/m^3
Stadtgas	17 MJ/m^3
Spiritus	32 MJ/l
Torf (trocken)	15 MJ/kg
Wasserstoff	12 MJ/m^3

Transport von Energie

Energie kann in verschiedener Weise von einem Körper auf einen anderen übertragen werden. In Warmwasserheizungen strömt erhitztes Wasser von einem Heizkessel oder von einem Heizkraftwerk aus durch die Rohre bis zu den einzelnen Heizkörpern. Energie wird dabei in Form von Wärme transportiert.
Elektrische Energie wird in Form von elektrischem Strom vom Kraftwerk zum Verbraucher transportiert (Abb. 1). Mechanische Energie kann z. B. durch Wellen, Zahnräder oder Ketten (beim Fahrrad) übertragen werden.
Wenn ein Kran eine Betonplatte anhebt, dann wird Arbeit verrichtet. Es wird Energie vom Kran auf die Betonplatte übertragen.
Heizöl oder Benzin kann durch Rohrleitungen von einer Stelle zur anderen gelangen.

1 Durch Hochspannungsleitungen wird elektrische Energie vom Kraftwerk aus über Hunderte Kilometer hinweg bis zu den einzelnen Verbrauchern (Betriebe, Haushalte) übertragen.

1 Die wichtigste Energiequelle ist für uns die Sonne. Nur infolge der Wärmestrahlung, mit der Wärme zur Erde gelangt, konnte auf der Erde Leben entstehen und sich entwickeln.

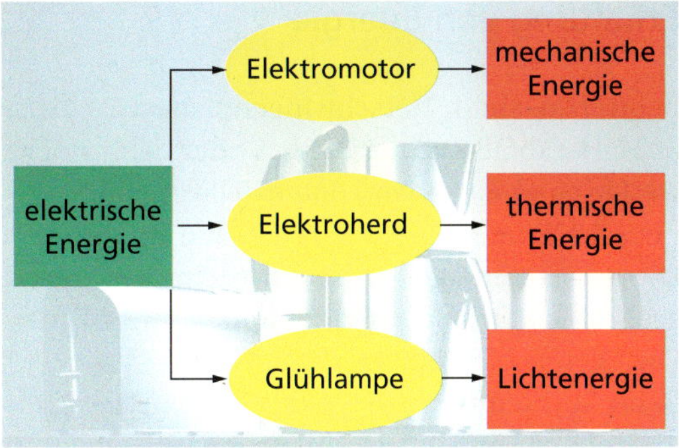

2 Elektrische Geräte sind Energiewandler. Die zugeführte elektrische Energie wird zum Teil in nutzbare Energie umgewandelt. Der andere Teil wird ungenutzt an die Umgebung abgegeben.

Durch Licht und andere Strahlung wird ebenfalls Energie von einem Körper zu einem anderen transportiert. Ein Beispiel dafür ist die Strahlung der Sonne (Abb. 1). Auch von Heizkörpern wird Energie in Form von Wärme abgegeben.

Energie kann durch Arbeit, Wärme, Licht oder elektrischen Strom von einem Körper zu anderen Körpern transportiert werden.

Umwandlung von Energie

Die Energie, die ein Körper besitzt, kann in andere Energieformen umgewandelt werden (Abb. 2). So wird z. B. die chemische Energie von Kohle beim Verbrennen in thermische Energie umgewandelt. In Windkraftanlagen wird die kinetische Energie der Luft in elektrische Energie umgewandelt.
Einer Leuchtstofflampe wird elektrischer Energie zugeführt. Sie sendet Licht aus. Die für unser Leben notwendige Energie nehmen wir in Form von Nahrung zu uns. Allgemein gilt:

Bei physikalischen, chemischen oder biologischen Vorgängen kann Energie von einer Energieform in andere Energieformen umgewandelt und von einem Körper auf andere Körper übertragen werden.

Bei vielen Vorgängen, z. B. in einem Kraftwerk, gehen nacheinander verschiedene Energieumwandlungen vor sich. Es gibt dann regelrechte **Energieumwandlungsketten** (siehe z. B. S. 15, 20). Ausgangspunkt ist jeweils die Primärenergie, Endpunkt die Nutzenergie.

Entwertung von Energie

Energie soll möglichst effektiv genutzt werden. Bei jeder Energieumwandlung treten aber auch Energieformen auf, die nicht gewünscht sind. So wird z. B. bei einer Energiesparlampe etwa 25 % der zugeführten elektrischen Energie in Licht umgewandelt. Der „Rest" von 75 % wird in Form von Wärme an die Umgebung abgegeben und ist für uns nicht mehr nutzbar. Die durch den Energiewandler Energiesparlampe entstehende Energie wird im Weiteren nicht mehr genutzt. Die Energie hat damit für uns an Wert verloren.

Die einem Energiewandler zugeführte hochwertige Energie wird häufig in minderwertigere Energie umgewandelt und damit entwertet.

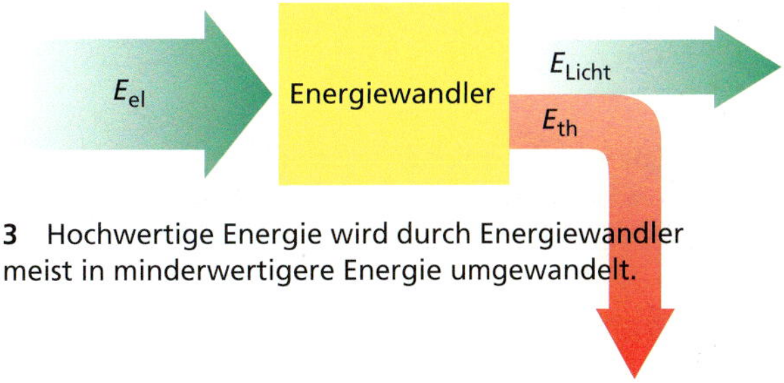

3 Hochwertige Energie wird durch Energiewandler meist in minderwertigere Energie umgewandelt.

Erhaltung von Energie

Beim Hin- und Herschwingen eines Pendels, beim Herabfallen eines Steines oder beim Hochwerfen eines Balles wird potenzielle Energie in kinetische Energie umgewandelt und umgekehrt. Die Gesamtenergie bleibt aber immer gleich groß. Das gilt auch beim Spannen einer Feder. Die Energie bleibt in der Feder gespeichert.
Beim Verbrennen von Benzin in einem Motor entsteht Wärme und es wird Arbeit verrichtet.
Auch hier ist die im Kraftstoff gespeicherte Energie vor der Verbrennung genauso groß wie die Energie, die insgesamt nach der Verbrennung vorhanden ist.
Heißer Tee gibt Energie in Form von Wärme an seine Umgebung ab. Bei allen Reibungsvorgängen wird mechanische Energie in thermische Energie umgewandelt und als Wärme an die Umgebung abgegeben. Bei einem fahrenden Auto erwärmen sich z. B. die Reifen. Die Gesamtenergie bleibt aber auch hier immer gleich groß.
Für beliebige Vorgänge in Natur und Technik gilt das **Gesetz von der Erhaltung der Energie,** auch **Energieerhaltungssatz** genannt.

In einem abgeschlossenen System ist die Summe aller Energien stets konstant. Die Gesamtenergie bleibt erhalten.

$E_1 + E_2 + E_3 \ldots =$ **konstant**
$E_1, E_2 \ldots$ **verschiedene Energieformen**

Dieses wichtige Naturgesetz wurde zuerst von dem deutschen Arzt JULIUS ROBERT MAYER (1814–1878) und von dem englischen Physiker JAMES PRESCOTT JOULE (1818–1889) um 1840 entdeckt. Eine besonders klare Formulierung des Energieerhaltungssatzes stammt von dem deutschen Arzt und Physiker HERMANN VON HELMHOLTZ (1821–1894), der den Energieerhaltungssatz so angab:

Energie kann weder erzeugt noch vernichtet werden. Sie kann nur von einer Form in andere Formen umgewandelt werden.

Mosaik

J. R. MAYER – Arzt und Entdecker

Wesentlichen Anteil an der Entdeckung des Energieerhaltungssatzes hatte neben dem englischen Physiker JAMES PRESCOTT JOULE (1818–1889) der deutsche Arzt JULIUS ROBERT MAYER (Abb. 1).
JULIUS ROBERT MAYER wurde am 25. November 1814 als Sohn eines Apothekers in Heilbronn geboren. Schon während seiner Schulzeit wurde er durch seinen Vater mit physikalischen und chemischen Problemen vertraut gemacht.
Nach einer Apothekerlehre studierte MAYER ab 1832 in Tübingen Medizin und war ab 1838 als Arzt tätig.

1 JULIUS ROBERT MAYER (1814–1878)

Bei einer Reise als Schiffsarzt nach Indonesien (1840/41) machte er eine interessante Beobachtung: Das Venenblut war in den Tropen heller als in Mitteleuropa. MAYER vermutete Zusammenhänge zwischen dem Wärmebedarf und der Oxidation der Nahrung. Weitere Untersuchungen führten ihn zu der Erkenntnis, dass einer bestimmten Arbeit eine gleich große Wärme entspricht. 1845 veröffentlichte er den Aufsatz „Die organische Bewegung in ihrem Zusammenhang mit dem Stoffwechsel", in dem erstmals der Satz von der Erhaltung der Energie formuliert war, nach dem Energie weder entstehen noch verschwinden kann.
MAYER übertrug dieses Prinzip auch auf Lebewesen und formulierte, dass die *„einzige Ursache der tierischen Wärme ein chemischer Prozess"* sei. Eine wissenschaftliche Anerkennung seiner Leistungen blieb dem Nichtphysiker MAYER lange versagt. Erst nach 1860 wurden vor allem durch den persönlichen Einsatz von HERMANN VON HELMHOLTZ (1821–1894) die Leistungen von MAYER allgemein anerkannt.

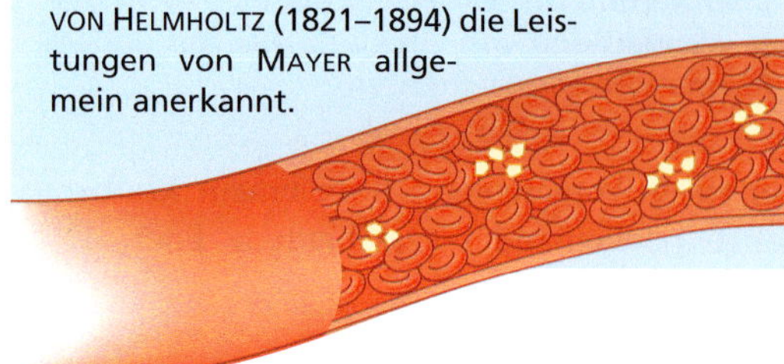

Mosaik

Energieumwandlungsketten und Energieflussdiagramme

Nicht nur bei allen technischen Geräten und Anlagen, sondern auch bei Lebewesen erfolgen die unterschiedlichsten Energieumwandlungen. So nimmt z. B. jeder Mensch Energie in Form von Nahrung zu sich. Er gibt aber auch Energie in Form von Wärme und Ausscheidungen wieder ab.

Eine Glühlampe leuchtet nur, wenn ihr elektrische Energie zugeführt wird. Sie gibt nicht nur Licht, sondern auch Wärme ab.

Bei einem Wasserkraftwerk wird die potenzielle Energie des Wassers letztlich in elektrische Energie umgewandelt. Dabei entsteht durch Reibung und elektrische Vorgänge auch Wärme. Vereinfacht sind die Energieumwandlungen, die sich dabei vollziehen, in Abb. 1 dargestellt.

Eine solche Folge von Energieumwandlungen, die bei einem technischen Gerät oder einem Lebewesen vor sich gehen, wird als **Energieumwandlungskette** bezeichnet. Aus einer Energieumwandlungskette ist die zeitliche Abfolge der Energieumwandlungen erkennbar, die vor sich gehen.

Wichtig ist aber nicht nur, welche Energieumwandlungen in welcher Reihenfolge vor sich gehen. Entscheidend ist auch, welcher Anteil der zugeführten Energie in nutzbare Energie umgewandelt wird und welche Energieverluste auftreten. So möchte man bei einem Wasserkraftwerk wissen, welcher Anteil der ursprünglichen Energie des angestauten Wassers in elektrische Energie umgewandelt werden kann und welche Energieverluste auf diesem Wege auftreten. Bei einer Glühlampe ist von Interesse, welcher Anteil der zugeführten elektrischen Energie in Lichtenergie umgewandelt wird. Diese Zusammenhänge lassen sich in **Energieflussdiagrammen** darstellen. Dabei wird angegeben, welche Energie zugeführt wird und welche Energien nach den Energieumwandlungen abgegeben werden. Allgemein lassen sich Energieflussdiagramme so darstellen:

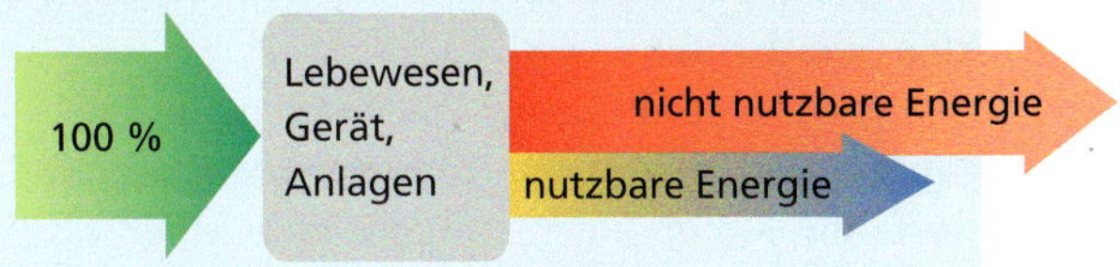

Nach dem Energieerhaltungssatz ist die Summe aus genutzter und nicht genutzter Energie immer gleich der zugeführten Energie. Damit kann mit einem Energieflussdiagramm dargestellt werden, wie groß die Anteile der verschiedenen Energien sind. In Abb. 2 ist das für eine Glühlampe und eine Leuchtstofflampe gemacht.

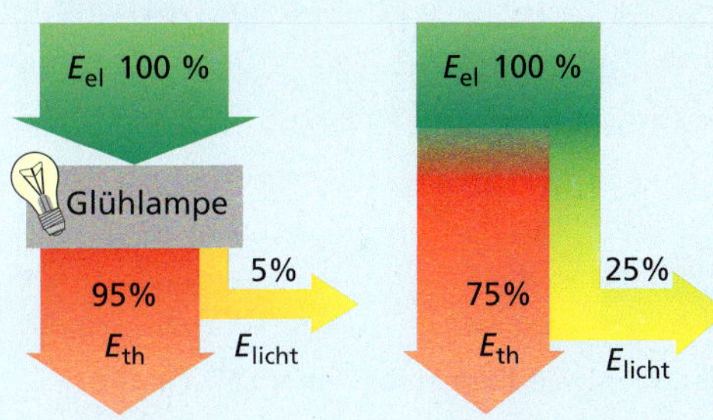

2 Energieflussdiagramme für eine Glühlampe und eine Leuchtstofflampe

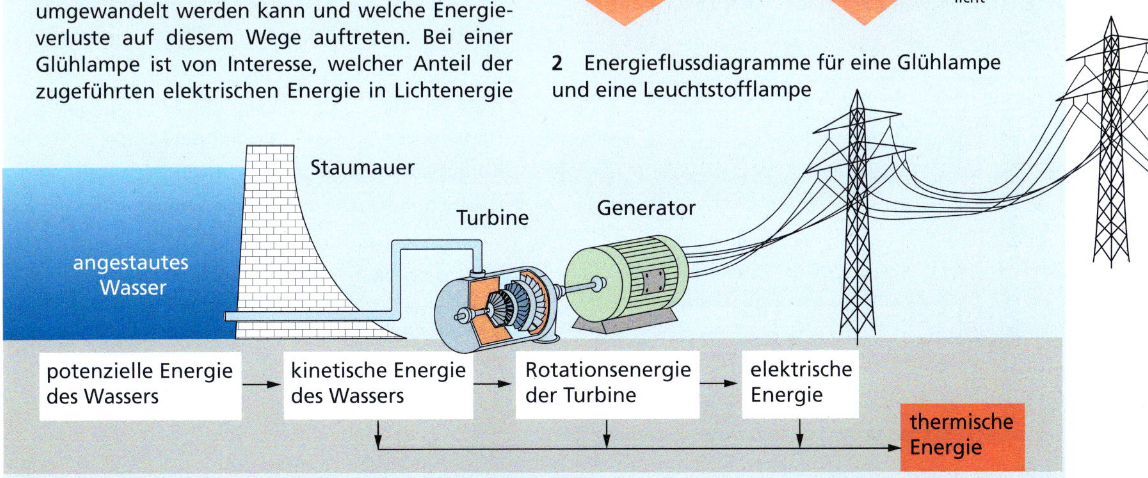

1 Energieumwandlungskette bei einem Wasserkraftwerk (vereinfacht)

Der Wirkungsgrad

Bei den meisten Vorgängen in Natur, Technik und Alltag wird eine Energieform in mehrere andere Energieformen umgewandelt. Dabei sind einige der entstehenden Energieformen für den beabsichtigten Zweck erwünscht und andere unerwünscht. So wird z. B. bei einer Glühlampe elektrische Energie in Licht und Wärme umgewandelt (Abb. 1). Die entstehende thermische Energie ist dabei für den Zweck der Beleuchtung unerwünscht.

Der Motor eines Pkw soll das Fahrzeug in Bewegung setzen. Durch das Verbrennen des Kraftstoffs im Motor entsteht nicht nur kinetische Energie, sondern auch unerwünschte Wärme, die über Abgase und Kühlwasser an die Umgebung abgegeben wird (Abb. 2).

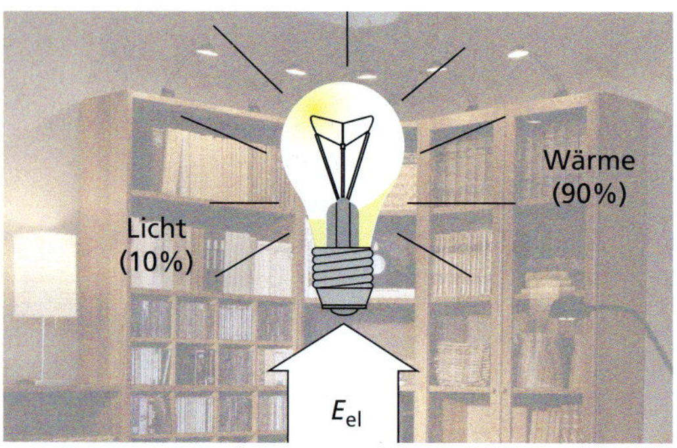

1 Energieumwandlungen bei einer LED-Lampe

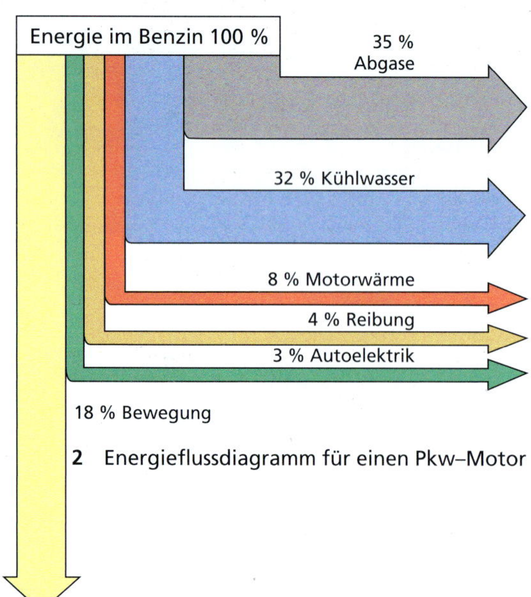

2 Energieflussdiagramm für einen Pkw–Motor

Je größer der Anteil der nutzbringenden Energie ist, desto günstiger ist ein Gerät, eine Maschine oder eine Anlage für die Energieumwandlung. Die Güte einer Anlage zur Energieumwandlung wird durch den **Wirkungsgrad** gekennzeichnet.

Der Wirkungsgrad gibt an, welcher Anteil der zugeführten Energie in nutzbringende Energie umgewandelt wird.

Formelzeichen: η

Ein Wirkungsgrad von 0,40 oder 40 % bedeutet, dass 40 % der zugeführten Energie in nutzbringende Energie umgewandelt wird. Der andere Teil der Energie, im genannten Fall also 60 %, wird nicht genutzt.

Der Wirkungsgrad kann berechnet werden mit der Gleichung:

$$\eta = \frac{E_{nutz}}{E_{zu}}$$

E_{nutz} nutzbringende Energie
E_{zu} zugeführte Energie

Wirkungsgrade in Natur und Technik	
erste Dampfmaschine	3 % bis 4 %
Glühlampe	< 5 %
Solarzelle	15 %
Leuchtstofflampe	25 %
Benzinmotor	bis 30 %
Dieselmotor	bis 40 %
Kohlekraftwerk	40 %
Dampfturbine	bis 45 %
Wasserturbine	85 %
Elektromotor	bis 90 %
Generator	bis 99%
bei körperlicher Tätigkeit des Menschen:	
Schwimmen	3%
Gewichtheben	10%
Rad fahren	25%
Bergauf gehen	30%

Energie für Lebensprozesse

Menschen, Tiere und Pflanzen benötigen Energie, um sich zu entwickeln, zu wachsen, ihre Lebensprozesse aufrechtzuerhalten. Energie ist bei Mensch und Tier auch erforderlich, um alle Organe funktionsfähig zu halten, um die notwendige Körpertemperatur zu gewährleisten, um sich zu bewegen und um Arbeit zu verrichten.

Für alle Lebensprozesse ist Energie erforderlich. Diese muss dem Organismus zugeführt werden.

Die für Organismen erforderliche Energie wird meist mit Stoffen (Nahrungsmitteln) aufgenommen. Im Organismus selbst erfolgen sowohl Stoff- als auch Energieumwandlungen.
Merkmale für alle Lebewesen sind:
- die Aufnahme von Stoffen und Energie aus der Umwelt,
- die Umwandlung von Stoffen und Energie im Organismus, verbunden mit Energieentwertung,
- die Abgabe von Stoffen und Energie an die Umgebung.

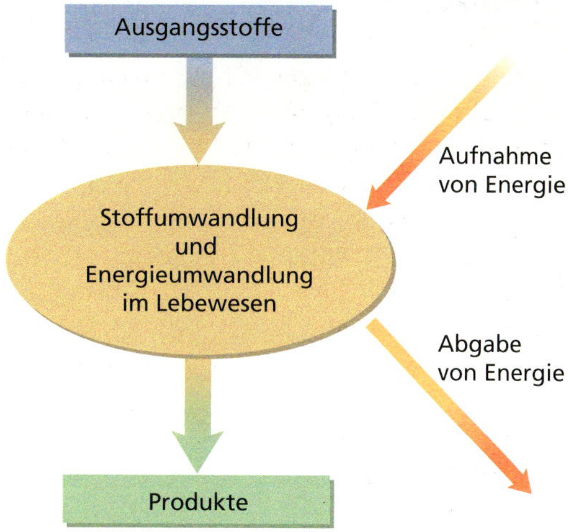

2 Bei jedem Lebewesen erfolgt in Verbindung mit der Aufnahme und Abgabe von Energie ein Stoff- und Energiewechsel.

Jedes Nahrungsmittel enthält immer nur einen Teil aller vom Menschen benötigten Nähr- und Ergänzungsstoffe. Deshalb ist es erforderlich, täglich unterschiedliche Nahrungsmittel aufzunehmen. Die wichtigsten Gruppen von Nahrungsmitteln sind in Abb. 1 genannt.

Schematisch lassen sich die Zusammenhänge so darstellen, wie es Abb. 2 zeigt.
Geht man von einer ausgeglichenen Energiebilanz aus, so ist die zugeführte Energie gleich der Summe der vom Körper genutzten und der abgegebenen Energie.
Wichtige Bestandteile der menschlichen Nahrung sind Nährstoffe (Kohlenhydrate, Eiweiße, Fette) und Ergänzungsstoffe (Vitamine, Mineralstoffe, Wasser, Ballaststoffe).

1 In dem „Nahrungsmittelkreis" sind die Gruppen von Nahrungsmitteln dargestellt, aus denen man täglich etwas zu sich nehmen sollte.

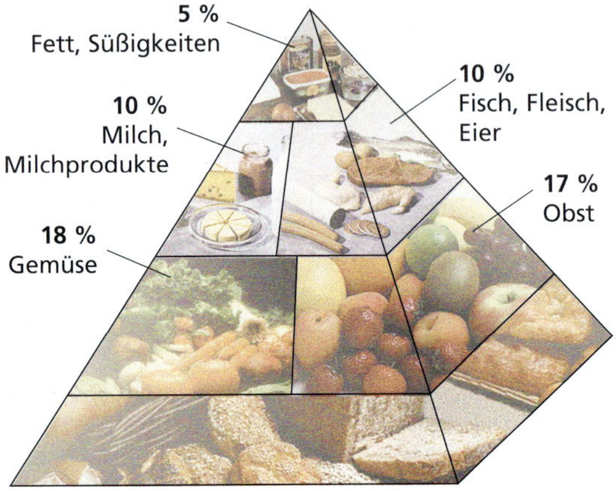

40 % Brot und andere Getreideprodukte

1 Ernährungspyramide für den Menschen: Die Prozentzahlen beziehen sich auf die prozentual empfohlene Menge der Nahrungsmittel pro Tag.

In welchen Anteilen man die verschiedensten Nahrungsmittel zu sich nehmen sollte, ist aus einer **Ernährungspyramide** ablesbar (Abb. 1).

> **Grundlage von Gesundheit und Wohlbefinden ist eine vielseitige und vollwertige Ernährung.**

Wie die Übersicht rechts oben zeigt, ist der Energiegehalt der einzelnen Nahrungsmittel sehr unterschiedlich.

Energiegehalt einiger Nahrungsmittel

Nahrungsmittel	Energiegehalt je 100 g in kJ
Joghurt	300
Butter	3 000
Schmalz	3 77
Hühnerei	680
Honig	1 270
Milchschokolade	2 180
Brötchen	1 130
Spaghetti	1 540
Kotelett	1 430
Rindsfilet	511
Cervelatwurst	1 070
Forelle	420
Karpfen	61
Apfel	243
Banane	360
Kartoffeln	320

Sehr unterschiedlich ist auch der **Energiebedarf** des einzelnen Menschen. Er hängt nicht nur von der Körpermasse ab, sondern vor allem auch von der Art der Tätigkeit, die der Einzelne ausübt.

Mosaik

Grundumsatz und Leistungsumsatz beim Menschen

Die Energie, die für die Aufrechterhaltung aller Lebensprozesse erforderlich ist, wird als **Grundumsatz** bezeichnet. Bei Kindern und Jugendlichen kann der Grundumsatz *GU* nach folgender Gleichung berechnet werden:

$$GU = 6{,}2\ \frac{\mathrm{kJ}}{\mathrm{kg \cdot h}} \cdot m \cdot t$$

Dabei bedeuten *m* die Körpermasse in Kilogramm und *t* die Zeit in Stunden.
Bei einer Masse von 50 kg und einem vollständigen Tag (24 Stunden) erhält man:

$$GU = 6{,}2\ \frac{\mathrm{kJ}}{\mathrm{kg \cdot h}} \cdot 50\ \mathrm{kg} \cdot 24\ \mathrm{h} = 7\,400\ \mathrm{kJ}$$

Das bedeutet eine notwendige Energie von 86 J in jeder Sekunde.

Übt man sportliche oder andere Tätigkeiten aus, so kommt zu dem Grundumsatz noch der **Leistungsumsatz** hinzu. Der Leistungsumsatz ist die Energie, die für die unterschiedlichsten Tätigkeiten erforderlich ist. Grundumsatz und Leistungsumsatz zusammen ergeben den **Gesamtumsatz,** also den Gesamtenergiebedarf. So benötigen z. B. Menschen bei leichter körperlicher Tätigkeit etwa 10 000 kJ. Bei schwerer Tätigkeit kann der Wert bis auf 25 000 kJ steigen. Nimmt ein Mensch mehr Energie als erforderlich auf, so erfolgt im Körper eine Energiespeicherung in Form von Fett.

Physik in Natur und Technik

Hoch, höher, am höchsten

Im Zirkus benutzen manche Artisten ein Schleuderbrett (Abb. oben). Ein Artist springt von einem Podest auf eine Seite der Wippe und schleudert dadurch den anderen Artisten auf die Schultern eines dritten Artisten.
Welche Energieumwandlungen und Energieübertragungen treten dabei auf?

Der Artist auf dem Podest besitzt aufgrund seiner höheren Lage gegenüber dem Schleuderbrett und dem darauf stehenden Artisten potenzielle Energie. Beim Sprung vom Podest wird potenzielle Energie in kinetische Energie umgewandelt. Nach dem Auftreffen auf das Schleuderbrett wird die kinetische Energie und die restliche potenzielle Energie des Artisten auf das Schleuderbrett und den anderen Artisten übertragen, der sich dadurch nach oben bewegt. Dabei wird dessen kinetische Energie in potenzielle Energie umgewandelt, bis die Aufwärtsbewegung zu Ende ist.
Warum kann durch zwei Artisten eine größere Höhe erreicht werden?

Steigen zwei Artisten auf das Podest, so ist ihre gemeinsame potenzielle Energie aufgrund ihrer größeren Gewichtskraft größer, als bei einem Artisten. Diese größere potenzielle Energie der abspringenden Artisten wird in eine größere kinetische Energie des anderen Artisten umgewandelt. Er wird also wesentlich höher geschleudert.

Wie viel Energie braucht ein Mensch?

Bergsteigen oder Bergwandern sind beliebte Sportarten, können aber auch sehr anstrengend sein. Man muss deshalb ausreichend Nahrungsmittel und Getränke zu sich nehmen, damit die notwendige Energie für den Grundumsatz und für die zum Aufsteigen erforderliche Arbeit vorhanden ist. Der **Grundumsatz** ist zur Aufrechterhaltung aller Lebensfunktionen erforderlich. Er beträgt etwa 7 000 kJ pro Tag. Beim Wandern werden etwa 15 % der aufgenommenen Energie in nutzbringende Energie umgesetzt.
Welche Energieumwandlungen und Energieübertragungen gehen beim Bergaufsteigen vor sich?

Mit der Nahrung hat der Mensch hochwertige Energie in Form von Fetten, Eiweißen und Kohlenhydraten zu sich genommen. Die Nahrung wird in komplizierten chemischen Prozessen z. T. in körpereigene Stoffe umgewandelt, die ihrerseits als Energiespender dienen. Diese Energie ist zur Aufrechterhaltung der Lebensfunktionen notwendig. Sie ermöglicht uns auch, Arbeit zu verrichten. Aber nur 15 % der Energie, die in der Nahrung enthalten ist, wird auf den Menschen übertragen. Er sichert damit seine Lebensfunktionen und kann Arbeit verrichten. Der andere Teil wird an die Umgebung abgegeben.

Energiebedarf pro Tag in kJ in verschiedenen Lebensaltern

Lebensalter	Energiebedarf in kJ/Tag	
Kinder		
1– 4 Jahre	5 000	
7–10 Jahre	8 400	
Jugendliche	**männlich**	**weiblich**
12–15 Jahre	10 000	8 000
16–19 Jahre	13 000	10 500
Erwachsene	**männlich**	**weiblich**
25 Jahre	10 900	9 200
45 Jahre	10 000	8 400
65 Jahre	9 200	7 500

Energieflussdiagramm einer Windkraftanlage

Seit etwa 1935 werden Windkraftanlagen zur Gewinnung von Elektroenergie gebaut, getestet und ständig verbessert. Insbesondere in den letzten Jahren hat sich die Anzahl der installierten Windkraftanlagen in Deutschland stark vergrößert. Dadurch stieg die Leistung von Windkraftanlagen in Deutschland von 68 MW im Jahr 1990 auf 15 000 MW im Jahr 2004 und sie steigt weiter.

Wie ist eine Windkraftanlage aufgebaut?

Welche Energieumwandlungen gehen bei einer Windkraftanlage vor sich?

Den Aufbau einer Windkraftanlage zeigt Abb. 1. Auf einem Turm befindet sich ein meist dreiflügliger Rotor. Dieser Rotor ist über ein Getriebe mit einem Generator verbunden. Die gesamte Anordnung ist drehbar gelagert, damit der Rotor in die jeweilige Windrichtung gedreht werden kann. Darüber hinaus können die Rotorblätter verstellt werden, um möglichst günstige Bedingungen für unterschiedliche Windgeschwindigkeiten einstellen zu können.

Die **Energieumwandlungen** kann man mit einem Energieflussdiagramm verdeutlichen (Abb. 2). Die Energie des Windes treibt den Rotor an und versetzt ihn in Bewegung. Dabei treten aufgrund von Reibungseffekten und Wirbelbildung schon etwa 60 % Energieverluste auf.

Die Bewegungsenergie des Rotors wird über eine Welle auf das Getriebe und von dort über eine Welle zum Generator übertragen. Die im Getriebe entstehenden Verluste durch Reibung betragen 4 %. Auch bei der Umwandlung von kinetischer Energie in elektrische Energie im Generator treten nochmals Energieverluste auf. In der Anlage werden nur 29 % der ursprünglichen Windenergie in nutzbare elektrische Energie umgewandelt. Die Windenergie wird entwertet.

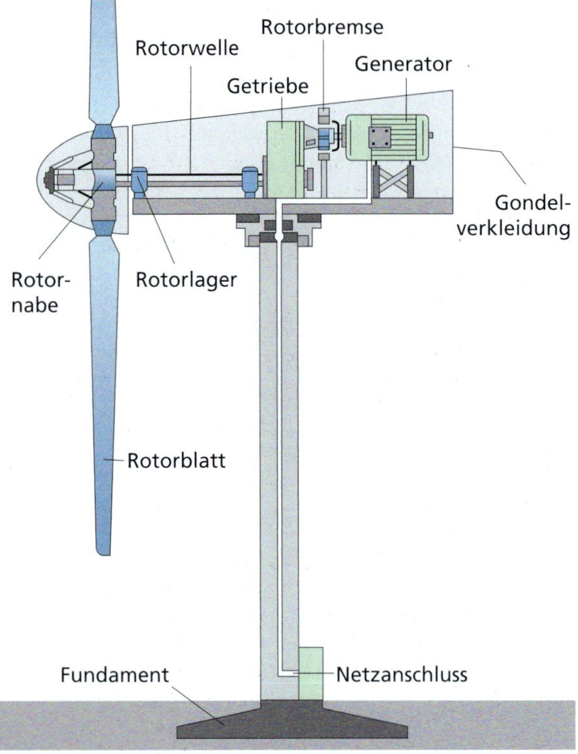

1 Aufbau einer modernen Windkraftanlage zur Gewinnung von elektrischer Energie

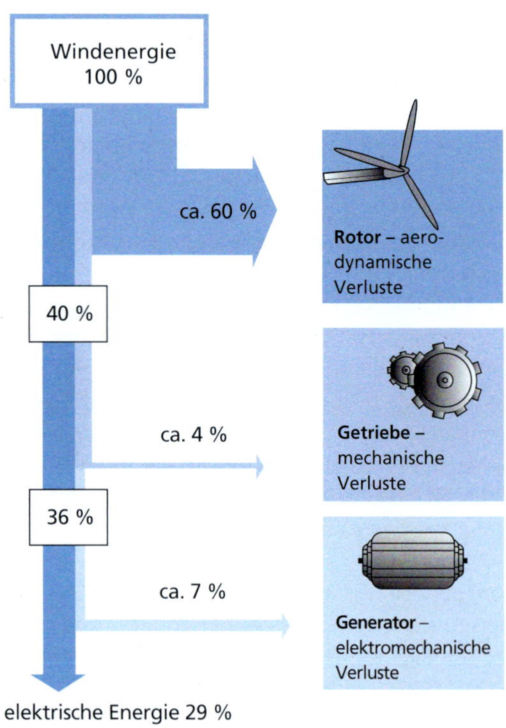

2 Energieumwandlungen bei einer Windkraftanlage: Angegeben sind Durchschnittswerte.

Eine geniale Erfindung

In einem Pumpspeicherkraftwerk strömt Wasser durch Rohrleitungen aus einem Oberbecken in ein Unterbecken und treibt über eine Turbine einen Generator an, in dem die mechanische Energie des Wassers in elektrische Energie umgewandelt wird (Abb. 1). Ein genialer Erfinder hatte nun die Idee, einen Teil der erzeugten elektrischen Energie zum Antrieb einer Pumpe zu verwenden, die das Wasser aus dem Unterbecken in das Oberbecken pumpt, sodass ein Wasserkreislauf entsteht. Der andere Teil der Energie wird ständig ins Netz eingespeist. Damit steht der Menschheit eine unerschöpfliche Energiequelle zur Verfügung, so der Erfinder.
Kann diese Erfindung funktionieren?

Die Erfindung ist ein typisches Perpetuum mobile, das nicht funktionieren kann. Das Wasser im Oberbecken besitzt potenzielle Energie, die beim Herunterströmen des Wassers in kinetische Energie umgewandelt wird. Die kinetische Energie wird zum Antrieb der Turbinen genutzt und im Generator in elektrische Energie umgewandelt:

$$E_{pot} \rightarrow E_{kin} \rightarrow E_{el}$$

Um den Wasserkreislauf in Gang zu setzen, wird mithilfe einer Pumpe die elektrische Energie in potenzielle Energie des Wassers umgewandelt:

$$E_{el} \rightarrow E_{pot}$$

Nach dem Gesetz von der Erhaltung der Energie gilt für das Pumpspeicherwerk:

$$E_{pot} + E_{kin} + E_{el} = \text{konstant}$$

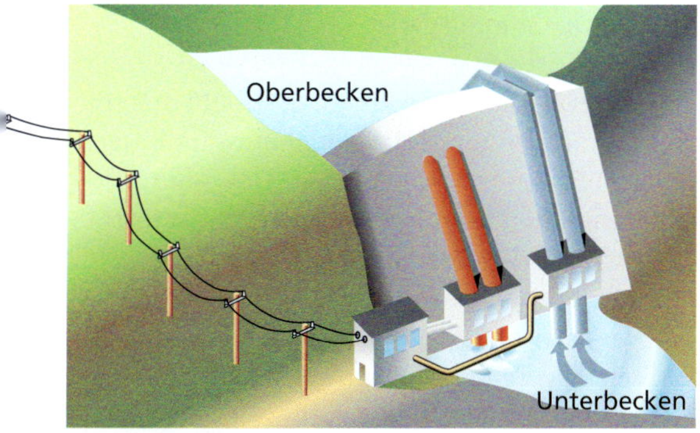

1 Aufbau eines Pumpspeicherkraftwerkes: Energie des Wassers wird in Elektroenergie umgewandelt.

Die notwendige elektrische Energie zum Hochpumpen des Wassers muss mindestens genauso groß sein wie die elektrische Energie, die aus dem herabströmenden Wasser gewonnen werden kann. Mit dieser Erfindung könnte somit im besten Falle der Wasserkreislauf aufrechterhalten werden. Da jedoch Reibung auftritt, käme der Kreislauf sehr schnell zum Erliegen. Eine Einspeisung von Energie ins Netz wäre auf jeden Fall ausgeschlossen.

Mosaik

Ein Perpetuum mobile

Viele Jahrhunderte lang versuchten Erfinder eine Maschine zu konstruieren, die dauernd Energie abgibt, ohne dass ihr Energie zugeführt wird oder die mehr Energie abgibt als ihr zugeführt wurde. Eine solche Anordnung wird als **Perpetuum mobile** („sich ständig bewegend") bezeichnet. Eine der Ideen für ein solches Perpetuum mobile zeigt die Abbildung. Es handelt sich dabei um eine Konstruktion, die der holländische Mathematiker SIMON STEVIN (1548–1620) angegeben hat.
Auf einer geneigten Ebene befindet sich eine Kugelkette. Ein Teil der Kugeln wirkt mit ihrer Gewichtskraft in der einen Richtung. Die Kugeln auf der geneigten Ebene wirken mit einer geringeren Kraft in der entgegengesetzten Richtung. Die gesamte Kette soll sich ständig in Pfeilrichtung bewegen.

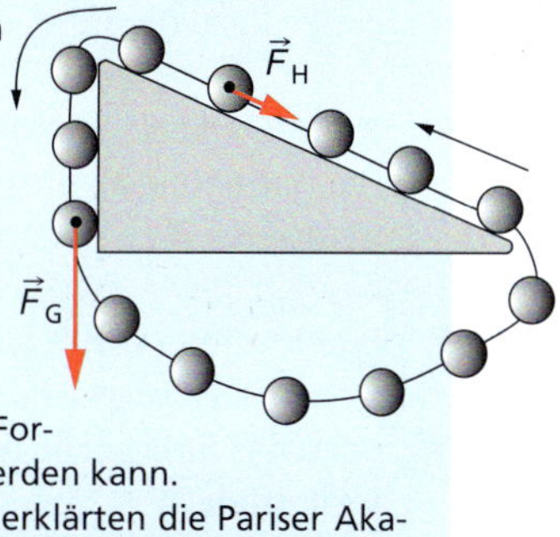

Ein solches Perpetuum mobile kann nicht funktionieren. Es widerspricht dem Energieerhaltungssatz, der besagt, dass Energie weder erzeugt noch vernichtet, sondern nur von einer Form in andere Formen umgewandelt werden kann.
Bereits im Jahre 1775 erklärten die Pariser Akademie der Wissenschaften und die Royal Society in London als die damals weltweit führenden wissenschaftlichen Einrichtungen, dass sie keinen Vorschlag für ein Perpetuum mobile mehr prüfen werden. Trotzdem gab und gibt es auch heute noch zahlreiche Versuche, ein Perpetuum mobile zu konstruieren.

gewusst · gekonnt

1. Die Abbildungen zeigen Vorgänge in Natur und Technik.
   Welche Energieformen besitzen die jeweiligen Körper? Welche Energieumwandlungen erfolgen bei diesen Vorgängen?

2. Unter welchen Bedingungen ist Wasser ein Energiespeicher?

3. Vergleiche die Heizwerte von Brennstoffen! Nutze dazu die Tabelle auf S. 12!

4. Nenne Argumente, warum die elektrische Energie häufig als die wichtigste Energieform in unserem Leben bezeichnet wird!

5. Bereite einen Vortrag zum Thema „*Die Sonne – unsere wichtigste Energiequelle*“ vor! Nutze dazu das Internet, u. a. auch **www.schueler-lexikon.de**!

6. Akkumulatoren sind Quellen elektrischer Energie.
   a) Warum musst du sie von Zeit zu Zeit erneuern bzw. wieder aufladen?
   b) Wovon hängt die Zeitspanne zwischen zwei Ladevorgängen ab?

7. Zur Versorgung eines Wohnhauses mit Energie werden verschiedene Energieträger eingesetzt.
   a) Welche Energieträger können eingesetzt werden?
   b) Welche Energieformen sind in ihnen gespeichert?
   c) In welche Energieformen werden diese im Wohnhaus umgewandelt?

8. Gib für die folgenden Geräte an, welche Energieumwandlungen im Gerät erfolgen:
   a) elektrischer Mixer,
   b) Heizsonne,
   c) Benzinmotor eines Rasenmähers,
   d) Pendeluhr,
   e) Gasherd!

9. Erläutere die Energieumwandlungen in einem Pumpspeicherkraftwerk!
   Zeichne die Energieumwandlungskette!

10. Warum gibt es Pumpspeicherwerke nur in einigen Gegenden Deutschlands?

11. Erkunde, wie in deiner näheren Umgebung die Versorgung mit Fernwärme funktioniert! Entwickle eine Energieumwandlungskette bis zum „Verbraucher“!
    Wo treten „Verluste“ auf? Was wird unternommen, um diese klein zu halten?

12. Müssten Solaruhren nicht stehen bleiben, wenn es dunkel ist? Wie wird gewährleistet, dass sie ständig gehen?

13. In der Technik und im Alltag spricht man im Zusammenhang mit Energieumwandlungen von Energieverlusten.
    Kann Energie verloren gehen? Was ist mit dem Begriff „Energieverlust“ gemeint?

14. Bei jedem Menschen finden zahlreiche Vorgänge der Umwandlung und Übertragung von Energie statt. Erläutere einige dieser Vorgänge!

15. Nenne wichtige Energiewandler bei der Umwandlung elektrischer Energie in andere Formen und umgekehrt! Benutze dazu folgendes Schema:

16. Erläutere, warum auch Pflanzen Energiewandler sind!

17. Beschreibe die Energieumwandlungen, die in den Geräten erfolgen! Beziehe auch die jeweiligen Energieentwertungen mit ein!

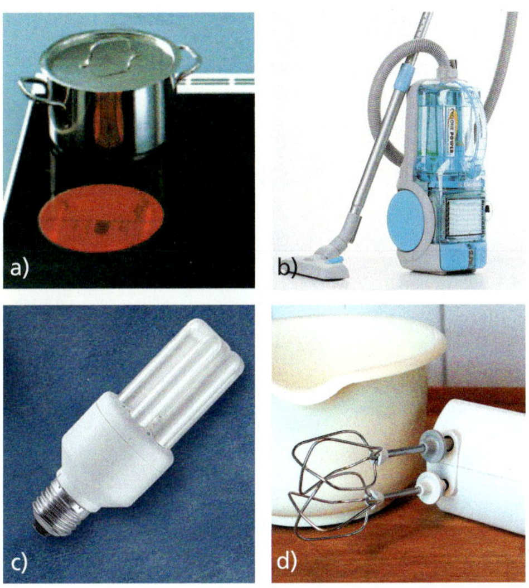

18. a) Stelle in einer Übersicht alle Nahrungsmittel und auch die Getränke zusammen, die du innerhalb von 24 Stunden zu dir nimmst!
b) Ordne die Nahrungsmittel und Getränke den 8 Gruppen des Nahrungsmittelkreises (S. 17) zu!
c) Leite Folgerungen für deine künftige Ernährung ab!

***19.** a) Berechne deinen Grundumsatz! Hinweise zur Berechnung findest du auf S. 18!
b) Erläutere den Unterschied zwischen dem Grundumsatz und dem Leistungsumsatz!

20. Auf Verpackungen von Lebensmitteln sind häufig „Nährwertangaben pro 100 g" angegeben. Der Brennwert entspricht dem Energiegehalt.
a) Stelle in einer Übersicht für verschiedene Lebensmittel die Nährwertangaben pro 100 g zusammen! Notiere auch den Gehalt an Eiweiß, Kohlenhydraten und Fetten!
b) Welche Folgerungen könnte man daraus für eine gesunde Ernährung ableiten?

21. Stelle anhand der Übersicht auf S. 18 Nahrungsmittel für einen Tag so zusammen, dass
– der gesamte Energiegehalt etwa 10 MJ beträgt und
– die Ernährung zugleich vielseitig und vollwertig ist!

22. Paul isst zum Frühstück 100 g Joghurt, 50 g Butter, 50 g Honig und ein 100 g wiegendes Brötchen.
Wie groß ist der Energiegehalt dieser Nahrungsmittel? Nutze zur Berechnung die Angaben auf S. 18!

23. Der Energiebedarf ist beim Menschen u. a. vom Alter, vom Geschlecht und von der körperlichen Tätigkeit abhängig. Eine der zahlreichen Empfehlungen lautet:

Alter	Richtwert in kJ/Tag	
	männlich	weiblich
10–12	9 650	9 250
13–14	11 350	10 500
15–18	12 600	10 100
19–35	10 900	9 250

a) Versuche zu ermitteln, wie viel Energie du täglich zu dir nimmst!
b) Vergleiche mit den oben angegebenen Richtwerten! Wodurch könnten die Abweichungen zustande kommen?
c) Welche Folgerungen kannst du für dich ableiten?

1.2 Energieversorgung gestern, heute, morgen

Energie der Sonne

Sonnenenergie kann mithilfe von Solarzellen direkt in elektrische Energie umgewandelt werden. Damit lassen sich Solarboote oder Solarmobile ebenso betreiben wie Parkscheinautomaten oder Messstationen.

Wie effektiv sind Solarzellen? Kann man mit ihnen auch ganze Häuser versorgen?

Energie aus der Natur

Biomasse gehört zu den Energieträgern, die ständig nachwachsen und die in zunehmendem Maße genutzt werden.

Welche Energie ist in Pflanzen gespeichert? Wie groß ist diese Energie? Wie kann sie genutzt werden?

Energie aus der Steckdose

Für die Versorgung mit Elektroenergie spielen Kraftwerke eine entscheidende Rolle. Etwa 50 % der Elektroenergie wird bei uns in Kohlekraftwerken gewonnen, etwa 30 % in Kernkraftwerken.

Wie lange reichen die Kohlevorräte? Geht uns längerfristig die Energie aus?

Primär-, Sekundär- und Nutzenergie

Energieträger, die in der Natur vorhanden sind, nennt man **Primärenergieträger**. Die in ihnen gespeicherte Energie ist die **Primärenergie** (Abb. 1, 2). Primärenergie wird heute vom Menschen nur in begrenztem Umfange unmittelbar genutzt.

In der Regel wird **Primärenergie** in vielfältigen Umwandlungsprozessen in andere Formen umgewandelt, die sich besser transportieren, verteilen und für den Nutzer umwandeln lassen. Diese Zwischenstufe zwischen Primär- und Nutzenergie ist die **Sekundärenergie**. Die betreffenden Energieträger, z. B. Brikett, Koks, Benzin, Dieselkraftstoff, Heizöl oder elektrischen Strom, nennt man **Sekundärenergieträger**. Die wichtigste Form der Sekundärenergie ist die elektrische Energie (Abb. 3). Sie lässt sich aus vielen anderen Energieformen gewinnen, gut in andere Energieformen umwandeln, in großen Mengen und über weite Strecken transportieren, allerdings nur in relativ geringem Umfang speichern.

Unter **Nutzenergie** versteht man die Energie, die vom Menschen unmittelbar für verschiedene Zwecke genutzt wird, z. B. zum Heizen und Kochen, zum Betrieb von Maschinen, Geräten und Anlagen, für den Verkehr.

Von der gesamten Energie, die in Deutschland genutzt wird, benötigt der Verkehr etwa 30 %, die Haushalte etwa 28 % und die Industrie 26 %. Die restlichen 16 % entfallen auf Gewerbe, Handel und Dienstleistungen.

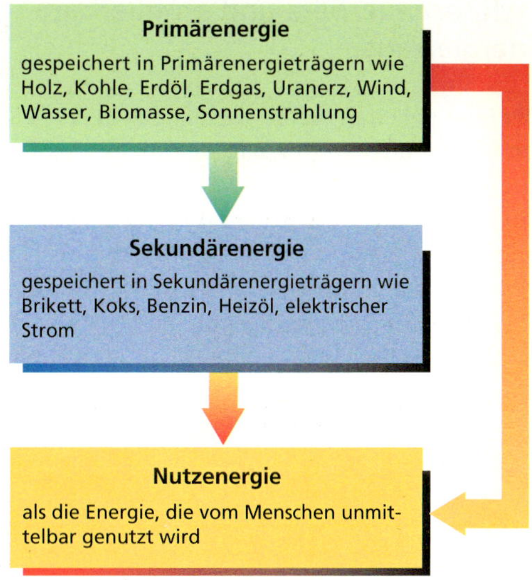

1 Zusammenhänge zwischen Primärenergie, Sekundärenergie und Nutzenergie

2 Erdgas ist ein Primärenergieträger, wird aber teilweise direkt zum Heizen und Kochen genutzt.

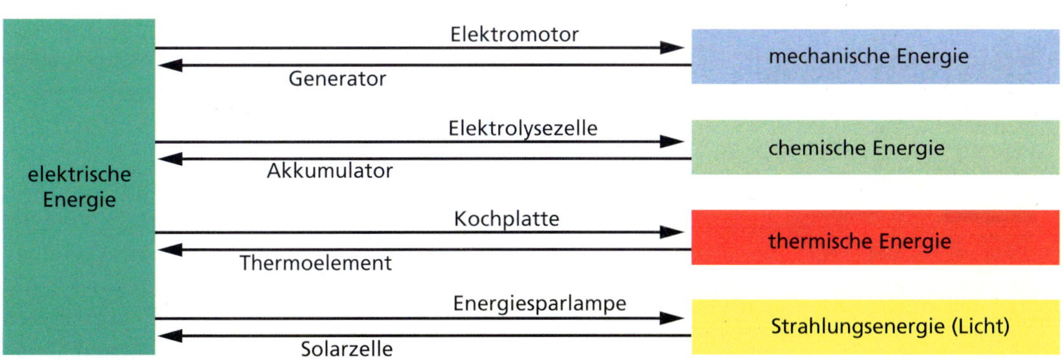

3 Elektrische Energie kann aus verschiedenen Energieformen erzeugt und in viele andere Energieformen umgewandelt werden.

Nicht erneuerbare und erneuerbare Energieträger

Der Energiebedarf der Menschheit ist in den letzten Jahrzehnten sprunghaft angestiegen (Abb. 1) und hat inzwischen einen Wert von über $4 \cdot 10^{20}$ J pro Jahr erreicht. Nach allen Prognosen wird er weiter ansteigen. Der Gesamtverbrauch in Deutschland beträgt etwa $1{,}45 \cdot 10^{19}$ J. Der Anteil verschiedener Energieträger an der Deckung des gesamten Energiebedarfs, den man als **Primärenergieverbrauch** bezeichnet, ist in den einzelnen Ländern und auch von Region zu Region unterschiedlich. Eine wichtige Rolle spielen in Deutschland und in vielen anderen Ländern **fossile Brennstoffe** wie Kohle, Erdöl und Erdgas (Abb. 2).

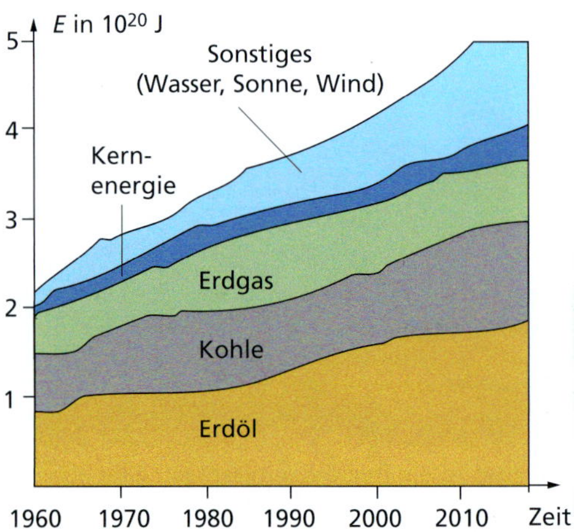

1 Entwicklung des Energiebedarfs der Menschheit

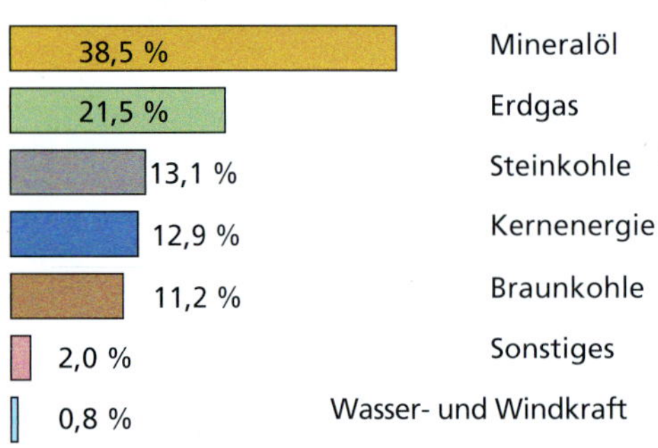

2 Energieträger beim Primärenergieverbrauch in Deutschland

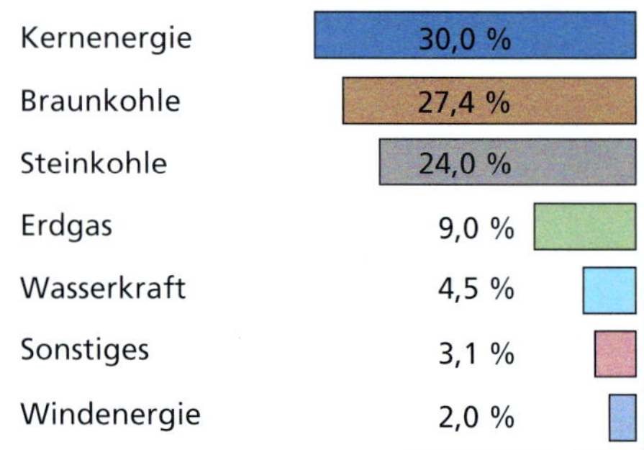

3 Energieträger für die Elektroenergieerzeugung in Deutschland

Eine andere Verteilung ergibt sich, wenn man nur die Elektroenergieerzeugung betrachtet (Abb. 3). Hier spielt die **Kernenergie** eine wesentliche Rolle, aber auch fossile Brennstoffe haben große Bedeutung. Die Energievorräte an solchen Brennstoffen sind aber begrenzt und nicht erneuerbar. Ihr Abbau wird immer teurer und ist auch mit ökologischen Problemen verbunden. Dazu zählen nicht nur die Zerstörung von Landschaften durch riesige Braunkohletagebaue, sondern vor allem auch die Umweltbelastung durch Verbrennungsprozesse mit ihren Verbrennungsprodukten. Trotz aller Maßnahmen zur Abgasreinigung haben Kraftwerke und die Motoren von Millionen Kraftfahrzeugen erheblichen Anteil an der Luftverschmutzung, aber auch an solchen Erscheinungen wie dem **zusätzlichen Treibhauseffekt,** dem **Ozonloch** und dem **sauren Regen.**

Um den weiter wachsenden Energiebedarf zu decken, ist es erforderlich,
- in zunehmendem Maße erneuerbare (alternative, regenerative) Energien wie Sonnenenergie, Windenergie, Wasserenergie zu nutzen,
- sparsam und rationell mit den vorhandenen Energieträgern umzugehen.

In den Abb. 2 und 3 sind erneuerbare Energieträger unter „Sonstiges" erfasst. Es ist erkennbar, dass gegenwärtig nur ein geringer Teil der benötigten Energie aus erneuerbaren Energieträgern gewonnen wird, auch wenn in den letzten Jahren die Nutzung der Windenergie und der Sonnenenergie deutlich zugenommen hat.

Regenerative Energiequellen

Energiequellen, die nachwachsen (Holz, Biomasse) oder immer von neuem nutzbar sind (z. B. Wind, Wasser, Sonnenstrahlung) nennt man erneuerbare oder regenerative Energiequellen. Beispiele sind in der Übersicht unten dargestellt.

1. *Interpretiere die Übersicht über regenerative Energiequellen und deren Nutzung!*

2. *Welche natürlichen Gegebenheiten begünstigen oder erschweren die Nutzung erneuerbarer Energiequellen?*

3. *Erkunde, welche erneuerbaren Energieträger in welchem Umfange in Deutschland genutzt werden! Informiere dich insbesondere über die Nutzung von Wind und Sonnenstrahlung! Verwende dazu das Internet, insbesondere auch die Adresse **www.schuelerlexikon.de**!*

Energie aus dem Wind

Nicht nur in Küstenregionen gibt es eine zunehmende Anzahl von Windkraftanlagen, sondern auch im Binnenland. Insgesamt bleibt aber die Leistung, die von ihnen in das Netz eingespeist wird, relativ klein. Die meisten Anlagen erreichen Leistungen bis zu 1 MW. Damit sie wirtschaftlich arbeiten können, sind mittlere Windgeschwindigkeiten von 4 m/s bis 5 m/s erforderlich. Das entspricht im Mittel Windstärke 3.

4. *Beschreibe den Aufbau und erkläre die Wirkungsweise einer Windkraftanlage (s. S. 20)! Welche Vor- und Nachteile hat sie gegenüber einem Kohlekraftwerk?*

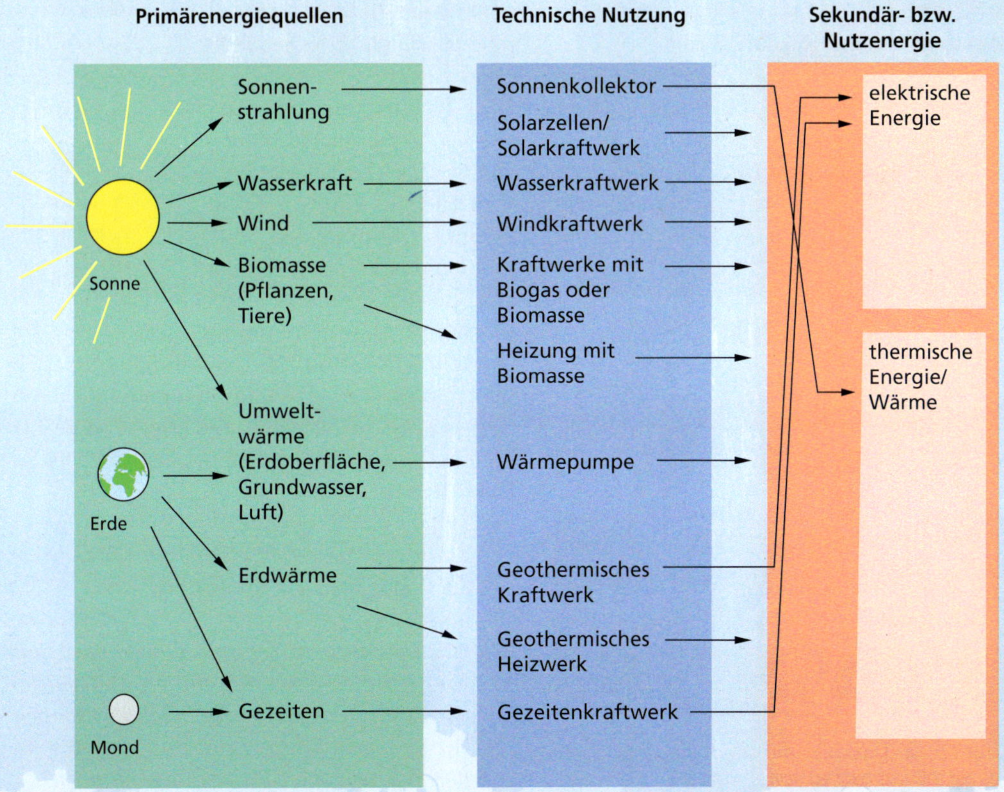

1 Im Sonnenkollektor auf dem Hausdach wird Wasser erwärmt.

3 Die Sonnenenergie wird genutzt, um Elektroenergie zu erzeugen und einen Brunnen zu betreiben.

Energie von der Sonne

Die Energie der Sonne kann man dazu nutzen, um auf direktem Wege in **Sonnenkollektoren** Wasser zu erwärmen. Dieses erwärmte Wasser kann z. B. zur Heizung von Räumen verwendet werden. Sonnenkollektoren werden meist auf den Dächern von Häusern angebracht (Abb. 1). Der Aufbau und die Wirkungsweise eines Sonnenkollektors ist auf S. 156 dargestellt.

5. a) *Informiere dich über den Aufbau und die Wirkungsweise eines Sonnenkollektors!*
   b) *Erkunde, in welchem Umfang Sonnenkollektoren in Wohnhäusern bzw. in öffentlichen Gebäuden in deiner näheren Umgebung genutzt werden?*

2 Solarzellen sind aus Silicium aufgebaut und haben heute einen Wirkungsgrad von etwa 15 %.

6. *Erkunde, in welchem Verhältnis Investitionskosten zu Einsparungen stehen, wenn man einen Sonnenkollektor installiert?*

Die Energie der Sonne kann auch dazu genutzt werden, um mithilfe von **Solarzellen** Sonnenenergie direkt in elektrische Energie umzuwandeln (Abb. 2, 3).

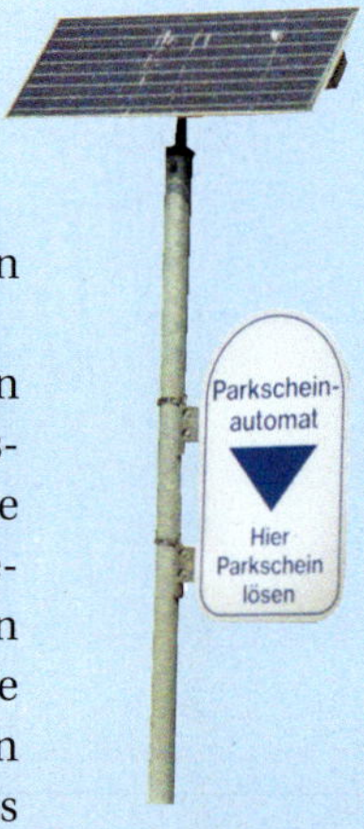

Die Technik der direkten Umwandlung von Strahlungsenergie in elektrische Energie wird auch als **Fotovoltaik** bezeichnet. Konzentriert man die Sonnenstrahlung mithilfe von Spiegeln in einem kleinen Bereich, so kann man das als Sonnenofen nutzen. Mit großen Spiegeln ist es möglich, Wasser zu verdampfen und mit diesem Dampf, wie in einem Wärmekraftwerk, eine Turbine antreiben. Eine solche Anlage wird als **Solarkraftwerk** bezeichnet.

7. *Erläutere Vor- und Nachteile der Nutzung von Solarenergie in der Fotovoltaik!*

8. *Warum kann ein Solarmobil oder ein Solarboot nicht nur am Tag fahren und warum fährt es bei Sonnenschein besonders schnell? Warum hat diese Art des Antriebes bei uns noch keine größere Verbreitung gefunden?*

Energie aus Sonne, Wind und Wasser

Ein besonders interessantes Projekt wurde im Energiepark Geesthacht bei Hamburg realisiert. Die drei erneuerbaren Energiequellen Sonne, Wind und Wasser wurden miteinander kombiniert (Abb. 1).

Kernstück der Anlage ist ein Pumpspeicherkraftwerk, das seit 1958 in Betrieb ist. Die im Oberbecken gespeicherte Wassermenge reicht aus, um 5 Stunden lang eine Leistung von 120 MW zu erzeugen. Bis 1994 wurde zum Hochpumpen des Wassers billiger Nachtstrom genutzt. Jetzt wird ein Teil der notwendigen elektrischen Energie in einem Windkraftwerk gewonnen.

Ein anderer Teil der elektrischen Energie wird von Solarzellen geliefert. Allerdings reicht die vom Windkraftwerk und von den Solarzellen gelieferte Energie nur für insgesamt ca. 7 Stunden Volllastbetrieb des Pumpspeicherkraftwerkes jährlich.

9. *Wie arbeitet ein Pumpspeicherkraftwerk?*

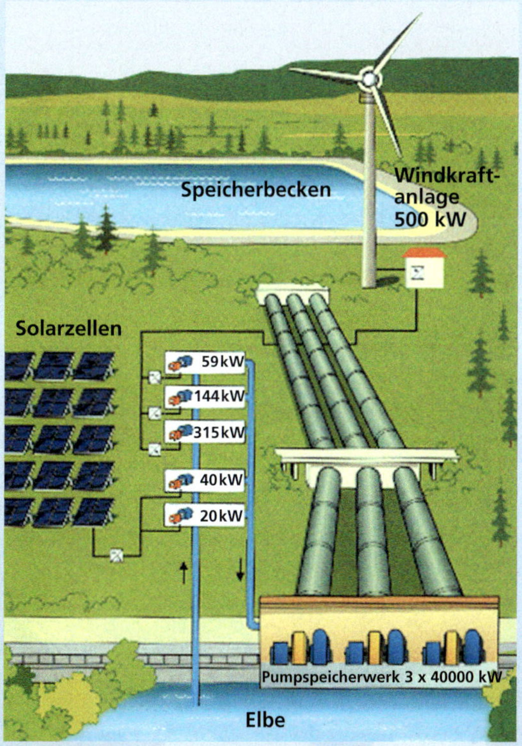

1 Energiepark Geesthacht bei Hamburg

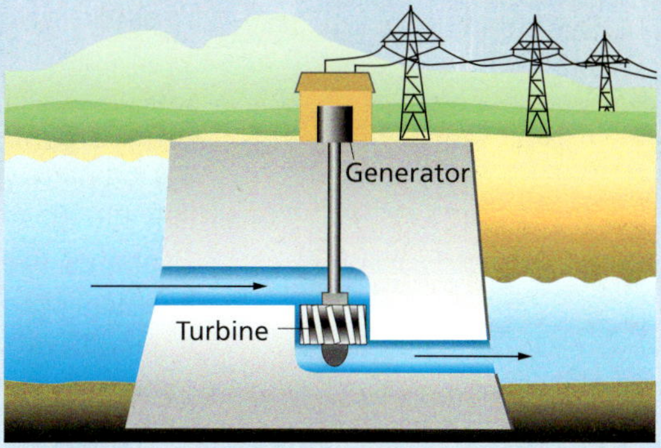

2 Prinzipieller Aufbau eines Gezeitenkraftwerks: Genutzt werden Ebbe und Flut.

10. *Stelle eine Energieumwandlungskette für den Energiepark Geesthacht auf!*

11. *Kommentiere die jeweiligen Leistungen, die im Energiepark durch das Wasserkraftwerk, die Windkraftanlage und die Solarzellen bereitgestellt werden können!*

12. *Erkunde, welche Kombination in der Nutzung erneuerbarer Energieträger es in deiner näheren Umgebung gibt!*

Energie aus Gezeiten

Ebbe und Flut bedeuten strömendes Wasser. An der französischen Atlantikküste bei St. Malo wurde 1961 das erste große Gezeitenkraftwerk gebaut. Ein 800 m langer künstlicher Damm versperrt den Mündungstrichter des Flusses Rance. Die flussaufwärts strömenden Wassermassen treiben bei Flut die Turbinen eines Generators an. Abb. 2 zeigt den prinzipiellen Aufbau.

*13. *Wie entstehen Gezeiten? Warum sind sie an der Ostsee kaum spürbar?*

14. *Nutze das Internet, um dich über die geografischen Besonderheiten von St. Malo zu informieren!*

15. *Welche Vor- und Nachteile hat ein Gezeitenkraftwerk? Erkunde, warum das Kraftwerk in St. Malo besonders effektiv arbeitet!*

Präsentieren von Informationen

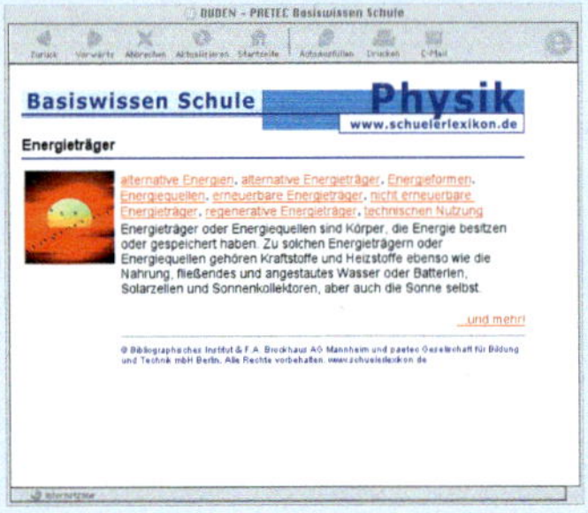

Unter der Internet-Adresse **www.schuelerlexikon.de** findest du für Schüler entwickelte Nachschlagewerke, u. a. für das Fach Physik.

Ergebnisse deiner Arbeit zu einem Thema oder das, was ihr in einer Gruppe erarbeitet habt, sollte den Mitschülern, vielleicht sogar allen Schülern der Schule oder der Öffentlichkeit, präsentiert werden. Für die Präsentation von Informationen gibt es unterschiedliche Möglichkeiten, beispielsweise:

- einen Vortrag halten,
- eine Wandzeitung oder ein Poster für den Physikraum oder den Schulflur gestalten,
- eine Präsentation mit dem Computer anfertigen und vorführen,
- eine Internetseite zu einem Thema gestalten.

Vorbereiten eines Vortrages

1. Verschaffe dir einen Überblick über das Thema! Nutze dazu verschiedene Informationsquellen!

Informationen

elektronische Medien	Literatur	Schulbücher	Internet
Film	Lexika	Lehrbücher	Suchmaschinen
Fernsehen	Sachbücher	Tabellenwerke	Direktsuche
CD-ROMs	Zeitschriften	Schülerlexika	www.schuelerlexikon.de

2. Wähle die Schwerpunkte aus, zu denen du etwas vortragen willst! Informiere dich über diese Schwerpunkte genauer!
3. Gliedere den Vortrag! Formuliere die Schwerpunkte in Kurzform schriftlich!
4. Stelle Bilder, Folien oder Plakate bereit, die du für den Vortrag nutzen willst!

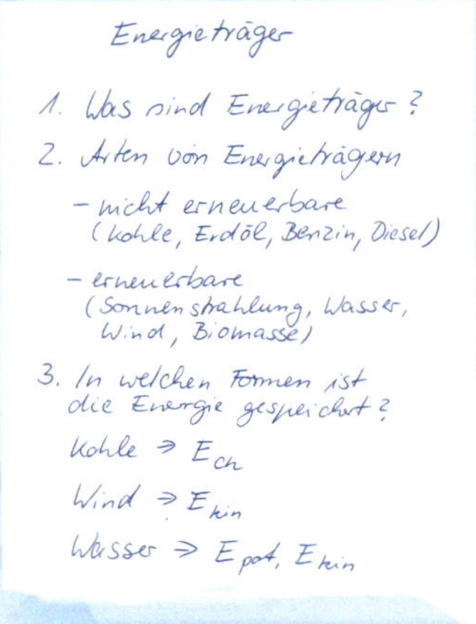

Halten eines Vortrags

1. Wecke am Anfang des Vortrags Interesse und Neugier und nenne das Thema! Beginne mit „Wusstet ihr überhaupt…?" „Hättet ihr gedacht, dass…"
2. Nenne und zeige die Gliederung (Tafel, Folie, Plakat)!
3. Sprich in kurzen Sätzen! Verwende nur Fachbegriffe, die du auch selbst erklären kannst!
4. Bemühe dich, laut, langsam und deutlich zu sprechen! Nutze deine Notizen! Versuche trotzdem, frei zu sprechen und deine Zuhörer anzuschauen!

5. Leite neue Teile deutlich ein, z. B.: „Ein weiterer Punkt ist ..“ oder „Als nächstes möchte ich ...“
6. Achte auf die Zeit! Schließe den Vortrag mit einer kurzen Zusammenfassung ab!

Anfertigen einer Wandzeitung oder eines Posters

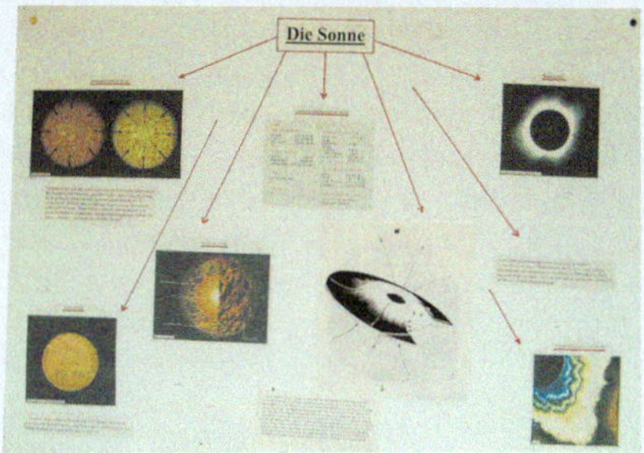

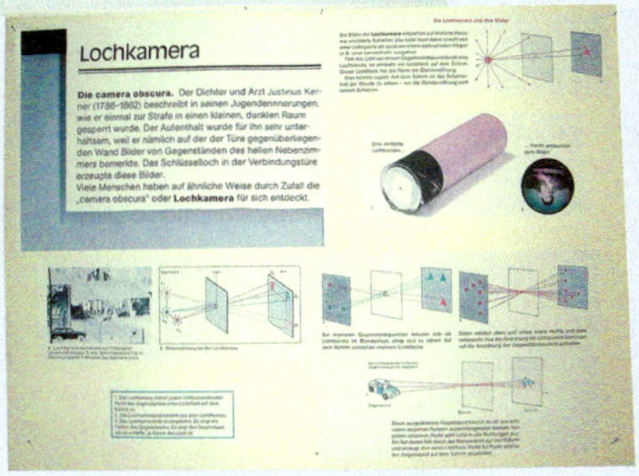

Wandzeitungen oder Poster eignen sich gut dazu, Informationen und Arbeitsergebnisse der Schulöffentlichkeit vorzustellen. Damit das auch gut gelingt, sollten ein paar Tipps beachtet werden.

1. Jedes Poster hat ein Thema, das über den Inhalt informieren und Neugier wecken soll. Es sollte auffällig (groß, farbig) gestaltet sein.
2. Verwende Abbildungen, Grafiken, Skizzen, Schemata! Gehe sparsam mit Text um!
3. Ordne die Inhalte übersichtlich an!
4. Kennzeichne das, was inhaltlich zusammengehört, mit gleichen Schriftarten, Farben oder Formen! Verwende dabei aber keine zu große Vielfalt!
5. Teste die Erkennbarkeit und Lesbarkeit aus größerer Entfernung!
6. Bei einem umfangreicheren Thema kann man mehrere Poster zu einer kleinen Ausstellung zusammenfassen.

Gestaltung einer Internetseite

Im World Wide Web (www) kann man nicht nur Informationen suchen, sondern auch selbst Informationen präsentieren. Dazu ist eine eigene **Homepage** nötig oder es wird die Homepage der Schule genutzt.
Zur Erstellung der Seiten gibt es spezielle Programme.
Für die Gestaltung von Web-Seiten gelten die gleichen Hinweise wie für die Anfertigung einer Wandzeitung oder eines Posters. Vorteil ist aber beim Web: Es können auch Animationen, Videos oder Audios mit eingebaut werden. Es können auch schnell Änderungen vorgenommen werden. Das nebenstehende Bild zeigt die Homepage eines Gymnasiums zu alternativen Energien.

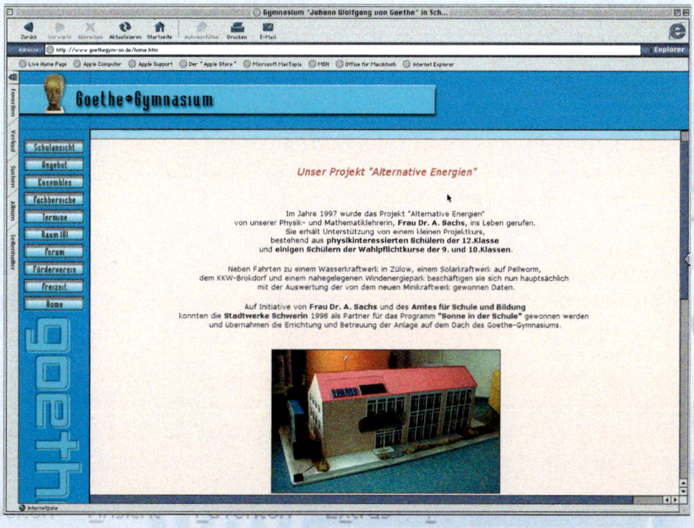

Mosaik

Brennstoffzellen – Energiequellen der Zukunft

Brennstoffzellen sind technische Anordnungen, mit deren Hilfe aus Wasserstoff und Sauerstoff elektrischer Strom erzeugt werden kann.
Bereits 1839 demonstrierte der englische Astronom und Physiker WILLIAM GROVE (1811–1896) im Labor die prinzipielle Wirkungsweise einer Brennstoffzelle: Elektrolytisch erzeugter Wasserstoff und Sauerstoff wird Elektroden aus Platin zugeführt. Dabei bildet sich zum einen Wasser, zum anderen entsteht zwischen den Elektroden eine Spannung, die zu einem Strom führt. Das Foto zeigt eine moderne Experimentieranordnung.

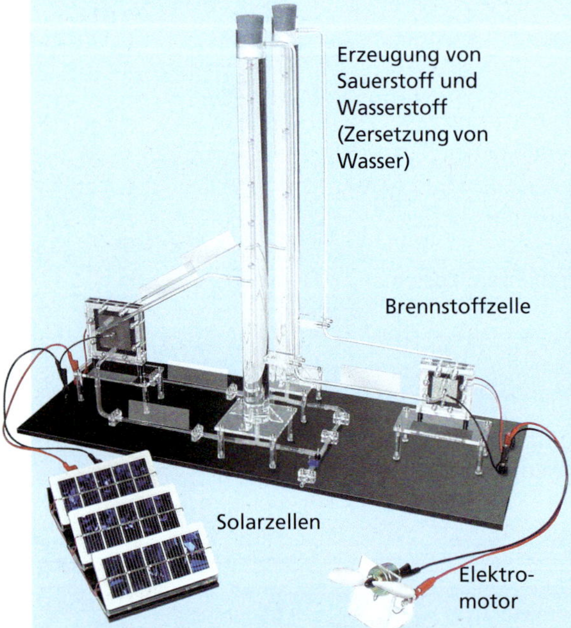

Die Entwicklung einer leistungsfähigen elektrischen Quelle erwies sich allerdings als so schwierig, dass dieses Konzept nicht weiter verfolgt wurde. Hinzu kommt, dass mit der Entdeckung des elektrodynamischen Prinzips im Jahre 1866 durch WERNER VON SIEMENS (1816–1892) die Konstruktion von Dynamomaschinen möglich wurde, mit denen ausreichende Mengen Elektroenergie erzeugt werden konnten. Erst als elektrische Quellen für U-Boote und für Raumfahrzeuge gewannen Brennstoffzelle ab 1965 wieder an Bedeutung. Heute wird daran gearbeitet, sie als Energiequellen zu nutzen.

Eine Brennstoffzelle besteht aus zwei Elektroden und einem Elektrolyten (Abb. 1). Die Anode wird mit dem Brennstoff, meist Wasserstoff, und die Katode mit Sauerstoff versorgt. Der Elektrolyt verbindet die beiden Elektroden miteinander. Bei einer Betriebstemperatur zwischen 80 °C und 1000 °C gibt Wasserstoff an der Anode (Minuspol) Elektronen ab:

$$2H_2 \rightarrow 4H^+ + 4e^-$$

Die frei gewordenen Elektronen fließen über einen Verbraucher zur Katode und können dabei Arbeit verrichten.
An der Katode nimmt Sauerstoff Elektronen auf. Sauerstoff-Ionen bewegen sich durch den Elektrolyten zur Anode und vereinigen sich dort mit Wasserstoff-Ionen zu Wasser:

$$O_2 + 4e^- + 4H^+ \rightarrow H_2O$$

Als Gesamtreaktion entsteht aus Wasserstoff und Sauerstoff Wasser.
Eine einzelne Zelle liefert eine Spannung von 0,6 V bis 0,9 V. Durch Reihenschaltung solcher Zellen erreicht man Spannungen bis etwa 200 V.
Der Vorteil von Brennstoffzellen besteht vor allem darin, dass bei ihrem Betrieb keine Umweltbelastungen auftreten. Darüber hinaus ist ihr Wirkungsgrad mit 35 % bis 85 % sehr hoch.
Die derzeitigen Nachteile bestehen vor allem in den hohen Produktionskosten.

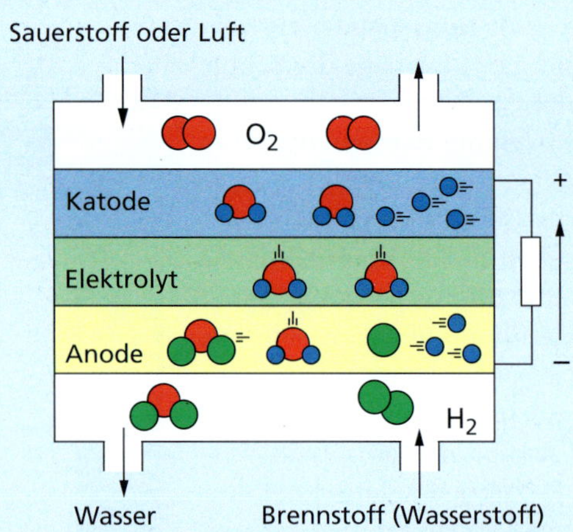

1 Aufbau und Wirkungsweise einer Brennstoffzelle: Es erfolgt ein Austausch von Elektronen.

gewusst · gekonnt

1. Das Energieflussdiagramm zeigt die Energiebilanz für ein Kraftwerk mit Kraft-Wärme-Kopplung, bei dem die Abwärme für Heizzwecke genutzt wird.

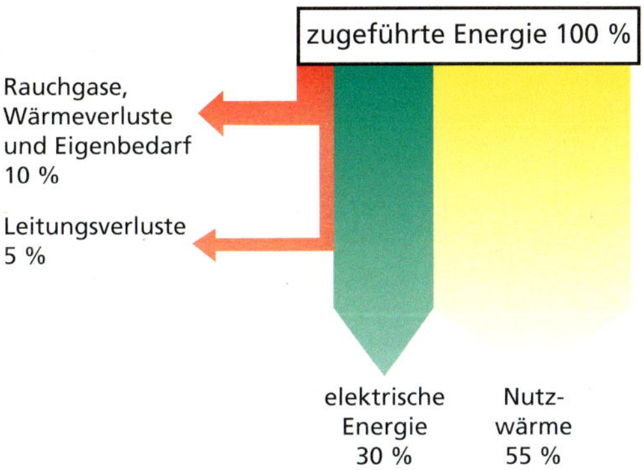

a) Wie groß ist der Wirkungsgrad dieses Kraftwerkes?
b) Kraftwerke mit Kraft-Wärme-Kopplung baut man in der Regel in der Nähe von Wohnvierteln. Warum?
c) Diskutiere Möglichkeiten der Nutzung der Abwärme bei Großkraftwerken ohne Kraft-Wärme-Kopplung!

2. In Biomasse ist Energie gespeichert, die für die Energieversorgung der Menschheit genutzt werden kann. Biomasse ist aufgrund des ständigen Nachwachsens von Pflanzen und Tieren eine erneuerbare Energiequelle. Trage in einer Tabelle verschiedene Verfahren zur Nutzung der Biomasse als Energieträger für die Energieversorgung zusammen! Gehe dabei auf die Energieumwandlungen ein, die bei diesen Verfahren auftreten!

Verfahren	Energieumwandlungen
Verbrennung von Biomasse (z. B. Holz)	…
…	…

3. Sammle Informationen über Umweltschäden durch Energienutzung und über Möglichkeiten der Verringerung solcher Schäden!

4. Nenne und erläutere einige Maßnahmen, wie man im täglichen Leben sparsam mit Energie und Treibstoffen umgehen kann!

5. Die Übersicht unten zeigt, wie lange die Reserven an fossilen Energieträgern reichen, wenn man den jetzigen Verbrauch zugrunde legt.

Energieträger	Reichweite in Jahren	
	weltweit	Deutschland
Braunkohle	515	230
Steinkohle	151	330
Erdöl	43	31
Erdgas	65	16

a) Welche Folgerungen kann man aus diesen Daten ableiten?
b) Welche Konsequenzen ergeben sich aus diesen Daten für die künftige Nutzung alternativer Energiequellen?

6. Elektrische Energie kann in Kraftwerken aus den verschiedensten Primärenergiequellen gewonnen werden.
a) Stelle diese für die wichtigsten Kraftwerkstypen in einer Tabelle zusammen und ergänze die zunächst vorhandene Energieform!

Kraftwerkstyp	Primärenergiequelle	Energieform
Wasserkraftwerk	…	…
…	…	…

b) Beschreibe für jeden Kraftwerkstyp die Kette der Energieumwandlungen bis zur elektrischen Energie!

Energie und ihre Eigenschaften

Energie *E* ist die Fähigkeit eines Körpers, mechanische Arbeit zu verrichten, Wärme abzugeben oder Licht auszusenden.

Energie

kann von einer Form in andere Formen umgewandelt werden.	kann durch Arbeit, Wärme, Licht oder elektrischen Strom von einem Körper auf einen anderen übertragen werden.	kann in Brenn- und Heizstoffen, gehobenen und bewegten Körpern oder Batterien gespeichert werden.

Die Umwandlung von Energie ist meist mit ihrer **Entwertung** verbunden. Bei allen Energieumwandlungen gilt stets der **Energieerhaltungssatz:**

In einem abgeschlossenen System ist die Summe aller Energien konstant. Energie kann weder erzeugt noch vernichtet werden.

$$E_{Gesamt} = E_1 + E_2 + E_3 + \ldots = \text{konstant}$$

Auch für alle Lebensprozesse ist Energie erforderlich. Diese muss dem Organismus zugeführt werden.

Die Vorgänge der Energieumwandlung und der Energieübertragung von einem Körper auf einen anderen können mithilfe von **Energieflussdiagrammen** dargestellt werden.

Bei Geräten, Anlagen und Lebewesen wird immer nur ein Teil der zugeführten Energie in nutzbare Energie umgewandelt.

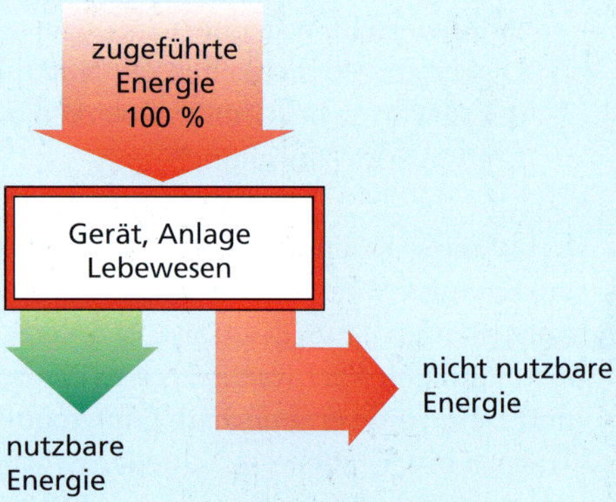

Das Verhältnis von nutzbarer Energie zu zugeführter (aufgenommener) Energie wird als **Wirkungsgrad** η bezeichnet. Er ist immer kleiner als 1 bzw. kleiner als 100 %.
Für ihn gilt:

$$\eta = \frac{E_{nutz}}{E_{zu}}$$

2 Mechanik

2.1 Kräfte verändern die Form und die Bewegung von Körpern

Große Sprünge leicht gemacht

Als erste Menschen betraten 1969 die Astronauten Neil Armstrong und Edwin Aldrin den Mond. Sie konnten dort mit ihren schweren Ausrüstungen (84 kg) große Sprünge ausführen. Auf der Erde wäre das nicht möglich gewesen.
Wie ist diese ungewöhnliche sportliche Leistung auf dem Mond zu erklären?

Ein gekonnter Aufschlag

Um beim Tennis einen harten Aufschlag zu haben, besser noch um ein Ass zu landen, muss der Spieler kräftig und geschickt gegen den Ball schlagen. Dadurch wird dieser beschleunigt, erhält seine Richtung und einen Drall. Sowohl der Ball als auch der Schläger werden verformt.
Um welche Kräfte geht es? Was bewirken sie?

Immer hart am Wind

Damit ein Surfbrett so richtig „in Fahrt kommt“, versucht der Surfer, es möglichst wirkungsvoll in den Wind zu stellen. Dabei beachtet er nicht nur die Stärke und Richtung des Windes, sondern auch Strömungen und Wellen.
Welche Kräfte hemmen die Bewegung eines Surfbretts, welche treiben es an?

Wirkungen von Kräften auf Körper

Im Alltag sagen wir über Vorgänge, bei denen Körper bewegt oder verformt werden, dass Kräfte wirken. **Naturkräfte,** die bei Erdbeben wirken, können Ortschaften zerstören. Mit **Muskelkräften** heben wir eine Tasche oder bewegen einen Ball. Die **Schubkraft** von Triebwerken setzt ein Flugzeug auf einer Startbahn in Bewegung.

Bei diesen und anderen Vorgängen wirken Körper aufeinander ein, wobei sich ihre Bewegung oder ihre Form oder beides ändert (Abb. 1–4). So wird z. B. beim Abschuss eines Fußballs nicht nur die Bewegung des Balls geändert, sondern kurzzeitig auch seine Form. Beim Aufprall eines Autos auf einen Baum wird es sowohl abgebremst als auch verformt.

Die Einwirkungen der Körper aufeinander sind wechselseitig. Man sagt auch: Die Kraft ist eine **Wechselwirkungsgröße:** Körper A übt eine Kraft auf Körper B aus; Körper B wirkt auf Körper A mit der gleichen Kraft.

Für das Beispiel mit dem Auto bedeutet das: Bei einem Unfall wirkt auch das Auto auf den Baum ein und verformt ihn.

Körper können Kräfte aufeinander ausüben. Die Kräfte sind an ihren Wirkungen erkennbar: Sie bewirken eine Änderung der Bewegung oder der Form von Körpern oder beides.

Körper können mehr oder weniger stark aufeinander einwirken und dadurch kleine oder große Wirkungen hinterlassen.

Wie stark verschiedene Körper aufeinander einwirken, wird durch die physikalische Größe **Kraft** beschrieben.

Die Kraft gibt an, wie stark zwei Körper aufeinander einwirken.

Formelzeichen: *F*
Einheit: 1 Newton (1 N)

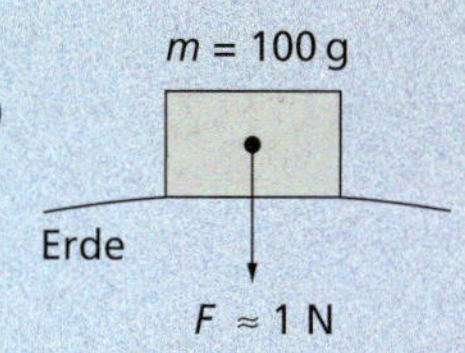

1 N ist etwa die Kraft, mit der die Erde einen Körper anzieht, der eine Masse von 100 g hat.

Die Einheit ein Newton (1 N) wurde nach dem englischen Physiker ISAAC NEWTON (1643–1727) benannt, der wichtige Gesetze der Mechanik, der Elektrizitätslehre und der Optik entdeckt hat.

ISAAC NEWTON war einer der bedeutendsten Physiker der Wissenschaftsgeschichte. Er fand nicht nur den grundlegenden Zusammenhang zwischen der Kraft und der Bewegungsänderung eines Körpers, sondern entdeckte auch, dass sich Körper aufgrund ihrer Masse gegenseitig anziehen und dass die Gesetze der Mechanik auch im Weltraum wirken.

Vielfache der Einheit 1 N sind ein Kilonewton (1 kN) und ein Meganewton (1 MN):

1 kN = 1000 N
1 MN = 1000 kN = 1 000 000 N

1 Ein Radfahrer wirkt auf die Pedale ein und hält das Fahrrad in Bewegung.

2 Die Füße wirken auf den Ball, bremsen ihn ab und geben ihm eine andere Richtung.

3 Der Sturm wirkt auf das Wasser, setzt es in Bewegung und türmt riesige Wellen auf.

4 Bei einem Crashtest wird das Auto abgebremst und verformt sich.

Arten von Kräften

Magnetische Kraft

Durch einen Elektromagneten werden Körper aus Eisen angezogen. Zwischen Magnet und Eisenkörper wirken **magnetische Kräfte.**

Elektrische Kraft

Ein Kamm wird durch Reibung elektrisch geladen und zieht Kugeln aus Styropor an. Zwischen Styroporkugeln und Kamm wirken **elektrische Kräfte.**

Federspannkraft

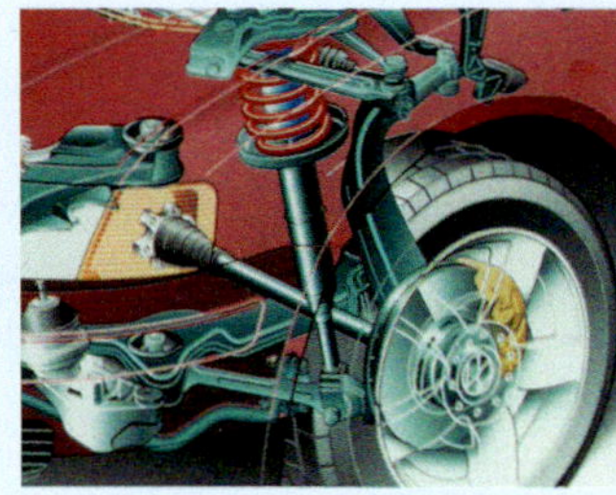

Eine gespannte Feder übt eine Kraft aus. Diese Kraft wird als **Federspannkraft** bezeichnet. Die Feder kann dabei gedehnt oder gestaucht sein.

Gewichtskraft

Jeder Körper wird von der Erde angezogen und übt auf seine Unterlage eine Kraft aus, die man **Gewichtskraft** nennt.

Reibungskraft

Beim Fahren mit dem Fahrrad wirken immer auch Kräfte, die die Bewegung hemmen. Sie heißen **Reibungskräfte.**

Zugkraft

Waggons werden durch eine Lokomotive in Bewegung gesetzt. Dabei wirken auf die Waggons **Zugkräfte.**

Windkraft

In einer Windkraftanlage zur Gewinnung von Elektroenergie werden die Rotoren von Windrädern durch **Windkraft** in Bewegung versetzt.

Wasserkraft

In alten Mühlen wird **Wasserkraft** genutzt, um mithilfe von Wasserrädern Mahl- oder Schleifsteine anzutreiben. Man kann auch Elektroenergie gewinnen.

Schubkraft

Um eine Rakete in Bewegung zu setzen, werden Verbrennungsgase mit großer Geschwindigkeit ausgestoßen. Auf die Rakete wirkt dann eine **Schubkraft.**

Kohäsion und Adhäsion

Einen dicken Nagel kann man mit den Händen auch mit großem Kraftaufwand nicht verbiegen. Bei einer Fuchsschwanzsäge gelingt es (Abb. 1). Ein Stück Kreide lässt sich durchbrechen. Aber dazu ist Kraft erforderlich. Die Luft in einem Luftballon lässt sich verformen und zusammendrücken, allerdings nicht beliebig weit. Das bedeutet: Zwischen den Teilchen des Nagels, der Säge, der Kreide und der Luft wirken Kräfte, die den Zusammenhalt des jeweiligen Stoffes verursachen. Das Zusammenhalten der Teilchen eines Stoffes nennt man **Kohäsion.**

Kohäsionskräfte sind die Kräfte, die zwischen den Teilchen ein und desselben Stoffes wirken.

Die Kohäsionskräfte bewirken, dass feste Körper aus einem Stoff ihre Form beibehalten. Die Kräfte sind bei festen Körpern größer als bei Flüssigkeiten und bei Flüssigkeiten wiederum größer als bei Gasen. Kohäsionskräfte bewirken auch die Stabilität und Festigkeit von Körpern, die hohe Belastungen aushalten müssen, wie Tragseile oder Maschinenteile.

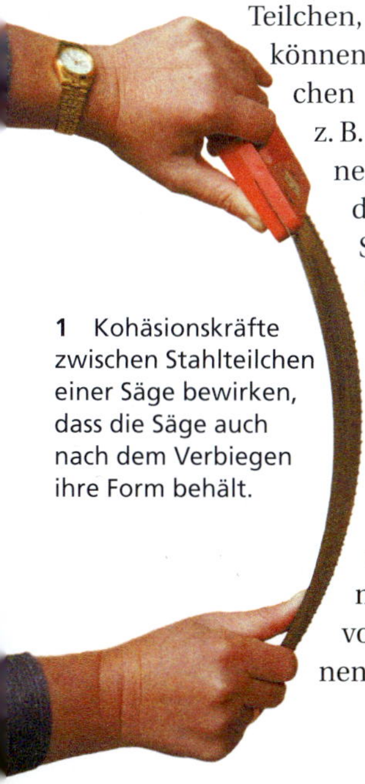

1 Kohäsionskräfte zwischen Stahlteilchen einer Säge bewirken, dass die Säge auch nach dem Verbiegen ihre Form behält.

Teilchen, die fest zusammenhalten, können aber auch unterschiedlichen Stoffen angehören, wie z. B. die Lackschicht auf einem Fahrradrahmen oder die Goldschicht auf einem Schmuckstück. Die Lackteilchen und die Teilchen des Rahmens sind eine feste Verbindung eingegangen. Ähnliches gilt auch für ein vergoldetes Schmuckstück oder für einen verchromten Auspuff. Das Zusammenhalten der Teilchen von **verschiedenen Stoffen** nennt man **Adhäsion.**

2 Elektrische Bauelemente werden auf eine Leiterplatte gelötet.

Adhäsionskräfte sind die Kräfte, die zwischen den Teilchen verschiedener Stoffe wirken.

Die Adhäsionskräfte bewirken z. B. auch, dass Kreide an der Wandtafel haftet, Körper zusammenkleben, Leimfarbe sich mit einer Wand verbindet oder Körper verlötet werden (Abb. 2).

Das Teilchenmodell

Das Wissen über den Aufbau der Stoffe können wir zu einer anschaulichen, vereinfachten Vorstellung zusammenfassen. Eine solche vereinfachte Vorstellung bezeichnet der Physiker als **Modell.** Mit einem Modell kann man Sachverhalte beschreiben, erklären oder voraussagen. Die Teilchen eines Stoffes können wir uns vereinfacht als kleine Kugeln vorstellen, zwischen denen Kräfte wirken.

Das Teilchenmodell:

1. **Alle Stoffe bestehen aus Teilchen.**
2. **Die Teilchen befinden sich in ständiger Bewegung.**
3. **Zwischen den Teilchen wirken Kräfte.**

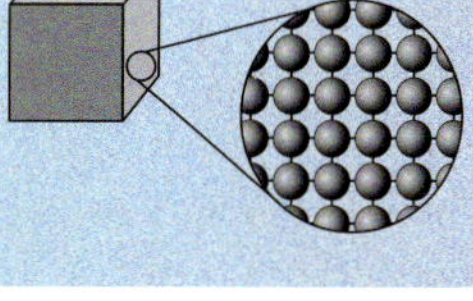

Die Kapillarität

Bei einem Tintenklecks hilft Löschpapier. Würfelzucker saugt Tee auf. Pflegecreme dringt in die Haut ein. Ein Schwamm nimmt überschüssiges Wasser auf. Die Ursache der Vorgänge kann in folgendem Versuch verdeutlicht werden:
Ein Glasgefäß mit Röhren unterschiedlichen Durchmessers wird mit Wasser gefüllt. Das Wasser steigt von selbst umso höher, je geringer der Durchmesser der Röhre ist (Abb. 1).
Wie ist das Versuchsergebnis zu erklären? Zwischen den Teilchen der Glaswand und des Wassers wirken Adhäsionskräfte. Dadurch steigt das Wasser etwas nach oben. Weil aber zwischen den Wasserteilchen Kohäsionskräfte wirken, wird weitere Flüssigkeit „nachgesaugt“.
In sehr dünnen Röhrchen, Hohlräumen bzw. Poren, auch **Kapillaren** genannt, tritt dieser Effekt besonders deutlich auf.

Kapillarität ist das selbstständige Aufsteigen von Flüssigkeiten in engen Röhrchen.

Auf diesem Prinzip basiert auch der Wasser- und Nährstofftransport in Pflanzen. Das Grundwasser steigt bis zu den Wurzeln auf. Je nach Pflanzenart haben sich bei den Wurzeln vielfältige Formen herausgebildet. So kann eine einzeln stehende Roggenpflanze Seitenwurzeln mit einer Gesamtlänge von bis zu 80 km Länge entwickeln. Auch das Aufsteigen von Feuchtigkeit in Wänden kommt durch die Kapillarität zustande.

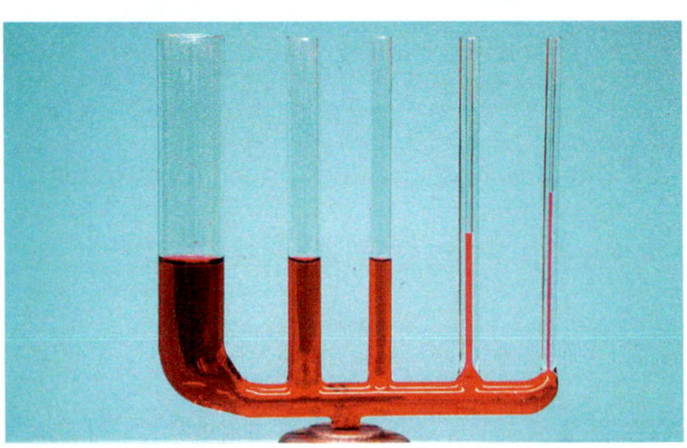

1 In engen Röhren steigt das Wasser am höchsten. Diese Erscheinung wird als Kapillarität bezeichnet.

Mosaik

Die brownsche Bewegung

Der schottische Mediziner und Biologe ROBERT BROWN (1773 bis 1858) untersuchte im Jahre 1827 Blütenstaub unter einem Mikroskop. Er hatte dem Blütenstaub einen Tropfen Wasser beigemischt. Dabei fiel ihm eine unruhige Bewegung der Staubkörnchen auf.
BROWN nahm zunächst an, dass die Körnchen lebendige Körper seien, die sich von selbst im Wasser bewegen. Aber bei weiteren Versuchen beobachtete er, dass sich „tote" Staub- und Russteilchen ebenso verhielten wie die Blütenstaubkörnchen. Sie bewegten sich unaufhaltsam zickzackförmig, wie in der Abbildung dargestellt. Die Punkte zeigen die Stellen, an denen sich ein Staubkörnchen nach jeweils 30 Sekunden aufhält.

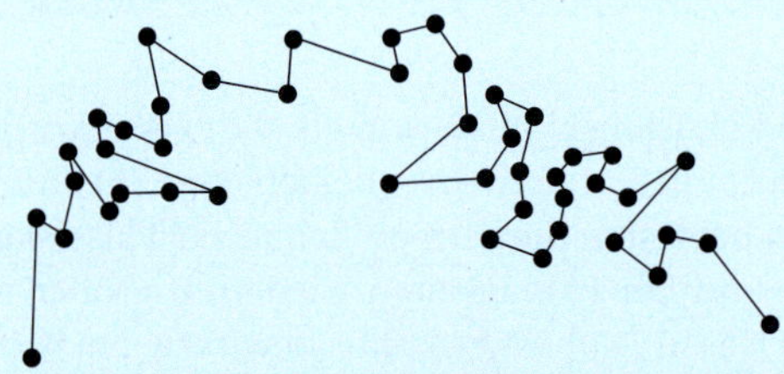

Erst 1905 konnte der berühmte deutsche Physiker ALBERT EINSTEIN (1879–1955) eine Begründung dafür geben: Die winzig kleinen, nicht sichtbaren Teilchen der Flüssigkeit, die Moleküle, befinden sich in ständiger Bewegung. Sie stoßen dabei an die viel größeren, im Mikroskop sichtbaren Blütenstaubkörnchen und schieben diese unregelmäßig hin und her.
Nach ihrem Entdecker wird diese unregelmäßige Bewegung sichtbarer Staubkörnchen als **brownsche Bewegung** bezeichnet. Die brownsche Bewegung ist ein Beleg für die Existenz kleinster, nicht sichtbarer Teilchen.
Bereits im Altertum nahmen einige Gelehrte an, dass alle Stoffe aus kleinsten Teilchen bestehen, die nicht mehr zerteilt werden können. Diese Teilchen nannten sie **Atome** (vom griechischen Wort atomos: das Unteilbare). Diese Idee geriet später in Vergessenheit. Die Untersuchung solcher Erscheinungen wie der Diffusion und der brownschen Bewegung bestätigten später die Richtigkeit der Teilchenvorstellung. Dass Atome und Moleküle tatsächlich existieren, konnte erst Anfang des 20. Jahrhunderts durch verschiedene Experimente bestätigt werden.

Feste Körper, Flüssigkeiten und Gase

Feste Körper, z. B. ein dicker Metalldraht oder eine Zange, haben eine bestimmte Form und ein unveränderliches Volumen. Nur mit großen Kräften ist es möglich, den Draht mithilfe der Zange zu verbiegen oder ein Stück abzukneifen.
Die Teilchen in festen Körpern haben feste Plätze und liegen dicht beieinander. Zwischen ihnen wirken große Kräfte. Deshalb sind das Volumen und die Form von festen Körpern unveränderlich. Sie lassen sich nicht zusammendrücken.

Gießt man eine bestimmte Menge Milch nacheinander in verschiedene Gefäße, dann passt sich die Milch der jeweiligen Form des Gefäßes an. Das Volumen der Milch ändert sich jedoch nicht. Das gilt für alle **Flüssigkeiten.** Die Kräfte zwischen den Teilchen von Flüssigkeiten sind nicht so groß wie bei festen Körpern. Deshalb sind die Flüssigkeitsteilchen sehr leicht gegeneinander verschiebbar und nur deshalb lassen sie sich gießen und nehmen die Form des Gefäßes an, in dem sie sich befinden. Trotzdem bleibt der Abstand der Flüssigkeitsteilchen unverändert. Das ist die Ursache dafür, dass sich die meisten Flüssigkeiten nicht zusammendrücken lassen. Das wird z. B. bei Spritzen oder bei hydraulischen Anlagen (s. S. 68) genutzt.

Von **Gasen** wissen wir, dass sie sich in ihrer Form und ihrem Volumen jeweils dem Gefäß anpassen, in dem sie sich gerade befinden. Da die Teilchen keinen festen Platz haben und der Abstand zwischen ihnen relativ groß ist, kann ein gasförmiger Körper, zum Beispiel die Luft in einer Luftpumpe, zusammengedrückt werden. Wenn sich der zur Verfügung stehende Raum vergrößert, füllen die Gasteilchen wegen ihrer freien Bewegung den gesamten Raum aus. Der Abstand der Teilchen voneinander vergrößert sich.

1 Die Karosserie des Autos ist ein fester Körper. In seinem Tank befindet sich die Flüssigkeit Benzin, in seinen Reifen das Gas Luft.

	Feste Körper	Flüssigkeiten	Gase
Aufbau und Eigenschaften	Die Teilchen liegen sehr eng und regelmäßig beieinander. Sie haben einen festen Platz.	Die Teilchen liegen dicht beieinander, haben aber keinen festen Platz. Sie sind gegeneinander verschiebbar. Ihr Abstand bleibt aber gleich.	Der Abstand der Teilchen ist groß. Sie haben keinen festen Platz.
	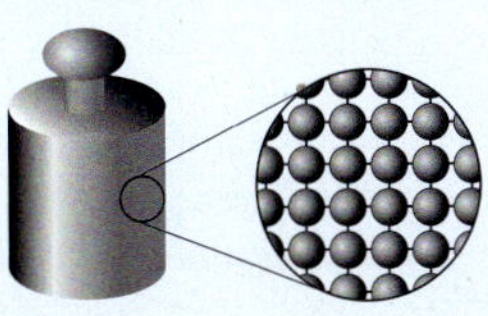	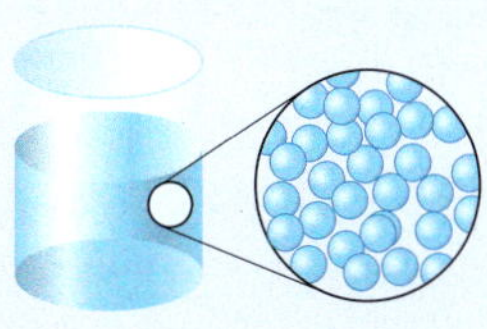	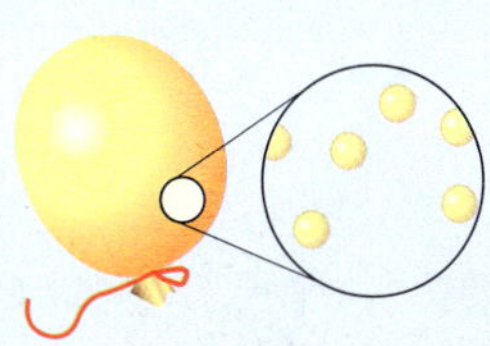
	Die Teilchen schwingen um ihren Platz hin und her. Zwischen ihnen wirken starke anziehende bzw. abstoßende Kräfte.	Die Teilchen bewegen sich an dem Platz hin und her, an dem sie sich gerade befinden. Die Kräfte zwischen ihnen sind kleiner als bei festen Körpern.	Die Teilchen bewegen sich frei im gesamten Raum, den sie zur Verfügung haben. Die Kräfte zwischen ihnen sind sehr klein.

Mosaik

Plastische und elastische Verformung

Wenn Kräfte auf Körper einwirken, können die Verformungen **plastisch** oder **elastisch** sein.
Die Verformung eines Körpers ist plastisch, wenn er nicht wieder von allein seine ursprüngliche Form annimmt, wie das beim Schmieden eines Werkstücks, beim Biegen eines Rohres, beim Bearbeiten von Knetmasse oder beim Pressen eines Karosserieteils der Fall ist.

1 Beim Töpfern einer Tonvase erfolgen plastische Verformungen.

Auch das Ausrollen eines Kuchenteigs oder das Töpfern einer Tonvase (Abb. 1) sind plastische Verformungen. Nach einer plastischen Verformung behält ein Körper seine Form bei.

Wirkt dagegen eine Kraft auf einen Ball, die Saiten einer Gitarre (Abb. links) oder den Ast eines Baumes, so erfolgt ebenfalls eine Verformung dieser Körper. Sie nehmen aber ihre ursprüngliche Form wieder an, wenn die Kraft nicht mehr wirkt.
Die Verformung des Körpers ist elastisch, wenn er bei Wegfall der Kraft von allein wieder seine ursprüngliche Form annimmt.
Elastisch verformt werden z. B. auch die metallischen Zungen bei einer Mundharmonika, die Stimmbänder oder Flugzeugtragflächen.

Messen und Darstellen von Kräften

Die elastische Verformung von Stahlfedern kann man nutzen, um Kräfte zu messen. Die Entwicklung solcher Federkraftmesser geht auf Untersuchungen des englischen Physikers ROBERT HOOKE (1635–1703) zurück. Er führte Messungen mit verschiedenen Federn durch und untersuchte die Dehnung der Federn in Abhängigkeit von der wirkenden Kraft (Abb. 2). Lagen die Kräfte in einem Bereich, in dem sich die Feder elastisch verformt, so erhielt er in Auswertung seiner Messreihen ein Diagramm, wie es in Abb. 3 für zwei Federn dargestellt ist.

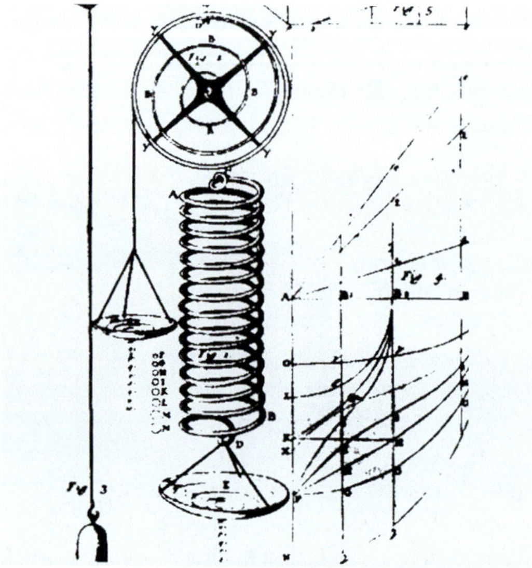

2 Seite aus dem 1687 veröffentlichten Buch „Hookesche Lectures de Potentia Restitutiva"

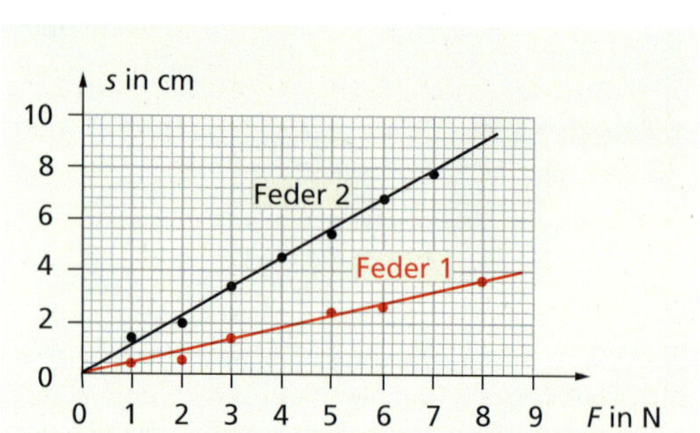

3 Die Verlängerung der Feder ist proportional zur angreifenden Kraft.

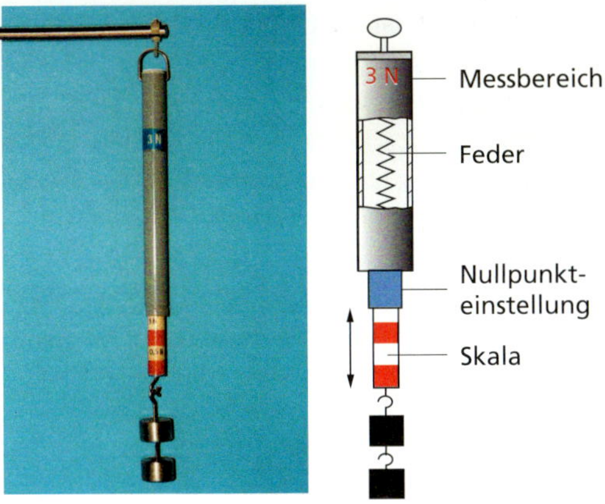

1 Ein Federkraftmesser und sein Aufbau

Für die Ausdehnung einer Feder fand R. HOOKE das nach ihm benannte **hookesche Gesetz:**

Unter der Bedingung, dass eine Feder elastisch verformt wird, gilt: Die Verlängerung der Feder s ist der angreifenden Kraft F proportional.

$$s \sim F$$

Für andere Körper, z. B. für ein Gummiband, gilt das hookesche Gesetz nicht. Es dehnt sich bei bestimmten Kräften überproportional aus.

Das hookesche Gesetz wird zum Messen von Kräften mit einem **Federkraftmesser** genutzt (Abb. 1). Sein wichtigster Teil ist eine elastische **Feder**. Um an einer **Skala** die Kraft in Newton (N) ablesen zu können, muss diese Skala geeicht werden. Dazu lässt man z. B. eine Kraft von 1 N, 2 N usw. einwirken und markiert die jeweilige Dehnung der Feder.

Vor jeder Messung ist der **Nullpunkt** der Skala einzustellen. Je nach Bauart des Federkraftmessers kann man das durch Verschieben einer Hülse oder Verstellen einer Schraube machen.

Um kleine bzw. große Kräfte zu messen, verwendet man Federkraftmesser, die unterschiedliche Federn und damit einen verschiedenen **Messbereich** haben. Federkraftmesser für große Kräfte haben dicke Federn, solche für kleine Kräfte dagegen dünne Federn. Der Physiker spricht auch von harten und weichen Federn.

Vorgehen beim Messen von Kräften

1. Schätze die Kraft und wähle davon ausgehend einen geeigneten Federkraftmesser aus!
2. Stelle den Nullpunkt ein!
3. Lass die Kraft einwirken und lies an der Skala den Betrag der Kraft ab!

Kräfte in Natur und Technik	
Gewichtskräfte	
10-Cent-Stück	0,04 N
Schokoladentafel (100 g)	1 N
1 l Wasser	10 N
Mensch	500 N–800 N
Pkw	≈ 10 000 N
Zugkräfte	
Pferd	400 N–750 N
Pkw	≈ 5 000 N
Lokomotive	≈ 200 000 N
Hubkräfte	
Gewichtheben	1 000 N–2 500 N
Eisenbahndrehkran	bis 2 500 000 N

Die Wirkung einer Kraft ist von ihrem **Angriffspunkt,** ihrem **Betrag** und ihrer **Richtung** abhängig. Die Kraft ist eine gerichtete (vektorielle) Größe. Kräfte werden deshalb durch Pfeile dargestellt (Abb. 2). Für genaue Zeichnungen muss man einen Maßstab vereinbaren, z. B. 5 N ≙ 1 cm. Gerichtete Größen werden durch einen Pfeil über dem Formelzeichen gekennzeichnet. Mit dem Kurzzeichen ohne Pfeil ist immer der Betrag der Kraft gemeint.

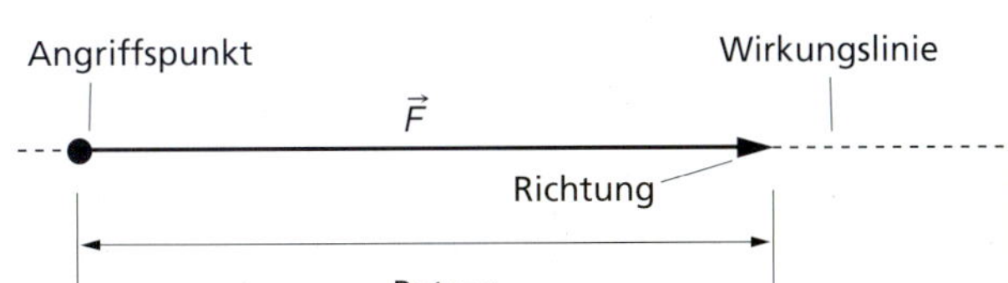

2 Darstellung einer Kraft durch einen Pfeil

Zusammensetzung von Kräften

Auf einen Körper können gleichzeitig mehrere Kräfte wirken. Das ist z. B. der Fall, wenn zwei Personen ein Auto anschieben, ein Radfahrer bergauf fährt oder wenn Schüler beim Tauziehen ihre Kräfte messen (Abb. 1).

Wirken zwei Kräfte längs einer Wirkungslinie auf einen Körper in gleicher Richtung, so addieren sich ihre Beträge:

$$F = F_1 + F_2$$

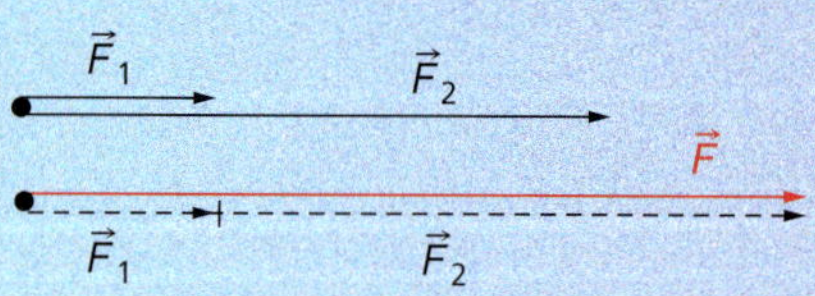

Das gilt nur, wenn die Kräfte längs einer Linie in gleicher Richtung wirken. Bei Kräften, die in entgegengesetzter Richtung wirken, gilt:

Wirken zwei Kräfte längs einer Wirkungslinie auf einen Körper in entgegengesetzter Richtung, so subtrahieren sich ihre Beträge:

$$F = F_1 - F_2$$

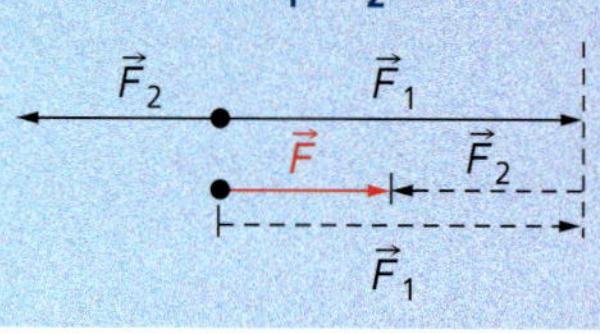

Die Richtung der Gesamtkraft ist gleich der Richtung der größeren der beiden Teilkräfte. Obwohl z. B. die Teilkräfte der beiden Schüler beim Tauziehen groß sind, ist die Gesamtkraft klein, wenn einer der Schüler gewinnt.
Sind beide Schüler gleich stark, so bewegt sich die Markierung des Taus nicht. Die beiden Kräfte gleichen sich aus. Die Gesamtkraft ist null. Man spricht dann von einem **Kräftegleichgewicht**.

Sind zwei entgegengesetzt gerichtete Kräfte längs einer Wirkungslinie auf einen Körper gleich groß, so ist die resultierende Kraft null. Es herrscht Kräftegleichgewicht:

$$F = F_1 - F_2 = 0$$

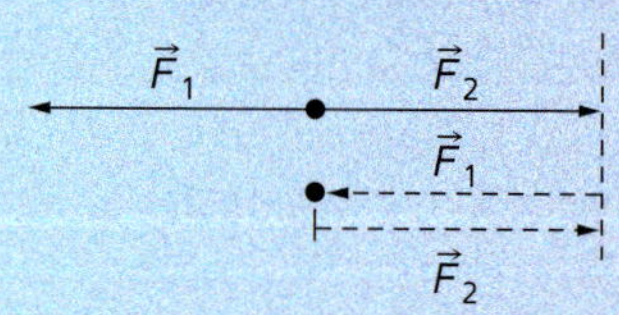

Zwei Kräfte auf einen Körper können auch in beliebigen anderen Richtungen wirken, z. B. auf ein Flugzeug die Antriebskraft in der einen und die Kraft des Windes in einer anderen Richtung. In diesem Fall gilt für die Gesamtkraft:

Wirken zwei Kräfte mit gemeinsamem Angriffspunkt in unterschiedlichen Richtungen auf einen Körper ein, so erhält man die Gesamtkraft durch ein Kräfteparallelogramm.

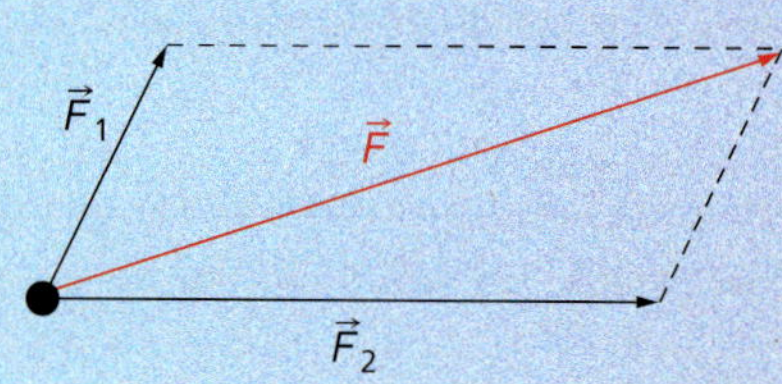

1 Zwei Kräfte wirken in entgegengesetzter Richtung auf das Seil ein.

Die Gewichtskraft von Körpern

Alle Körper ziehen sich aufgrund ihrer Massen gegenseitig an. Die Erde zieht alle Körper an, die sich auf ihr befinden. Hält man einen Gegenstand, z. B. ein Schulbuch, in der Hand, so spürt man eine Kraft, die nach unten zieht. Legt man das Schulbuch auf einen Tisch, so drückt es mit derselben Kraft auf diese Unterlage. Lässt man es los, fällt es nach unten, also in Richtung Erdmittelpunkt. Hängen wir es an einen Federkraftmesser, so zieht es mit derselben Kraft an der Aufhängung. Die Ursache dafür ist in allen Fällen die Erdanziehungskraft.

In der Physik wird die Kraft, die dadurch auf alle Körper auf der Erdoberfläche und in Erdnähe wirkt, als **Gewichtskraft** bezeichnet.

Die Gewichtskraft F_G gibt an, wie stark ein Körper auf eine Unterlage drückt oder an einer Aufhängung zieht.

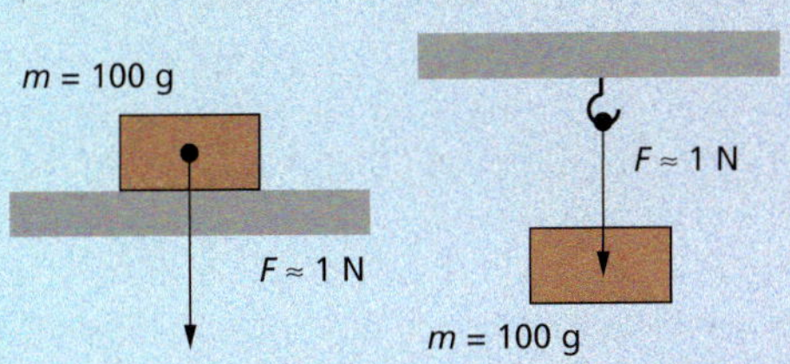

Die Gewichtskraft, die auf einen Körper wirkt, hängt ab
- von seiner Masse und
- von dem Ort, an dem er sich befindet.

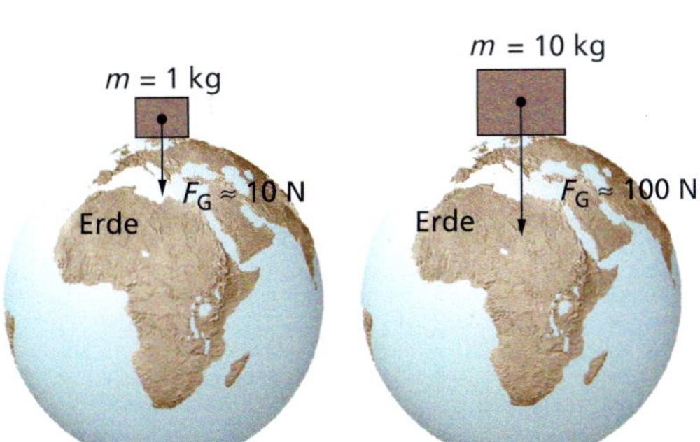

1 Je größer die Masse eines Körpers ist, desto größer ist am gleichen Ort auch seine Gewichtskraft.

Für relativ kleine Höhen z. B. beim Aufstieg auf einen 3 000 m hohen Berg oder beim Flug mit einem Airbus in etwa 10 km Höhe, ist die Gewichtsverminderung so klein, dass man sie vernachlässigen kann.

In einer Entfernung von etwa 1 000 km über der Erdoberfläche ist die Gewichtskraft um etwa ein Viertel kleiner als auf ihr, in 10 000 km Höhe beträgt sie noch etwa ein Siebtel der Gewichtskraft auf der Erdoberfläche.

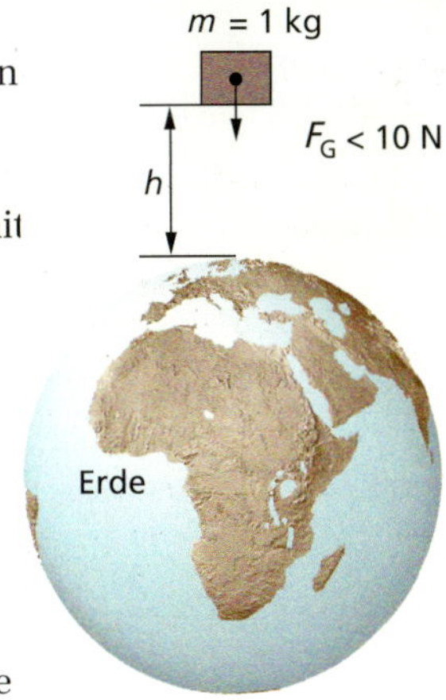

2 Je weiter ein Körper von der Erde entfernt ist, desto kleiner ist seine Gewichtskraft.

Die Gewichtskraft kann berechnet werden mit der Gleichung:

$$F_G = m \cdot g$$

m	**Masse des Körpers**
g	**Ortsfaktor (Fallbeschleunigung)**

Der **Ortsfaktor** ist eine Konstante, die vom jeweiligen Ort abhängig ist. Ihr durchschnittlicher Wert für die Erdoberfläche beträgt:

$$g = 9{,}81\,\frac{\text{N}}{\text{kg}} \approx 10\,\frac{\text{N}}{\text{kg}}$$

Für den Mars (Abb. 3) beträgt der Wert 3,71 N/kg.

3 Die Gewichtskraft des Mars-Rovers ist auf diesem Planeten nur etwa 0,4-mal so groß wie auf der Erde.

Masse und Gewichtskraft In der Physik muss man die Masse und die Gewichtskraft eines Körpers voneinander unterscheiden.	
Masse *m*	**Gewichtskraft F_G**
Die Masse ist eine Eigenschaft eines Körpers. Sie ist nur von diesem Körper abhängig. In der Technik spricht man auch vom Gewicht.	Die Gewichtskraft kennzeichnet die Wechselwirkung zwischen zwei Körpern. Sie ist von beiden Körpern abhängig.
Die Masse eines Körpers ist überall gleich groß.	Die Gewichtskraft eines Körpers ist abhängig vom Ort, an dem sich der Körper befindet.
Einheit der Masse ist ein Kilogramm (1 kg).	Einheit der Gewichtskraft ist ein Newton (1 N).
Messgerät für die Masse ist die Waage.	Messgerät für die Gewichtskraft ist der Kraftmesser.

Die Gewichtslosigkeit

Die Gewichtskraft eines Körpers ist nicht nur davon abhängig, wo sich der betreffende Körper befindet. Sie hängt auch davon ab, ob und wie sich der Körper bewegt.

Steht z. B. eine Person auf einer ruhenden Unterlage, so wirkt auf die Unterlage, z. B. den Fußboden, ihre „normale“ Gewichtskraft. Ursache dafür ist die Anziehungskraft zwischen Person und Erde. Diese Anziehungskraft zwischen Person und Erde wirkt auch, wenn sich die Person beliebig bewegt (Abb. 1). Bei einer Bewegung nach oben oder nach unten verändert sich aber die Kraft, die auf die Unterlage wirkt, also die Gewichtskraft. Beim Anfahren nach oben ist die Gewichtskraft größer als die „normale“ Gewichtskraft. Beim Anfahren nach unten ist das Gegenteil der Fall: Die Gewichtskraft ist kleiner als die „normale“ Gewichtskraft. Auch in Flugzeugen kann man die Verminderung seiner eigenen Gewichtskraft spüren, wenn das Flugzeug in ein „Luftloch“ gerät.

Fällt ein Körper herunter, so übt er keine Kraft mehr auf eine Unterlage aus. Seine Gewichtskraft ist in diesem Fall null. Der Körper ist dann **gewichtslos** oder, wie man manchmal auch sagt, **schwerelos.** Das ist auch bei Körpern der Fall, die sich um die Erde herum bewegen, z. B. bei Astronauten in einer Raumstation.

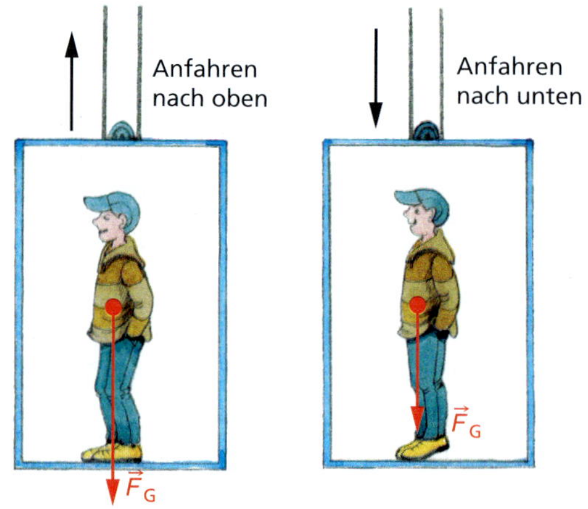

1 Beim Anfahren und Bremsen des Fahrstuhls kann man die unterschiedliche Gewichtskraft registrieren.

Kraft und Bewegung

Wirkt auf einen Körper eine Kraft, so kann er seine Bewegung ändern. Seine Geschwindigkeit vergrößert oder verkleinert sich oder die Richtung seiner Bewegung ändert sich. So wird z.B. bei einem Startsprung der Körper von Schwimmerinnen aufgrund der Muskelkraft beschleunigt. Beim Abwerfen eines Balles ändert sich dessen Geschwindigkeit. Die Geschwindigkeitsänderung ist von der Masse des Körpers und von der auf ihn wirkenden Kraft abhängig.

Die Geschwindigkeitsänderung eines Körpers ist umso größer,
– je größer die auf ihn wirkende Kraft ist und
– je kleiner seine Masse ist.

Umgekehrt gilt: Wenn ein Körper seine Geschwindigkeit ändert, so wirkt auf ihn eine Kraft. Ist dagegen die wirkende Kraft null, so verändert sich auch sein Bewegungszustand nicht. Da auf einen Körper meist mehrere Kräfte wirken, kann man allgemein formulieren:

Unter der Bedingung, dass die Summe der Kräfte auf einen Körper null ist, behält der Körper seinen Bewegungszustand bei.

Um z. B. einen Ball oder ein Auto abzubremsen, sind Kräfte erforderlich.

1 Wirken auf einen Körper Kräfte, so kann er seine Bewegung ändern.

2 Die Schubkraft des Triebwerks einer Rakete bewirkt, dass die Rakete beschleunigt wird und ein Raumtransporter (Space Shuttle) in eine Erdumlaufbahn gelangt.

Stoßkräfte, Zugkräfte, Schubkräfte

Beim Abschuss eines Fußballs, beim Kugelstoßen, beim Zusammenstoß zweier Autos oder beim Schlag eines Tennisschlägers gegen einen Tennisball wirken nur kurzzeitig Kräfte auf Körper ein. Solche kurzzeitig wirkenden Kräfte bezeichnet man als **Stoßkräfte.**
Bei Raketen (Abb. 2) oder Flugzeugen treten **Schubkräfte** auf, die in der Regel länger einwirken und zu Bewegungsänderungen führen. Ähnlich ist das bei **Zugkräften,** die z. B. auftreten, wenn ein Traktor einen Wagen oder ein Lkw einen Anhänger zieht.

Der Bewegungszustand eines Körpers kann durch Stoßkräfte, Zugkräfte oder Schubkräfte verändert werden.

Reibungskräfte

Zwischen zwei Körpern, die sich berühren, wirken Reibungskräfte. Das spüren wir z. B., wenn wir einen Schrank wegschieben wollen oder wenn wir mit dem Fahrrad einen sandigen Weg entlang fahren.

> **Reibungskräfte sind immer so gerichtet, dass sie der Bewegung entgegenwirken und diese hemmen oder verhindern.**

Sie sind u. a. die Ursache für Bremsvorgänge und für Erwärmungen bei sich bewegenden Körpern. Dabei wird zwischen der **Haftreibungskraft**, der **Gleitreibungskraft** und der **Rollreibungskraft** unterschieden.

Die wesentliche Ursache für das Auftreten von Reibungskräften liegt in der Oberflächenbeschaffenheit der Körper begründet, die sich berühren. Die Oberflächen der Körper sind mehr oder weniger rau. Liegen die Körper aufeinander oder bewegen sie sich gegeneinander, so „verhaken" sich die Unebenheiten der Flächen. Die Bewegung wird gehemmt oder verhindert.

Der Betrag der Reibungskraft ist umso größer, je größer die Kraft ist, mit der ein Körper senkrecht auf seine Unterlage drückt.
Bei rauen Oberflächen ist die Reibungskraft größer als bei glatten Oberflächen.
Für einen Körper, der sich auf einer bestimmten Unterlage befindet, ist die Haftreibungskraft größer als die Gleitreibungskraft und diese ist größer als die Rollreibungskraft. Reibungskräfte sind teils **erwünscht,** teils **unerwünscht.** Wenn wir gehen, ist eine große Reibungskraft zwischen unseren Schuhen und der Straße erwünscht.
Beim Rodeln, Radfahren oder Skifahren ist die bewegungshemmende Reibungskraft meist unerwünscht.
Das gilt auch für viele Fahrzeuge und Maschinen.

Die Reibungskraft kann **vergrößert** werden durch
- Vergrößerung der Kraft, mit der die Körper aufeinander gepresst werden,
- Aufrauung der Oberflächen.

Die Reibungskraft kann **verringert** werden durch
- Verkleinerung der Kraft, mit der die Körper aufeinander gepresst werden,
- Glättung der Oberflächen,
- Schmiermittel (Fett, Öl, Wasser).

Arten der Reibung

Haftreibung	Gleitreibung	Rollreibung
liegt vor, wenn ein Körper auf einem anderen haftet.	liegt vor, wenn ein Körper auf einem anderen gleitet.	liegt vor, wenn ein Körper auf einem anderen abrollt.

Die Kraft, die zwischen Reifen und Straße wirkt und das Rutschen der Räder verhindert, nennt man **Haftreibungskraft.**	Kinder rutschen oder gleiten auf der Rutsche herab. Die bewegungshemmende Kraft nennt man **Gleitreibungskraft.**	Die Kraft, die zwischen rollenden Rädern und dem Weg auftritt, und die Bewegung hemmt, nennt man **Rollreibungskraft.**

Zentralkräfte

Die Sitze eines Karussells und die Personen in ihnen (Abb. 1), der Hammer eines Hammerwerfers oder ein Satellit um die Erde führen eine Kreisbewegung aus. Das gilt auch näherungsweise für die Bewegung des Mondes um die Erde oder für die Bewegung der Erde um die Sonne. Damit sich ein Körper auf einer kreisförmigen Bahn bewegt, muss auf ihn eine Kraft in Richtung des Zentrums der Kreisbewegung wirken.
Diese Kraft wird als **Zentralkraft** oder auch als **Radialkraft** bezeichnet.

Die Zentralkraft ist die Kraft, die erforderlich ist, um einen Körper auf einer Kreisbahn zu halten.

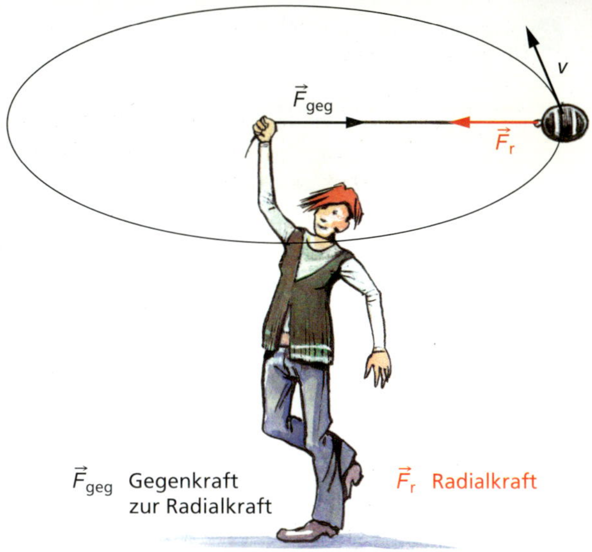

2 Kräfte bei einer Kreisbewegung: Radialkraft und Gegenkraft sind gleich groß.

Wenn man z. B. einen Körper an einem Faden befestigt und auf einer Kreisbahn herumschleudert (Abb. 2), dann wird die erforderliche Zentralkraft durch den Faden aufgebracht. Reißt der Faden oder lässt man den Faden los, so wirkt keine Zentralkraft mehr. Der Körper bewegt tangential weg. Ähnlich ist das bei einem Hammerwerfer: Um den Hammer auf einer Kreisbahn zu halten, muss der Sportler eine erhebliche Kraft aufwenden. Lässt er den Griff los, so fliegt der Hammer tangential weg. Zentralkräfte spielen auch bei Kurvenfahrten eine wichtige Rolle.

Zentralkräfte können in sehr unterschiedlicher Weise hervorgerufen werden.
Bei einem Kettenkarussell oder einem Hammerwerfer wird die Kraft durch die Aufhängung oder durch eine Person aufgebracht.
Bei einer Looping-Bahn bringt die Stahlkonstruktion der Schienen die Zentralkraft auf. Das ist auch bei der Kurvenfahrt von Zügen der Fall. Bei Straßenfahrzeugen wirkt die Reibungskraft zwischen Reifen und Straße als Zentralkraft (Abb. 3). Bei Satelliten, Planeten oder Monden wirkt die Massenanziehung.

1 Die Sitze eines Karussells mit den Menschen führen eine Kreisbewegung aus. Damit sich die Sitze auf einer Kreisbahn bewegen, muss eine Kraft in Richtung Drehachse wirken.

3 Um eine Kurve sicher zu durchfahren, muss eine Kraft nach innen wirken. Ist die nach innen wirkende Kraft zu klein, so wird das Motorrad aus der Kurve getragen.

Satelliten

1 Künstlicher Erdsatellit

Ein **Satellit** (lat., **Trabant,** Begleiter) ist ein natürlicher oder künstlicher **Himmelskörper,** der sich um die Erde oder einen anderen Zentralkörper bewegt. Im engeren Sinne versteht man unter Satelliten künstliche Himmelskörper, die die Erde umrunden (Bild 1). Um die Erde bewegen sich inzwischen auf kreisförmigen bzw. elliptischen Bahnen eine große Anzahl von Satelliten mit den verschiedensten Aufgaben. Neben Forschungssatelliten gibt es z. B. Wettersatelliten, Nachrichtensatelliten oder Spionagesatelliten.
Eine spezielle Form sind geostationäre Satelliten zur Übertragung von Fernsehprogrammen und zur Nachrichtenübermittlung.

Die ersten Satelliten
Die Geschichte der Raumfahrt und damit auch die Geschichte von **Erdsatelliten** reicht bis in das 19. Jahrhundert zurück. In Russland entwickelte KONSTANTIN EDUARDOWITSCH ZIOLKOWSKI (1857-1935) wichtige theoretische Grundlagen des Raketenflugs. Er schlug u. a. vor, für Raketen flüssige Treibstoffe zu verwenden, propagierte das Prinzip der Mehrstufenrakete, entwarf Vorschläge für Raketentriebwerke und entwickelte Vorstellungen für Raumflüge.

2 Die deutsche Rakete V 2

In den USA entwickelte der Physiker ROBERT GODDARD (1882-1945) in langjähriger Arbeit eine Flüssigtreibstoffrakete, die 1926 erstmals erfolgreich erprobt wurde.
Die Rakete erreichte in 2,5 s eine maximale Flughöhe von 12,5 m.

In seinem 1923 erschienenen Buch "Die Rakete zu den Planetenräumen" wies der deutsche Forscher HERMANN OBERTH (1894-1989) nach, dass mit Raketen andere Planeten erreicht werden können und demzufolge auch Satelliten um die Erde möglich sind. Bereits 1927 wurde von einer kleinen Gruppe von Enthusiasten in Berlin der "Verein für Raumschifffahrt" gegründet. In ihm arbeiteten u. a. HERMANN OBERTH und WERNHER VON BRAUN (1912-1977) mit. BRAUN war auch maßgeblich an der Entwicklung der V 2 beteiligt (Bild 2). Diese für Kriegszwecke entwickelte Rakete hatte eine Länge von 14 m, eine Masse von 12,5 t, eine Nutzlast von etwa 1 000 kg, eine Reichweite von ca. 300 km und eine Höchstgeschwindigkeit von 5 000 km/h.

... und mehr

Informiere dich auch unter: *Radialkraft, Gewichtskraft, Schwerelosigkeit, gleichförmige Kreisbewegung, kosmische Geschwindigkeiten, ...*

Physik in Natur und Technik

Verschiedene Kräfte – verschiedene Wirkungen

Beim Wasserspringen (Abb. 1) biegt sich das Sprungbrett durch die Gewichtskraft des Springers durch. Bei verschiedenen Springern biegt sich das Brett unterschiedlich stark durch. Die Gewichtskräfte haben unterschiedliche Wirkungen auf das Sprungbrett.
Wovon ist die Wirkung der Gewichtskraft auf ein Sprungbrett abhängig?
Wie ändert sich die Verformung des Sprungbrettes, wenn es schräg nach oben gestellt wird?

Die Kraft, die auf das Sprungbrett einwirkt, ist die Gewichtskraft des Springers. Wir müssen herausfinden, ob Betrag, Richtung und Angriffspunkt die Wirkung dieser Kraft beeinflussen. Dazu untersuchen wir systematisch die Wirkung von Kräften auf eine biegsame Holzleiste anstelle des Sprungbrettes. Wir führen also für den gegebenen Fall ein Experiment am Modell durch.
Damit wenden wir eine für die Physik typische Arbeitsweise an: An einem vereinfachten Beispiel (Modell) werden Zusammenhänge untersucht und die Ergebnisse auf das Original, das elastische Sprungbrett, übertragen.

1 Die Verformung eines elastischen Brettes hängt u. a. von der Gewichtskraft des Jungen ab.

1. Fall:
Wir untersuchen, ob die Wirkung einer Kraft vom Betrag abhängig ist. Angriffspunkt und Richtung der Kraft bleiben konstant.
Die Experimente (Abb. 2 a, b) zeigen:

Die Wirkung einer Kraft auf einen Körper ist von ihrem Betrag abhängig.

Je größer die Gewichtskraft eines Springers ist, desto stärker biegt sich das Sprungbrett durch, wenn er an einer bestimmten Stelle auf dem Brett steht.

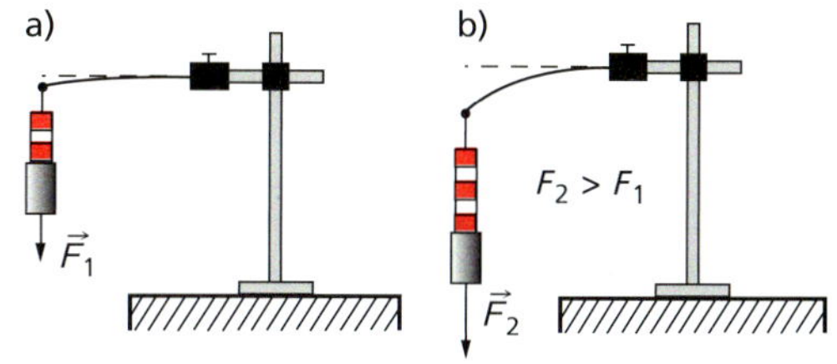

2 Abhängigkeit der Wirkung einer Kraft von ihrem Betrag

2. Fall:
Wir untersuchen die Abhängigkeit der Wirkung einer Kraft vom Angriffspunkt und lassen Betrag und Richtung der Kraft konstant. Die Experimente (Abb. 3a, b) zeigen:

Die Wirkung einer Kraft ist von ihrem Angriffspunkt abhängig.

Je weiter nach vorn ein Springer auf das Sprungbrett geht, desto stärker biegt es sich durch.

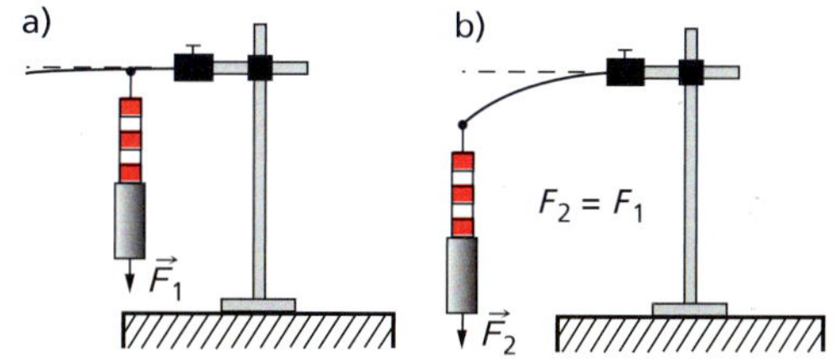

3 Abhängigkeit der Wirkung einer Kraft vom Angriffspunkt

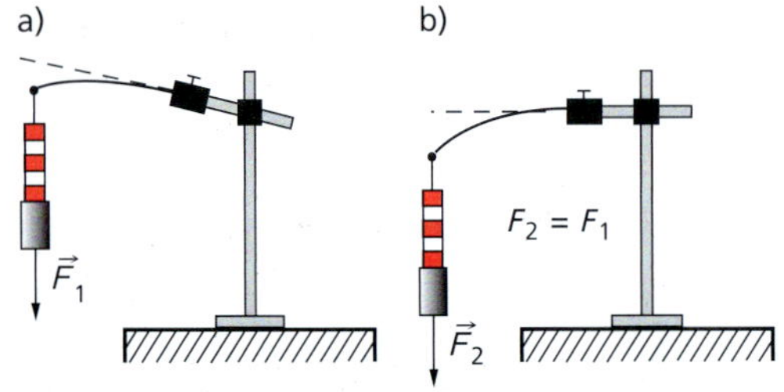

1 Abhängigkeit der Wirkung einer Kraft von ihrer Richtung

3. Fall:
Wir untersuchen die Abhängigkeit der Wirkung einer Kraft von ihrer Richtung und verändern die Richtung der angreifenden Kraft (Abb. 1).
Angriffspunkt und Betrag lassen wir konstant. Die Experimente (Abb. 1a, b) zeigen:

Die Wirkung einer Kraft ist von ihrer Richtung abhängig.

Würde man das Sprungbrett beim Wasserspringen schräg nach oben stellen, so würde es sich bei gleicher Gewichtskraft nicht so stark durchbiegen wie bei horizontaler Lage.

Auf dem Mond ist alles leichter

In den Jahren 1969–1972 landeten amerikanische Astronauten auf dem Mond. Im Rahmen des Apollo-Mondlandeprogramms betrat NEIL ARMSTRONG im Juli 1969 als Erster die Mondoberfläche. Die Ausrüstung eines Astronauten hatte auf der Erde eine Masse von 84 kg und damit auf der Erdoberfläche eine Gewichtskraft von etwa 840 N. So viel wiegt auf der Erde ein ausgewachsener Mann. Auf dem Mond führten die Astronauten aber mit dieser Ausrüstung ohne Schwierigkeiten große Sprünge aus.
Wie ist das zu erklären? Welche Gewichtskraft hatte die Ausrüstung eines Astronauten auf dem Mond?

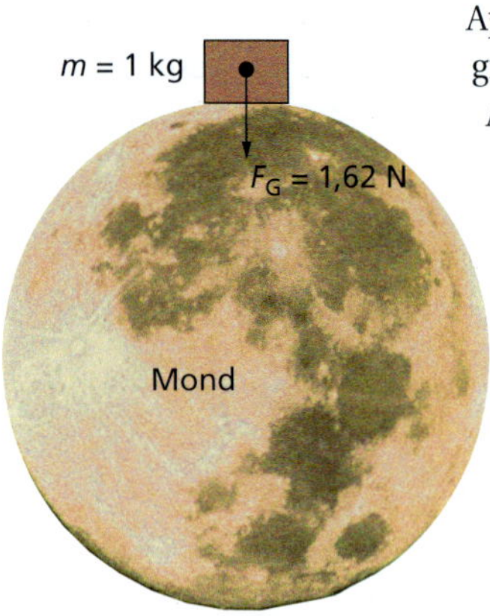

2 Die Gewichtskraft auf dem Mond ist nur etwa 1/6 so groß wie auf der Erde.

Die Masse der Ausrüstung ist auf dem Mond genauso groß wie auf der Erde. Sie beträgt 84 kg und ist nicht vom Ort abhängig.
Die Gewichtskraft eines Körpers ist jedoch vom Ort abhängig. Während der Ortsfaktor auf der Erde $g = 9{,}81\ \mathrm{m/s^2}$ beträgt, ist sein Wert auf dem Mond $1{,}62\ \mathrm{m/s^2}$. Demzufolge ist die Gewichtskraft auf dem Mond etwa 1/6 der Gewichtskraft auf der Erde. Die Ausrüstung eines Astronauten hat auf dem Mond nicht mehr eine Gewichtskraft von 840 N wie auf der Erde, sondern nur von 140 N. Auch die Gewichtskraft des Astronauten selbst verringert sich auf dem Mond auf 1/6. Da die Muskelkräfte die gleichen waren wie auf der Erde, konnten die Astronauten auf dem Mond große Sprünge ausführen und ihre schwere Ausrüstung ohne Probleme transportieren.

Erklären physikalischer Erscheinungen

Beim Erklären wird zusammenhängend und geordnet dargestellt, warum eine Erscheinung in Natur und Technik so und nicht anders auftritt. Dabei wird die *einzelne* Erscheinung auf das Wirken *allgemeinerer* Gesetze zurückgeführt, indem dargestellt wird, dass die Wirkungsbedingungen bestimmter Gesetze in der Erscheinung vorliegen. Auch Modelle können zum Erklären herangezogen werden.
Beim Erklären sollte man deshalb in folgenden Schritten vorgehen:

1. Beschreibe die für das Wirken von Gesetzen und Anwenden von Modellen wesentlichen Seiten in der Erscheinung! Lasse unwesentliche Seiten unberücksichtigt!
2. Nenne Gesetze und Modelle, mit denen die Erscheinung erklärt werden kann, weil deren Wirkungsbedingungen vorliegen!
3. Führe die Erscheinung auf das Wirken physikalischer Gesetze bzw. auf das Anwenden von Modellen zurück!

Reibung beim Autofahren

Reibungskräfte hemmen die Bewegung. Das gilt für den Luftwiderstand (Abb. 1) ebenso wie für die Rollreibung zwischen Reifen und Fahrbahn. Es ist auf der einen Seite vorteilhaft, die Reibungskräfte zwischen Reifen und Fahrbahn zu verringern.
Auf der anderen Seite versucht man aber, durch eine entsprechende Profilgestaltung der Reifen und die Wahl bestimmter Gummisorten die Reibungskräfte möglichst zu vergrößern. Auch den Straßenbelag wählt man so, dass die Haftreibung zwischen Reifen und Straße möglichst groß ist.
Warum ist die Reibung beim Autofahren einerseits erwünscht und sogar notwendig und andererseits unerwünscht?
Wie kann man die Reibungskräfte beim Autofahren möglichst groß bzw. möglichst klein halten?

Für die Fortbewegung eines Autos ist die Haftreibung zwischen Fahrbahn und Reifen notwendig. Ohne Haftreibung könnte man weder Auto fahren noch bremsen. Fahrbahnbelag und Reifen müssen so gewählt werden, dass die Haftreibung zwischen ihnen möglichst groß ist.
Beim Anfahren könnte die Motorkraft ohne Haftreibung nicht auf die Straße übertragen werden. Die Räder würden durchdrehen und das Auto sich nicht bewegen. Ohne Reibung gäbe es auch kein Bremsen. Schon bei geringer Haftreibung,

1 Bei einem Auto mit Dachladung ist der Luftwiderstand wesentlich größer als bei einem Auto ohne Dachladung.

2 Reibungskraft F_R und fortbewegende Kraft F sind entgegengesetzt gerichtet.

etwa auf nassen oder eisglatten Straßen, kann es beim Autofahren und Bremsen große Probleme geben.
Besonders wichtig ist die Reibung bei den Bremsen selbst, weil der Bremsweg eines Fahrzeuges davon entscheidend beeinflusst wird.
Unerwünscht ist die Reibung, die während der Fahrt die Bewegung des Autos hemmt. Das ist vor allem die Rollreibung der Räder und der Luftwiderstand (Abb. 1).
Die Rollreibung der Räder kann man nur wenig beeinflussen. Ein etwas höherer Reifendruck verringert die Rollreibung, kann aber zu einem höheren Verschleiß führen.
Der Luftwiderstand wirkt wie die Reibung bewegungshemmend.
Er hängt von der Form des Autos ab und ist bei offenen Fenstern und einer auf dem Dach befestigten Ladung erheblich größer als bei geschlossenen Fenstern und ohne zusätzlichen Dachgepäckträger.

Mit der Geschwindigkeit nimmt der Luftwiderstand stark zu. Allgemein gilt: Eine Verdopplung der Geschwindigkeit führt zu einer Vervierfachung des Luftwiderstandes. Das bedeutet: Bei einer Geschwindigkeit von 100 km/h ist der Luftwiderstand eines Pkw etwa viermal so groß wie bei 50 km/h.
Bei einer Geschwindigkeit von 130 km/h ist der Luftwiderstand bereits 1,7-mal so groß wie bei 100 km/h und etwa siebenmal so groß wie bei 50 km/h.

Vorsicht in Kurven

Kurvenfahrten sind schon deshalb gefährlich, weil man nicht sehen kann, was hinter einer Kurve kommt (Abb. 1). Deshalb ist das Überholen vor und in Kurven grundsätzlich verboten. Darüber hinaus muss ein Fahrzeugführer so durch eine Kurve fahren, dass das Fahrzeug nicht aus der Kurve getragen wird.
Wovon ist die zum sicheren Durchfahren einer Kurve erforderliche Zentralkraft abhängig? Welche Konsequenzen ergeben sich daraus für Kurvenfahrten?

Erstens spielt die Masse des Fahrzeugs eine wichtige Rolle. Je größer sie ist, desto größer ist die erforderliche Zentralkraft. Da aber auch die Haftreibungskraft mit der Masse wächst, kann bei sonst gleichen Bedingungen eine Kurve von unterschiedlich schweren Fahrzeugen gleich schnell durchfahren werden.
Zweitens hat der Kurvenradius Einfluss auf die erforderliche Zentralkraft. Wenn ein Fahrzeug mit einer bestimmten Geschwindigkeit durch Kurven fährt, dann gilt: Die erforderliche Zentralkraft ist umso größer, je kleiner der Kurvenradius ist. Enge Kurven kann man nur mit einer kleinen Geschwindigkeit durchfahren.
Drittens ist die erforderliche Zentralkraft von der Geschwindigkeit des Fahrzeuges abhängig. Es gilt: Je größer die Geschwindigkeit ist, desto größer ist die erforderliche Zentralkraft. Das bedeutet: Die Geschwindigkeit sollte vor engen Kurven verringert werden.

1 Bei Kurvenfahrten besteht erhöhte Unfallgefahr. Deshalb muss man in Kurven besonders vorsichtig fahren.

2 Triebwerke für ein Flugzeug in einer Montagehalle: Auch dabei wird Klebetechnik genutzt.

Kleben macht leichter und belastbar

Einzelteile von Flugzeugen oder Schiffen wurden noch vor einigen Jahren genietet, geschraubt oder geschweißt. Heute klebt man bei vielen dieser Arbeiten (Abb. 2).
Die Auswirkungen in Bezug auf die Masse der Produkte sind enorm. So wird z. B. ein Jumbojet vom Typ Boeing 747 um bis zu 10 000 kg leichter. Dadurch können außerdem große Mengen an Treibstoff eingespart werden.
Worauf beruht die Wirkung von Klebstoffen?

Man trägt den Klebstoff in flüssiger Form auf die Teile auf, die verbunden werden sollen. Dann werden die Teile aufeinander gepresst.
Beim Kleben wird die Adhäsion genutzt. Der Klebstoff dringt in die Oberflächen der Teile ein. Dadurch kommen viele Teilchen beider Teile miteinander in Berührung. Wenn der Klebstoff trocknet, gehen die Teilchen der Körper und des Klebstoffs eine enge Verbindung ein. Sie kann nicht mehr oder nur sehr schwer rückgängig gemacht werden. Klebestellen halten großen Belastungen stand. Ein Beispiel dafür sind die Rotorblätter von Hubschraubern.

Hinweise für die Arbeit

Bei der Bearbeitung eines Projekts geht es darum, eigene Ideen zum Thema zu entwickeln und sich eigene Aufgaben zu stellen, die die jeweilige Gruppe möglichst selbstständig bearbeitet. Dabei sollte das Thema von unterschiedlichen Seiten aus betrachtet werden. Wenn ihr ein Thema bearbeitet, ist es zweckmäßig, einige allgemeine Arbeitsschritte zu beachten. Diese Arbeitsschritte sind nachfolgend dargestellt.

1. Arbeitsschritt: Am besten veranstaltet man zuerst einmal einen Markt der Ideen und wählt daraus die Themenbereiche aus, die die jeweilige Gruppe bearbeiten möchte.

2. Arbeitsschritt: Die Gruppe erstellt einen **Arbeitsplan.** Die Punkte, die unbedingt geklärt werden sollten, sind unten zu finden.

3. Arbeitsschritt: Die Umsetzung des Arbeitsplanes erfolgt. Treten Fragen auf, kann man sich an den Lehrer wenden.

4. Arbeitsschritt: Nach Beendigung der Gruppenarbeit werden die Ergebnisse präsentiert. Dabei muss man beachten, dass sich die Mitschüler meistens mit anderen Fragestellungen beschäftigt haben.
Die Art der Darstellung muss also in kurzer und logischer Form erfolgen, sodass alle Mitschüler die Versuche und Ergebnisse verstehen und die gewonnenen Erkenntnisse nachvollziehen können.

5. Arbeitsschritt: Abschließend kann eine Wandzeitung angefertigt werden, die einen Gesamtüberblick über die Arbeit der Klasse gibt. Diese wird an gut sichtbarer Stelle im Schulhaus ausgehängt. Eine andere Möglichkeit ist die Anfertigung einer Präsentation mittels Computer.

Reifenprofile

Aquaplaning

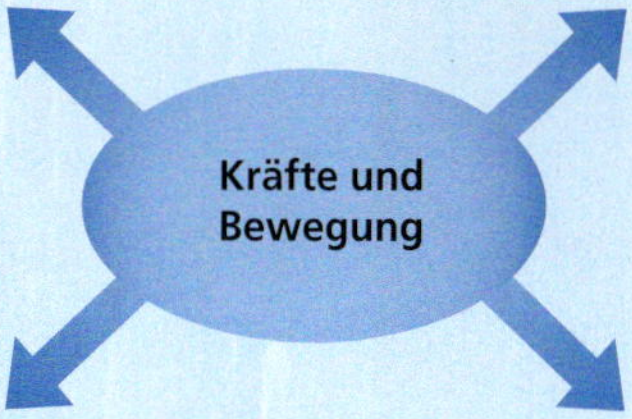

Straßenbelag

Schnee und Glatteis

Arbeitsplan der Gruppe

a) Welche Fragen sollen in der Gruppe zum ausgewählten Themenbereich beantwortet werden?
b) Welche Materialien/Medien sollen genutzt werden?
Welche Methoden sollen bei der Informationsbeschaffung angewendet werden?
c) Welche Experimente möchte die Gruppe durchführen?
d) Wer ist für welchen Bereich bzw. für welche Frage zuständig?
e) Welcher zeitliche Rahmen steht zur Verfügung?
f) Wie sollen die Ergebnisse dargestellt werden?

Reibung im Straßenverkehr

Reibung und Straßenbelag

Wir fahren mit unseren Fahrrädern auf Straßen, Radwegen, Feld- und Waldwegen (Abb. 1). Auf die verschiedenen Fahrbahnen müssen wir uns mit unserem Fahrverhalten einstellen. Besonders wichtig ist das beim Anfahren und Bremsen sowie bei Kurvenfahrten.
Das Fahren auf sandigen Böden strengt uns auch viel mehr an als wenn wir auf einer asphaltierten Straße fahren, weil auf Sandboden die Reibungskraft größer ist.
Straßen sind heute meistens mit Beton oder Asphalt überzogen. Früher wurden Straßen gewöhnlich mit Kopfsteinpflaster gebaut (Abb. 2), was man auch heute gelegentlich in Nebenstraßen noch sehen kann.

1 Auf Sandwegen ist das Fahrradfahren sehr anstrengend.

2 Kopfsteinpflaster findet man heute noch in Nebenstraßen und in Fußgängerzonen.

Die Art des Straßenbelages hat Einfluss auf die Reibung zwischen den Rädern eines Fahrzeuges und der Straße. Besonders vorsichtig muss man auf nassem Kopfsteinpflaster und auf sandigen Wegen fahren.

1. *Erkunde, wie sich der Straßenbelag in den letzten zwei Jahrhunderten verändert hat!*

2. *Welche Arten von Straßenbelag gibt es heute in deiner Umgebung?*

3. *Stelle in einer Übersicht Materialien für Straßen- und Gehwegbeläge zusammen! Erkunde, wie lange der Belag durchschnittlich hält!*

4. *Warum ist das Fahren mit einem Fahrrad auf einem Sandweg viel anstrengender als auf einer Asphaltstraße?*

5. *Vor allem im Herbst und im Winter hört man im Anschluss an den Wetterbericht häufig den Hinweis: Stellen Sie sich mit Ihrem Fahrverhalten auf die veränderten Fahrbahnverhältnisse ein.*
   Welche Veränderungen sind das? Was ändert sich aus physikalischer Sicht? Was bedeutet das für dein Verhalten im Straßenverkehr?

6. *Untersuche in einem Experiment die Abhängigkeit der Haft-, Roll- und Gleitreibung eines Fahrzeugs von der Beschaffenheit des Bodens!*

Vorbereitung:
Die zu untersuchenden Abhängigkeiten sollen mithilfe eines Spielzeugautos als Modell auf verschiedenen Böden untersucht werden.

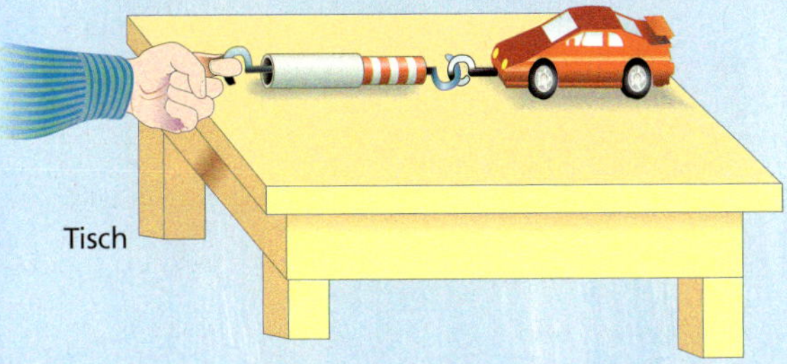

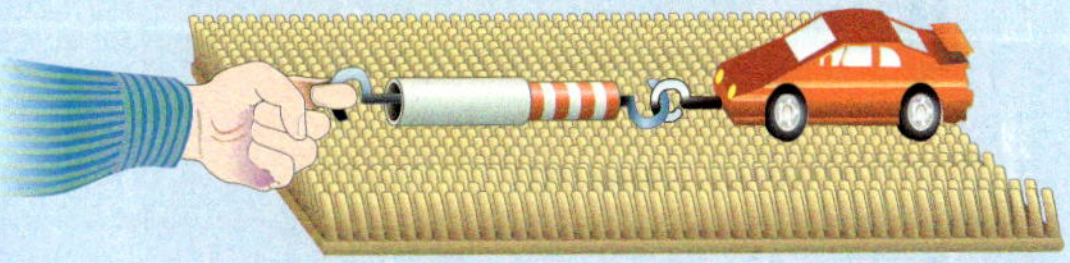

Geräte und Materialien:
- Spielzeugauto
- Federkraftmesser
- verschiedene Unterlagen

Durchführung:
Mit dem Federkraftmesser wird die jeweilige Reibungskraft gemessen.

a) *Bestimme die Haftreibungskraft jeweils dann, wenn sich das Auto zu bewegen beginnt!*
b) *Bestimme die Rollreibungskraft, wenn das Auto gleichmäßig über die Tischplatte bzw. den Teppichboden rollt!*
c) *Bestimme die Gleitreibungskraft! Klebe dazu die Räder so fest an die Karosserie des Autos, dass sie sich nicht drehen können!*
Ziehe das Auto gleitend über die Tischplatte bzw. den Teppichboden und lies jeweils die Kraft ab!
*d) *Berechne die jeweiligen Reibungszahlen! Erkunde, welche Größe du dazu messen musst!*

Auswertung:
Vergleiche die Reibungskräfte, die bei der Reibung des Autos auf der Tischplatte und auf dem Teppichboden auftreten!

Welche Schlussfolgerungen können hinsichtlich des Einflusses des Straßenbelages auf die Reibungskraft abgeleitet werden?

Regen, Schnee und Glatteis

Nasse bzw. schnee- oder eisbedeckte Fahrbahnen können die Reibung eines Fahrzeuges auf der Straße erheblich verringern.
Wenn man diese äußeren Bedingungen nicht beachtet, kann es im Straßenverkehr zu schweren Unfällen kommen. Es wird empfohlen, bei Schnee und Eis vor allem Fahrräder und Zweiradfahrzeuge gar nicht erst zu benutzen.

7. *Erkunde, welchen Einfluss Regen, Schnee und Eis auf die Reibung und damit auf den Bremsweg von Fahrzeugen haben!*

8. *Stelle Verhaltensregeln für Fahrzeugführer bei Regen, Schnee und Glatteis auf!*

9. *Welchen Einfluss können verschmutzte Fahrbahnen auf die Reibung haben?*

10. *Untersuche experimentell den Einfluss von Nässe auf die Reibung eines Fahrzeuges mit dem Boden!*
Nutze dazu ein Spielzeugauto als Modell!

Reifenprofile

Räder und Reifen von Fahrzeugen sehen ganz verschieden aus. Allein die Reifen von Fahrrädern, z. B. von Mountainbikes, Citybikes, Rennrädern oder Tourenrädern, unterscheiden sich stark voneinander.
Auch die Reifen von Pkw sind verschieden. Manche Sportwagen haben sehr breite Reifen. Reifen von Rennautos haben kein Profil, sondern drei oder vier Rillen. Gerade bei Autorennen hört man immer wieder, wie wichtig die Wahl der Reifen für den sportlichen Erfolg ist.

11. *Für Pkw gibt es Sommer-, Winter- und Allwetterreifen. Stelle deren Eigenschaften, Profilformen und Einsatzgebiete zusammen!*

12. *Erkunde, welche verschiedenen Arten von Reifen es für Fahrräder gibt? Stelle in einer Übersicht zusammen, mit welchen Reifen Fahrräder für welche Anforderungen besonders geeignet sind! Gehe dabei auf die Eigenschaften der jeweiligen Reifen ein!*

13. *Erkunde, wie der Reifendruck die Reibung zwischen Reifen und Straße beeinflusst! Welche Schlussfolgerungen kann man daraus für einen optimalen Reifendruck ziehen?*

Antischlupf, ABS und Aquaplaning

Damit Fahrzeuge sicher anfahren und bremsen können, müssen Motorkraft und Bremskraft optimal auf die Straße übertragen werden. Ist die Haftreibungskraft zwischen Straße und Reifen zu klein, dann drehen beim Anfahren die Räder durch. Beim Bremsen blockieren sie.
Eine **Antischlupfregelung** sorgt bei modernen Autos dafür, dass die Räder beim Anfahren nicht durchdrehen.
Beim Bremsen wird ein **A**nti-**B**lockier-**S**ystem (ABS) genutzt. Es bewirkt, dass die Räder nicht blockieren. Dadurch bleibt das Fahrzeug auch bei einer Vollbremsung lenkbar. Das ABS wird nur dann wirksam, wenn ein Blockieren der Räder droht.
Besonders gefährlich ist es, wenn bei nasser Fahrbahn Aquaplaning auftritt. Bei Aquaplaning „schwimmen" die Vorderräder auf einem Wasserfilm auf der Fahrbahn. Sie haben also keine Haftung mehr mit der Fahrbahn. Damit ist das Lenken des Fahrzeugs nicht mehr möglich.

14. *Erkunde, wie eine Antischlupfregelung in modernen Pkw funktioniert!*

15. *Warum kann man zügiger anfahren, wenn die Reifen nicht durchdrehen? Warum kommt man schneller zum Stehen, wenn beim Bremsen die Räder nicht blockieren?*

16. *Informiere dich über die Wirkungsweise von ABS! Nutze dazu auch die Betriebsanleitung von Pkw oder informiere dich im Internet! Welche Vorteile hat ein Auto mit ABS gegenüber Autos ohne ABS?*

17. *Wie entsteht das Aquaplaning beim Fahren auf nassen Fahrbahnen? Welchen Einfluss haben Reifenprofil und Geschwindigkeit auf das Entstehen von Aquaplaning?*

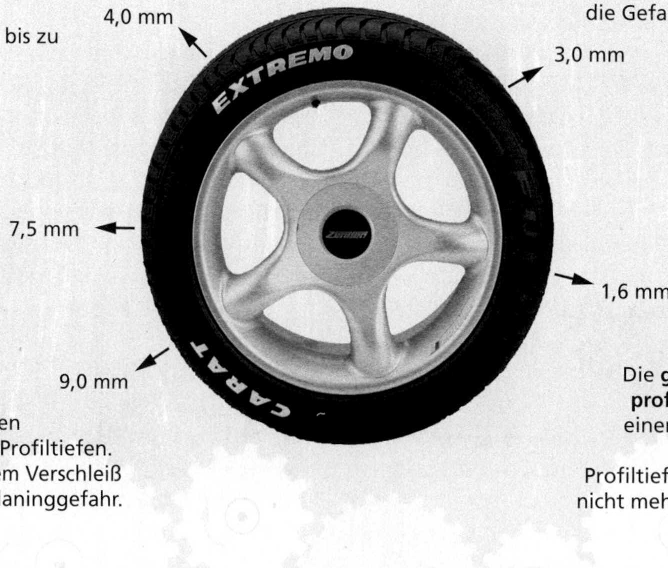

Wintersicherheitsgrenze
Volle Sicherheit bei Frost, Schnee und Matsch gewährleisten Winterreifen nur bis zu einer Profiltiefe von 4 mm.

Sommersicherheitsgrenze
Besonders bei Breitreifen vergrößert sich bei dieser Profiltiefe die Gefahr des Aquaplanings erheblich.

Neue Reifen
Neue Reifen haben unterschiedliche Profiltiefen. Mit zunehmendem Verschleiß steigt die Aquaplaninggefahr.

Die **gesetzliche Mindestprofiltiefe** gewährt nur einen Rest an Sicherheit. Bei geringerer Profiltiefe darf das Fahrzeug nicht mehr gefahren werden.

gewusst · gekonnt

1. Gib jeweils an, welche Körper in den folgenden Situationen aufeinander einwirken und welche Kräfte wirken!
  a) Eine Handballspielerin wirft den Ball ab.
  b) Ein Baum biegt sich im Wind.
  c) Du bremst mit deinem Fahrrad an einer Kreuzung.
  d) Du biegst eine Büroklammer aus Metall auf.
  e) Ein Turmspringer taucht ins Wasser ein.

2. Erläutere an Beispielen, wie durch das Wirken von Kräften
  a) die Bewegung von Körpern,
  b) die Form von Körpern,
  c) die Bewegung und die Form von Körpern
gleichzeitig geändert werden!

3. Von Ronaldo sagen seine Mitschüler, er sei ein Kraftprotz.
Was meinen sie wohl damit? Versuche eine physikalische Interpretation!

4. Bei einem Experiment wurde die Verlängerung einer Schraubenfeder und eines Gummibands durch verschiedene Wägestücke gemessen.

Kraft in N	**Verlängerung in cm**	
	Feder	**Gummiband**
0	0	0
0,1	2,1	2,4
0,2	3,9	5,6
0,3	6,0	8,1
0,4	8,0	12,1

  a) Um wie viel länger sind die Feder und das Gummiband bei jedem Wägestück von 0,1 N geworden?
  b) Stelle die Messwerte in einem Diagramm dar!
  c) Warum nutzt man zum Bau von Kraftmessern kein Gummiband, sondern elastische Federn aus Stahl?

5. Suche und erläutere Beispiele, wo im Alltag von Kräften gesprochen wird, aber damit nicht eine Kraft im physikalischen Sinne gemeint ist!

6. Die Knautschzone eines Pkw dient dem Schutz der Fahrzeuginsassen.
  a) Erläutere die Funktion einer solchen Knautschzone! Erfolgt bei einem Unfall eine elastische oder plastische Verformung?
  b) Wie würde ein Unfall im dichten Straßenverkehr verlaufen, wenn die Karosserien aller Autos elastisch wären?

7. Ein Federkraftmesser hat noch keine Skala.
  a) Wie könnte man sich eine solche Skala herstellen? Als Hilfsmittel stehen dir Wägestücke und ein Lineal zur Verfügung.
  b) Stelle selbst eine solche Skala her!

8. Untersuche experimentell, wie sich ein langes Lineal in Abhängigkeit von seiner Belastung durchbiegt (s. Abbildung)!
Dazu wird ein langes und biegsames Lineal so angeordnet, wie es die Skizze zeigt. An einem Ende wird es durch 10-Cent-Münzen belastet. Eine 10-Cent-Münze hat eine Gewichtskraft von 0,04 N.

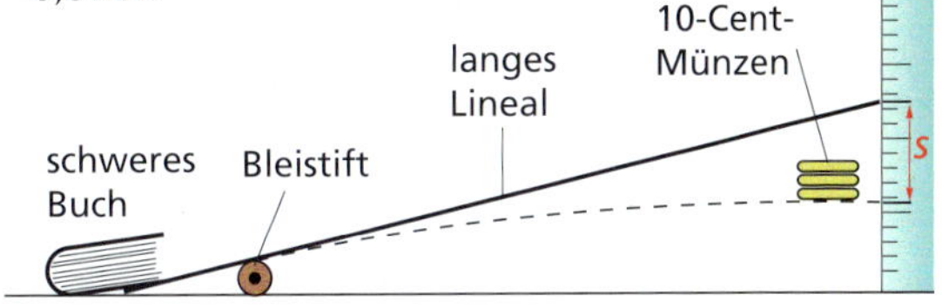

  a) Bestimme die Durchbiegung s in Abhängigkeit von der Belastung F!
  b) Trage die Messwerte in eine Tabelle ein! Übernimm dazu das Muster ins Heft!

***F* in N**	0,04	0,08	0,12	…
***s* in cm**				

  c) Stelle die Messwerte in einem Diagramm dar! Interpretiere es! Gilt $s \sim F$?

***9.** Das hookesche Gesetz kann auch als Gleichung in der Form $F = D \cdot s$ geschrieben werden. Erkunde, welche physikalische Bedeutung D hat! Nutze die Internetadresse **www.schuelerlexikon.de!**

10. Zwei Autos sind vom gleichen Typ, aber unterschiedlich alt. Wenn beide mit je zwei Kästen Limonade beladen werden, sinkt das ältere Auto tiefer als das neue. Was könnte der Grund sein?

11. Nachfolgend sind einige Kräfte dargestellt. Als Maßstab wurde vereinbart: 0,5 cm entspricht 1 N. Welche Beträge haben die Kräfte F_1 bis F_5? Welche Beträge hätten sie, wenn gilt: 2 cm $\triangleq$ 10 N?

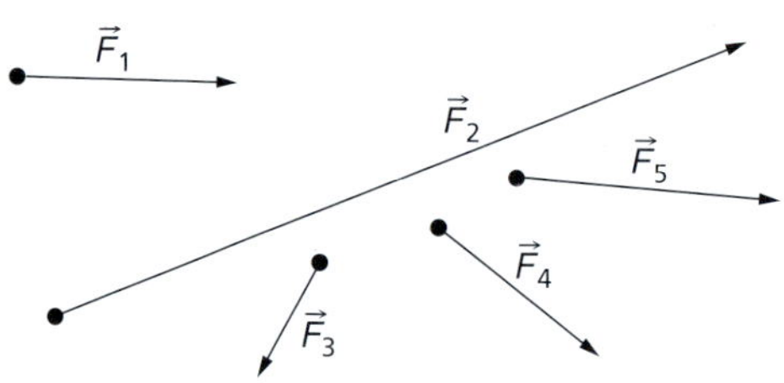

12. Zwei Mannschaften tragen einen Wettkampf im Tauziehen aus. Nach links ziehen drei Schüler mit den Kräften 380 N, 400 N und 360 N. Auf der anderen Seite ziehen zwei Schüler mit 410 N und 400 N. Nun kommt den beiden ein dritter Schüler zu Hilfe. Mit welcher Kraft muss er mindestens ziehen, damit seine Mannschaft gewinnt?

13. Im Märchen klettern die Bremer Stadtmusikanten aufeinander, um den Räubern auf die Schliche zu kommen. Wie setzt sich die Kraft zusammen, die von Hund, Katze und Hahn auf den Esel ausgeübt wird?

14. Beatrice wird auf einem Schlitten gezogen. Begründe, welche Zugrichtung am Seil für den Ziehenden am vorteilhaftesten ist!

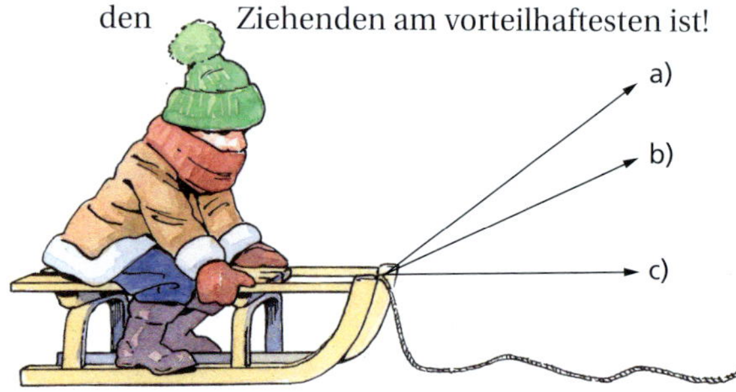

15. An der Skala eines Federkraftmessers kannst du nur noch die Werte 0 N und 8 N erkennen, die übrigen sind nicht mehr lesbar. Wie könntest du die Skala ergänzen, um auf 1 N genau ablesen zu können? Begründe!

16. Verschiedene Körper haben folgende Masse: 2,5 g; 36 g; 1,5 kg; 7,8 kg; 3,2 t. Gib ihre Gewichtskräfte auf der Erdoberfläche an!

17. Verschiedene Körper haben auf der Erdoberfläche folgende Gewichtskraft : 0,5 N; 5,8 N, 3,1 N; 25 kN; 680 N. Gib an, welche Masse diese Körper haben!

18. Ein Schüler mit der Masse 42 kg wird von der Erde mit der Gewichtskraft 420 N angezogen. Zieht auch der Schüler die Erde an? Wenn ja, mit welcher Kraft?

19. Die Mondlandeeinheit, mit der Menschen im Jahre 1969 erstmals zum Mond gelangten, hatte eine Masse von 14 700 kg.

a) Wie groß war die Gewichtskraft der Mondlandeeinheit auf der Erde und auf dem Mond?

b) Vergleiche die Gewichtskraft der Mondlandeeinheit mit der eines Pkw (s. S. 43) auf der Erde!

***20.** Experimentiere „in Gedanken": Am Südpol beträgt die Gewichtskraft einer Packung Reis genau 10 N. Musst du am Äquator Reis dazugeben oder ausschütten, um wieder genau 10 N zu erhalten?

21. Wenn man Wasser aus einer Tasse sehr vorsichtig ausgießt, läuft es meist an der Tasse herunter (s. Abb. unten). Das passiert aber nicht, wenn man das Wasser zügig ausgießt. Erkläre!

22. Warum haftet Kreide an der Wandtafel?

23. Wie kannst du erklären, dass sich in einem Messzylinder der Wasserspiegel an den Wänden nach oben hin „anschmiegt"?

24. Auf welcher physikalischen Eigenschaft beruht die Wirkung von Löschpapier und Küchenpapier?

25. Fülle einen Blumentopf mit lockerer, trockener Erde und einen zweiten mit der gleichen Erde, die aber festgestampft wird! Stelle dann beide Töpfe in wassergefüllte Untersetzer! Beobachte im Abstand von einigen Stunden die Feuchtigkeit in der oberen Erdschicht! Erkläre deine Beobachtungen!

26. Nenne und erläutere Beispiele, wo die Wirkung der Kapillarität erwünscht und wo sie unerwünscht ist!

27. Ein Lkw hat Öl verloren und auf der Straße eine Ölspur hinterlassen.
Warum ist eine solche Ölspur für andere Fahrzeuge, insbesondere für Motorradfahrer und Radfahrer, sehr gefährlich?

28. Viele Autos verfügen über ABS (Anti-Blockier-System). Damit wird verhindert, dass beim starken Bremsen die Räder des Fahrzeuges blockieren. Erkläre, warum damit die Verkehrssicherheit der Fahrzeuge verbessert wird!

29. Die Fotos zeigen Beispiele für die Nutzung von Reibungskräften.
Erläutere die Beispiele!

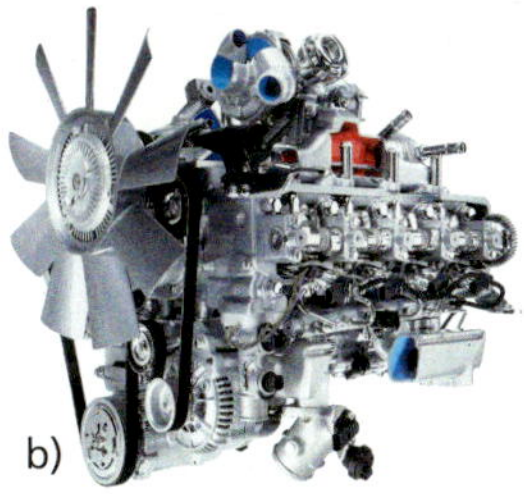

30. Mit dem Fahrrad fährt es sich auf einer asphaltierten Straße viel leichter als auf einem Feldweg mit lockerem Sand.
Wie ist das physikalisch zu erklären?

31. Ein Skifahrer fährt einen Hang hinab.
Erläutere, welche Kräfte dabei wirken!

32. Nenne Beispiele aus Natur, Technik und Alltag dafür, dass durch Reibungskräfte Bewegungen gehemmt werden!

33. In Schwimmhallen kann man auf den nassen Fliesen leicht ausrutschen.
Warum ist das so?

34. In den folgenden Abbildungen sind Kurvenfahrten dargestellt.

Wie wird jeweils die notwendige Zentralkraft aufgebracht?

Kräfte und ihre Wirkungen

Kräfte können bewirken

- eine Änderung der Form von Körpern (plastische oder elastische Verformung)
- eine Änderung der Bewegung von Körpern (Schnelligkeit oder Richtung der Bewegung oder beides)

Die Kraft F ist eine gerichtete Größe. Sie gibt an, wie stark zwei Körper wechselseitig aufeinander einwirken. Erkennbar ist eine Kraft an ihren Wirkungen. Gemessen wird sie in der Einheit 1 Newton (1 N). Das Messgerät für die Kraft ist der Federkraftmesser.

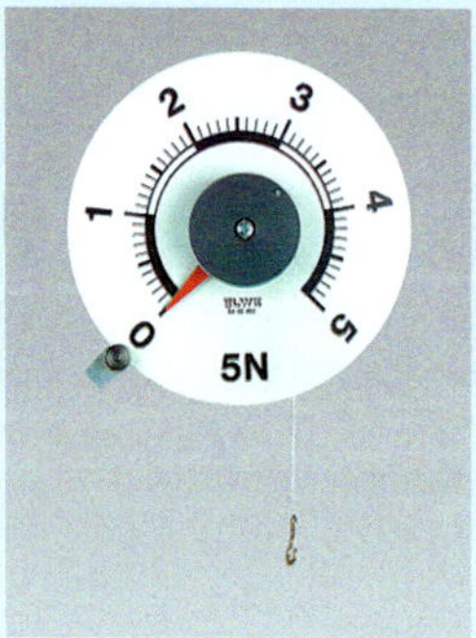

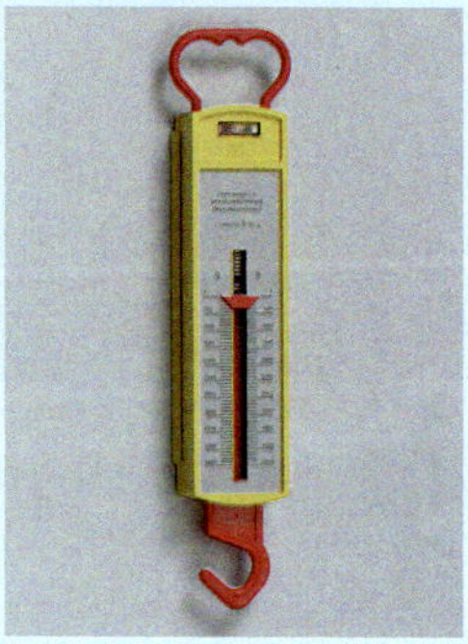

Die Wirkung einer Kraft auf einen Körper ist abhängig

- vom Betrag der Kraft,
- von der Richtung der Kraft,
- vom Angriffspunkt der Kraft.

Die **Darstellung einer Kraft** erfolgt durch einen Pfeil.

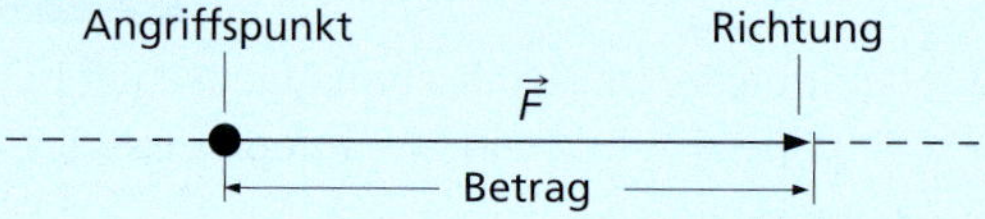

Es gibt vielfältige Arten von Kräften. Eine wichtige Art ist die **Gewichtskraft F_G.**

Ursache der Gewichtskraft ist die Massenanziehung zwischen dem Körper und der Erde.

Je größer die Masse eines Körpers ist, desto größer ist seine Gewichtskraft.

Für die Gewichtskraft gilt: $F_G = m \cdot g$

m Masse
g Ortsfaktor

Ein Körper der Masse 1 kg hat auf der Erdoberfläche eine Gewichtskraft von etwa 10 N.

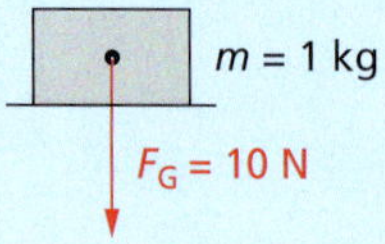

Ein Körper der Masse 100 g hat auf der Erdoberfläche eine Gewichtskraft von etwa 1 N.

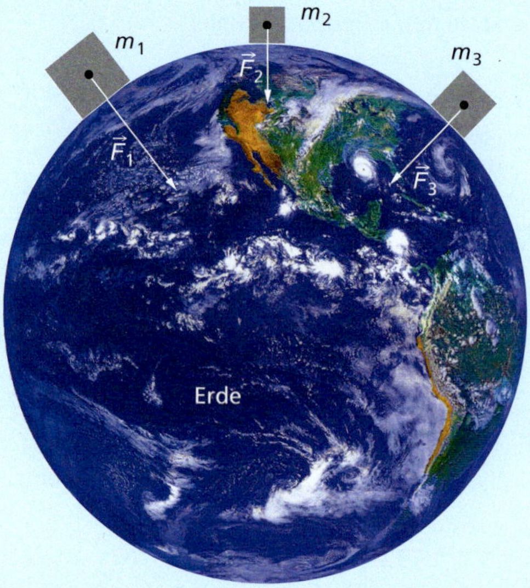

Kräfte und Bewegungen

Alle uns umgebenden Körper bestehen aus Stoffen und diese Stoffe aus Teilchen. Sie befinden sich in Bewegung und zwischen ihnen wirken Kräfte.

	Feste Körper	**Flüssigkeiten**	**Gase**
Aufbau und Eigenschaften	Teilchen haben einen bestimmten Platz. 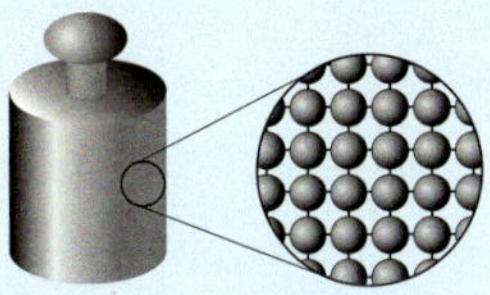 Die Teilchen schwingen um ihren Platz hin und her. Zwischen ihnen wirken starke anziehende bzw. abstoßende Kräfte.	Teilchen sind gegeneinander verschiebbar. 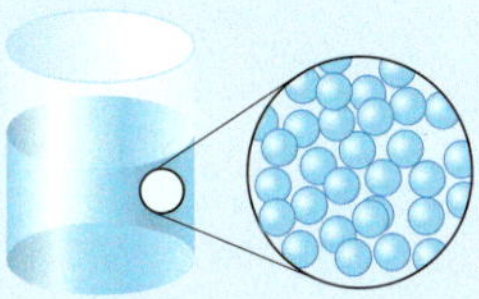 Die Teilchen führen unregelmäßige Bewegungen aus. Zwischen den Teilchen wirken Kräfte, die kleiner als bei festen Körpern sind.	Teilchen bewegen sich beliebig im Raum. 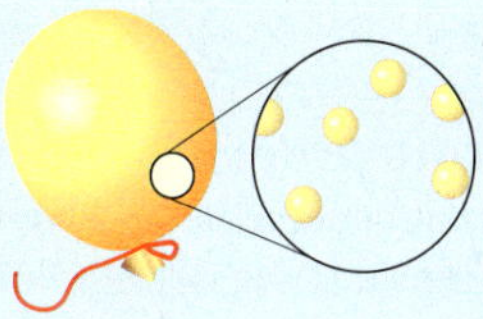 Die Teilchen bewegen sich frei im vorhandenen Raum. Zwischen den Teilchen wirken nur geringe Kräfte.

Kohäsionskräfte
wirken zwischen den Teilchen eines Stoffes.

Sie bewirken z. B., dass feste Körper ihre Form beibehalten und Flüssigkeiten Tropfen bilden.

Adhäsionskräfte
wirken zwischen den Teilchen verschiedener Stoffe.

Sie bewirken z. B., dass Kreide an der Wandtafel haftet und durch Kleber Stoffe verbunden werden können.

Für den Zusammenhang zwischen Kraft und Bewegung gilt:

Für die Bewegungsänderung eines Körpers ist eine Kraft erforderlich. Die Bewegungsänderung ist umso stärker, je größer die wirkende Kraft und je kleiner die Masse des Körpers ist.

Bewegungen können durch **Gewichtskräfte, Stoßkräfte, Zugkräfte** oder **Schubkräfte** hervorgerufen werden.

Bei vielen Bewegungen wirken Reibungskräfte. Sie wirken immer so, dass sie die Bewegung hemmen oder sogar verhindern.

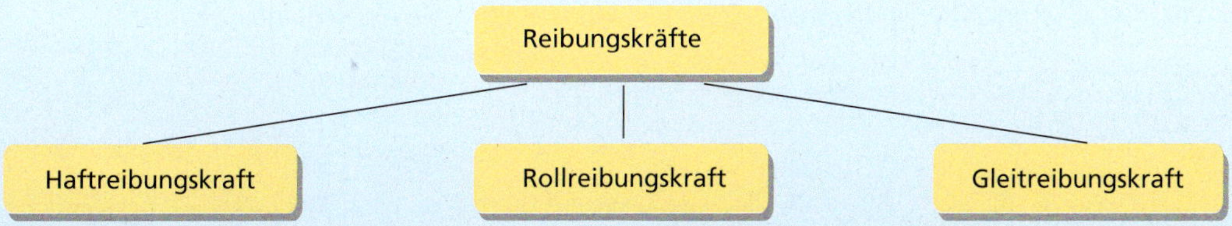

2.2 Leben unter Druck – Druck und Druckausbreitung in Natur und Technik

Sporttaucher in Aktion

Mit einer speziellen Ausrüstung kann ein Sporttaucher längere Zeit unter Wasser bleiben. Er kann aber nicht beliebig tief tauchen.
Was verändert sich mit der Wassertiefe? Warum ist Tauchen in großer Tiefe lebensgefährlich?

Eine Wetterkarte gibt Auskunft

Unser Wetter wird ganz entscheidend vom Luftdruck und von Druckunterschieden in der Atmosphäre bestimmt. In Gebieten mit hohem Luftdruck herrscht meist sonniges und freundliches Wetter. Tiefdruckgebiete bringen Wolken und Niederschlag. Zwischen Hoch- und Tiefdruckgebieten wehen Winde. Wetterkarten geben u. a. Auskunft über den Luftdruck in verschiedenen Regionen.
Was kann man alles aus einer Wetterkarte ablesen?

Wozu Wassertürme?

Imposante Bauwerke in vielen Gegenden sind Wassertürme. Sie sehen jedoch nicht nur interessant aus, sondern sie haben auch eine große Bedeutung für eine stabile Wasserversorgung der Gegend.
Welche Funktion haben Wassertürme für eine stabile Wasserversorgung?
Welche physikalischen Gesetze werden dabei genutzt?

Der Druck

Damit Autoreifen funktionstüchtig bleiben, wird in Abständen der Druck kontrolliert, der in ihrem Inneren herrscht (Abb. 2). Ähnliches gilt für unseren Blutdruck (Abb. 4). Die eingeschlossene Luft im Reifen bzw. das Blut in unseren Venen stehen „unter Druck“. Sie können Kräfte ausüben.
Druck und Kraft sind jedoch nicht dasselbe. Der **Druck** hat keine bestimmte Richtung. Er beschreibt den Zustand, in dem sich Flüssigkeiten oder Gase befinden. Er ist die Ursache dafür, dass die eingeschlossenen Flüssigkeiten oder Gase Kräfte auf alle Begrenzungsflächen ausüben, auch auf die Kolben und auf Flächen von Körpern in ihrem Inneren (Abb. 3). Diese Kräfte werden als **Druckkräfte** bezeichnet. Die Richtung, in die die Kräfte wirken, kann man in der Abb. 1 er-

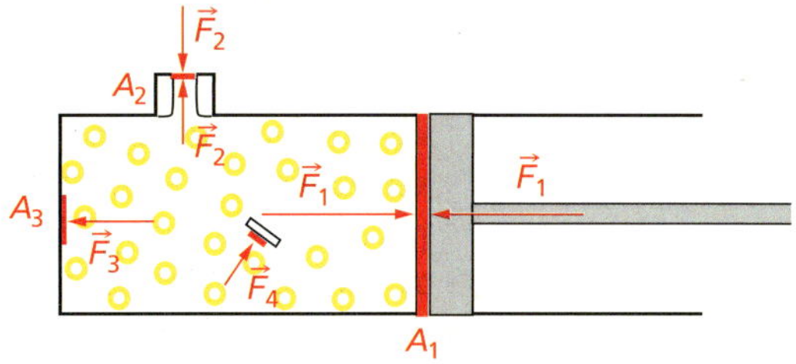

3 Eingeschlossene Flüssigkeiten oder Gase üben Kräfte auf Flächen aus. Der Druck ist konstant.

kennen. Drückt man auf den Kolben einer mit Wasser gefüllten Kugelspritze, dann tritt das Wasser gleichmäßig und senkrecht aus allen Öffnungen. Je stärker man auf den Kolben drückt, desto weiter spritzt das Wasser. Das liegt daran, dass der Druck in der Kugel größer wurde. Weil die Öffnungen der Kugel alle gleich groß sind, spritzt das Wasser überall gleich schnell heraus.

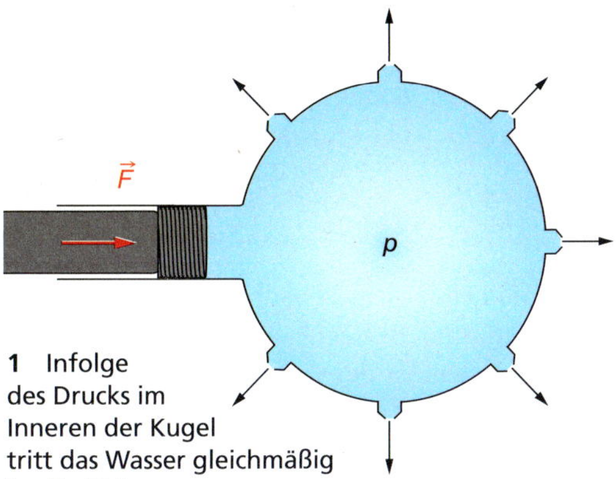

1 Infolge des Drucks im Inneren der Kugel tritt das Wasser gleichmäßig in alle Richtungen aus.

> **Der Druck kennzeichnet den Zustand im Inneren einer Flüssigkeit oder eines Gases, die sich in einem geschlossenen Gefäß befinden.**
> **Es wirken Druckkräfte senkrecht auf die Begrenzungsflächen des Gefäßes.**

Kräfte, die senkrecht auf eine Fläche wirken, kennzeichnen auch den Druck, mit dem feste Körper auf ihre Unterlage wirken. Dieser Druck ist umso größer, je größer die Kraft und je kleiner die Fläche sind.

2 In Reifen von Pkw hat die Luft meist einen Druck zwischen 2,0 bar und 3,0 bar.

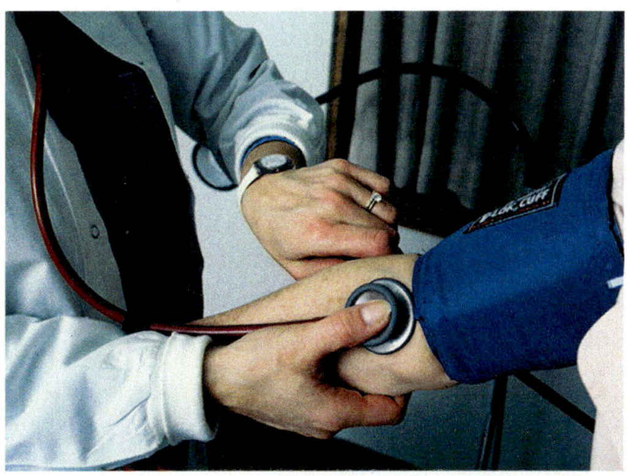

4 Blutdruckwerte geben Auskunft über unseren Gesundheitszustand.

Druck in Gasen	Druck in Flüssigkeiten	Druck fester Körper
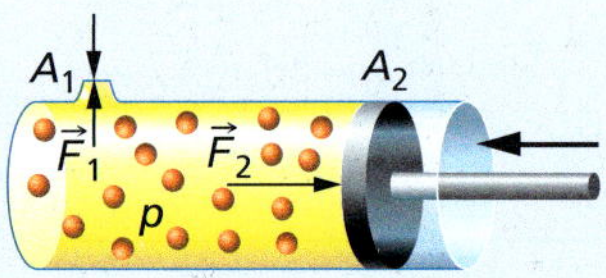	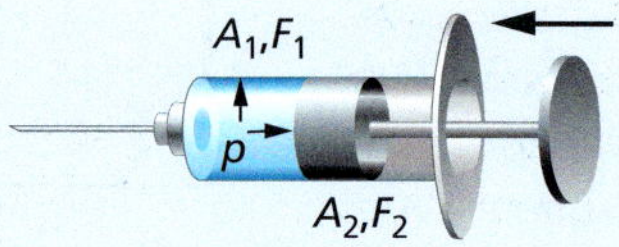	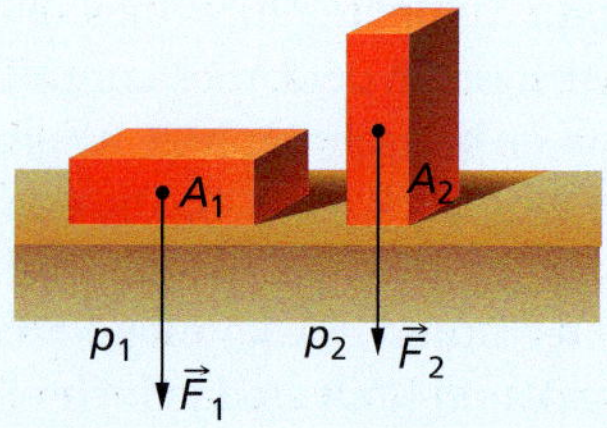
In jedem Gas herrscht ein Druck. Er führt zu Kräften auf Flächen innerhalb des Gases, der Gefäßwände sowie beweglicher Kolben.	Der Druck in Flüssigkeiten führt zu Kräften auf Flächen innerhalb der Flüssigkeit, der Gefäßwände sowie beweglicher Kolben.	Durch eine Kraft übt ein Körper auf eine Fläche einen Druck aus. Je kleiner die Fläche ist, desto größer ist der Druck.
Der Druck in Gasen wirkt gleichmäßig nach allen Seiten.	Der Druck in Flüssigkeiten wirkt gleichmäßig nach allen Seiten.	Der Auflagedruck tritt nur bei der Fläche auf, auf die die Kraft wirkt.
Bei ihrer freien, ungeordneten Bewegung prallen die Gasteilchen auf Flächen, z. B. des Kolbens oder der Wand, und üben dadurch Kräfte auf diese aus.	Flüssigkeitsteilchen liegen dicht beieinander und sind leicht verschiebbar. Bei Krafteinwirkung durch einen Kolben üben sie deshalb auf alle Nachbarteilchen Kräfte aus.	Die regelmäßige und relativ starre Anordnung der Festkörperteilchen führt dazu, dass eine Kraft fast nur in Richtung dieser Kraft auf Nachbarteilchen übertragen wird.

Allgemein ist der Druck auf eine Fläche abhängig vom Betrag der Kraft, der senkrecht auf diese Fläche wirkt, und der Größe der Fläche selbst.

Unter der Bedingung, dass die Kraft senkrecht auf die Fläche wirkt, kann der Auflagedruck p mit folgender Gleichung berechnet werden:

$p = \frac{F}{A}$ — **F wirkende Kraft (Druckkraft)**; **A Fläche, auf die die Kraft wirkt**

Als Einheit für den Druck ergibt sich aus der Gleichung ein Newton je Quadratmeter (1 N/m²). Diese Einheit wird als ein Pascal (1 Pa) bezeichnet:

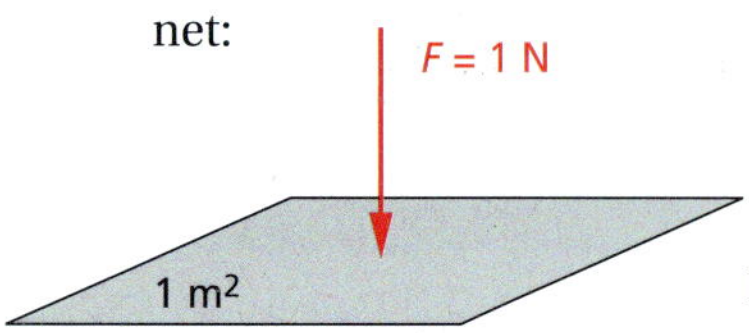

$$1\,\text{Pa} = 1\,\frac{\text{N}}{\text{m}^2}$$

Die Einheit ein Pascal ist nach dem französischen Wissenschaftler Blaise Pascal (1623–1662) benannt. 1 Pascal ist der Druck, bei der eine Kraft von 1 N senkrecht auf eine Fläche von 1 m² wirkt. Dieser Druck ist sehr klein. Deshalb nutzt man meist **Vielfache dieser Einheit.** Es gilt:

$$1\,\text{Pa} = 1\,\text{N/m}^2 = 0{,}0001\,\text{N/cm}^2$$
$$1\,\text{kPa} = 1\,000\,\text{Pa} = 0{,}1\,\text{N/cm}^2$$
$$1\,\text{MPa} = 1\,000\,\text{kPa} = 100\,\text{N/cm}^2$$

Eine weitere Einheit des Druckes ist ein Bar (1 bar):

$$1\,\text{bar} = 100\,000\,\text{Pa} = 100\,\text{kPa} = 10\,\text{N/cm}^2$$

Der Druck in Flüssigkeiten und Gasen kann mit **Druckmessern** direkt gemessen werden. Dabei unterscheidet man zwischen **Manometern** und **Barometern** (s. S. 80).
Genutzt werden können auch verschiedene Arten von Drucksensoren. Mit solchen Sensoren, die auch sehr klein sein können, lässt sich der Druck elektronisch messen.

Der Auflagedruck

Bei Schnee sinkt eine Person ohne Ski tief ein, mit Ski dagegen wesentlich weniger (Abb. 1). Die Kraft, mit der die Person auf die Unterlage wirkt, die Gewichtskraft, ist aber in beiden Fällen gleich groß. Unterschiedlich ist dagegen die Fläche, auf die diese Kraft wirkt. Man kennzeichnet die Einwirkung einer Kraft auf eine Fläche durch die physikalische Größe **Auflagedruck.**

Der Auflagedruck gibt an, mit welcher Kraft ein Körper senkrecht auf eine bestimmte Fläche wirkt.

Beim Befestigen eines Merkzettels mit einer Reißzwecke an einer Pinnwand genügt schon eine kleine Kraft, damit sie in die Unterlage eindringt. Eine abgebrochene Nadelspitze macht das Nähen fast unmöglich. Die Nadel dringt auch bei großer Kraft kaum in den Stoff ein. An der Eindringtiefe in einem bestimmten Stoff erkennt man, wie stark der Auflagedruck ist. Er ist umso größer,
- je größer die wirkende Kraft ist und
- je kleiner die Fläche ist, auf die die Kraft wirkt.

Wenn man den Auflagedruck eines Körpers klein haben will, so muss man dafür sorgen, dass die Fläche, auf die die Kraft wirkt, groß ist.

1 Ein Skifahrer sinkt wegen der großen Fläche der Ski nur wenig ein.

Unter der Bedingung, dass die Kraft senkrecht auf die Fläche wirkt, kann der Auflagedruck *p* mit folgender Gleichung berechnet werden:

$$p = \frac{F}{A}$$

F **wirkende Kraft**
A **Fläche, auf die die Kraft wirkt**

Der Druck ist besonders groß, wenn die Kraft *F* groß und die Fläche *A* klein ist. Er ist besonders klein, wenn die Kraft klein und die Fläche groß ist (Abb. 1).

Drücke in Natur und Technik	
Druck im Inneren des menschlichen Auges	2 kPa
normaler Blutdruck beim Menschen	12 kPa–18 kPa (Maximalwerte)
normaler Luftdruck an der Erdoberfläche	101,3 kPa
Reifendruck beim Pkw	180 kPa–300 kPa
Druck in einer Wasserleitung	400 kPa–600 kPa
Druck in der Bremsleitung eines Pkw bei Vollbremsung	20 MPa
Druckluftkompressor	100 MPa
Wasserdruck in 10 000 m Tiefe	100 MPa
Spitze einer Nadel	1 000 MPa
Druck im Inneren der Sonne	10^{10} MPa

Der Druck in Flüssigkeiten

Der Druck von Flüssigkeiten, die sich in geschlossenen Gefäßen befinden, wird z. B. bei Bremsanlagen von Kraftfahrzeugen oder bei hydraulischen Pressen genutzt. Untersucht man den Druck, den eine Flüssigkeit in einem abgeschlossenen Gefäß an verschieden Stellen hat, so ergibt sich:

Der Druck einer Flüssigkeit in einem geschlossenen Gefäß ist überall gleich groß. Er breitet sich allseitig aus.

Der Druck in der Flüssigkeit wird häufig durch eine Kraft auf einen Kolben hervorgerufen. Er wird deshalb **Kolbendruck** genannt und ist umso größer, je größer die auf den Kolben wirkende Kraft und je kleiner die Fläche des Kolbens ist.

Der Kolbendruck kann berechnet werden mit der Gleichung:

$$p = \frac{F}{A}$$

F Kraft des Kolben
A Fläche des Kolben

Im Unterschied zu Gasen liegen die Teilchen in einer Flüssigkeit dicht, sind aber leicht gegeneinander verschiebbar. Wird auf eine Flüssigkeit eine Kraft ausgeübt, dann versuchen die Teilchen wegen ihrer Verschiebbarkeit in alle Richtungen auszuweichen. Dabei stoßen sie mit anderen Teilchen zusammen und übertragen so die Kraft in der gesamten Flüssigkeit und auf ihre Begrenzungsflächen.

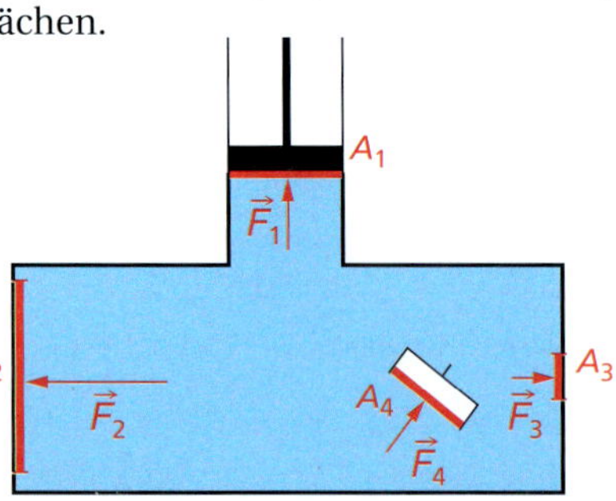

1 Der Druck in einer Flüssigkeit ist überall gleich groß, die Kräfte auf Flächen sind verschieden.

Mosaik

Hydraulische Anlagen

Wagenheber, Hebebühnen, Bremsanlagen von Fahrzeugen oder Pressen (Abb. 2) funktionieren nach demselben Prinzip: Sie vergrößern Kräfte mithilfe von Flüssigkeiten. So gesehen sind sie kraftumformende Einrichtungen (s. S. 106 ff.), bei denen durch Kolbendruck sowohl der Betrag als auch die Richtung von Kräften geändert werden kann.

Eine hydraulische Anlage besteht meist aus zwei unterschiedlich großen Zylindern mit beweglichen Kolben, die miteinander verbunden sind (Abb. 2). Als Flüssigkeit wird Öl verwendet. Der Druck in ihrem Inneren beträgt bis zu 200 bar. Sie lassen sich auf recht kleinem Raum unterbringen.

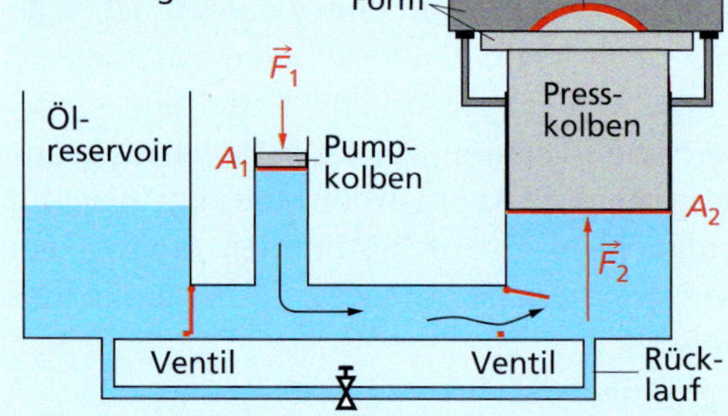

2 In einer hydraulischen Presse erzeugt eine kleine Kraft auf den Pumpkolben eine große Kraft auf den Presskolben.

Drückt man mit einer kleinen Kraft F_1 auf den Pumpkolben mit kleiner Fläche A_1, so erzeugt man einen Druck p, der überall in der Anlage gleich ist. Dieser Druck p wirkt auch auf den Presskolben. Da die Fläche A_2 dieses zweiten Kolbens groß ist, ist auch die Kraft F_2 auf den Kolben groß. Für jede hydraulische Anlage im Gleichgewicht gilt:

$$\frac{F_1}{A_1} = \frac{F_2}{A_2} \quad \text{oder} \quad \frac{F_1}{F_2} = \frac{A_1}{A_2}$$

F_1, F_2 Kräfte an den Kolben
A_1, A_2 Flächen der Kolben

In hydraulischen Pressen werden nach diesem Prinzip so große Kräfte erzeugt, dass z. B. Karosserieteile im kalten Zustand verformt werden können. Bei Hebebühnen kann ein Pkw durch eine kleine Kraft angehoben werden.

Bremsen bei Fahrzeugen

1 Scheibenbremse an einem Motorrad

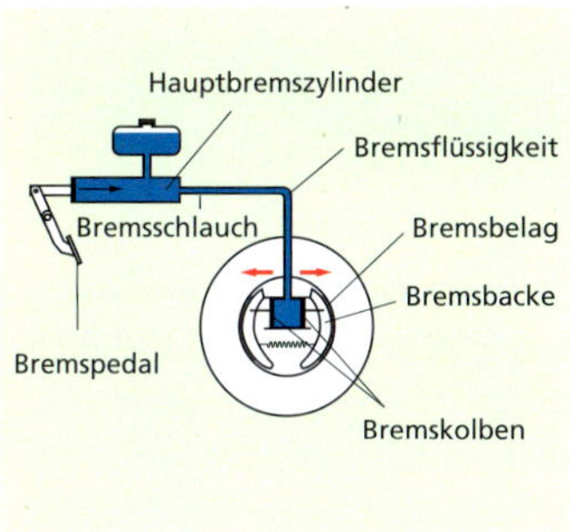

2 Trommelbremse

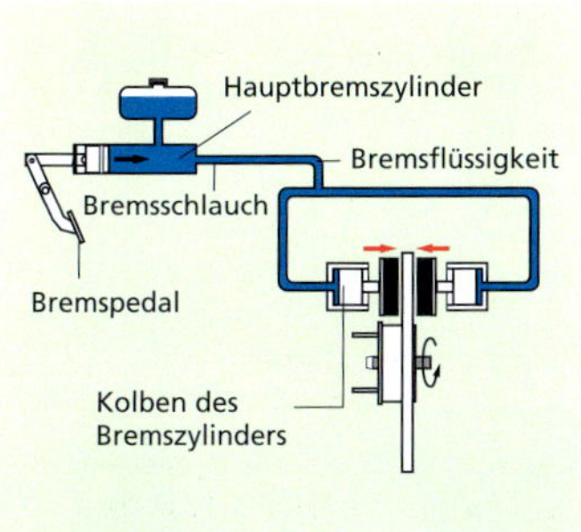

2 Scheibenbremse

Bremsen bei Fahrzeugen sind für die Betriebssicherheit unerlässlich. Je nach der Bauart unterscheidet man zwischen Trommelbremsen und Scheibenbremsen. In beiden Fällen wird für das Abbremsen von Fahrzeugen die **Gleitreibung** zwischen speziellen **Bremsbelägen** und einer **Bremstrommel** bzw. **Bremsscheibe** genutzt. Dabei wird mechanische Energie in thermische Energie umgewandelt, die in Form von Wärme an die Umgebung abgegeben wird.

Physikalische Grundlagen

Bremssysteme sind **hydraulische Anlagen,** bei denen zum einen das Gesetz für hydraulische Anlagen und zum anderen die Abhängigkeit der Gleitreibung von der Normalkraft genutzt werden.
Damit die **Anpresskraft** (Normalkraft) zwischen Bremsbacken und Bremstrommel bzw. Bremsscheibe möglichst groß werden kann, wird die Fläche im Hauptbremszylinder klein und bei den Bremskolben groß gewählt, denn nach dem **Gesetz für hydraulische Anlagen** verhalten sich die Kräfte an den Kolben proportional zu den Flächen der Kolben. Es gilt:

$$\frac{F_1}{A_1} = \frac{F_2}{A_2}$$

Somit kann man mit einer kleinen Kraft am Bremspedal eine große Kraft am Bremskolben erreichen.
Für die Gleitreibungskraft zwischen Bremsbacken bzw. Bremstrommel gilt:

$$F_R = \mu \cdot F_N$$

Die Normalkraft (Anpresskraft) kann man mit der Kraft am Bremspedal verändern. Sie ist umso größer, je kräftiger man das Bremspedal betätigt. Darüber hinaus werden in modernen Fahrzeugen Bremskraftverstärker genutzt.
Die Reibungszahl hängt von den verwendeten Materialien ab. In der Regel verwendet man spezielle Bremsbeläge, die nicht nur eine relativ hohe Reibungszahl haben, sondern auch möglichst abriebfest und hitzebeständig sein müssen, damit die Betriebssicherheit über einen längeren Zeitraum auch bei hoher Belastung gewährleistet ist.

... und mehr

Informiere dich auch unter: *Kolbendruck, hydraulische Anlagen, Blaise Pascal, Otto von Guericke, Manometer, Barometer, ...*

Der Schweredruck in Flüssigkeiten

Der Druck in einer Flüssigkeit, der infolge der Gewichtskraft der darüber liegenden Flüssigkeitssäule entsteht, heißt **Schweredruck** (Abb. 1).
Der Schweredruck ist abhängig von
- der Eintauchtiefe eines Körpers und damit von der Höhe der darüber liegenden Flüssigkeitssäule und
- der Dichte der Flüssigkeit.

Der Schweredruck in einer Flüssigkeit ist umso größer,
- **je größer die Eintauchtiefe und**
- **je größer die Dichte der betreffenden Flüssigkeit ist.**

In einer größeren Tiefe ist die darüber liegende Flüssigkeitssäule länger. Sie hat eine größere Gewichtskraft. Demzufolge ist der Schweredruck größer. Man spürt z. B. beim Tauchen, wie der Druck des Wassers auf unser Trommelfell mit der Tiefe zunimmt. Der Zusammenhang zwischen dem Druck und der Höhe der Wassersäule (Eintauchtiefe) ist in der Abb. 2 dargestellt.

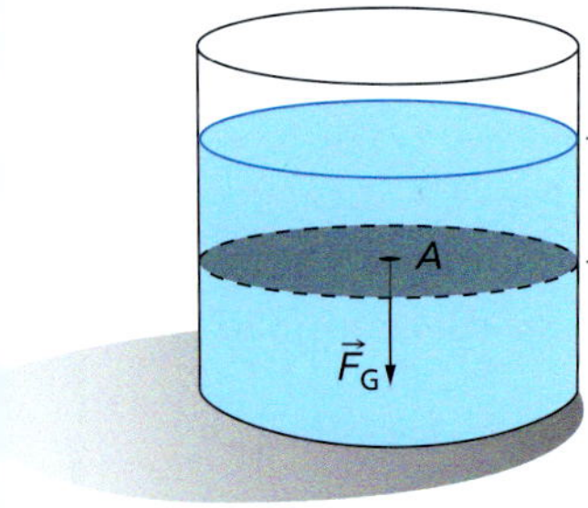

1 Die Gewichtskraft der Flüssigkeitssäule erzeugt den Schweredruck in der Flüssigkeit.

Der Marianengraben im pazifischen Ozean ist mit 11 034 m der tiefste der Welt. Auf seinem Boden beträgt der Schweredruck des Wassers ca. 11 000 N/cm². Das bedeutet: Auf eine Fläche von 1 cm² wirkt dort etwa die Gewichtskraft eines Pkw. Bei Wasser ist zu beachten: Salzwasser hat eine etwas größere Dichte als Süßwasser. Deshalb ist der Schweredruck bei gleicher Tiefe in Salzwasser größer als in Süßwasser.
Schweredruck tritt auch in Gefäßen auf, wobei dort eine Besonderheit festzustellen ist. Obwohl sich verschieden viel Wasser in den Gefäßen in

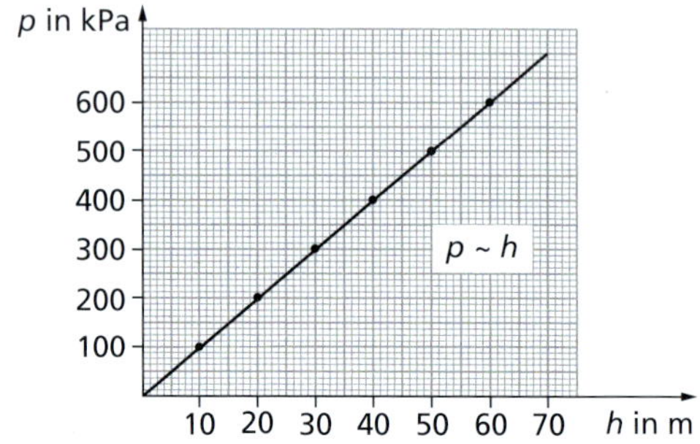

2 In Wasser nimmt der Schweredruck je 10 m Tiefe um etwa 100 kPa zu.

Abb. 3 befindet, zeigen die Kraftmesser denselben Wert an. Der Druck auf den Boden hängt nur von der Höhe der Flüssigkeitssäule und deren Dichte ab. Sonderbar (paradox) ist daran, dass eine kleine Flüssigkeitsmenge dieselbe Kraft auf eine Fläche erzeugen kann wie eine große. Die Erscheinung wird deshalb **hydrostatisches Paradoxon** genannt.

Der Schweredruck in einer Flüssigkeit ist unabhängig von der Gefäßform.

Das zeigt sich auch in **verbundenen Gefäßen.** Die Flüssigkeitsspiegel liegen in verbundenen Gefäßen immer auf gleicher Höhe. Auch hier hängt der Schweredruck nicht von der Form des Gefäßes, sondern nur von der Höhe der Flüssigkeitssäule und der Dichte ab.

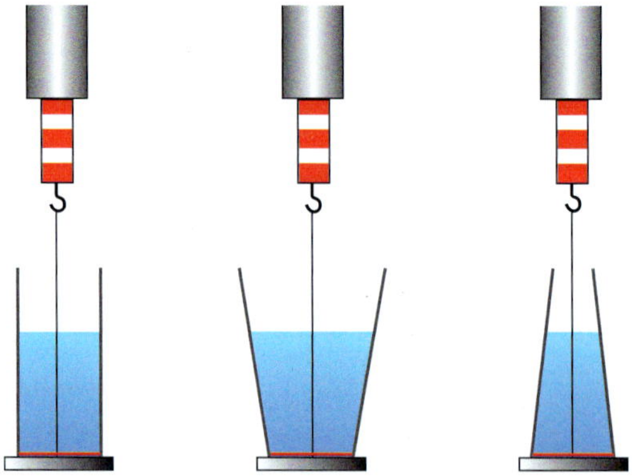

3 Die Druckkraft auf die gleich großen Bodenflächen ist bei gleicher Höhe der Wassersäulen gleich.

Interpretieren von Diagrammen

Zur Veranschaulichung von Zusammenhängen sowie zur Darstellung von Verläufen oder von Abhängigkeiten werden in vielen Bereichen von Wissenschaft und Technik Diagramme genutzt. Wichtige Arten von Diagrammen sind **Kreisdiagramme, Säulendiagramme** und **Liniendiagramme** (s. Übersicht unten).

In der Physik werden Zusammenhänge zwischen zwei Größen meist in Liniendiagrammen dargestellt. Zu solchen Liniendiagrammen kommt man auch, wenn experimentell Zusammenhänge zwischen Größen untersucht und dann ausgewertet werden. So kann z. B. mit einer Druckdose und einem U-Rohr-Manometer der Druck in Wasser in Abhängigkeit von der Eintauchtiefe gemessen werden (Abb. unten links). Die Druckdose wird jeweils in eine bestimmte Tiefe gebracht. Der Druck am Manometer wird in Milimeter Wassersäule gemessen. Die Messwerte sind in Abb. 1 grafisch dargestellt.

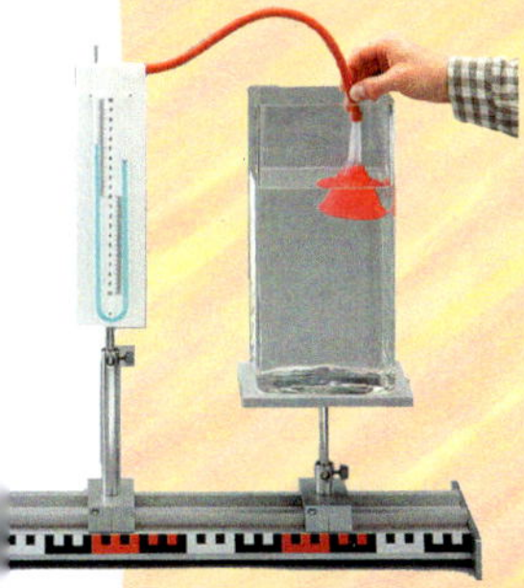

Eintauchtiefe in cm	Druck in mm Wassersäule
0	0
5	50
10	105
15	145
20	200
25	245
30	305

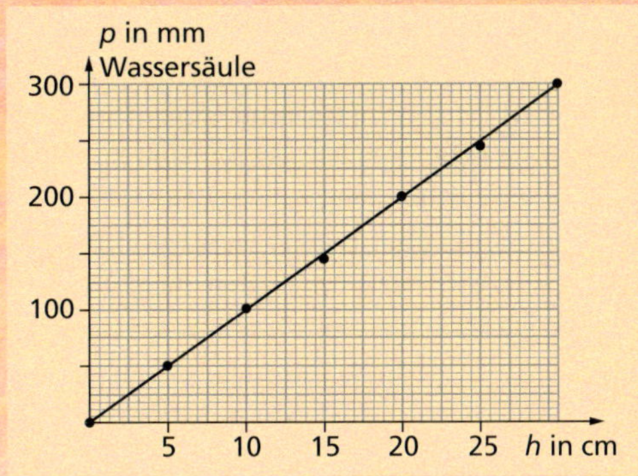

1 *p*-*h*-Diagramm für Wasser

Es lässt sich folgendermaßen interpretieren:

1. Nennen der Achsengrößen

Im Diagramm ist der Zusammenhang zwischen der Eintauchtiefe *h* und dem Schweredruck *p* dargestellt.

2. Beschreiben des Zusammenhangs

Mit Vergrößerung der Eintauchtiefe vergrößert sich der Druck gleichmäßig. Zwischen *p* und *h* besteht eine direkte Propor-
ti…

schlussfolgern

3. Ne…

In 10 cm Tiefe beträgt der Druck etwa 10 cm Wassersäule (1 kPa).

Arten von Diagrammen

Kreisdiagramm

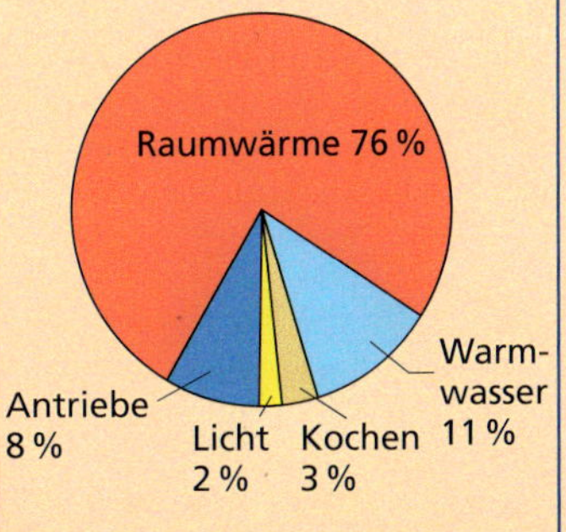

Aufteilung des Energieverbrauchs in deutschen Privathaushalten

Säulendiagramm

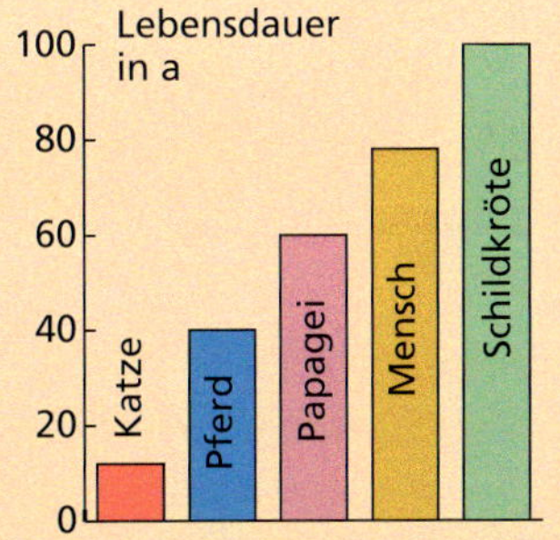

Durchschnittliche Lebensdauer einiger Lebewesen

Liniendiagramm

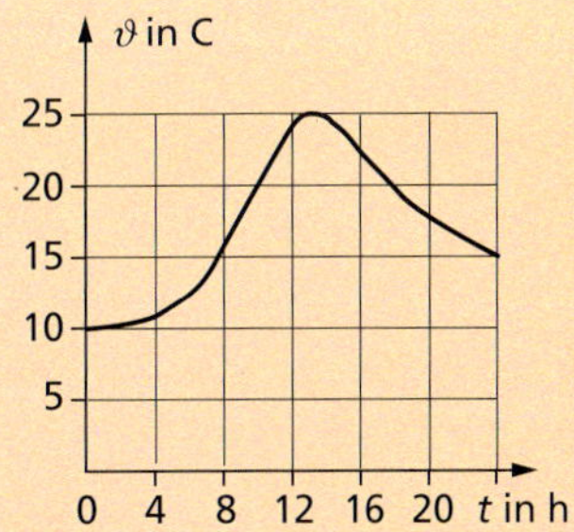

Abhängigkeit der Temperatur von der Tageszeit

Der Druck in Gasen

Wenn man die Öffnung einer Luftpumpe zuhält, kann die Luft in ihrem Inneren zusammengedrückt werden (Abb. 1). Dazu muss man am Kolben eine relativ große Kraft aufwenden. Die Öffnung kann man jedoch leicht mit dem Daumen zuhalten, obwohl auch hier eine Kraft wirkt. Diese ist aber kleiner als am Kolben, weil auch die Fläche, auf die sie wirkt, kleiner ist.

Die Gasteilchen in der Luftpumpe nehmen den gesamten Raum ein, in dem sie sich befinden. Sie sind in ständiger Bewegung und stoßen mit anderen Teilchen und mit den Gefäßwänden zusammen. Wird der Kolben in die Pumpe hineingedrückt, verkleinert sich der Raum für die Gasteilchen. Das Gas gerät „unter Druck". Die Teilchen prasseln jetzt häufiger auf die Wände. Der Druck ist größer (Abb. 2).

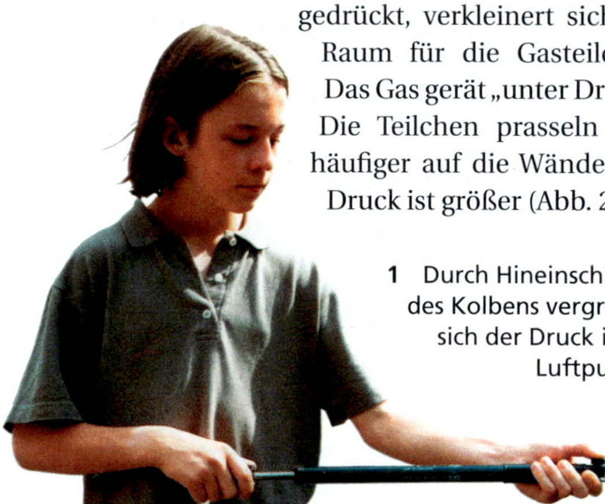

1 Durch Hineinschieben des Kolbens vergrößert sich der Druck in der Luftpumpe.

Der Druck eines Gases in einem geschlossenen Gefäß ist überall gleich groß. Er breitet sich allseitig aus.

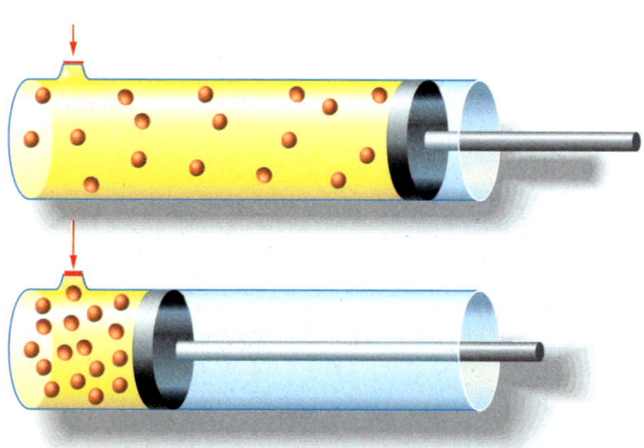

2 Bei Druckerhöhung prasseln die Teilchen häufiger auf die Begrenzungsflächen.

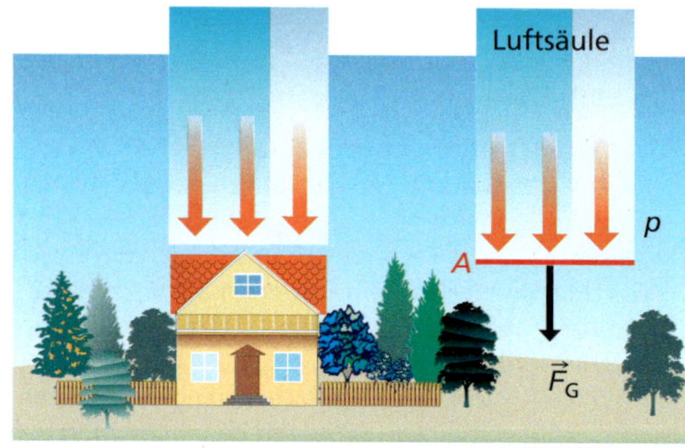

3 Die Gewichtskraft der Luft erzeugt den Luftdruck auf der Erde.

Der Luftdruck

Auch Gase wie die Luft haben eine Gewichtskraft und können dadurch einen Schweredruck verursachen, den man **Luftdruck** nennt (Abb. 3). Er wirkt auf alle Körper der Erde, auch wenn wir ihn nicht immer spüren.

Der Luftdruck bewirkt z. B., dass ein Haken mit Saugnapf an einer glatten Fläche befestigt werden kann oder ein Konservenglas fest verschlossen bleibt. Der Luftdruck ist direkt über der Meeresoberfläche am größten und beträgt dort im Durchschnitt 101,3 kPa. Dieser Druck wird als **Normdruck** bezeichnet. Der Luftdruck nimmt mit zunehmender Höhe ab (Abb. 4).

Der Luftdruck ist der Schweredruck der Luft. Er nimmt mit der Höhe ab.

Der Luftdruck wird auch in den Einheiten ein Millibar (1 mbar) und ein Hektopascal (1 hPa) angegeben: 101,3 kPa = 1013 hPa = 1013 mbar.

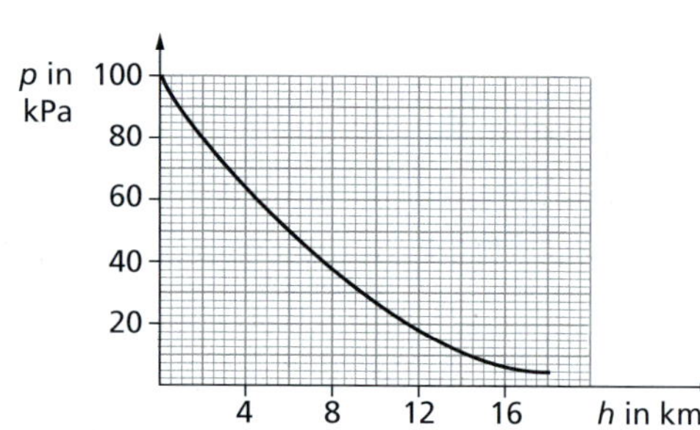

4 Der Luftdruck nimmt mit zunehmender Höhe über dem Meeresspiegel ab.

Mosaik

Otto von Guericke - Bürgermeister und Naturforscher

Otto von Guericke (Abb. rechts) studierte in Leipzig, Helmstedt und Jena Jura, anschließend in den Niederlanden Mathematik, Mechanik und Bauwesen.
In seiner Heimatstadt Magdeburg, in die er 1626 zurückkehrte, wurde er Ratsherr und später Bürgermeister.
Daneben führte er auch viele naturwissenschaftliche Untersuchungen durch. Beispielsweise beschäftigte er sich mit der Frage, ob es einen leeren Raum, ein Vakuum, gibt. Seine Idee war, ein Fass restlos mit Wasser zu füllen und anschließend das Wasser herauszupumpen. Wenn das Wasser entfernt ist, dann müsste in dem Fass ein leerer Raum sein.
Die Realisierung seiner Idee stieß aber auf große Schwierigkeiten: Sobald ein Teil des Wassers aus dem Fass herausgepumpt war, strömte Luft durch alle Ritzen pfeifend in das Fass hinein. Es gelang nicht, die Ritzen völlig abzudichten. Bei Verwendung einer dünnwandigen Kugel aus Kupfer wurde diese durch den Luftdruck völlig zusammengedrückt. Erst eine wesentlich stabilere Konstruktion aus zwei eisernen Halbkugeln hielt dem Druck stand.
1654 führte Otto von Guericke vor dem Regensburger Reichstag sein berühmtes Experiment vor (Abb. 1): Die Luft aus den zu einer Kugel zusammengesetzten Halbkugeln wurde herausgepumpt. 16 Pferde waren nicht imstande, den Druck der Luft zu überwinden, der die Halbkugeln zusammenhielt. Otto von Guericke untersuchte nicht nur Wirkungen des Luftdrucks. Er ist auch der Erfinder der Luftpumpe und des Wasserbarometers, bestimmte die Masse von Luft und schuf die erste Elektrisiermaschine. Er hat damit wichtige Beiträge zur Entwicklung der Physik geleistet.

1 Das berühmte Experiment mit den Magdeburger Halbkugeln: 16 Pferde waren nicht imstande, die Halbkugeln auseinanderzuziehen.

Mosaik

Luftdruck und Wetter

Die Entdeckung des Luftdrucks war eng mit der Suche nach dem luftleeren Raum, dem Vakuum, verbunden.

Seit der Antike herrschte die Auffassung, dass es einen luftleeren Raum nicht geben könne. Wie sollte auch etwas im „Nichts" existieren. Der griechische Philosoph ARISTOTELES (um 384–322 v. Chr.) vertrat die Auffassung, dass die Natur eine „Abscheu vor dem Leeren" (horror vacui) hätte. Dieser Lehrsatz galt bis ins Mittelalter.

Um 1630 wurde GALILEO GALILEI (1564–1642) von Brunnenbauern auf das Problem aufmerksam gemacht, dass sie mit ihren Pumpen Wasser nur aus einer Tiefe bis ca. 10 m heben konnten. GALILEI beauftragte seinen Schüler EVANGELISTA TORRICELLI (1608–1647), dieses Problem zu untersuchen.

TORRICELLI experimentierte anstelle von Wassersäulen mit langen Röhren, in die Quecksilber gefüllt war, das eine wesentlich größere Dichte als Wasser hat. Er entdeckte, dass die Quecksilbersäule in einem quecksilbergefüllten Rohr, das man umdrehte und mit der Öffnung nach unten in Quecksilber brachte, so weit sank, bis sie noch eine Länge von ca. 760 mm hatte (Abb. 1). Der Schweredruck dieser Quecksilbersäule musste sich mit dem Luftdruck ausgleichen.

Über der Säule befand sich offenbar ein Vakuum. Der Druck von ca. 760 mm Quecksilbersäule entspricht dem normalen Luftdruck.

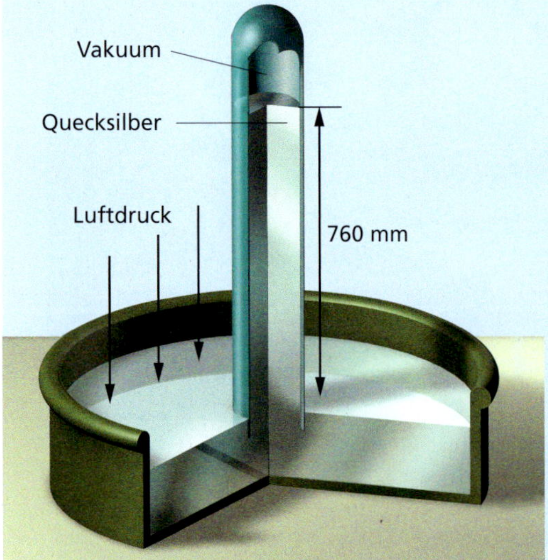

1 Das Experiment von TORRICELLI

Zu Ehren von TORRICELLI wurde die entsprechende Einheit für den Luftdruck 1 Torr genannt:

1 Torr ≙ 1 mm Quecksilbersäule
760 Torr ≙ 760 mm Quecksilbersäule

Der Luftdruck hat bei uns meistens Werte zwischen 970 hPa und 1030 hPa. Er schwankt um den Normdruck von 1013 hPa.

Gebiete mit niedrigem Luftdruck werden als **Tiefdruckgebiete**, solche mit hohem Luftdruck als **Hochdruckgebiete** bezeichnet. Diese Gebiete unterschiedlichen Luftdrucks kommen durch die unterschiedliche Erwärmung von Festland und Meer und die damit verbundenen Luftströmungen zustande. Dabei spielen sowohl globale als auch regionale Vorgänge eine Rolle.

2 Luftströmungen zwischen Tief- und Hochdruckgebieten

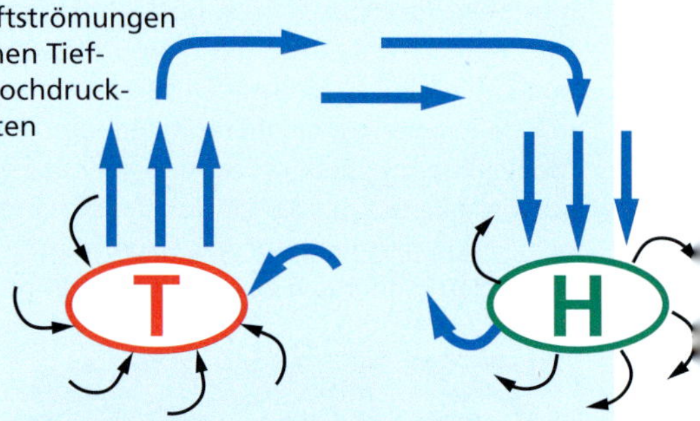

Die Lage von Tiefdruck- und Hochdruckgebieten ändert sich ständig.

Damit entstehen unterschiedliche Wetterlagen und verschiedene Windrichtungen. Luft strömt dabei am Boden immer von Gebieten hohen Luftdrucks in Bereiche niedrigen Luftdrucks, vom Hoch zum Tief.

Die Windgeschwindigkeit hängt von den Druckunterschieden ab und kann bei Sturm mehr als 100 km/h erreichen. Die höchste in Deutschland gemessene Windgeschwindigkeit wurde 1984 auf dem Brocken im Harz mit 263 km/h gemessen.

Im **Tiefdruckgebiet** steigt die Luft, die vom Hochdruckgebiet abgeflossen ist, sich erwärmt hat und an der Erdoberfläche Feuchtigkeit aufgenommen hat, nach oben (Abb. 2). Es kommt dabei zur Abkühlung der Luft, zu Wolkenbildung und zu Niederschlag. Tiefdruckgebiete sind bei uns meist mit unbeständigem Wetter verbunden.

Im **Hochdruckgebiet** fließt Luft nach unten ab. Das ist verbunden mit Temperaturzunahme und Wolkenauflösung. Hochdruckgebiete sind bei uns meist mit schönem Wetter verbunden.

Physik in Natur und Technik

Ein Auto auf der Bühne

In Kfz-Werkstätten werden Autos mithilfe von Hebebühnen hochgehoben (Abb. 1). Das erleichtert die Reparatur an schwer zugänglichen Teilen. Den Aufbau einer solchen Anlage zeigt Abb. 2. Der Pumpkolben einer Hebebühne hat eine Fläche von 40 cm². Die Fläche des Arbeitskolbens an der Bühne beträgt 200 cm².
Mit welcher Kraft muss die Pumpe auf den Kolben einwirken, um ein Auto mit einer Gewichtskraft von 12 000 N zu heben?

1 Pkw auf einer Hebebühne

Analyse:
Die Hebebühne ist eine hydraulische Anlage. Sieht man von möglichen Reibungskräften ab, kann man die Kraft auf den Pumpkolben mithilfe des Gesetzes für hydraulische Anlagen ermitteln.

Gesucht: F_1
Gegeben: $F_2 = 12\,000$ N
$A_1 = 40$ cm²
$A_2 = 200$ cm²

Lösung: Für hydraulische Anlagen gilt:

$$\frac{A_1}{A_2} = \frac{F_1}{F_2}$$

Weil die Fläche des Pumpkolbens nur ein Fünftel der Fläche des Arbeitskolbens beträgt, muss

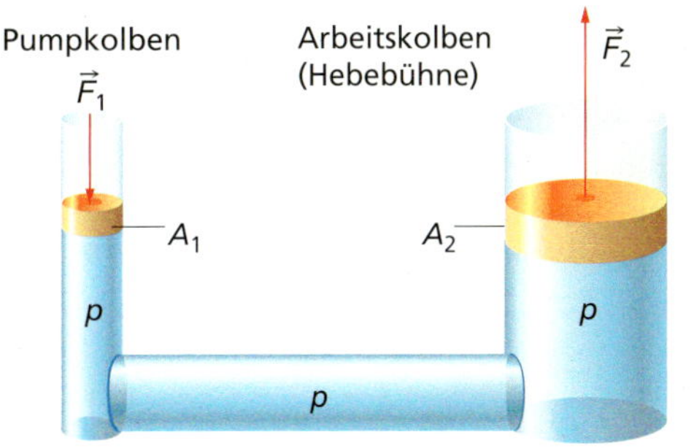

2 Aufbau einer Hebebühne (vereinfacht)

als Kraft auf den Pumpkolben auch nur ein Fünftel der Gewichtskraft des Autos wirken.

$$F_1 = F_2 : 5$$
$$F_1 = 12\,000 \text{ N} : 5$$
$$\underline{F_1 = 2\,400 \text{ N}}$$

Ergebniss:
Die Pumpe muss mit einer Kraft von 2 400 N auf den Kolben einwirken, um das Auto zu heben.

Mosaik

Die Spraydose

Die Skizze zeigt den Aufbau einer Spraydose. Betätigt man den Sprühkopf, so wird ein Ventil geöffnet. Das unter hohem Druck stehende Treibgas bewirkt auch in der Flüssigkeit einen hohen Druck. Die Flüssigkeit tritt durch eine feine Düse mit großer Geschwindigkeit aus.

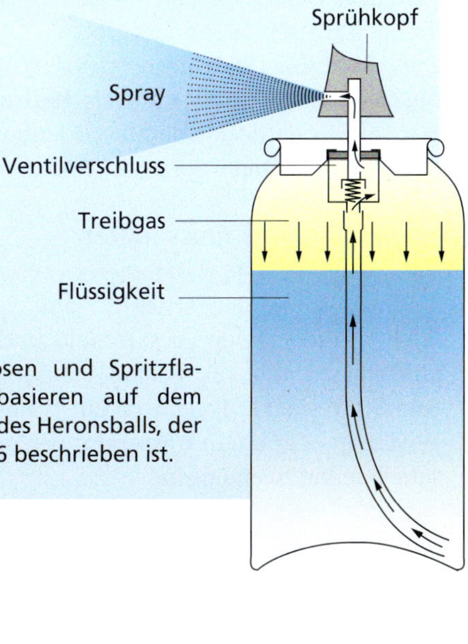

Spraydosen und Spritzflaschen basieren auf dem Prinzip des Heronsballs, der auf S. 76 beschrieben ist.

Der Heronsball

Pustet man kräftig in das Röhrchen (Abb. 1) und nimmt es anschließend aus dem Mund, dann spritzt das Wasser wie eine Fontäne heraus.
Wie ist diese Erscheinung zu erklären?

1 Mit einem Heronsball lassen sich Fontänen erzeugen.

Die Luft über dem Wasser im Gefäß befindet sich zunächst unter normalem Druck. Pustet man weitere Luft in das Gefäß, dann erhöht sich der Druck erheblich. Das Volumen, das die Luft ausfüllen kann, bleibt konstant, weil sich das Wasser nicht zusammendrücken lässt. Der Druck in der Luft breitet sich allseitig aus und übt auch Kräfte auf die Wasseroberfläche aus. Dadurch erhöht sich der Druck im Wasser. In dem Moment, in dem man das Röhrchen aus dem Mund nimmt, ist an dieser Stelle kein ausreichender Gegendruck vorhanden. Das Wasser spritzt heraus. Wenn das Röhrchen oben wie eine Düse verengt ist, dann ist die Geschwindigkeit des ausströmenden Wassers besonders groß.
Die Anordnung wird nach HERON VON ALEXANDRIA (etwa 150–100 v. Chr.) als **Heronsball** bezeichnet. Er entdeckte damit das Funktionsprinzip unserer heutigen Spritz- und Sprayflaschen.

Eine Staumauer muss halten

Staumauern werden errichtet, um Wasser von Bächen und Flüssen zu sammeln und zu Seen aufzustauen (Abb. 2). Solche Stauseen an Talsperren werden z. B. genutzt, um Trinkwasser zu gewinnen oder um in Wasserkraftwerken elektrische Energie zu erzeugen.

2 Durch die Staumauer wird das Wasser eines Flusses gesammelt.

Wie müssen Staumauern gebaut sein, damit sie auch halten?
Wie groß ist der Schweredruck des Wassers an der Sohle einer Staumauer, wenn diese 50 m unter dem Wasserspiegel des Stausees liegt?

Staumauern müssen den Kräften entgegenwirken, die durch den Schweredruck des Wassers hervorgerufen werden. Da der Schweredruck mit der Tiefe zunimmt, muss die Staumauer an tiefer gelegenen Stellen immer größeren Kräften standhalten. Sie wird deshalb so gebaut, dass sie von der Krone zur Sohle immer breiter wird (Abb. 3). Der Druck auf die Mauer ist aber nur von der Höhe des Wassers abhängig und nicht davon, wie lang oder breit der Stausee ist.
Der Schweredruck in Wasser nimmt je 10 m Tiefe um etwa 100 kPa zu. Es gilt $p \sim h$. Deshalb herrscht in 50 m Tiefe ein Schweredruck von etwa $5 \cdot 100\ \text{kPa} = 500\ \text{kPa}$. Diesen Wert kann man auch aus dem Diagramm auf S. 70 ablesen.

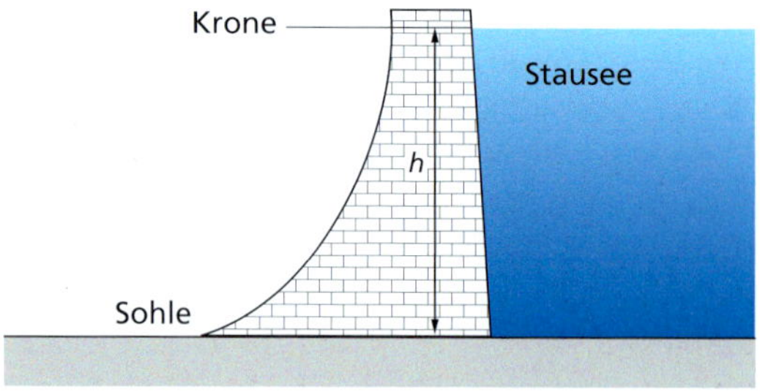

3 Profil der Staumauer an einem Stausee

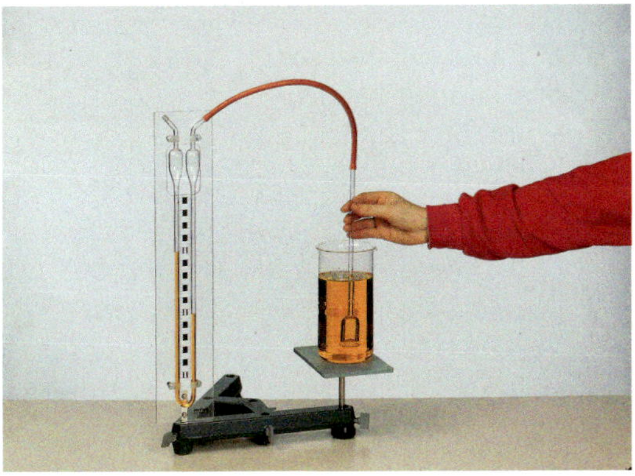

1 U-Rohr-Manometer mit Drucksonde zur Messung des Druckes in einer Flüssigkeit

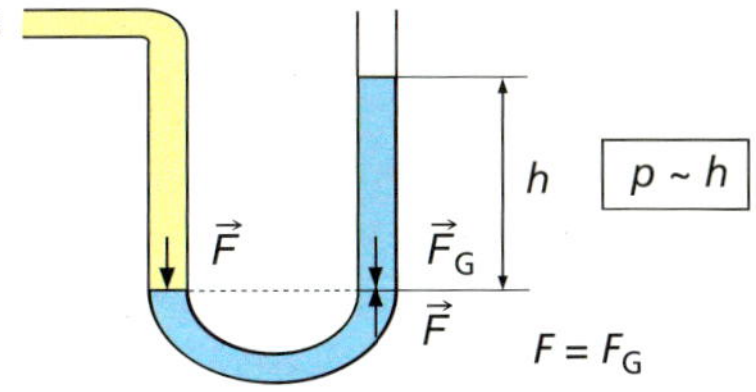

2 Prinzip eines U-Rohr-Manometers

Das U-Rohr-Manometer

Messgeräte für den Druck heißen **Manometer**. Ein einfaches Druckmessgerät ist das U-Rohr-Manometer (Abb. 1).

Beschreibe den Aufbau und erkläre die Wirkungsweise eines U-Rohr-Manometers!

Ein U-Rohr-Manometer dient zur Messung des Druckes in Flüssigkeiten und Gasen. Es besteht aus einem U-förmigen Rohr, das mit einer farbigen Flüssigkeit gefüllt ist, und einer Skala. Das U-Rohr ist ein verbundenes Gefäß, in dem im Normalzustand die Flüssigkeitssäule in beiden Schenkeln gleich hoch steht. In diesem Falle gleichen sich die Schweredrücke beider Seiten der Flüssigkeitssäule aus.

Will man den Druck messen, so wird ein Schenkel des U-Rohrs z. B. an einen Gasbehälter angeschlossen. Der zu messende Druck übt nun eine zusätzliche Kraft auf eine Seite der Flüssigkeitssäule aus. Dadurch wird die Flüssigkeitssäule in beiden Schenkeln solange verschoben, bis der zu messende Druck genauso groß ist wie der Schweredruck der Flüssigkeitssäule mit der Höhe h (Abb. 2). Da die Höhe der Flüssigkeitssäule umso größer wird, je größer der zu messende Druck ist, kann die Höhe h in Verbindung mit einer Skala zur Messung des Drucks benutzt werden. U-Rohr-Manometer haben einen relativ kleinen Messbereich.

Mosaik

Der Druck und die Siedetemperatur

Bei normalem Druck siedet Wasser bei einer Temperatur von 100 °C. Ist der Druck geringer, z. B. auf einem hohen Berg, dann liegt auch der Siedepunkt niedriger. So beträgt die Siedetemperatur von Wasser auf dem höchsten Berg Mitteleuropas, dem Montblanc (4810 m), nicht 100 °C, sondern nur noch 85 °C. Umgekehrt gilt: Die Siedetemperatur von Wasser ist umso höher, je größer der Druck ist. Das wird z. B. bei Schnellkochtöpfen (Abb. rechts) genutzt. Durch Erhöhung des Druckes im Topf wird erreicht, dass Wasser erst bei einer höheren Temperatur als 100 °C siedet und dadurch die Speisen schneller gar werden.

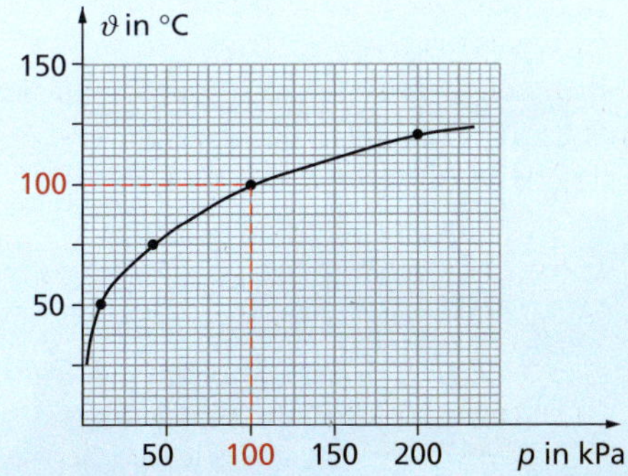

3 Abhängigkeit der Siedetemperatur von Wasser vom Druck

Drücke und Flächen

In jedem Gebäude und auch bei vielen Maschinen und Anlagen (Abb. 1) muss der Auflagedruck beachtet werden. Bei Gebäuden darf der Fußboden nur bis zu einer bestimmten Kraft je Fläche belastet werden. Eine Überschreitung der festgelegten Werte verursacht Schäden und gefährdet die Sicherheit des Gebäudes. Der Druck ist auch entscheidend dafür, ob ein Körper tief oder weniger tief in einen lockeren Untergrund, z. B. in den Erdboden, einsinkt (Abb. 1). Dies ist u. a. für die Standsicherheit von Baumaschinen von Bedeutung.
Bei Traktoren verwendet man bei lockerem Untergrund Breitreifen, bei schweren Fahrzeugen (Raupen, Panzer) sorgen breite Ketten für eine große Auflagefläche. Bei einem Kran sorgt man z. B. durch Betonplatten dafür, dass die Auflagefläche vergrößert wird und der Kran stabil steht.

Ein Kran hat eine Masse von 7,2 t. Die Auflagefläche beträgt insgesamt 12 m^2.
Wie groß ist der Auflagedruck des Kranes auf den Boden der Baugrube?
Vergleiche ihn mit dem Auflagedruck, den ein Mensch (m = 60 kg, A = 600 cm^2) auf den Fußboden ausübt!

1 Schaufellader mit breiten Rädern

Analyse:
Der Kran und der Mensch werden als Körper betrachtet, die mit ihrer Gewichtskraft senkrecht auf die jeweilige Unterlage wirken.

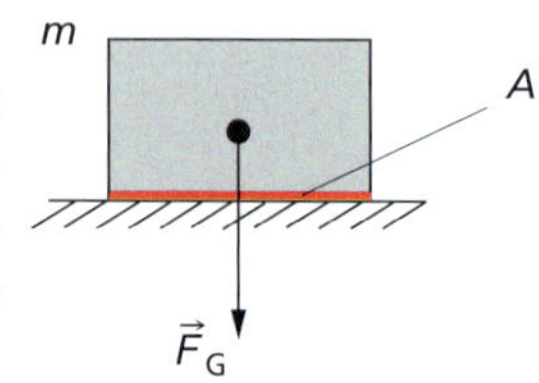

Gesucht: p_K
p_M

Gegeben: $m_K = 7{,}2$ t
$A_K = 12$ m^2
$m_M = 60$ kg
$A_M = 600$ cm^2

Lösung:
Um den jeweiligen Auflagedruck zu berechnen, muss zunächst aus der Masse die Gewichtskraft berechnet werden.

1 kg ≙ 10 N, folglich erhält man:
$F_{G,K} = 7\,200 \cdot 10\text{ N} = 72\,000\text{ N}$
$F_{G,M} = 60 \cdot 10\text{ N} = 600\text{ N}$

Für den Kran ergibt sich folgender Auflagedruck:

$$p_K = \frac{F_{G,K}}{A_K}$$

$$p_K = \frac{72\,000\text{ N}}{12\text{ m}^2}$$

$$p_K = 6\,000\,\frac{\text{N}}{\text{m}^2} = 6\text{ kPa}$$

Für den Menschen erhält man mit den gegebenen Werten:

$$p_M = \frac{600\text{ N}}{0{,}06\text{ m}^2}$$

$$p_M = 10\,000\,\frac{\text{N}}{\text{m}^2} = 10\text{ kPa}$$

Ergebnis:
Der Auflagedruck des Kranes auf den Boden beträgt 6 kPa. Er ist damit kleiner als der Auflagedruck, den ein Mensch mit seinen Füßen auf den Boden ausübt.

Lösen physikalisch-mathematischer Aufgaben

Beim Lösen physikalischer Aufgaben mit mathematischen Mitteln solltest du folgendermaßen vorgehen:

1. Versuche, dir den Sachverhalt der Aufgabe vorzustellen! Fertige, wenn notwendig, eine anschauliche Skizze an!
2. Vereinfache den Sachverhalt aus der Sicht der Physik! Lasse Unwesentliches weg! Fertige eine vereinfachte, schematische Skizze zum Sachverhalt an!
3. Stelle die gesuchten und die gegebenen Größen der Aufgabe zusammen!
4. Versuche, Zusammenhänge und Gesetze im Sachverhalt zu erkennen!
   Gib Gleichungen für gesuchte und gegebene Größen an, die unter den gegebenen Bedingungen gelten!
5. Mitunter wird der Sachverhalt mit mehreren Gleichungen und mehreren Variablen (unbekannten Größen) beschrieben.
   Löse das Gleichungssystem, indem du die Gleichungen miteinander kombinierst!
6. Setze die Werte für die gegebenen Größen in die Endgleichung ein und berechne die gesuchten Größen!
   Mitunter müssen vor dem Einsetzen noch Einheiten gegebener oder gesuchter Größen umgerechnet werden.
7. Formuliere das Ergebnis der Aufgabe! Beantworte dabei die Fragen im Aufgabentext!

Ein Zaubertrick mit Luft

Das Experiment (Abb. 1) mutet fast wie ein Zaubertrick an. Schließt man ein randvoll gefülltes Glas mit einer Karteikarte ab und dreht es um, so läuft die Flüssigkeit nicht aus.
Wie ist das zu erklären?

Eine Erklärung für diese Erscheinung liefert der Luftdruck. Das Wasser im Glas wurde luftdicht abgeschlossen. Wenn man das Glas umdreht, dann wirkt der Schweredruck des Wassers nach unten.

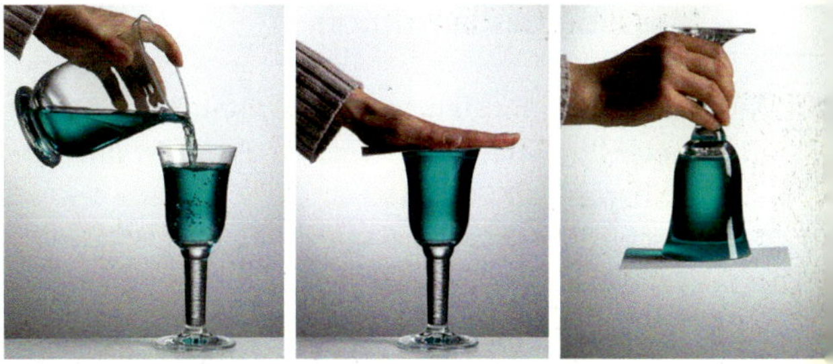

1 Das dargestellte Experiment kann man mit Wasser durchführen.

Der Luftdruck in der Nähe der Erdoberfläche beträgt ca. 1 000 hPa. Dieser Druck wirkt nach allen Seiten. Damit wirkt der Luftdruck und folglich auch eine Kraft von unten gegen die Karteikarte und die Wassersäule.
Der Schweredruck der Wassersäule ist geringer als der Luftdruck, sodass die Karte fest an die Wassersäule gepresst wird. Erst bei einer Höhe der Wassersäule von ca. 10 m wäre der Schweredruck so groß wie der Luftdruck. Die Karte würde abfallen.
Wenn du das Experiment ausprobierst, dann sei aber vorsichtig: Wenn Luft in das Gefäß gelangt, kann die Karte sehr schnell abfallen.

Mosaik

Luftdruckänderung – ein Problem?

Der Mensch hat sich an den normalen Luftdruck angepasst. In der Regel spürt man den Luftdruck nicht. Auch langsame Luftdruckänderungen, bei Veränderung der Wetterlage merken wir meist nicht. Anders ist das bei schnellen Luftdruckänderungen, z. B. beim Aufsteigen eines Flugzeugs oder beim Hinauffahren auf einen hohen Turm mit einen Fahrstuhl. Hier spürt man manchmal einen Druck am Ohr. Er kommt zustande durch den Druckunterschied zwischen außen und innen und kann durch Schlucken ausgeglichen werden.

Messung des Luftdrucks

Messgeräte für den Luftdruck nennt man **Barometer**. Eine häufig verwendete Form ist das Dosenbarometer (Abb. 1).
Beschreibe den Aufbau und erkläre die Wirkungsweise eines Dosenbarometers!

Ein Dosenbarometer besteht aus einer fast luftleeren Metalldose (Druckdose). Die Dose ist über eine Feder mit einem Hebelmechanismus verbunden, der zu einem Zeiger führt (Abb. 1). Dadurch wird die Bewegung eines gewellten Deckels (Membran) auf den Zeiger übertragen.

Bei Normdruck wird der Zeiger auf den Wert 1013 hPa (760 Torr) gestellt. Verändert sich der Luftdruck, dann wird die Membran mehr oder weniger verbogen. Dadurch verändert sich die Zeigerstellung. Moderne Barometer gibt es in vielen verschiedenen Bauformen. Teilweise arbeiten sie mit Drucksensoren und zeigen den Luftdruck digital an. Das bedeutet: Der Luftdruck wird als Zahlenwert mit Einheit angezeigt. Messgeräte für die Messung des Gasdrucks in einer Gasflasche oder für den Luftdruck in einem Auto- oder Fahrradreifen nennt man **Manometer.** Abbildung 2 zeigt eine Bauform eines solchen Manometers, ein Membranmanometer.
Es funktioniert folgendermaßen : Der Luftdruck im Reifen verformt über eine Membran eine Feder, die mit einem Zeiger verbunden ist. An einer Skala kann der Druck abgelesen werden. Er wird meist in bar angezeigt. Es gilt: 1 bar = 100 kPa. Bei Autoreifen liegt der empfohlene Druck meist zwischen 2,0 bar und 3,0 bar.

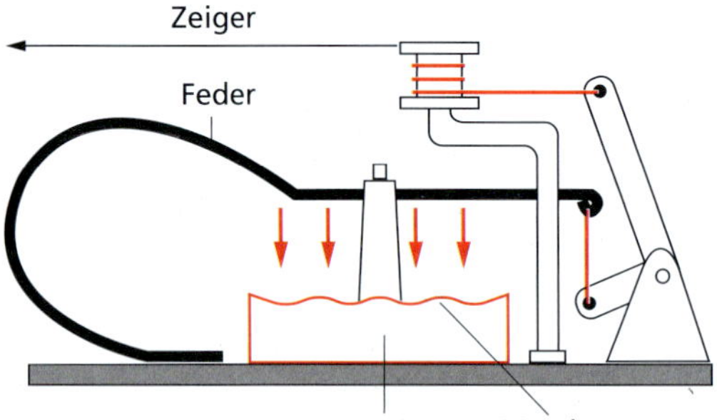

1 Die Verbiegung der Membran ist ein Maß für den Luftdruck.

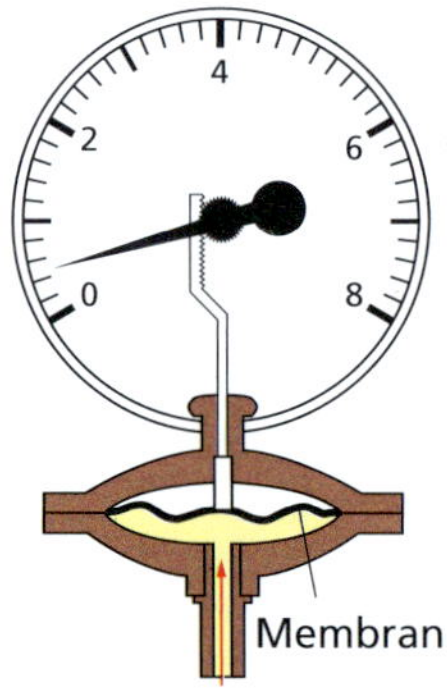

2 Ein Manometer misst den Überdruck in einem Gas. Die Skizze zeigt den Aufbau eines Manometers zur Messung des Drucks in Autoreifen.

Beschreiben des Aufbaus und Erklären der Wirkungsweise eines technischen Gerätes

Beim Beschreiben des Aufbaus eines technischen Gerätes und dem Erklären seiner Wirkungsweise mithilfe physikalischer Gesetze sollte man folgendermaßen vorgehen:

1. Gehe vom Verwendungszweck des technischen Gerätes aus!
2. Beschreibe die für das Wirken physikalischer Gesetze wesentlichen Teile des Gerätes! Lasse dabei technische Details des Gerätes unberücksichtigt!
3. Führe die Wirkungsweise des Gerätes auf physikalische Gesetze zurück!

Der Blutdruck

Der Mensch besitzt, wie auch alle Säugetiere, ein geschlossenes Blutgefäßsystem, zu dem das Herz, die Arterien, die Venen und die Kapillaren gehören (Abb. 1). In diesem Röhrensystem bewegt sich das Blut durch den Körper und erreicht alle Organe. Das Herz pumpt dabei sauerstoffreiches Blut aus der Lunge in die Arterien.
Über die Arterien erreicht das Blut alle Körperteile und versorgt sie mit dem notwendigen Sauerstoff und mit Nährstoffen.
Das sauerstoffarme Blut gelangt über die Venen zurück zum Herzen und von dort wieder zur Lunge. Die Kapillaren ermöglichen im Körperkreislauf (Abb. 1) den Stoffaustausch zwischen Blut und Zellen und im Lungenkreislauf den Stoffaustauch zwischen Blut und Lungenbläschen.
Angetrieben wird unser Blut durch das Herz, das wie eine Pumpe wirkt. Krankhafte Veränderungen zeigen sich u. a. beim Blutdruck.

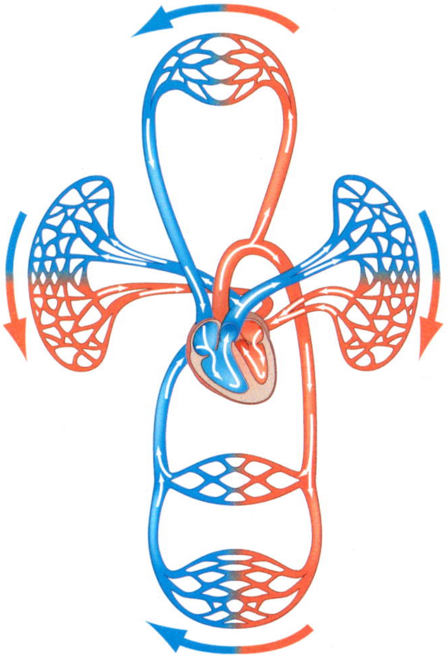

1 Das Blut durchfließt unseren Körper in Arterien, Kapillaren und Venen. Alle diese Blutgefäße bilden ein geschlossenes Röhrensystem. In ihm bewegt sich, angetrieben vom Herzen, das Blut und erreicht alle Organe.

2 Die Messung des Blutdruckes erfolgt meist am Arm mithilfe von Blutdruckmessgeräten. Am einfachsten sind automatische Geräte zu bedienen.

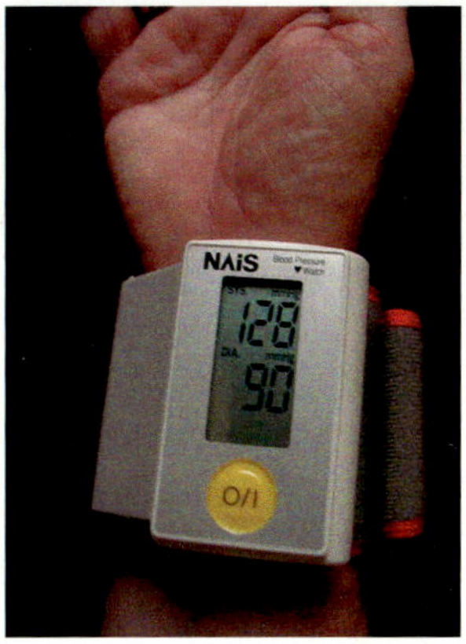

Was versteht man unter Blutdruck? Wie kann man ihn messen? Welche Blutdruckwerte sind normal?

Der Blutstrom in den Gefäßen übt auf die elastischen Gefäßwände einen Druck aus. Der Druck, mit dem das Blut gegen die Gefäßwände drückt, wird als Blutdruck bezeichnet. Dabei wird zwischen dem systolischen und dem diastolischen Druck unterschieden.
Der systolische (höhere) Wert ist der Druck während der Kontraktion des Herzens und gibt Auskunft über die Leistung des Herzens. Der diastolische (niedrigere) Wert ist der Druck während der Erschlaffung der Herzmuskulatur.
Gemessen wird der Blutdruck mithilfe von Blutdruckmessgeräten, die sehr unterschiedlich gebaut sein können (Abb. 2). Dazu wird eine Druckmanschette um den Arm gelegt und der Druck gemessen.
Angegeben werden der systolische und der diastolische Wert meist in Torr (s. S. 74). Ein Wert von 120/80 bedeutet dann: Der systolische Wert beträgt 120 Torr (16 kPa), der diastolische Wert 80 Torr (11 kPa).
Der genannte Wert liegt im normalen Bereich. Einen bestimmten Normwert für den Blutdruck gibt es nicht. Wenn der Blutdruck aber auch bei geringer Belastung ständig über 140/90 liegt, sollte ein Arzt konsultiert werden.

gewusst · gekonnt

1. Mit einer Luftpumpe wird Luft in einen Fahrradreifen gepumpt.
Erläutere das Wirken von Kräften und das Auftreten von Drücken am Beispiel des Pumpens mit einer Luftpumpe!

2. Zum Aufblasen eines Luftballons muss man mit seinen Lungen ganz schöne Kräfte aufbringen.
   a) Erläutere das Wirken von Kräften und das Auftreten von Drücken am Beispiel eines Luftballons!
   b) Deute den Druck in einem Luftballon mit Hilfe des Teilchenmodells!

3. Die Abbildung zeigt den Aufbau einer Spritzflasche. Erkläre die Wirkungsweise einer solchen Spritzflasche!

4. In einem Autoreifen herrscht ein Druck von 200 kPa. Welche Kraft übt die Luft im Reifen auf eine Mantelfläche von 1 cm^2, 2 cm^2, 5 cm^2, 10 cm^2 und 20 cm^2 aus?

5. In der Abbildung ist der Aufbau eines Fahrradventils dargestellt.

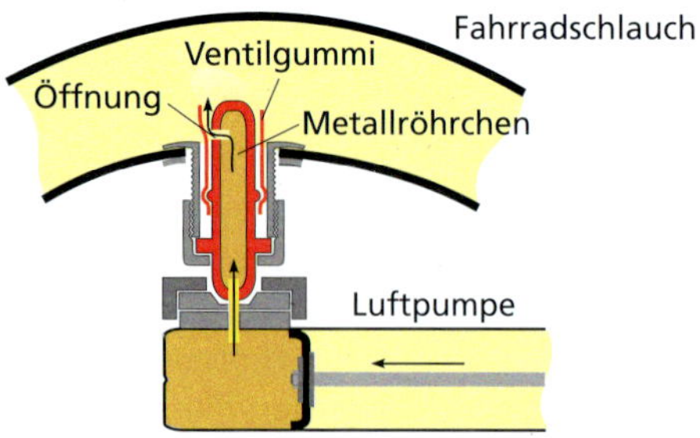

Erkläre die Wirkungsweise eines solchen Ventils!

6. Bei Straßenbauarbeiten werden häufig Drucklufthämmer benutzt. Mit diesen können so große Kräfte erzeugt werden, dass selbst Betonstraßen aufplatzen. Die notwendige Druckluft liefert ein Kompressor.
Beschreibe den Aufbau eines Drucklufthammers! Erkläre seine Wirkungsweise!

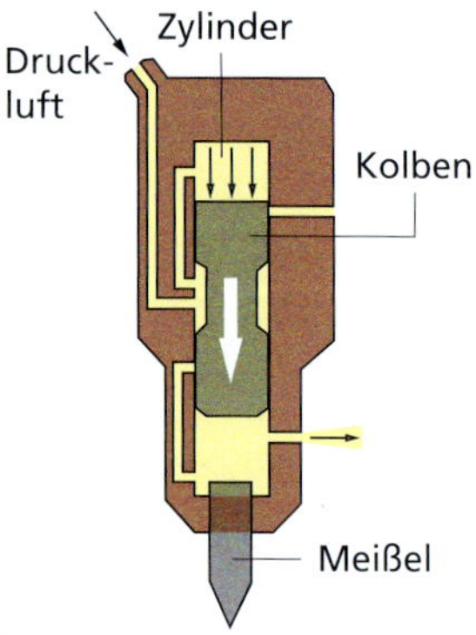

7. Robert verwechselt die Begriffe Druck und Druckkraft. Hilf ihm am Beispiel des Aufpumpens eines Fahrradreifens mit einer Luftpumpe!

8. Warum kannst du einen voll aufgedrehten Wasserhahn nicht mit bloßer Hand zuhalten, wohl aber ein kleines Loch in einem Gartenschlauch?

9. Wie kann man die Erscheinung erklären, dass sich Luft zusammendrücken lässt, Wasser aber nicht?

10. Ein Elefant kann 5 t wiegen. Trotzdem hinterlässt er im Sandboden kaum Spuren.
    a) Wie groß ist der Auflagedruck, wenn jede Fußsohle eine Querschnittsfläche von 0,2 m^2 hat?
    b) Vergleiche den Auflagedruck, den der Elefant erzeugt, mit dem Druck, den eine Frau (50 kg) mit einem „Pfennigabsatz“ (1 cm^2) verursacht!

11. Traktoren haben sehr breite Reifen, um damit über lockeren oder schlammigen Untergrund fahren zu können.
Erkläre den Sinn dieser Maßnahme!

12. Erläutere eine Möglichkeit, einen besonders großen Druck zu erzeugen!

13. Bestimme den Auflagedruck, den du selbst auf den Erdboden ausübst! Die Fläche deiner Füße kannst du ermitteln, indem du auf ein Blatt kariertes Papier trittst, den Umriss deines Fußes markierst und die Fläche anschließend auszählst.

14. Kannst du es schaffen, ein Auto mit einer Gewichtskraft von etwa 10 000 N mit einem hydraulischen Wagenheber anzuheben? Das Verhältnis der Querschnittsflächen von Hub- und Pumpkolben beträgt 1 : 20.

15. In den Arterien, die vom menschlichen Herzen wegführen, herrscht ein Druck von 14 kPa. Mit welcher Kraft wird das Blut in die Arterien gedrückt, wenn diese eine Querschnittsfläche von 3 cm^2 haben?

***16.** Wie groß ist die Kraft, die auf die Ausstiegsluke eines Tauchbootes in 12 m Tiefe wirkt? Die Luke ist kreisförmig und hat einen Durchmesser von 70 cm.

17. In Waschmaschinen und Geschirrspülern wird der Zufluss von Wasser mit einer Druckdose reguliert (s. Abb.).
Die Druckdose steuert ein Magnetventil, das die Wasserzufuhr ein- bzw. ausschaltet. Erkläre die Wirkungsweise einer solchen Wasserstandsregulierung!

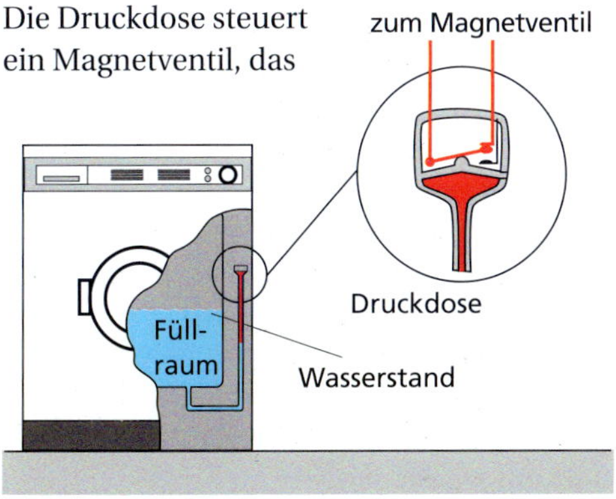

18. 1960 erreichten die Tiefseetaucher Piccard und Walsh im Stillen Ozean eine Tiefe von ca. 11 000 m. Die Tauchkugel, mit der sie das schafften, bestand aus Stahl von 12 cm Stärke. Die Scheiben der Fenster waren sogar 15 cm dick.
Berechne den Schweredruck für diese Tiefe, und begründe damit, warum diese starken Wände und Fenster notwendig waren!

19. Bei abgelegenen Häusern ist noch heute eine Anlage wie in der Abb. nützlich: Mithilfe einer Pumpe gelangt Wasser aus einem Brunnen in einen Druckbehälter. Von dort kommt es zu einzelnen Wasserhähnen.

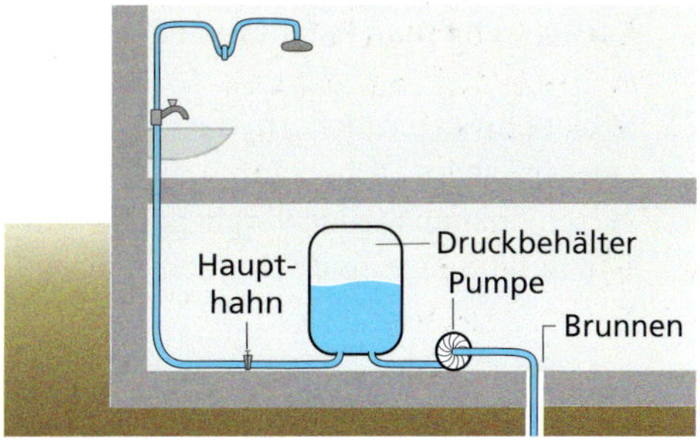

Wie funktioniert diese Anlage? Wozu dient der Druckbehälter?

20. Die Abbildung zeigt den Ausfluss von Wasser aus einem Standzylinder bei unterschiedlichen Höhen der Öffnungen. Probiere es mit einer Plastikflasche aus!
Erkläre die unterschiedlichen Weiten der Wasserstrahlen!

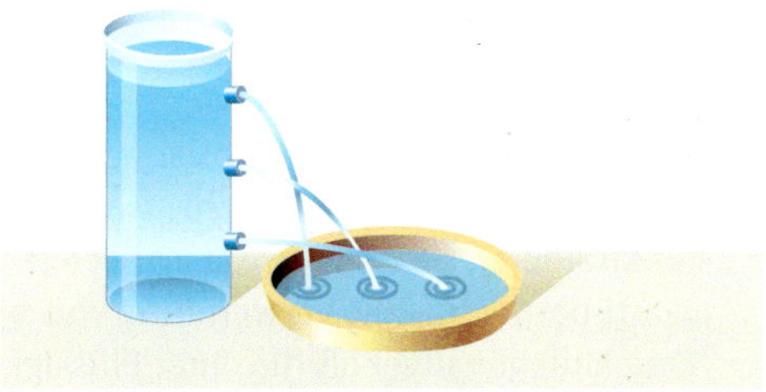

21. Die Skizze zeigt, wie eine Wasserversorgungsanlage aufgebaut sein könnte. Wie funktioniert ein solche Wasserversorgungsanlage? Warum ist es notwendig, beim Hochhaus eine Zusatzpumpe zu installieren?

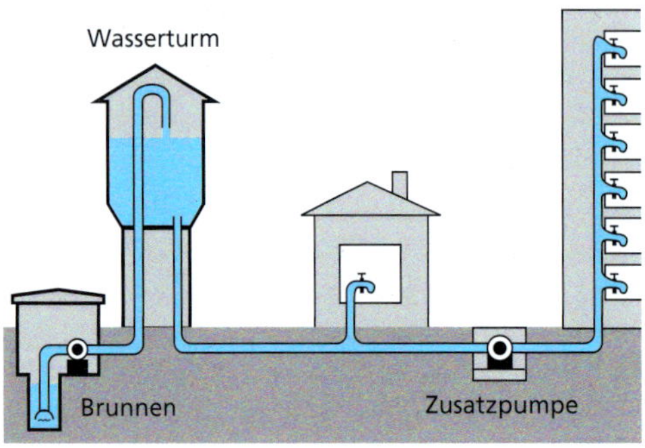

22. Beim Tauchen im Wasser merkt man die Kräfte auf das Trommelfell im Ohr. Wie entstehen diese Kräfte? Wie verändern sich die Kräfte, wenn man tiefer taucht? Begründe!

23. Schlauchwaagen sichern, dass eine Mauer „im Lot“ steht. Dazu werden die Höhen an verschiedenen Stellen verglichen (s. Abb.). Wie funktioniert eine Schlauchwaage?

24. Geruchsverschlüsse an Waschbecken sind verbundene Gefäße. Beschreibe den Aufbau eines solchen Geruchsverschlusses und erkläre seine Wirkungsweise!

25. Die Türen in Bussen und Bahnen werden mit Druckluft geöffnet oder geschlossen. Wie funktionieren sie und warum ist bei der Kraftübertragung die Verwendung von Druckluft günstiger als die einer Flüssigkeit?

26. Bei einigen Spielzeugautos nutzt man den Druck der Luft in einem Luftballon als Antriebsmittel (s. Abb.). Erläutere, wie der Druck der Luft im Ballon das Fahrzeug antreiben kann!

***27.** Der Luftdruck über der Erdoberfläche schwankt je nach Wetterlage und Region zwischen 970 hPa und 1 030 hPa.
Wie ändern sich demzufolge die Kräfte, die auf eine Hand (150 cm^2) wirken? Spürt man diese Kräfte? Begründe!

28. Wie groß ist der Luftdruck jeweils unter normalen Bedingungen auf dem höchsten Berg in Deutschland und in Europa?

***29.** Vor einem Gewitter fällt der Luftdruck von 1 020 hPa auf 980 hPa. Um wie viele Zentimeter würde die Wassersäule eines Wasserbarometers fallen?

30. Begründe, warum auf Spraydosen in der Regel steht: Vor Sonneneinstrahlung und Temperaturen über 50 °C schützen!

31. Von Hand betriebene Saugpumpen findet man noch heute in Gärten. Die Abbildung zeigt den Aufbau einer solchen Pumpe.

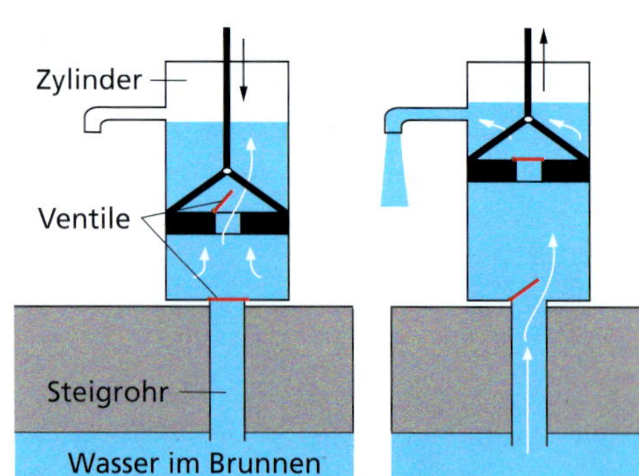

Beschreibe den Aufbau und erkläre die Wirkungsweise!

32. Die Abbildung zeigt eine einfache und doch raffinierte Tränke für kleine Tiere. Erkläre die Wirkungsweise dieser Tränke!

33. Was kann man tun, damit sich Konservengläser mit Schraubdeckel leichter öffnen lassen?

34. Wie groß ist der Luftdruck unter normalen Bedingungen
a) auf dem höchsten Berg Sachsen-Anhalts,
b) auf dem höchsten Berg der Welt,
c) in 10 km Höhe?
Nutze zur Antwort das Diagramm S. 72!

***35.** Ein Dosenbarometer zeigt einen Luftdruck von 1 030 hPa an. Wie hoch wäre die Wassersäule eines Wasserbarometers bei diesem Luftdruck?

***36.** Vor einem Gewitter fällt der Luftdruck von 1 020 hPa auf 980 hPa.
Um wie viele Zentimeter würde die Wassersäule eines Wasserbarometers fallen?

37. Wie groß ist der Luftdruck auf der Mondoberfläche?

38. Bei Saugfüßen, die man z. B. als Aufhänger für Handtücher verwendet, wird ebenfalls der Luftdruck genutzt.
a) Erkläre die Wirkungsweise eines solchen Saugfußes!
b) Berechne die Kraft, mit der ein Saugfuß festgehalten wird, wenn die Saugfläche einen Durchmesser von 2 cm hat!

39. Fertige für ein U-Rohr-Manometer eine Skala an! Gehe dabei davon aus, welchen Schweredruck eine Wassersäule von 10 cm Länge erzeugt! Miss mit diesem Manometer den Überdruck, der in einem Glaskolben entsteht, wenn er vorsichtig erwärmt wird (s. Abb.)!

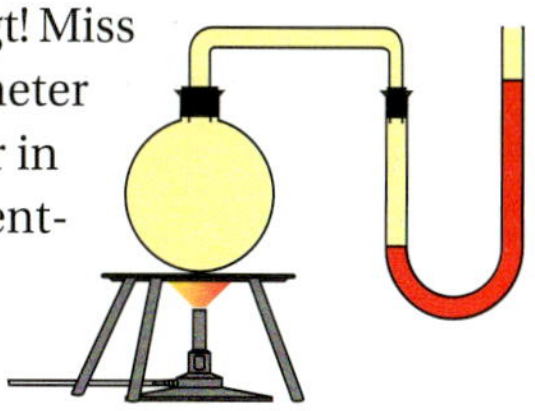

40. Ermittle aus dem p-h-Diagramm (Abb. S. 72) den Druckunterschied, wenn man sich von einer Höhe von 12 km auf 8 km bzw. von 4 km auf Meereshöhe herunterbewegt! Vergleiche die Werte!
Welche Schlussfolgerung lässt sich daraus über die Gleichmäßigkeit der Abnahme des Luftdruckes ziehen?

41. Bei steilen Berg- und Talfahrten, im Fahrstuhl oder beim Starten und Landen mit dem Flugzeug spürt man oft ein unangenehmes Druckgefühl auf das Trommelfell im Ohr. Durch mehrmaliges Schlucken kann man dies beseitigen.

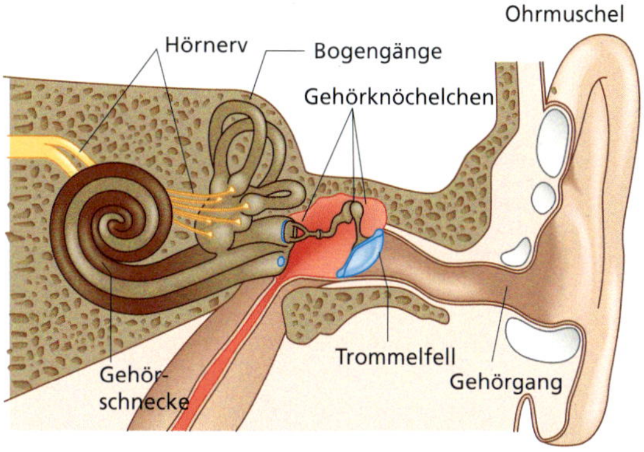

Was passiert beim Schlucken zur Verminderung des Druckgefühls? Erläutere die Vorgänge anhand der Abbildung!

42. Warum werden Ballons, die mit Gas gefüllt sind, mit zunehmender Höhe immer größer?
Warum können sie sogar platzen?

Druck und Druckausbreitung in Natur und Technik

Der **Druck *p*** gibt an, mit welcher **Kraft *F*** ein Gas, eine Flüssigkeit oder ein fester Körper senkrecht auf eine **Fläche *A*** wirkt.

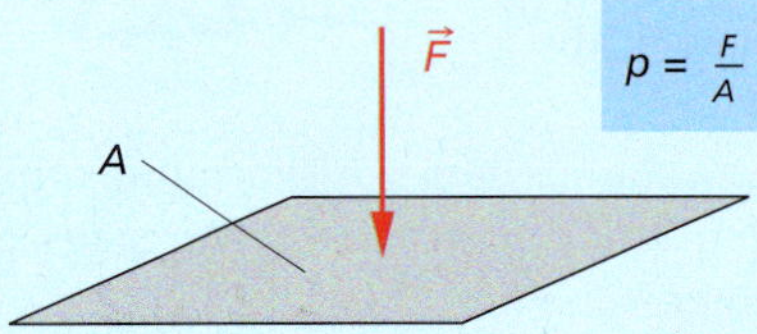

$$p = \frac{F}{A}$$

Wenn eine Kraft von 1 N auf 1 m^2 wirkt, beträgt der Druck 1 Pa (1 Pascal).
Wirkt ein Druck auf eine Fläche, entsteht eine **Druckkraft:**

$$F = p \cdot A$$

In geschlossenen Gefäßen ist der Druck einer Flüssigkeit oder eines Gases überall gleich groß. Er bereitet sich allseitig aus.

Wichtige Anwendungen des gleichmäßigen Wirkens des Druckes nach allen Seiten sind **hydraulische** und **pneumatische Anlagen.**

Ist ein Gefäß durch bewegliche Kolben abgeschlossen, so gilt unter der Bedingung, dass die Anlage im Gleichgewicht ist:

$$p_1 = p_2$$

Mit $p = \frac{F}{A}$ ergibt sich daraus:

$$\frac{F_1}{A_1} = \frac{F_2}{A_2}$$

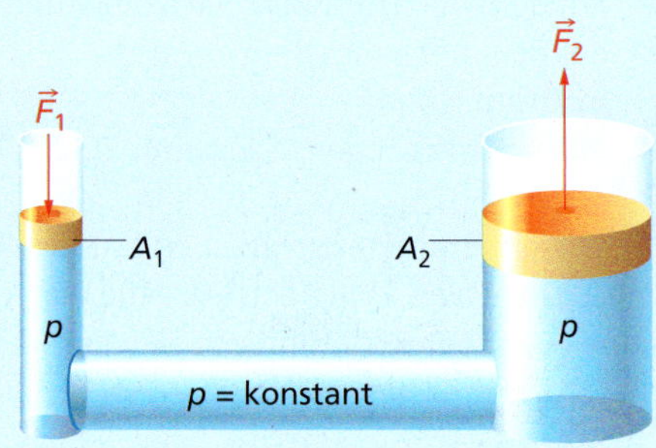

In Flüssigkeiten und Gasen wirkt infolge der Gewichtskraft der Flüssigkeit bzw. des Gases ein Druck.

Schweredruck in einer Flüssigkeit	**Luftdruck über der Erdoberfläche**
Der Schweredruck ist abhängig – von der Eintauchtiefe ($p \sim h$), – von der Dichte der Flüssigkeit.	Der normale Luftdruck in Höhe des Meeresspiegels (Normdruck) beträgt 101,3 kPa, 1013 hPa bzw. 1013 mbar.
In Wasser nimmt der Schweredruck je 10 m Tiefe um 100 kPa zu.	Je größer die Höhe über der Erdoberfläche ist, desto geringer ist der Luftdruck.

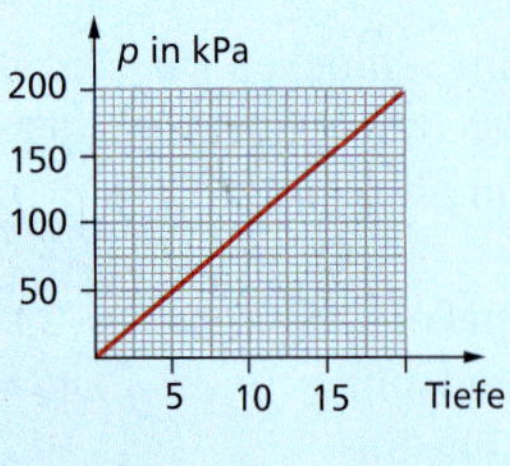

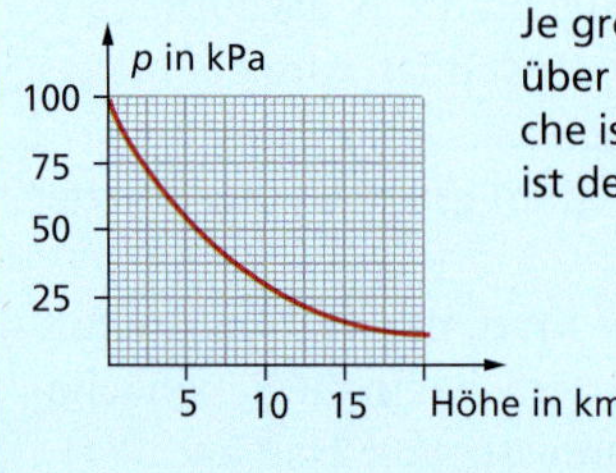

Der **Blutdruck** ist der Druck, mit dem das Blut gegen die Gefäßwände drückt. Werte bis 140/90 Torr (18 kPa/12 kPa) gelten als normal.

2.3 Schwimmen, Schweben, Fliegen – Ergebnisse von Kraftwirkungen

Hochgefühl

Ballonfahrten erfüllen den alten Menschheitstraum vom Fliegen. Die Ballons werden von unten mit heißen Gasen gefüllt. Heißluftballons eignen sich aber auch, um Lasten zu transportieren.
Wie kommt es, dass ein Ballon aufsteigen kann, obwohl er auch noch Lasten tragen muss? Wie kann seine Höhe reguliert werden?

Anglerglück

Zum Angeln gehört nicht nur Glück, sondern auch Können. Die große Kunst besteht darin, den Fisch auch aus dem Wasser zu bekommen, wenn er schon mal angebissen hat. Für große Fische muss man dazu einen Kescher verwenden.
Warum kann man große Fische zwar mit der Angel zu sich heranziehen, braucht aber einen Kescher, um sie aus dem Wasser zu holen?

Tiefenrausch

Ungeübte Taucher können etwa 40 s lang unter Wasser bleiben. Geübte Perlentaucher erreichen über 2 min und Tiefen bis zu 30 m. Für größere Tiefen werden spezielle Ausrüstungen benötigt. Trotzdem kann es ab einer Tiefe von 50 m vorkommen, dass der menschliche Organismus rauschartig mit leichtsinnigem Verhalten und geringerem Urteilsvermögen reagiert.
Wodurch kommt es zum Tiefenrausch?
Wie kann man ihn vermeiden?

Auftrieb und Auftriebskraft

Ein Surfbrett, ein Baumstamm, ein Eiswürfel oder ein viele Tonnen schweres Schiff (Abb. 1) schwimmen auf der Wasseroberfläche. Körper aus unterschiedlichen Stoffen tauchen dabei unterschiedlich tief ein. Ebenso liegt ein beladenes Schiff tiefer im Wasser als ein unbeladenes. Aber bei beiden Schiffen ist im Binnengewässer deutlich zu sehen, wie weit sie im Meerwasser eingetaucht waren.
Andere Körper dagegen, wie Steine, Metallschrauben oder ein voll Wasser laufendes Schiff, gehen unter.
Untersucht man genauer, welche Körper schwimmen und welche nicht, dann zeigt sich: Entscheidend dafür, ob ein Körper schwimmt, ist seine mittlere Dichte im Vergleich zur Dichte des Wassers.

Ein Körper schwimmt, wenn seine mittlere Dichte kleiner als die Dichte von Wasser ist.

Er geht unter, wenn seine mittlere Dichte größer als die von Wasser ist.
Damit ein Körper schwimmt, muss der nach unten gerichteten Gewichtskraft eine gleich große Kraft entgegenwirken. Diese Kraft nennt man **Auftriebskraft** F_A, die Erscheinung selbst **Auftrieb**. Eine Auftriebskraft wirkt nicht nur auf schwimmende Körper, sondern auf jeden Körper, der sich in einer Flüssigkeit befindet (Abb. 2). Sie ist umso größer, je mehr der Körper in die Flüssigkeit eintaucht (Abb. 3).

1 Ein Schiff schwimmt, weil seine mittlere Dichte kleiner als die von Wasser ist.

2 Taucht ein Körper in Wasser ein, dann verringert sich seine Gewichtskraft scheinbar durch die nach oben gerichtete Auftriebskraft.

Das Volumen des eingetauchten Teils des Körpers verdrängt ein gleich großes Volumen der Flüssigkeit. Die Gewichtskraft des verdrängten Volumens der Flüssigkeit ist umso größer, je größer das Volumen des eingetauchten Teils des Körpers ist. Damit ergibt sich ein Zusammenhang zwischen der Auftriebskraft, die ein Körper in einer Flüssigkeit erfährt, und der Gewichtskraft der von ihm verdrängten Flüssigkeit. Dieser Zusammenhang wird durch das **archimedische Gesetz** beschrieben.

Die auf einen Körper wirkende Auftriebskraft F_A ist gleich der Gewichtskraft F_G der verdrängten Flüssigkeit.

$$F_A = F_G$$

Dieses Gesetz wurde zuerst von ARCHIMEDES (287–212 v. Chr.) entdeckt. Es gilt auch für Körper, die sich in einem Gas befinden, z. B. für einen Luftballon oder einen Zeppelin in Luft.

3 Je tiefer ein Körper in Wasser eintaucht, desto größer ist die Auftriebskraft, die er erfährt.

Die Gewichtskraft der verdrängten Flüssigkeit oder des verdrängten Gases ist von der Masse abhängig und die Masse wiederum hängt vom Volumen und von der Dichte des Stoffes ab, aus dem er besteht. Allgemein gilt für die Auftriebskraft:

> **Die Auftriebskraft F_A kann berechnet werden mit der Gleichung:**
>
> $$F_A = \rho \cdot V \cdot g$$
>
> **ρ Dichte des Stoffes, aus dem der verdrängte Körper besteht (z. B. Wasser)**
> **V Volumen des Körpers, der sich in der Flüssigkeit befindet**
> **g Ortsfaktor**

Für Wasser ist $\rho = 1\ g/cm^3$. Für Luft hat die Dichte einen Wert von $\rho = 1{,}29\ kg/m^3$.

Sinken, Schweben, Steigen, Schwimmen

Je nachdem, wie groß die Gewichtskraft eines Körpers F_G und die an ihm wirkende Auftriebskraft F_A sind, kann der Körper in einer Flüssigkeit oder einem Gas sinken, schweben, steigen oder schwimmen.
Da das Volumen des eingetauchten Körpers und das der verdrängten Flüssigkeit bzw. des verdrängten Gases immer den gleichen Wert haben, sind die Dichten der Stoffe, aus denen die Körper bestehen, letztlich entscheidend dafür, ob ein Körper sinkt, steigt oder schwebt. Für den Körper ist dabei die **mittlere Dichte** wichtig.
In der nachfolgenden Übersicht sind die Bedingungen für das Sinken, Schweben, Steigen und Schwimmen eines Körpers angegeben.

Sinken	Schweben	Steigen	Schwimmen
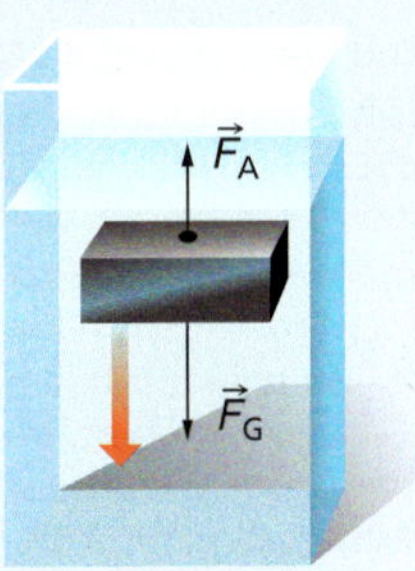	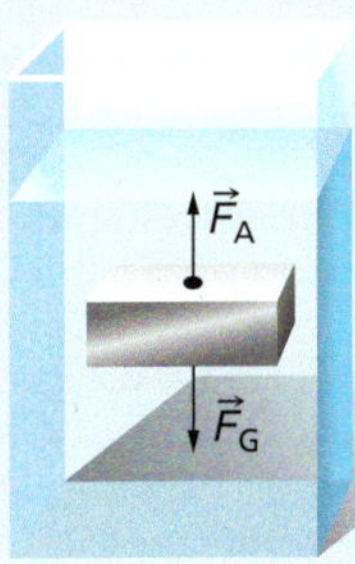	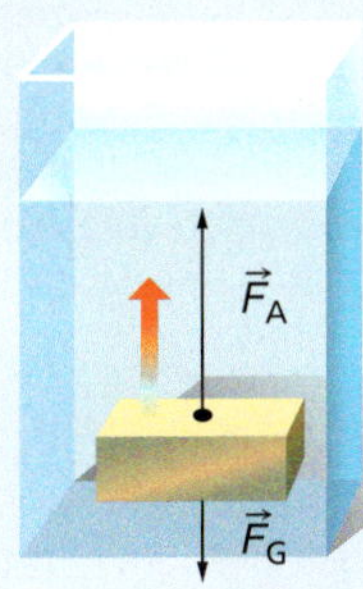	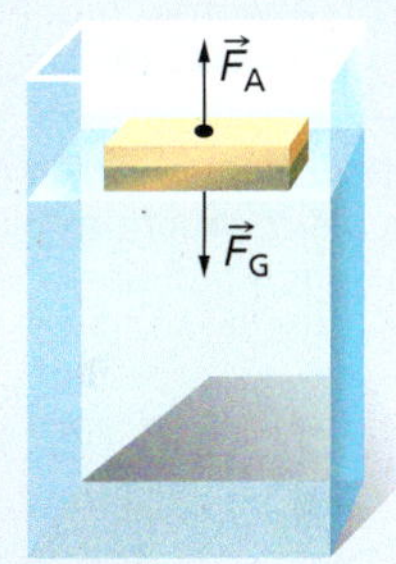
$F_A < F_G$	$F_A = F_G$	$F_A > F_G$	$F_A = F_G$ Ein Teil des Körpers befindet sich außerhalb der Flüssigkeit.
$\rho_{Fl} < \rho_{Körper}$	$\rho_{Fl} = \rho_{Körper}$	$\rho_{Fl} > \rho_{Körper}$	$\rho_{Fl} > \rho_{Körper}$

Ein Stein sinkt im Wasser nach unten.	Ein Taucher schwebt im Wasser in einer bestimmten Tiefe.	Ein Fisch steigt aus großer Tiefe nach oben.	Ein Schiff schwimmt auf dem Wasser.

Mosaik

Der Traum vom Fliegen

Der Traum vom Fliegen ist uralt. Bereits die griechische Sage berichtet, dass DÄDALUS und sein Sohn IKARUS sich Flügel aus Vogelfedern bauten und damit flogen.

Im 11. Jahrhundert soll ein englischer Mönch einen Flugversuch vom Turm eines Klosters unternommen haben, der jedoch misslang.

Im 15. Jahrhundert beschäftigte sich der geniale Maler, Mathematiker und Techniker LEONARDO DA VINCI (1452–1519) eingehend mit dem Fliegen. Er studierte insbesondere den Flug der Vögel und entwarf Zeichnungen mit Konstruktionen von künstlichen Flügeln, aber auch von Hubschraubern und Fallschirmen. Die Ideen von LEONARDO gerieten zunächst in Vergessenheit, der Traum vom Fliegen aber blieb. Immer wieder unternahmen Menschen Flugversuche, die jedoch misslangen. Bekannt ist z. B. der Flugversuch des Schneiders von Ulm.

Ende des 18. Jahrhunderts wurde das Ballonfliegen entdeckt, das im 19. Jahrhundert weiterentwickelt wurde. Besonderen Anteil daran hatten die Gebrüder MONTGOLFIER, die 1783 den ersten Heißluftballon mit einem Lamm, einer Ente und einem Hahn als „Fluggästen" aufsteigen ließen. Im gleichen Jahr erfolgte der erste Flug von zwei Personen mit einem Heißluftballon, der nach ihren Erfindern Montgolfiere genannt wurde.

1 Start zu einem Ballonflug im Jahr 1804

Die Entwicklung führte zu Beginn des 20. Jahrhunderts zur Konstruktion riesiger Luftschiffe (Abb. 2), die nach dem bekanntesten Luftschiffkonstrukteur FERDINAND VON ZEPPELIN (1837–1917) als Zeppeline bezeichnet wurden.

2 Luftschiff „Graf Zeppelin" um 1930

Das letzte große deutsche Luftschiff, die LZ 129, hatte eine Länge von 245 m. Es erreichte mit einer Antriebsleistung von 3 600 PS eine Geschwindigkeit von 125 km/h, verfügte über 25 Schlafkabinen sowie Speise-, Aufenthalts- und Baderäume für die Passagiere. Mit einer Brandkatastrophe, bei der dieses mit Wasserstoff gefüllte Luftschiff 1937 in Lakehurst (USA) vernichtet wurde, endete die Passagierluftfahrt mit Luftschiffen. Heute werden einige kleinere Luftschiffe für Rundflüge genutzt (Abb. 3). Sie sind mit dem sehr leichten und nicht brennbaren Gas Helium gefüllt. Das Luftschiff hat damit eine kleinere mittlere Dichte als die umgebende Luft.

3 Modernes Luftschiff über dem Bodensee

Das Fliegen

Im Unterschied zu Heißluftballons oder Zeppelinen haben Insekten und Vögel, Drachen oder gar große Flugzeuge eine größere mittlere Dichte als die Luft.

Bei Insekten und Vögeln wird durch den Flügelschlag nach unten und die Stellung der Flügel eine nach oben gerichtete Auftriebskraft hervorgerufen (Abb. 1). Bei Drachen und Drachenfliegern strömt Luft gegen eine Fläche und wird nach unten umgelenkt. Dadurch entsteht eine nach oben gerichtete Auftriebskraft. Bei Flugzeugen (Abb. 2) spielt der dynamische Auftrieb (s. unten) die entscheidende Rolle. Für alle Fälle gilt:

Voraussetzung für das Fliegen von Körpern ist eine hinreichend große Auftriebskraft.

Das Segeln von Vögeln und Fliegen von Flugzeugen beruht darauf, dass es durch die Bewegung der Luft gegenüber einem Körper (z. B. Flugzeug) in der Strömung eine nach oben gerichtete Auftriebskraft F_A gibt.

Da der Auftrieb aufgrund der Bewegung zwischen Luft und Körper zustande kommt, wird er **dynamischer Auftrieb** genannt. Ein dynamischer Auftrieb entsteht vor allem bei der Bewegung von Körpern mit einem Tragflügelprofil (Abb. 3). Solche Profile haben z. B. die Flügel von Vögeln oder die Tragflächen von Flugzeugen. Der dynamische Auftrieb tritt auch in Flüssigkeiten auf. Die Strömung wird durch einen Tragflügel aufgeteilt.

1 Beim Flug von Vögeln und Insekten spielt der Flügelschlag eine wichtige Rolle. Beim Flügelschlag nach unten wird Luft nach unten bewegt. Dadurch wirkt eine Auftriebskraft nach oben.

2 Entscheidend dafür, dass ein Flugzeug fliegt, ist die Form und die Größe seiner Tragflächen. An den von Luft umströmten Tragflächen kommt eine Auftriebskraft nach oben zustande.

Dabei wird die Luft in der Umgebung des bewegten Körpers nach unten bewegt, und damit kommt ein Auftrieb an dem Tragflügel zustande. Verstärkt wird dieser Auftrieb durch geeignete Flügelprofile. An ihnen entsteht oberhalb des Tragflügels ein Gebiet mit größerer Strömungsgeschwindigkeit und kleinerem Druck als unterhalb. Der Druckunterschied zwischen Ober- und Unterseite des Tragflügels führt zu einer zusätzlichen Auftriebskraft senkrecht zur Bewegungsrichtung.

Wie groß die Auftriebskraft an einem Tragflügel ist, hängt bei einem Flügel mit bestimmtem Profil vom Anstellwinkel des Tragflügels gegenüber der Bewegungsrichtung der Strömung und von der Geschwindigkeit zwischen Luft und Tragflügel ab. Bei Flugzeugen können Größe und Form der Tragflächen verändert werden.

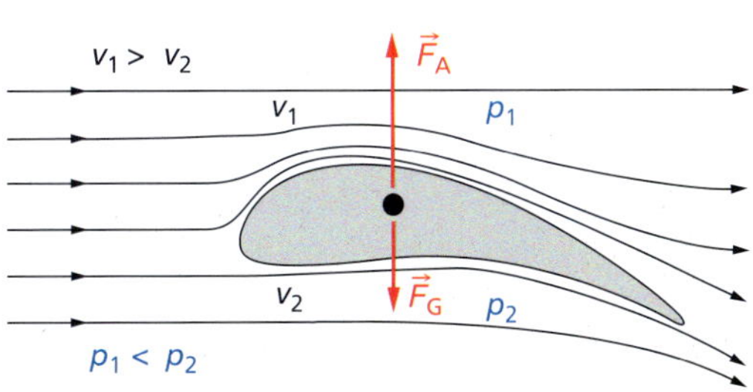

3 Unterschiedliche Geschwindigkeiten und Drücke an einem Tragflügel: Entscheidend für den Auftrieb ist die Relativgeschwindigkeit zwischen Luft und Tragflügel.

Mosaik

Der Druck ist entscheidend

Bei Heißluftballons oder Luftschiffen kommt der Auftrieb zustande, weil sie Luft verdrängen. Ähnlich ist das bei einem Boot, das auf einem See schwimmt. Es verdrängt Wasser. Die Ursache für die Entstehung dieses statischen Auftriebs sind letztendlich die Druckunterschiede, die auf den betreffenden Körper wirken. Betrachten wir dazu als Beispiel einen Körper, der sich in Wasser befindet.

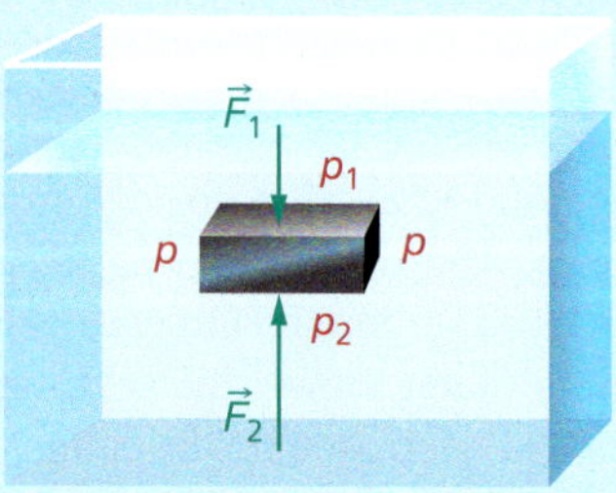

1 Der Schweredruck auf einen Körper hängt von der Eintauchtiefe ab.

Auf einen solchen Körper wirkt der Schweredruck des Wassers, der von der jeweiligen Eintauchtiefe abhängig ist. So hat der Druck in einer bestimmten Tiefe den Wert p und breitet sich allseitig aus. Die links und rechts wirkenden Druckkräfte heben sich auf. Anders ist das mit den nach unten bzw. nach oben wirkenden Druckkräften: Da der Schweredruck mit der Tiefe zunimmt, ist bei den gleichen Flächen auch die Druckkraft $F = p \cdot A$ auf den Körper unterschiedlich. Mit

$$p_2 > p_1 \text{ und } A_1 = A_2 = A$$

ergibt sich mit $F = p \cdot A$:

$$p_2 \cdot A > p_1 \cdot A \quad \text{oder}$$

$$F_2 > F_1$$

Die Kraft $F = F_2 - F_1$ ist die nach oben gerichtete Auftriebskraft.

Analog ist das bei einem Luftschiff oder einem Heißluftballon: Der Luftdruck (Schweredruck der Luft) verringert sich mit der Höhe über der Erdoberfläche. Damit ist die von unten wirkende Druckkraft auf einen Körper größer als die von oben wirkende Druckkraft.

Auch bei strömenden Flüssigkeiten und Gasen, z. B. bei der Bewegung eines Tragflächenbootes im Wasser oder eines Flugzeuges in Luft, spielt der unterschiedliche Druck eine entscheidende Rolle. Das kann man experimentell untersuchen, wenn man den Druck bei unterschiedlichen Strömungsgeschwindigkeiten misst. Eine einfache Versuchsanordnung dazu zeigt Abb. 2.

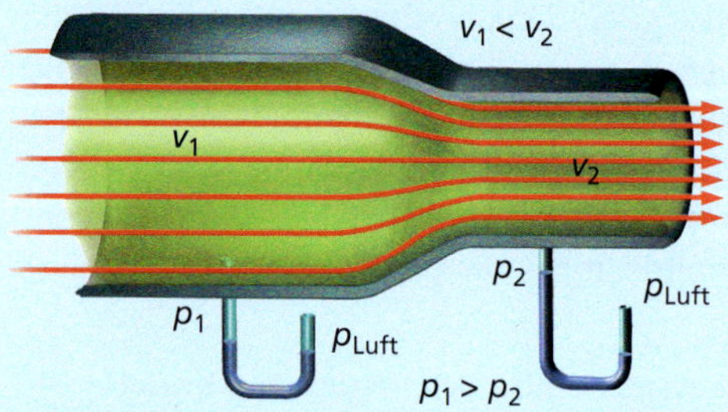

2 Druck bei unterschiedlicher Strömungsgeschwindigkeit

Es zeigt sich: Je größer die Strömungsgeschwindigkeit eines Stoffes ist, desto kleiner ist der Druck senkrecht dazu. Solche Strömungen können mit Stromlinienbildern veranschaulicht werden. (Abb. 2 und Foto unten). Dabei gilt:

- Eine Stromlinie beschreibt die Bahn von Flüssigkeits- oder Gasteilchen.
- Je dichter die Stromlinien liegen, desto größer ist die Strömungsgeschwindigkeit.

Für die Druckverhältnisse ist es egal, ob sich in Körper in ruhender Luft bewegt oder ob er ruht und von der Luft umströmt wird. Entscheidend ist die Relativbewegung. Bei Tragflächen (Abb. 3, S. 91) ist die Strömungsgeschwindigkeit oben größer als unten. Damit ist der Druck unten größer als oben. Es ergibt sich eine nach oben gerichtete Auftriebskraft.

Flugzeuge

1 Modernes Flugzeug: Mit ihm werden Teile des Airbus transpotiert.

Flugzeuge haben sich im Verlaufe des 20. Jahrhunderts zu einem wichtigen Verkehrs- und Transportmittel entwickelt. Trotzdem war und bleibt das Fliegen eines Flugzeuges eine relativ komplizierte Angelegenheit und erfordert insbesondere beim Starten und beim Landen viel Erfahrung. Moderne Elektronik in Verbindung mit den traditionellen Teilen eines Flugzeuges (Antrieb, Tragflächen, Höhenruder, Querruder, Seitenruder) ermöglicht heute ein relativ sicheres Fliegen von Flugzeugen mit mehreren hundert Passagieren.

Historisches

Der Traum vom Fliegen ist uralt. Bereits die griechische Sage berichtet, dass Dädalus und sein Sohn Ikarus sich Flügel aus Vogelfedern bauten und damit flogen.

Im 11. Jahrhundert soll ein englischer Mönch einen Flugversuch vom Turm eines Klosters unternommen haben, der jedoch misslang.

Im 15. Jahrhundert beschäftigte sich der geniale Maler, Mathematiker und Techniker Leonardo da Vinci (1452–1519) eingehend mit dem Fliegen. Er studierte insbesondere den Flug der Vögel und entwarf Zeichnungen von künstlichen Flügeln (Bild 2), aber auch von Drehflüglern und Fallschirmen. Die Ideen von Leonardo gerieten zunächst in Vergessenheit, der Traum vom Fliegen aber blieb.

2 Schlagflügel von Leonardo da Vinci

Immer wieder unternahmen Menschen Flugversuche, die jedoch alle misslangen. So führte 1811 in Ulm der Schneidermeister Albrecht Ludwig Berlinger einen Flugversuch durch, der aber kläglich scheiterte. Er hatte versucht, mit selbst gebauten Flügeln von einem eigens errichteten Holzgerüst im Gleitflug über die Donau zu schweben. Der Flug endete aber in der Donau. Bekannt geworden ist das als der Flug des "Schneiders von Ulm".

3 Otto Lilienthal mit seinem Gleitflugapparat

Einen wesentlichen Schritt zur Entwicklung der Luftfahrt vollbrachten die Brüder Gustav und Otto Lilienthal. Sie untersuchten insbesondere den Gleitflug mit Tragflügeln und verglichen ihre Erkenntnisse immer wieder mit dem Gleitflug von großen Vögeln.

1891 führte O. Lilienthal (1848-1896) erstmals erfolgreich Gleitflüge in Derwitz bei Werder an der Havel aus (Bild 3).

... und mehr

Informiere dich auch unter: *Hubschrauber, Heißluftballon, Luftschiff, U-Boot, Blutdruck, hydraulische Anlagen, Saugpumpe, Otto von Guericke, Blaise Pascal, Evangelista Torricelli, Archimedes, Auftrieb, ...*

Physik in Natur und Technik

„Heureka – Ich hab's!"

Wie die antike Geschichtsschreibung berichtet, hat ARCHIMEDES das Gesetz über den Auftrieb in Flüssigkeiten entdeckt, als er eine schwierige Aufgabe seines Königs HERON VON SYRAKUS (306 – 215 v. Chr.) zu lösen hatte. HERON hatte sich von einem Goldschmied eine neue Krone aus reinem Gold anfertigen lassen. Die neue Krone war wunderschön, aber der König war misstrauisch, ob der Goldschmied die Krone nicht durch Beimischung von Silber verfälscht hatte.
Der berühmte ARCHIMEDES sollte diese Frage beantworten, ohne die Krone zu zerstören. Bei einem Bad in der Wanne kam ihm die Idee, als er wieder einmal die Auftriebskraft an seinem Körper spürte. Er soll nackt durch die Straßen gerannt sein und gerufen haben: „Heureka – ich hab's gefunden!"
ARCHIMEDES befestigte die Krone und ein gleich schweres Stück reines Gold an einer Waage und ließ die Körper in Wasser hinab (Abb. 1). Die Waage neigte sich. Damit war der Goldschmied als Fälscher überführt.
Wie konnte ARCHIMEDES *mit diesem Versuch seine Behauptung begründen, dass die Krone gefälscht war?*

Die entscheidende Frage für ARCHIMEDES war, ob die Dichte der Krone mit der des reinen Goldes übereinstimmte. Da die Masse der beiden Körper gleich war, hätte auch das Volumen beider Körper gleich sein müssen, wenn die Dichten gleich gewesen wären. Sind die Volumen aber unterschiedlich, so verdrängt der Körper mit dem größeren Volumen ein größeres Volumen Wasser. Damit wirkt an diesem Körper eine größere Auftriebskraft, denn diese ist gleich der Gewichtskraft der verdrängten Flüssigkeit.
Wenn sich die Waage im Wasser neigt (Abb. 1), wirkt an der Krone eine größere Auftriebskraft. Die mittlere Dichte der Krone ist also kleiner als die des reinen Goldes. Es muss ein Stoff mit einer kleineren Dichte, z. B. Silber, beigemengt worden sein.

Das Aräometer

Die Dichte von Flüssigkeiten kann mit Aräometern (Dichtemessern) bestimmt werden.
Beschreibe den Aufbau und erkläre die Wirkungsweise eines Aräometers!

Ein Aräometer, auch Senkwaage genannt, besteht aus einem beidseitig verschlossenem Glasrohr, in das etwas Bleischrot gefüllt wurde. Dadurch wird erreicht, dass es stabil in der Flüssigkeit schwimmt. An einer Skala kann die Dichte abgelesen werden.

Da die Auftriebskraft bei ansonsten gleichen Bedingungen von der Dichte der Flüssigkeit abhängt, ist die Eintauchtiefe eine Maß für diese Dichte. Je größer die Dichte der Flüssigkeit ist, desto weniger taucht das Aräometer ein.

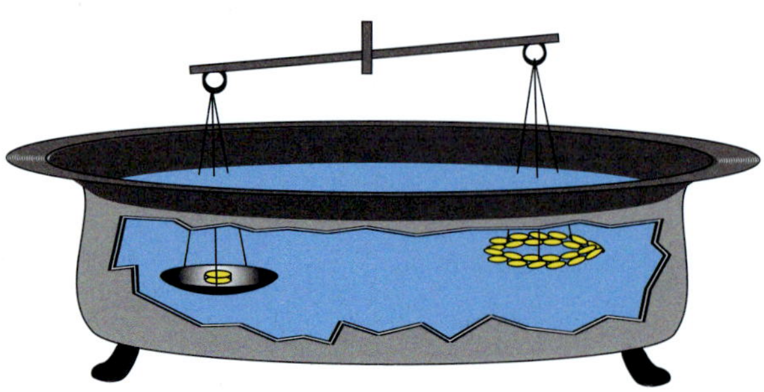

1 Die Untersuchungen von ARCHIMEDES

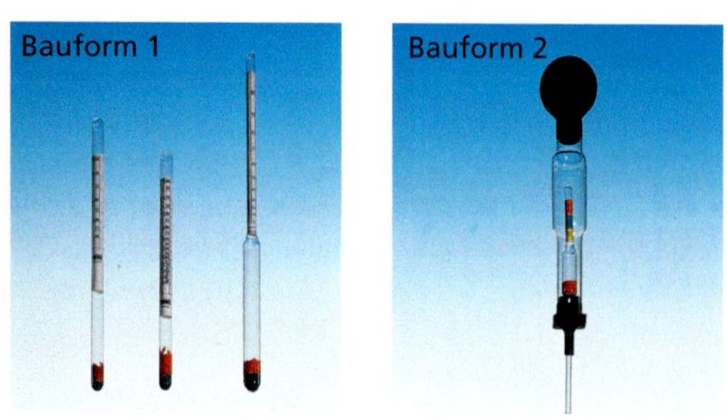

2 Verschiedene Aräometer

Ein kräftiger Wasserball

Will man einen großen Wasserball (Abb. 1) unter Wasser drücken, so braucht man eine erhebliche Kraft.

1 Ein Wasserball: Über Wasser ist er leicht.

Welche Kraft muss man aufbringen, um den Ball vollständig unter Wasser zu drücken, wenn er ein Volumen von 4,0 dm³ besitzt? Verändert sich diese Kraft, wenn man den Ball immer tiefer unter Wasser drückt?

Analyse:
Um die Kraft zu berechnen, muss man annehmen, dass der Ball eine Kugel ist, die vollständig mit Luft gefüllt ist.
Die Gewichtskraft des Balles mit der in ihm enthaltenen Luft soll bei der Lösung dieser Aufgabe vernachlässigt werden.
Dann müsste die vom Menschen aufzubringende Kraft gleich der Auftriebskraft F_A sein, um den Ball unter Wasser zu halten.
Die Auftriebskraft am Ball ist nach dem archimedischen Gesetz gleich der Gewichtskraft $F_{G,W}$ des verdrängten Wassers.

Gesucht: F_A
Gegeben: $V = 4{,}0\ \text{dm}^3 = 4\,000\ \text{cm}^3$
$\rho_W = 1{,}0\ \frac{\text{g}}{\text{cm}^3}$

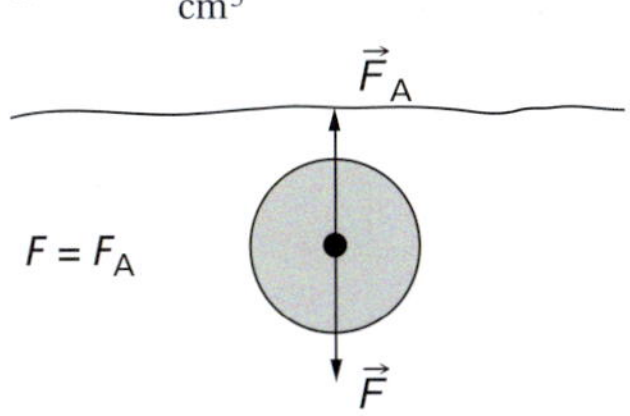

Lösung:
Aus dem Volumen und der Dichte des Wassers kann die Masse des verdrängten Wassers berechnet werden.
Das Volumen des verdrängten Wassers ist gleich dem Volumen des Balles.

$$\frac{m}{V} = \rho_W \quad | \cdot V$$

$$m = \rho_W \cdot V$$

$$m = 1{,}0\ \frac{\text{g}}{\text{cm}^3} \cdot 4\,000\ \text{cm}^3$$

$$m = 4\,000\ \text{g} = 4\ \text{kg}$$

Aus der Masse des verdrängten Wassers kann dessen Gewichtskraft bestimmt werden:
$F_{G,W} = 40\ \text{N}$, denn 1 kg ≙ 10 N und $F_G \sim m$.

Mit dem archimedischen Gesetz folgt:

$$F_A = F_{G,W}$$

$$\underline{F_A = 40\ \text{N}}$$

Ergebnis:
Der Ball muss mit einer Kraft von 40 N unter Wasser gedrückt werden, wenn man von der Gewichtskraft des Balles absieht. Wenn man den Ball unter Wasser loslässt, würde er mit dieser Kraft an die Oberfläche gedrückt werden.
Befindet sich der Ball vollständig unter Wasser, so wirkt die berechnete Auftriebskraft von 40 N. Diese Kraft ändert sich nicht, wenn man den Ball tiefer unter Wasser drückt, denn die Auftriebskraft hängt nicht davon ab, wie tief sich ein Körper unter der Wasseroberfläche befindet. Sie ist in 10 cm Tiefe genauso groß wie in 100 cm oder 10 m Tiefe. Das gilt auch für Taucher oder für U-Boote. Das, was sich mit zunehmender Tiefe aber vergrößert, ist der Druck.
Deshalb kann man ohne Hilfsmittel nicht in beliebige Tiefen tauchen.

1 Moderne Flugzeuge sind heute unentbehrliche Transportmittel für Personen und Güter.

Über den Wolken

Moderne Verkehrsflugzeuge können Hunderte Menschen über Tausende Kilometer hinweg befördern. Die Flugzeugtechnik hat sich in den letzten Jahrzehnten enorm weiterentwickelt. Autopiloten ermöglichen einen automatischen Flug. Elektronische Systeme unterstützen die Piloten bei Start und Landung.
Trotzdem war und ist das Fliegen eines Flugzeugs ist eine relativ komplizierte Angelegenheit und erfordert vom Piloten viel Erfahrung. Vor allem das Starten und Landen muss gekonnt sein. Aber auch das Fliegen in unterschiedlichen Höhen und in Kurven sowie bei verschiedenen Windgeschwindigkeiten und Wetterbedingungen fordert das gesamte Können des Piloten. Damit ein Flugzeug sicher in allen Richtungen gesteuert werden kann, besitzt es neben den Tragflügeln Klappen (Abb. 1), Ruder und ein Leitwerk.
Beschreibe den prinzipiellen Aufbau und erläutere die Wirkungsweise eines Flugzeuges!

2 Beim Starten und Landen sind beim Flugzeug Klappen ausgefahren.

Für das Fliegen eines Flugzeuges ist das Wirken unterschiedlicher Kräfte verantwortlich. Beim horizontalen, gleichförmigen Flug eines Flugzeuges stellt sich ein Kräftegleichgewicht zwischen der Gewichtskraft F_G, der Auftriebskraft F_A, der Strömungswiderstandskraft F_W und der Antriebskraft F_{An} ein (Abb. 3).
Beim Starten und Aufsteigen eines Flugzeuges muss eine Auftriebskraft vorhanden sein, die größer ist als die Gewichtskraft des Flugzeuges. Dazu wird das Flugzeug durch den Antrieb auf einer Startbahn zunächst in Bewegung gesetzt, wodurch eine Luftströmung um die Tragflächen entsteht. Damit die Relativgeschwindigkeit zwischen Luft und Flugzeug möglichst groß wird, startet ein Flugzeug in der Regel gegen den Wind. Ein voll beladener Jumbo-Jet vom Typ Boeing 747 hebt z. B. bei einer Geschwindigkeit von etwa 310 km/h von der Startbahn ab. Die Luftströmung bewirkt einen dynamischen Auftrieb und damit eine Auftriebskraft, die zum Abheben führt. Die zum Aufsteigen notwendige große Auftriebskraft wird zum einen durch einen großen Anstellwinkel der Tragflächen erreicht: Die Nase des Flugzeuges hebt zuerst ab und damit vergrößert sich der Anstellwinkel. Zum anderen wird durch Ausfahren einer Nasenklappe vorn und von Spaltklappen hinten (Abb. 2) die Querschnittsfläche der Tragflächen und deren Wölbung vergrößert. Damit wird eine größere Auftriebskraft erreicht. Nach Erreichen der gewünschten Flughöhe muss die Auftriebskraft

3 Kräfte bei einem Flugzeug bei gleichförmiger horizontaler Bewegung

1 Eines der ersten Passagierflugzeuge war die ab 1932 gebaute Ju-52, ein dreimotoriges Flugzeug für 17 Passagiere, das der Konstrukteur HUGO JUNKERS (1859–1935) entwickelt hatte.

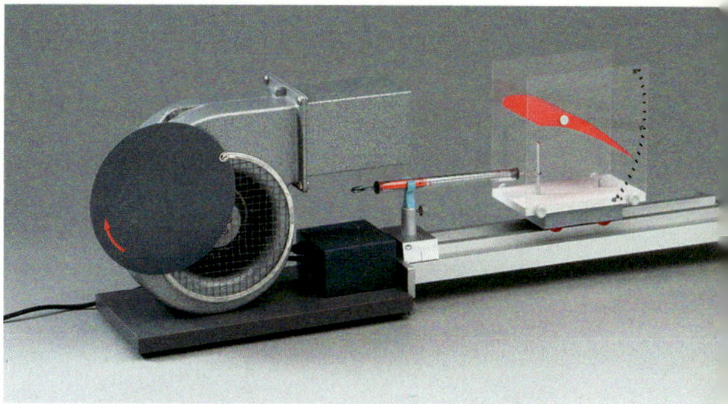

3 An einem Tragflächenmodell kann man experimentell untersuchen, wie sich die Auftriebskraft mit dem Anstellwinkel ändert. Es lässt sich auch die Luftwiderstandskraft bestimmen.

genauso groß sein wie die Gewichtskraft. Dazu wird der Anstellwinkel der Tragflächen verringert und Nasenklappe sowie Spaltklappen werden eingefahren.
Gleichzeitig wird damit der Strömungswiderstand verkleinert, was zu einer größeren Reisegeschwindigkeit bei gleichem Antrieb führt.

Um die Flugrichtung zu ändern, benutzt man an Flugzeugen **Seiten-, Quer- und Höhenruder** (Abb. 4). Durch die Stellung der Ruder werden die Luftströmungen so verändert, dass zusätzliche Kräfte auftreten, die eine Richtungsänderung bewirken. Die Wirkungen der drei verschiedenen Ruder sind in Abb. 4 dargestellt.
Zum **Landen** wird die Reisegeschwindigkeit des Flugzeugs verkleinert. Damit wird die Auftriebskraft kleiner als die Gewichtskraft. Um ein langsames Absinken zu erreichen, werden beim Landeanflug Nasenklappe und Spaltklappen (Abb. 2) ausgefahren. Nach dem Aufsetzen muss das Flugzeug stark abgebremst werden. Dazu werden Bremsklappen ausgefahren, hinter denen sich Wirbel bilden. Außerdem werden die Radbremsen genutzt, um das Flugzeug zum Stillstand zu bringen.
Große Verkehrsflugzeuge setzten mit einer Geschwindigkeit von etwa 250 km/h auf der Landebahn auf und benötigen mehr als einen Kilometer zum Abbremsen. Aus Sicherheitsgründen haben die Start- und Landebahnen moderner Flugplätze eine Länge von etwa 3000 m.
Trotzdem gilt auch heute: Start und Landung sind die kritischen Phasen eines Fluges und erfordern besondere Aufmerksamkeit.

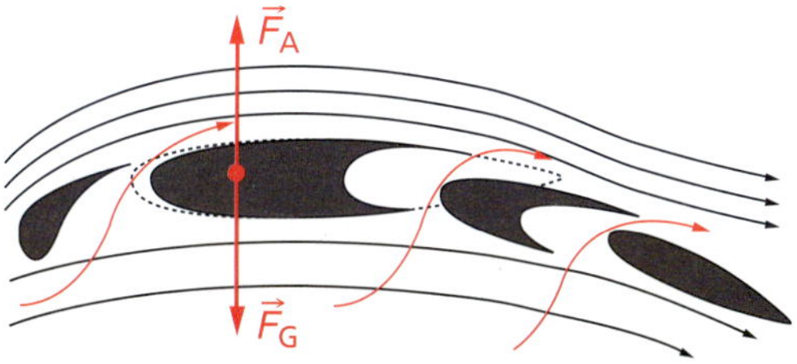

2 Tragfläche mit ausgefahrener Nasenklappe (vorn) und Doppelspaltklappe (hinten)

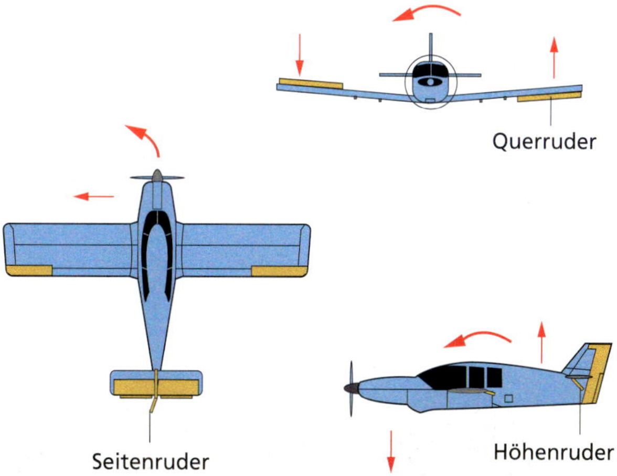

4 Funktion der verschiedenen Ruder bei einem Flugzeug

gewusst · gekonnt

1. Wenn ein Kind schwimmen lernen soll, kann man es im Wasser bequem in der Waagerechten halten.

Außerhalb des Wassers gelingt einem das nicht. Erkläre!

2. Unter Wasser kann man sogar schwere Steine leicht anheben. Warum hat man aber große Mühe, sie aus dem Wasser zu heben?

*3. Ein Boot wiegt 25 kg und schwimmt mit Alexandra (55 kg) und Kevin (60 kg) im Wasser. Wie viel Wasser muss das Boot mindestens verdrängen, damit es stabil schwimmt?

4. Ein Taucher hat mit kompletter Ausrüstung eine mittlere Dichte von 1,05 g/cm^3 und eine Masse von 75 kg.
   a) Wie groß ist die Auftriebskraft, die auf den Taucher wirkt?
   b) Sinkt, schwebt, steigt oder schwimmt der Taucher im Wasser?

5. Bevor der Mensch tief einatmet, hat er eine mittlere Dichte von 1,02 g/cm^3, danach 0,98 g/cm^3. Wie kommt das zustande?

6. a) Was musst du tun, um möglichst ohne Schwimmbewegung auf der Wasseroberfläche zu schwimmen?
   b) Warum ist das in Meerwasser einfacher als in einem Binnensee?

7. Am Rumpf von Hochseeschiffen zeigen Markierungen an, bis zu welcher Eintauchtiefe das Schiff in einer bestimmten Region beladen werden darf (s. Abb.). Man nennt sie Freibordmarken. Warum sind sie unterschiedlich hoch?

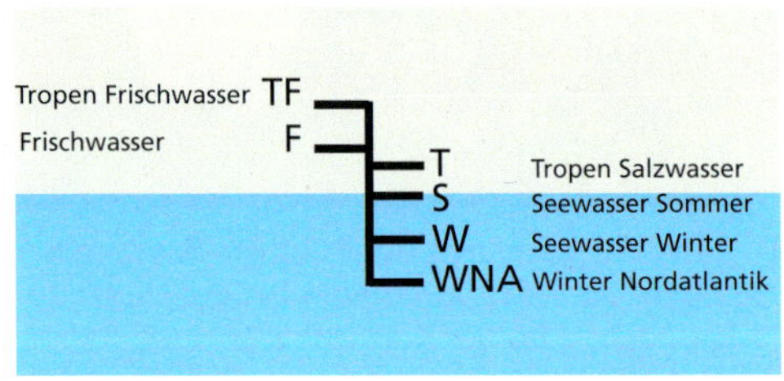

8. Ein Schiff wird in Rostock beladen und fährt durch den Nord-Ostsee-Kanal und die Nordsee in den Atlantischen Ozean. Wie wird sich die Eintauchtiefe des Schiffes ändern, wenn seine Beladung gleich bleibt?

9. Lege ein gekochtes Ei in ein Glas mit Wasser. Streue langsam Salz in das Wasser und rühre um! Erkläre deine Beobachtung!

10. Um Schiffe in der Werft zu reparieren, werden sie mitunter mit Schwimmdocks aus dem Wasser gehoben (s. Abb.). Erkläre die Wirkungsweise eines solchen Schwimmdocks!

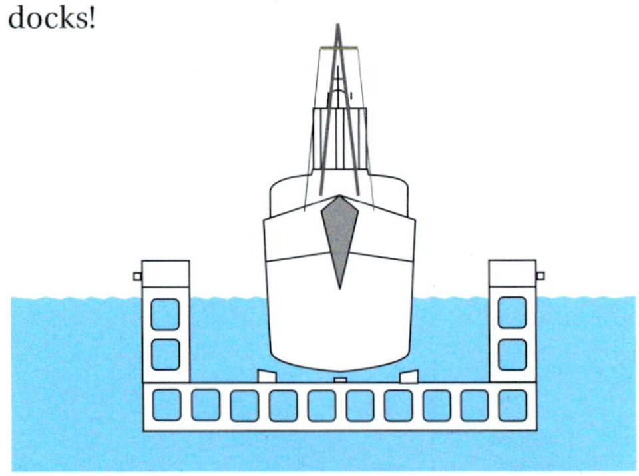

11. Warum schwimmen Eiswürfel im Wasser?

12. Viele Fische haben eine Schwimmblase, die mit einem Gas gefüllt ist. Wie können sie im Wasser sinken, steigen oder schweben? Vergleiche mit einem U-Boot!

13. Bei Schiffen ist die Eintauchtiefe von der Masse der Zuladung abhängig.
Untersuche experimentell den Zusammenhang zwischen dem Volumen des verdrängten Wassers und der Masse der „Zuladung" zu einem schwimmenden Körper!
Vorbereitung:
Verwende im Experiment als schwimmenden Körper eine leere Kunststoffdose, in die Hakenkörper als „Zuladung" gelegt werden können!
Überlege dir, wie du das Volumen des verdrängten Wassers und die Masse der „Zuladung" bestimmen kannst! Bereite eine Messwertetabelle für 5 Messungen vor!
Durchführung:
Nimm 5 Messwertepaare auf und trage diese in die Tabelle ein!
Auswertung:
Fertige ein *V*-*m*-Diagramm an und trage die Messwertepaare ein!
Welcher Zusammenhang besteht zwischen dem Volumen des verdrängten Wassers und der Masse der „Zuladung"?
Welche Bedeutung hat dieser Zusammenhang für die Beladung von Schiffen?

14. Mithilfe eines kartesischen Tauchers kann man gut das Schwimmen, Schweben, Sinken und Steigen demonstrieren. Benannt ist der Taucher nach dem französischen Forscher RENE DESCARTES (lateinisch: CARTESIUS), der von 1596 bis 1650 lebte.

Links ist ein von einem Glasbläser hergestellter Taucher (Flaschenteufel) zu sehen, rechts ein Selbstbau.

a) Baue dir aus einem Tablettenröhrchen und kleinen Nägeln einen kartesischen Taucher. Gehe dabei folgendermaßen vor:
   - Bringe in der Mitte des Verschlusses eine kleine Öffnung an, sodass Wasser ein- und ausströmem kann.
   - Fülle solange kleine Nägel ein, bis der Taucher mit der Öffnung nach unten gerade noch im Wasser schwimmt.

b) Fülle dann eine durchsichtige 1-Liter-Plastikflasche randvoll mit Wasser. Bringe den Taucher mit der Öffnung nach unten hinein und verschließe die Flasche gut. Presse dann die Flasche mit den Händen zusammen. Beobachte und beschreibe!

c) Erkläre deine Beobachtungen!

15. Unterseeboote (U-Boote) können im Wasser schwimmen, sinken, schweben oder steigen. Um das zu ermöglichen, besitzen sie Tauchzellen, die mit Wasser oder mit Luft gefüllt sein können. Das Wasser kann durch Ventile einströmen. Durch Pressluft kann es aus diesen Tauchzellen herausgedrückt werden.

a) Erkläre das Schwimmen, Sinken, Schweben und Steigen eines U-Bootes!

b) Informiere dich im Internet über U-Boote. Nutze u. a. die Adresse **www.schuelerlexikon.de!**

16. Ein Taucher will in einer bestimmten Tiefe im Wasser schweben.

a) Unter welcher Bedingung ist das möglich?

* b) Ein schwebender Taucher verliert seine Kamera. Diese sinkt zum Grund. Wie bewegt sich dann der Taucher?

17. Vergleiche anhand eines Tabellenwerkes die Dichte von Luft mit der verschiedener anderer Gase. Beantworte die folgenden Fragen:
a) Welche Gase wären von ihrer Dichte her für die Füllung von Ballons oder Zeppelinen geeignet?
b) Erkunde, welche Gase man in der Praxis tatsächlich nutzt und welche Gründe es dafür gibt!

18. Stelle unter Aufsicht eines Erwachsenen zwei brennende Kerzen dicht nebeneinander und blase hindurch. Beschreibe und erkläre deine Beobachtung!

19. Halte zwei Blätter Papier dicht beieinander und blase hindurch. Beschreibe und erkläre deine Beobachtung!

20. Lege ein gewölbtes Stück Pappe über einen stabilen Draht. Blase mit einem Föhn dagegen (s. Abb.). Beschreibe und erkläre deine Beobachtungen!

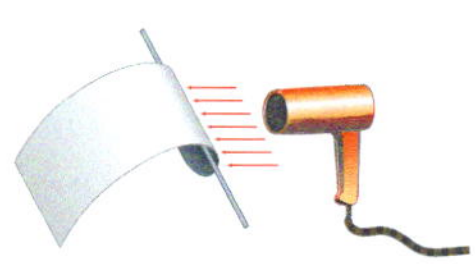

21. Mithilfe einer Waage kann man untersuchen, wie groß die Auftriebskraft ist und wie sie sich ändert, wenn die Bedingungen verändert werden. Die Skizze zeigt den Versuchsaufbau.

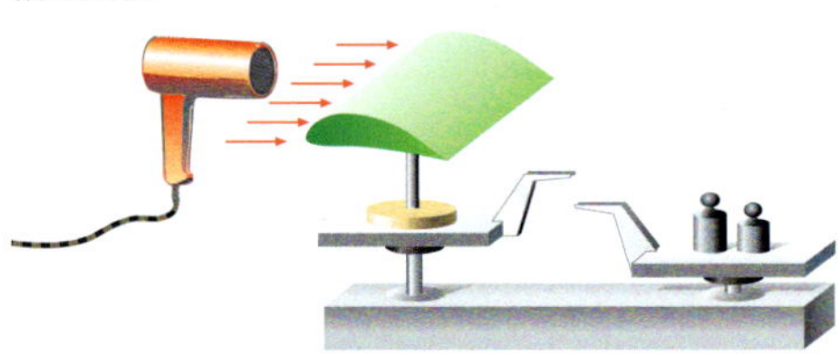

Untersuche an einem Tragflächenprofil, wie sich die Auftriebskraft mit dem Anstellwinkel und mit der Strömungsgeschwindigkeit verändert!

22. Informiere dich genauer über die ersten Pioniere der Luftfahrt! Nutze dazu Nachschlagewerke und das Internet, u. a. die Adresse **www.schuelerlexikon.de!**

23. Fertigt eine Schautafel zum Thema „Pioniere der Luftfahrt“ an!

24. Informiere dich darüber, welche Flugzeugtypen heute vorrangig im Luftverkehr eingesetzt werden, wie schnell diese Flugzeuge sind und wie viele Passagiere sie befördern können! Fertige dazu eine Übersicht an!

25. Erkunde, wie groß die Start- und Landegeschwindigkeiten moderner Verkehrsflugzeuge sind!

26. Auf ein Flugzeug wirken beim Flug sehr unterschiedliche Kräfte. Welche Kräfte wirken auf ein Flugzeug und was bewirken sie?

27. Wie würde sich das Flugzeug bewegen, wenn
a) die Auftriebskraft größer als die Gewichtskraft ist,
b) die Auftriebskraft kleiner als die Gewichtskraft ist,
c) die Antriebskraft größer als die Luftwiderstandskraft ist,
d) die Antriebskraft kleiner als die Luftwiderstandskraft ist?

***28.** Vergleiche das Zustandekommen des dynamischen Auftriebs beim Vogel und beim Flugzeug! Erkläre die Entstehung des dynamischen Auftriebs!

29. Die Vorwärtsbewegung bei einem Vogel wird durch Form und Stellung der Flügel beeinflusst.
Erkläre anhand der Zeichnungen das Zustandekommen der Vorwärtsbewegung eines Vogels!

Schwimmen, Schweben, Fliegen

Befindet sich ein Körper in einer Flüssigkeit oder einem Gas, so wirkt auf ihn eine **Auftriebskraft,** die immer entgegengesetzt der Gewichtskraft gerichtet ist.

Für den **Auftrieb** in Flüssigkeiten und Gasen gilt das **archimedische Gesetz**:

Die auf einen Körper wirkende Auftriebskraft ist gleich der Gewichtskraft der verdrängte Flüssigkeit bzw. des verdrängten Gases:

$$F_A = \rho \cdot V \cdot g$$

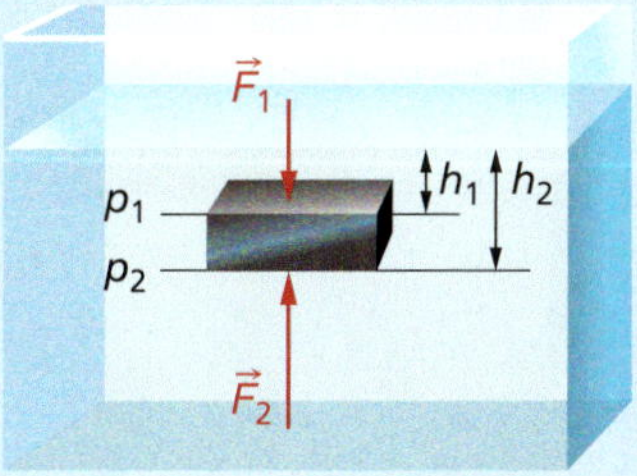

Ursache für die Entstehung des Auftriebs sind die Druckunterschiede und damit die unterschiedlichen Kräfte, die auf einen Körper in einer Flüssigkeit bzw. einem Gas wirken. Es gilt:

$$F_A = F_2 - F_1$$

Sinken	Schweben	Steigen	Schwimmen
$F_A < F_G$	$F_A = F_G$	$F_A > F_G$	$F_A = F_G$
$\rho_{Fl,\,G} < \rho_K$	$\rho_{Fl,\,G} = \rho_K$	$\rho_{Fl,\,G} > \rho_K$	$\rho_{Fl,\,G} > \rho_K$

An Tragflächen tritt bei einer Relativbewegung zwischen Flugzeug und Luft eine nach oben gerichtete **Auftriebskraft** auf.
Ursache dafür sind die Druckunterschiede an der Tragfläche, die durch die Strömung zustande kommen.

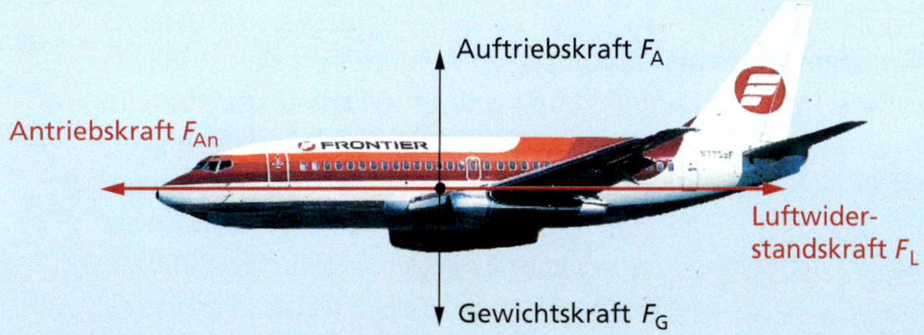

2.4 Arbeit und Leistung in Technik und Sport

Was ist mechanische Arbeit?

Beim Kugelstoßen, beim Spannen eines Bogens, beim Dehnen einer Feder oder beim Biegen eines Astes wird mechanische Arbeit verrichtet. Dabei wirkt häufig eine Kraft nur kurzzeitig mit veränderlichem Betrag ein.
Wie kann man in solchen Fällen die verrichtete mechanische Arbeit bestimmen?
Wie groß ist die Energie, die der Körper dann besitzt?

Leistung ist gefragt

Beim Start einer Rakete muss in kurzer Zeit eine gewaltige Menge Treibstoff verbrannt werden, damit die Rakete von der Startrampe abheben kann.
Bei großen Raketen, z. B. beim Start eines Space Shuttle, werden in jeder Sekunde etwa 10 Tonnen Treibstoff verbrannt. Die Verbrennungsgase strömen mit ca. 2 300 m/s aus den Düsen der Triebwerke. Aus der Ruhe heraus erreicht die Rakete nach wenigen Minuten eine Geschwindigkeit von etwa 8 km/s.
Welche Energieumwandlungen treten beim Start einer Rakete auf? Wie groß ist die Leistung eines Raketentriebwerkes?

Energie und Arbeit

Nach dem Start eines Abfahrtsläufers vergrößert sich zunächst seine Geschwindigkeit und kann bis über 100 km/h erreichen. In Kurven verringert sich die Geschwindigkeit, bei Schussfahrten vergrößert sie sich. Hinter dem Ziel bremst der Fahrer auf einer kurzen Strecke bis zum Stillstand ab.
Welche Energieumwandlungen gehen vom Start bis zum Ziel vor sich? Welche Arten von Arbeit werden verrichtet?

Die mechanische Arbeit

Im Alltag bezeichnet man Tätigkeiten, bei denen wir uns anstrengen und verausgaben müssen, wie z. B. beim Heben einer Einkaufstasche, beim Fahren mit dem Fahrrad, beim Lernen, als Arbeit. Auch das Halten einer schweren Tasche ist anstrengend. Ist es aber Arbeit?
Im Unterschied zur Alltagssprache ist in der Physik der Begriff der mechanischen Arbeit eindeutig definiert: Von mechanischer Arbeit spricht der Physiker dann, wenn unter dem Einfluss einer Kraft ein Körper bewegt oder verformt wird. In den Abbildungen 1a–d sind dafür Beispiele dargestellt. Allgemein gilt:

Mechanische Arbeit wird verrichtet, wenn ein Körper durch eine Kraft bewegt oder verformt wird.

Formelzeichen: W
Einheiten: **1 Newtonmeter (1 N · m)**
1 Joule (1 J)

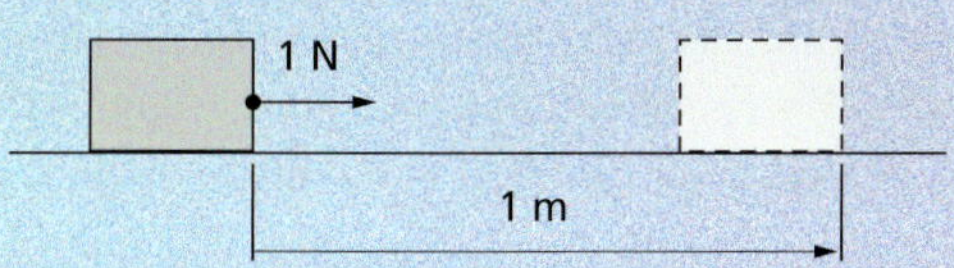

Eine mechanische Arbeit von 1 Joule wird z. B. verrichtet, wenn eine Tafel Schokolade ($m = 102$ g, $F_G = 1$ N) um 1 m gehoben wird oder wenn ein Körper mit einer Kraft von 1 N einen Meter in Richtung der wirkenden Kraft bewegt wird.

Die Einheit 1 N · m wird zu Ehren des englischen Physikers JAMES PRESCOTT JOULE (1818–1889) als ein Joule (sprich: 1 dschul) bezeichnet. JOULE untersuchte u. a. die Wärmewirkung des elektrischen Stromes und den Zusammenhang zwischen mechanischer Arbeit und dabei entstehender Wärme. Es gilt:

$$1\,\text{J} = 1\,\text{N} \cdot \text{m}$$

Vielfache der Einheit 1 J sind ein Kilojoule (1 kJ) und ein Megajoule (1 MJ):

$$1\,\text{kJ} = 1\,000\,\text{J}$$
$$1\,\text{MJ} = 1\,000\,\text{kJ} = 1\,000\,000\,\text{J}$$

Durch Arbeit wird Energie von einem Körper auf einen anderen übertragen. Dabei gilt immer:

Die an einem Körper oder von einem Körper verrichtete Arbeit ist gleich der Änderung seiner Energie:

$$W = \Delta E$$

Mechanische Arbeiten in Natur und Technik	
Eine Stunde Rad fahren	ca. 700 kJ
Mit einer Tasche (10 kg Masse) 60 Stufen einer Treppe steigen	c. 1 kJ
Dehen eines Expanders mit einer Feder um 30 cm	ca. 15 J
Anfahren eines Pkw auf einer Strecke von 100 m	ca. 200 kJ
Heben einer Betonplatte (4 t Masse) um 25 m durch einem Kran	ca. 1 MJ

1a Beim Radfahren benötigen wir eine Kraft, um in Bewegung zu kommen.

1b Um Lasten zu heben, muss der Kran eine Kraft aufbringen, die entgegen der Gewichtskraft wirkt.

1c Damit ein Windrad in Bewegung kommt und auch bleibt, ist die Kraft des Windes erforderlich.

1d Das Verformen eines Expanders beim Auseinanderziehen erfordert eine Kraft.

Berechnen der mechanischen Arbeit

Die bei einem Vorgang verrichtete mechanische Arbeit kann man aus der einwirkenden Kraft und dem zurückgelegten Weg berechnen.

> **Unter der Bedingung, dass die Kraft konstant ist und in Richtung des Weges wirkt, gilt:**
>
> **$W = F \cdot s$** **F einwirkende Kraft**
> **s zurückgelegter Weg**

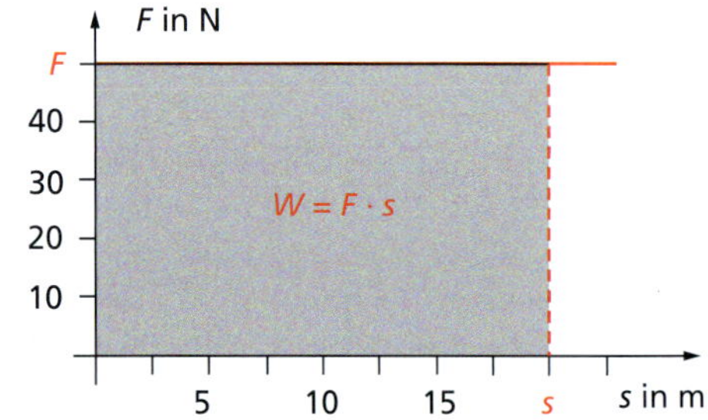

1 F-s-Diagramm bei F = konstant: Die Fläche unter dem Graphen ist gleich der verrichteten mechanischen Arbeit.

Stellt man Kraft und Weg in einem Diagramm dar, so kann aus einem solchen F-s-Diagramm ebenfalls die Arbeit ermittelt werden (Abb. 1).

Arten der mechanischen Arbeit

Kräfte können in verschiedener Weise auf Körper wirken und Bewegungen oder Verformungen hervorrufen. Dadurch kann man verschiedene Arten von mechanischer Arbeit unterscheiden (s. Übersicht unten).

Bei **einem** Vorgang können zugleich **mehrere** Arten von Arbeit auftreten.

So wird z. B. an einem anfahrenden Auto Beschleunigungsarbeit verrichtet. Zugleich treten Reibungskräfte auf. Demzufolge wird auch Reibungsarbeit verrichtet.

Bei der **Beschleunigungsarbeit** und der **Reibungsarbeit** kann die Gleichung $W = F \cdot s$ angewendet werden, wenn F in Richtung oder entgegengesetzt zur Richtung des Weges wirkt und konstant ist.

Beim Heben eines Körpers in eine bestimmte Höhe ist die einwirkende Kraft gleich der Gewichtskraft. Der zurückgelegte Weg ist die Höhe. Es gilt: $W = F_G \cdot h$. Durch Arbeit wird Energie von einem Körper auf einen anderen übertragen.

Heben eines Körpers	**Verformen (Spannen) einer Feder**	**Anfahren eines Autos**	**Fahren eines Schiffes**
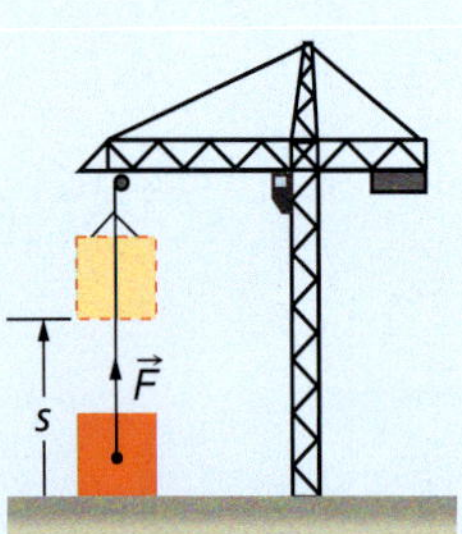	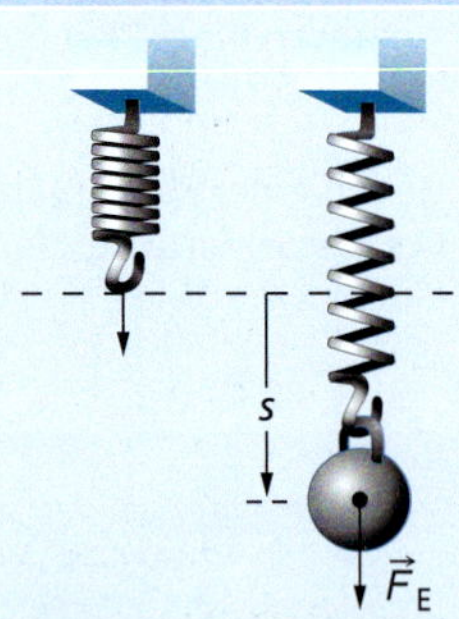		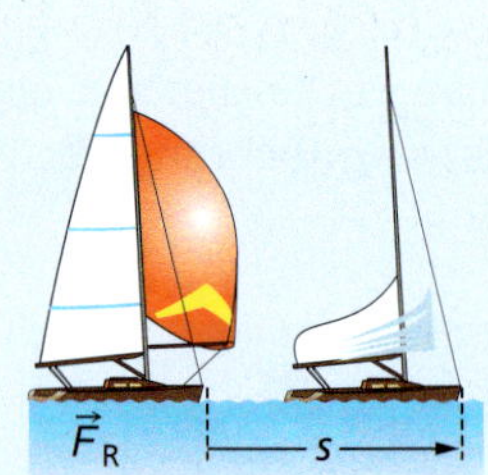
Wird ein Körper gehoben, so wird **Hubarbeit** verrichtet. Die dazu erforderliche Kraft ist die Gewichtskraft.	Wird ein Körper verformt, so wird **Spannarbeit** (Verformungsarbeit) verrichtet. Bei elastischer Verformung gilt:	Wird ein Körper beschleunigt, so wird **Beschleunigungsarbeit** verrichtet. Hier wird der Körper noch gehoben.	Wird die Bewegung eines Körpers durch Reibungskräfte gehemmt, so wird **Reibungsarbeit** verrichtet.
$W = F_G \cdot h$ $W = m \cdot g \cdot h$	$W = \frac{1}{2} F_E \cdot s$	$W = F \cdot s$	$W = F_R \cdot s$

DUDEN - PAETEC Basiswissen Schule - Microsoft Internet Explorer

Datei Bearbeiten Ansicht Favoriten Extras ?

Zurück Suchen Favoriten Medien

Adresse http://www.schuelerlexikon.de/lexika/physik/ Wechseln zu Links

Basiswissen Schule Physik www.schuelerlexikon.de

Home Themen Register Zeitleiste Suche

Wortanfang Verwandte Themen Druckversion Internetverweise Vorlesen

Energie und Arbeit

1 Ein Hubschrauber verrichtet beim Aufsteigen Hubarbeit.

2 Es werden Federspannarbeit und Hubarbeit verrichtet.

Ein Kran oder ein Hubschrauber (Bild 1) hebt einen Behälter in eine bestimmte Höhe. Dabei wird **Hubarbeit** verrichtet. Die **potenzielle Energie** des Behälters vergrößert sich.
Beim Anfahren und Beschleunigen eines Pkw wird an ihm Arbeit verrichtet, die man als **Beschleunigungsarbeit** bezeichnet. Die an dem Pkw verrichtete Beschleunigungsarbeit führt zu einer Vergrößerung seiner **kinetischen Energie.**

In einem Fitness-Center (Bild 2) kann man mit speziellen Geräten die Armmuskulatur kräftigen. Dabei werden Federn gedehnt oder Massestücke angehoben. Bei Federn wird **Federspannarbeit** verrichtet, bei Massestücken Hubarbeit. Dabei ändert sich deren Energie.

Allgemein gilt:
Die von einem Körper oder an einem Körper verrichtete Arbeit ist gleich der Änderung seiner Energie.

Für die oben genannten speziellen Fälle lassen sich die Zusammenhänge auch folgendermaßen formulieren:

Art der Arbeit	Änderung der Energie	mathematischer Zusammenhang
Hubarbeit	führt zur Änderung der potenziellen Energie	$W_H = F_G \cdot h = \Delta E_{pot}$ $W_H = m \cdot g \cdot h = \Delta E_{pot}$
Beschleunigungsarbeit	führt zur Änderung der kinetischen Energie	$W_B = F \cdot s = \Delta E_{kin}$
Federspannarbeit	führt zur Änderung der potenziellen Energie	$W_F = \frac{1}{2} F_E \cdot s = \Delta E_{pot}$

... und mehr

Informiere dich auch unter: *Beschleunigungsarbeit, Hubarbeit, Reibungsarbeit, Verformungsarbeit, Volumenänderungsarbeit, Energieerhaltungssatz der Mechanik, potenzielle Energie, Joule, ...*

Internet

Goldene Regel der Mechanik

Die menschliche Muskelkraft reicht in vielen Fällen nicht aus, um Körper zu bewegen oder zu verformen. Deshalb nutzen die Menschen schon seit Jahrtausenden Hilfsmittel, die die menschliche Muskelkraft vergrößern. Zu solchen Hilfsmitteln gehören Hebel, Rollen, Flaschenzüge, geneigte Ebenen sowie hydraulische und pneumatische Anlagen. Auch in der modernen Technik können wir auf diese Hilfsmittel nicht verzichten. Der Physiker bezeichnet sie als **kraftumformende Einrichtungen**, weil mit ihrer Hilfe der Betrag oder die Richtung der Kraft oder beides verändert werden kann.

Hebel können je nach ihrem Verwendungszweck unterschiedliche Formen und Anordnungen haben (Abb. 1).
Alle Hebel besitzen jedoch eine Drehachse und zwei Kraftarme.
Je nach Lage der Kraftarme zur Drehachse unterscheidet man zwischen **einseitigen** und **zweiseitigen Hebeln** (Abb. 2, 3). Beispiele für einseitigen Hebel sind ein Flaschenöffner, ein Nussknacker oder ein Schraubenschlüssel. Beispiele für zweiseitige Hebel sind eine Zange, eine Schere oder eine Balkenwaage. Manche Hebel können als einseitige oder als zweiseitige Hebel genutzt werden, je nachdem, wo die Drehachse liegt. Das gilt z.B. für eine Brechstange. Befindet sich ein Hebel im Gleichgewicht, so gilt:

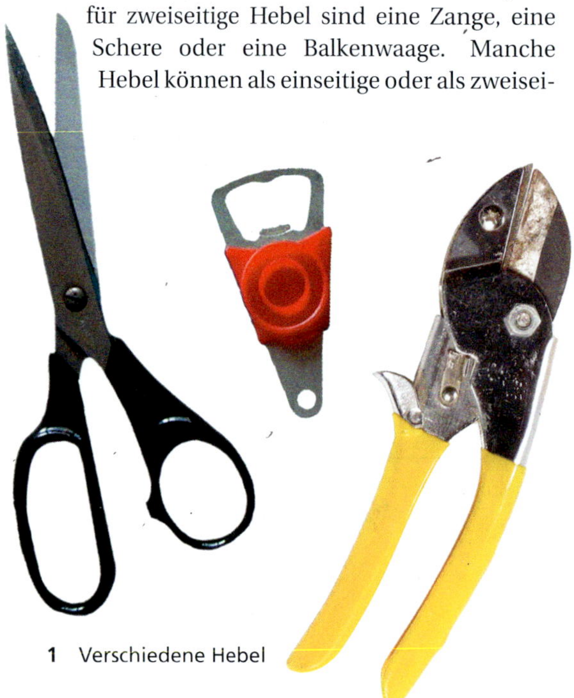

1 Verschiedene Hebel

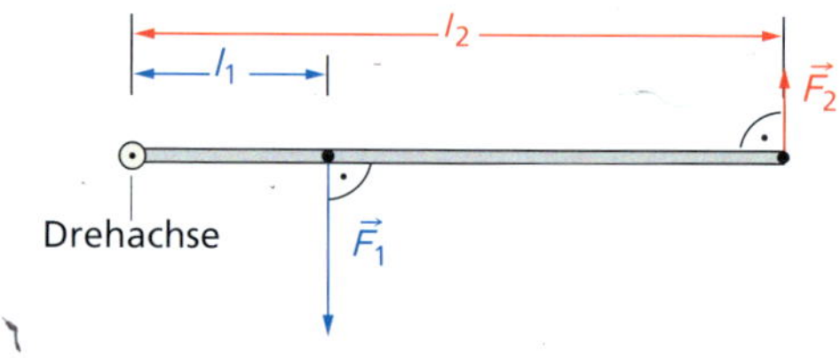

2 Einseitiger Hebel: Die Kräfte greifen, von der Drehachse aus gesehen, auf **einer** Seite an.

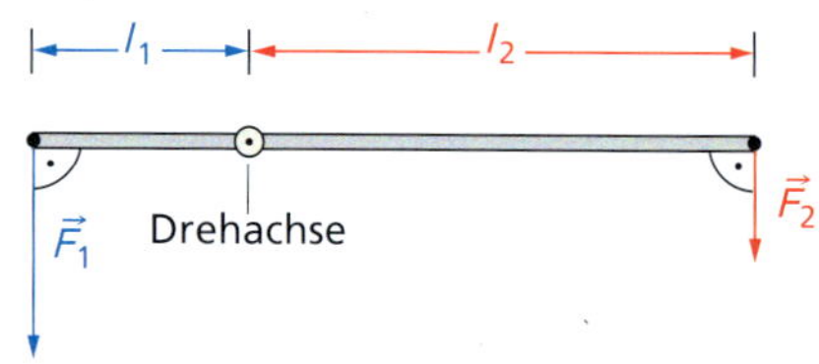

3 Zweiseitiger Hebel: Die Kräfte greifen, von der Drehachse aus gesehen, auf **verschiedenen** Seiten an.

Je länger der gewählte Kraftarm ist, desto kleiner ist die aufzuwendende Kraft und desto größer ist der Weg.

Das kann man z. B. feststellen, wenn man mit einer Brechstange eine schwere Kiste anheben will. Ein anderes Beispiel dafür ist das Lösen einer Schraube (Abb. 4).

4 Die Kraft, die man zum Lösen der Schraube benötigt, hängt von der Länge des Schraubenschlüssels ab. Bei einem langen Schraubenschlüssel ist die Kraft kleiner, aber der Weg größer.

Rollen und **Flaschenzüge** ermöglichen es, den Angriffspunkt einer Kraft zu verschieben, ihre Richtung zu ändern oder den Betrag der aufzubringenden Kraft zu verringern. Dazu werden z. B. **feste Rollen** und **lose Rollen** (Abb. 1) verwendet.
Eine Anordnung von mehreren festen und losen Rollen bezeichnet man als **Flaschenzug** (s. S. 108). Bei einem Flaschenzug verteilt sich die Gewichtskraft der Last auf die Anzahl der tragenden Seile. Die aufzubringende Kraft ist damit noch kleiner als bei einer losen Rolle. Für lose Rollen und Flaschenzüge gilt:

Je größer die Anzahl der Rollen ist, desto kleiner ist die aufzuwendende Kraft und desto größer ist der Weg.

Auch die **geneigte Ebene** (Abb. 2) ist eine kraftumformende Einrichtung, da mit Hilfe einer geneigten Ebene der Betrag der aufzubringenden Kraft verringert werden kann (Abb. 3). Beispiele für geneigte Ebenen sind Straßen mit Anstieg oder Gefälle, schräge Rampen oder entsprechend gestaltete Bauaufzüge.

Je weniger eine Ebene geneigt ist, desto kleiner ist die erforderliche Zugkraft und desto länger ist der Weg *s*, um eine bestimmte Höhe *h* zu erreichen.

1 Mit einer losen Rolle wird der Betrag der aufzubringenden Kraft halbiert. Der Zugweg ist aber doppelt so groß wie der Weg, den die Last zurücklegt. Die feste Rolle dient zur Umlenkung der Kraft.

2 Das Rollband ist eine geneigte Ebene.

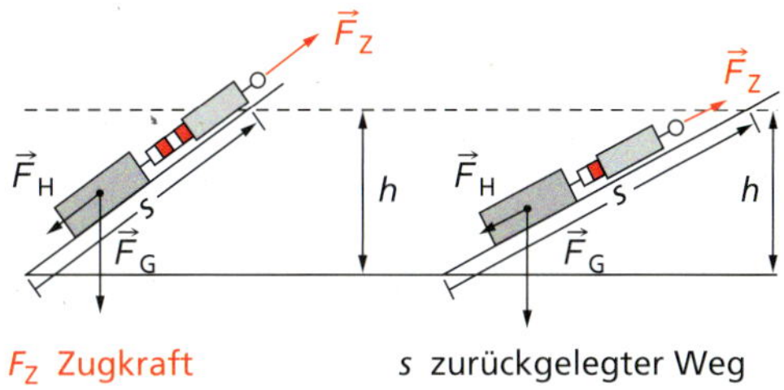

3 Die aufzubringende Kraft an der geneigten Ebene ist umso geringer, je weniger sie geneigt ist. Dafür verlängert sich der Weg.

Hydraulische und **pneumatische Anlagen** (Abb. 4) nutzt man z. B. bei Wagenhebern, Hebebühnen, Bremsanlagen von Fahrzeugen oder Baumaschinen. Auch für sie gilt: Je kleiner die aufzuwendende Kraft ist, desto größer ist der vom Pumpkolben zurückzulegende Weg.

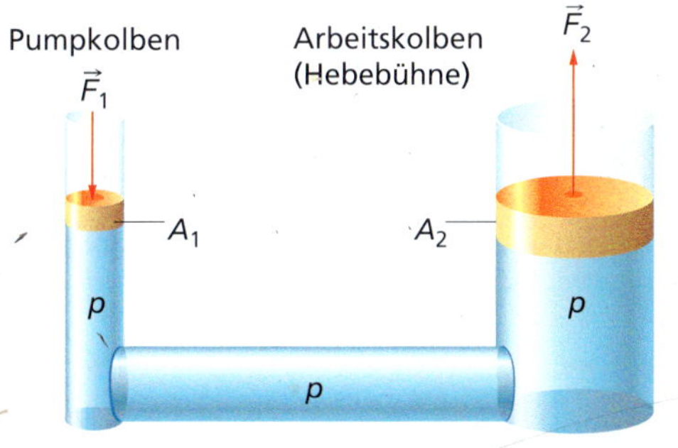

4 Bei einer hydraulischen Anlage hängt das Verhältnis der Kräfte vom Verhältnis der Flächen ab. Je größer die Kraft ist, umso kleiner ist der zurückgelegte Weg und umgekehrt.

Feste Rolle	Lose Rolle	Flaschenzug
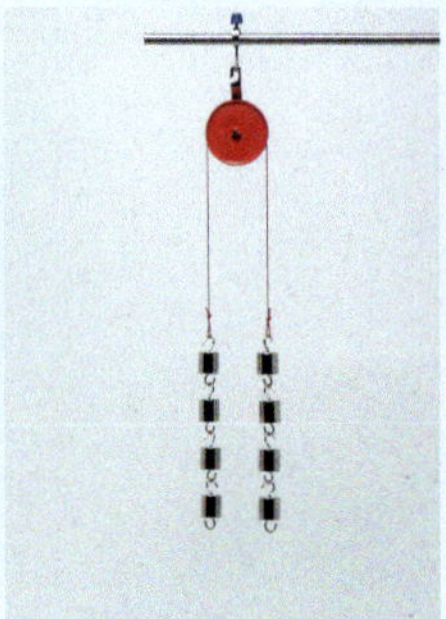	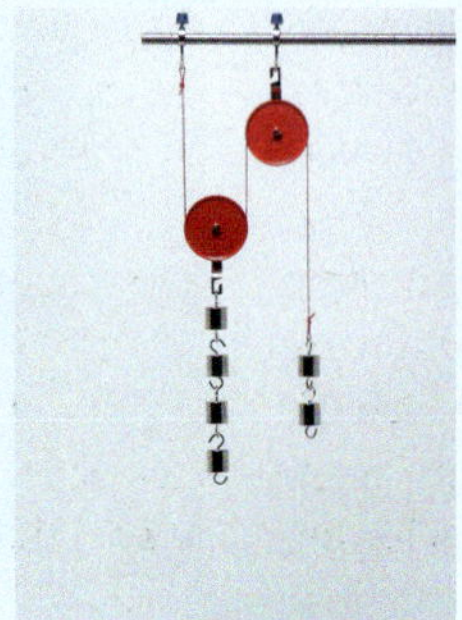	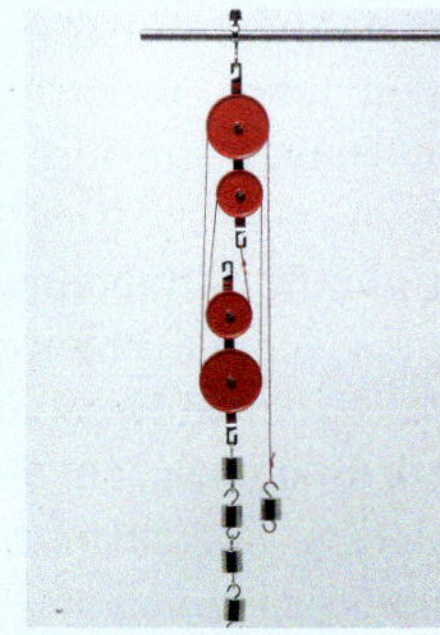
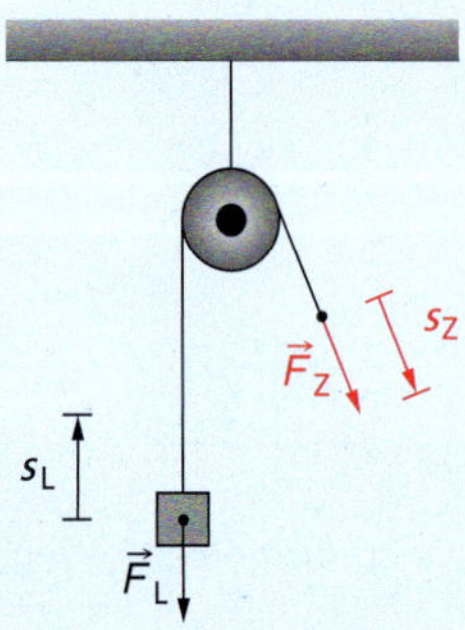	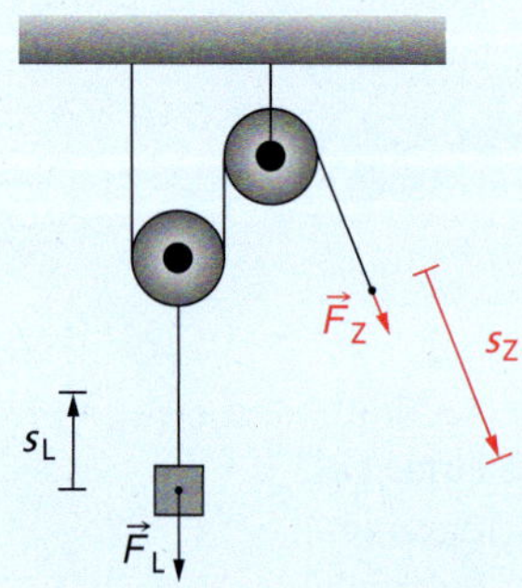	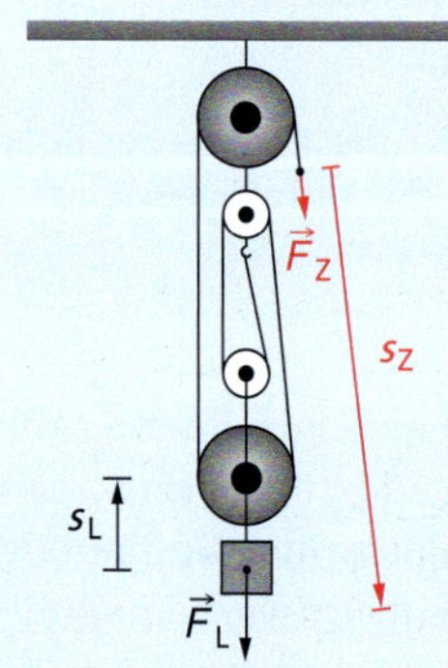
Bei einer festen Rolle ist die Zugkraft F_Z genauso groß wie die Gewichtskraft F_L der Last.	Bei einer losen Rolle verteilt sich die Gewichtskraft der Last auf zwei Seile. Die feste Rolle dient nur zur Umlenkung der Kraft.	Bei einem Flaschenzug verteilt sich die Gewichtskraft der Last auf die Anzahl der tragenden Seile, im gezeichneten Fall auf vier Seile.
Man kann aber die Kraft in eine andere Richtung umlenken (Umlenkrolle).	Auf jedes Seil wirkt nur die halbe Gewichtskraft.	Die Zugkraft F_Z beträgt ein Viertel der Gewichtskraft F_L der Last.
Zugweg s_Z und Lastweg s_L sind gleich groß.	Der Zugweg s_Z ist doppelt so groß wie der Lastweg s_L.	Der Zugweg s_Z ist viermal so groß wie der Lastweg s_L.

Für beliebige Anordnungen von Rollen gilt:

Je größer die Anzahl der Rollen ist, umso kleiner ist die aufzuwendende Kraft und umso größer ist der Zugweg. Beträgt die Anzahl der Rollen *n*, dann gilt allgemein:

$$F_Z = \frac{F_L}{n} \qquad s_Z = n \cdot s_L$$

Der Zusammenhang zwischen den Kräften gilt exakt nur unter der Bedingung, dass die Masse der Seile und Rollen sowie die Reibung vernachlässigt werden können. Da aber Rollen und Seile eine Masse haben und stets auch Reibung auftritt, ist in der Praxis die tatsächlich erforderliche Zugkraft größer als die mit der oben genannten Gleichung berechnete Kraft.

Vergleicht man Kräfte und Wege bei Rollen, Hebeln, geneigten Ebenen miteinander, so stellt man fest, dass der Weg sich vergrößert, wenn die aufzuwendende Kraft kleiner wird (Abb. 1, siehe auch S. 106–108).
Dieser Zusammenhang zwischen Kraft und Weg gilt für alle kraftumformenden Einrichtungen und wird als **Goldene Regel der Mechanik** bezeichnet. Diese Goldene Regel der Mechanik wurde vor ca. 400 Jahren von dem italienischen Physiker GALILEO GALILEI (1564–1642) wie folgt formuliert:

Was man an Kraft spart, muss man an Weg zusetzen.

Die Goldene Regel der Mechanik lässt sich auch in Form einer Proportionalität formulieren.

Für alle kraftumformenden Einrichtungen gilt unter der Bedingung, dass die Reibung nicht berücksichtigt wird:

$F \sim \frac{1}{s}$ **F Kraft**
s zurückgelegter Weg

Die mechanische Arbeit, die verrichtet wird, ist aber bei Verwendung einer kraftumformenden Einrichtung genauso groß wie die Arbeit ohne kraftumformende Einrichtung.
Berücksichtigt man die Reibung, dann ist die tatsächlich erforderliche Arbeit allerdings immer größer.

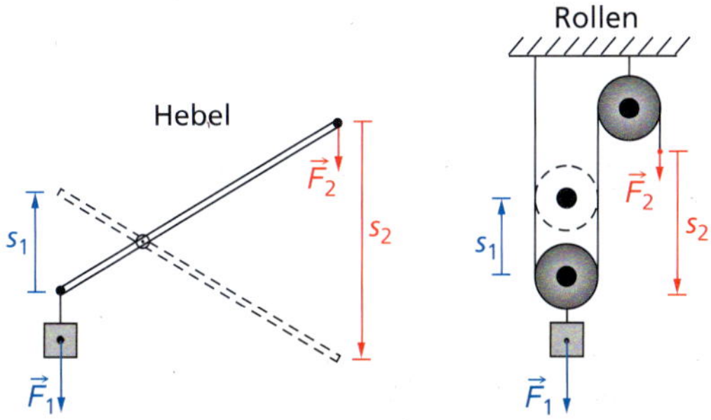

1 Bei Hebeln und Rollen ist die Kraft umso kleiner, je größer der Weg ist.

Die mechanische Leistung

Mechanische Arbeit kann unterschiedlich schnell verrichtet werden. Tina und Lisa wiegen jeweils 50 kg.
Beim Stangenklettern (Abb. links) schafft Tina die 4-m-Strecke in 7 s, Lisa dagegen braucht 10 s. Tina hat die gleiche mechanische Arbeit schneller verrichtet als Lisa. Damit ist Tinas **Leistung** größer als die von Lisa.

Die mechanische Leistung gibt an, wie viel Arbeit in jeder Sekunde verrichtet wird.

Formelzeichen:	**P**	
Einheiten:	**1 Joule je Sekunde**	$\left(1\,\frac{J}{s}\right)$
	1 Newtonmeter je Sekunde	$\left(1\,\frac{N \cdot m}{s}\right)$
	1 Watt	**(1 W)**

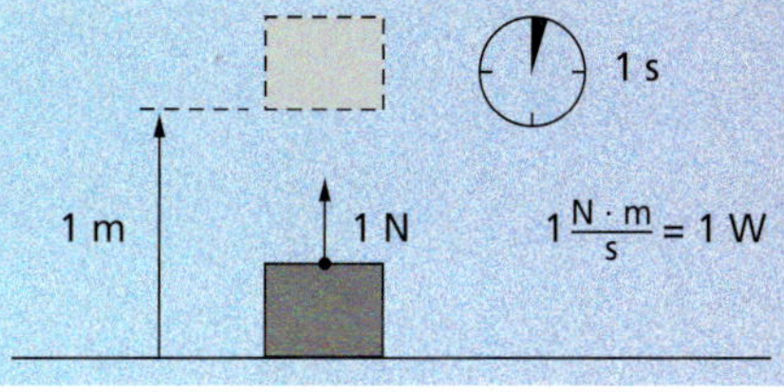

Für die Einheiten gilt:

$$1\,W = 1\,\frac{J}{s} = 1\,\frac{N \cdot m}{s}$$

Eine Leistung von 1 W wird vollbracht, wenn eine Arbeit von 1 J in 1s verrichtet wird oder wenn ein Körper mit einer Gewichtskraft von 1 N in 1 s um 1 m gehoben wird.
Vielfache der Einheit 1 W sind ein Kilowatt (1 kW) und ein Megawatt (1 MW):

$$1\text{ kW} = 1\,000\text{ W}$$
$$1\text{ MW} = 1\,000\text{ kW} = 1\,000\,000\text{ W}$$

Leistungen in Natur und Technik	
Taschenrechner	0,02 W
Fahrraddynamo	3 W
Mensch (Dauerleistung)	80 W–100 W
Glühlampe im Haushalt	bis 100 W
Rad fahren	200 W
Tauchsieder	300 W–1000 W
Dauerleistung eines Pferdes	ca. 500 W
kurzzeitige sportliche Höchstleistung (Mensch)	1,5 kW
mittlerer Automotor	50 kW
Formel-1-Rennwagen	ca. 500 kW
Elektrolokomotive	5 MW
Kraftwerksblock	500 MW–1000 MW

Manchmal wird auch noch die gesetzlich nicht mehr zulässige Einheit eine Pferdestärke (1 PS) verwendet:

$$1\,\text{PS} = 736\,\text{W}$$

Die Einheit 1 W ist nach dem britischen Ingenieur JAMES WATT (1736–1818) benannt, der die erste für die Wirtschaft brauchbare Dampfmaschine entwickelt hat.

Die mechanische Leistung kann berechnet werden mit den Gleichungen:

$P = \frac{W}{t}$	W verrichtete mechanische Arbeit t Zeit
$P = \frac{\Delta E}{t}$	ΔE Änderung der Energie

Ein Fahrstuhl, der für die gleiche Stockwerkshöhe nur die Hälfte der Zeit benötigt als ein anderer, hat eine doppelt so große Leistung als dieser.

Wird von einem Kran A die doppelte Menge Steine in der gleichen Zeit in eine bestimmte Höhe transportiert als von einem Kran B, dann hat Kran A doppelt soviel geleistet wie Kran B.

Während Maschinen ausdauernd Leistungen vollbringen können, sind Menschen nur kurzzeitig zu Höchstleistungen in der Lage. Die Höchstleistung eines Menschen kann mehr als 1 000 W betragen, aber nur kurzzeitig. Die mittlere Leistung über einen längeren Zeitraum hinweg liegt bei etwa 100 W.

1 Zum schnellen Beschleunigen eines Rennwagens muss der Motor eine wesentlich größere Leistung aufbringen als bei einer gleichförmigen Fahrt.

Wenn die mechanische Arbeit während eines Vorgangs ungleichmäßig verrichtet wird, so wird mit der Gleichung eine **mittlere Leistung** für diesen Vorgang berechnet.

Mittlere Werte von Größen kennzeichnet man mit einem Strich über dem Formelzeichen. Für die mittlere Leistung schreibt man $\bar{P}$. Wirkt z. B. bei einem Auto oder bei einem Flugzeug eine konstante Kraft in Richtung des Weges, so gilt für die verrichtete Arbeit die Gleichung $W = F \cdot s$ (s. S.104).

Aus $P = \frac{W}{t}$ und $W = F \cdot s$ erhält man:

$$P = \frac{F \cdot s}{t}$$

Der Quotient s/t ist aber die Geschwindigkeit v. Damit kann man auch schreiben:

$$P = F \cdot v$$

Unter der Bedingung, dass sich ein Körper gleichförmig bewegt und die wirkende Kraft konstant ist, kann die mechanische Leistung berechnet werden mit der Gleichung:

$P = F \cdot v$	F wirkende Kraft v Geschwindigkeit

Kennt man z. B. die Antriebskraft, die vom Motor bei einem mit bestimmter Geschwindigkeit fahrenden Auto aufgebracht wird, so kann man die Motorleistung bestimmen. Sie liegt in der Regel weit unter der maximalen Motorleistung, die bei den Fahrzeugdaten angegeben wird.

Physik in Natur und Technik

Nutzbringende und aufzuwendende Arbeit

Bei allen kraftumformenden Einrichtungen, Maschinen und Fahrzeugen wird Arbeit aufgewendet, um eine gewünschte nutzbringende Arbeit zu verrichten.
Von einem Kran wird eine Plattform mit Personen gehoben. Der Motor des Kranes wirkt mit einer Kraft von 6 000 N auf das Seil. Die Last hat eine Masse von 500 kg und wird um 20 m gehoben.
Vergleiche die aufzuwendende mit der nutzbringenden Arbeit!

Analyse:
Es wird ein Körper gehoben und damit Hubarbeit verrichtet. Sie kann mit der Gleichung $W = F \cdot s$ berechnet werden. Nutzbringend ist die Arbeit, die zum Heben der Plattform einschließlich Personen erforderlich ist.
Die aufzuwendende Arbeit ergibt sich aus dem Weg und der Kraft, mit der der Motor des Kranes auf das Seil wirkt. Sie kann ebenfalls mit der Gleichung $W = F \cdot s$ berechnet werden.
Vereinfacht kann man den Sachverhalt wie folgt darstellen:

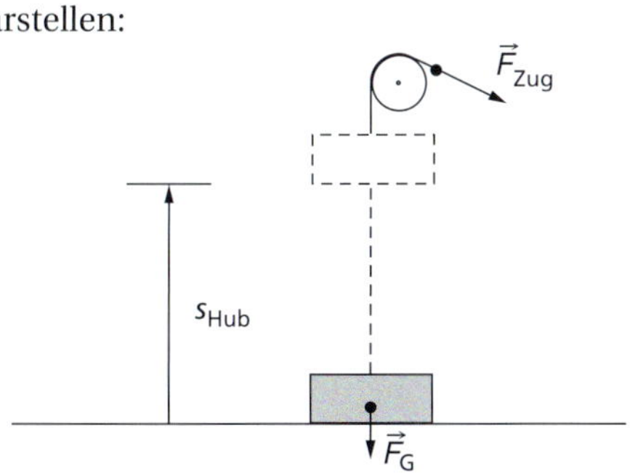

Lösung:

$$W_{auf} = F_{Zug} \cdot s_{Hub}$$
$$W_{auf} = 6\,000\ \text{N} \cdot 20\ \text{m}$$
$$W_{auf} = 120\,000\ \text{Nm}$$
$$\underline{W_{auf} = 120\ \text{kJ}}$$

Um die nutzbringende Arbeit zu berechnen, muss noch die Gewichtskraft F_G der Last ermittelt werden.
Sie beträgt $F_G = 5\,000\ \text{N}$, denn $1\ \text{kg} \mathrel{\hat{=}} 10\ \text{N}$ und $F_G \sim m$.

$$W_{nutz} = F_G \cdot s_{Hub}$$
$$W_{nutz} = 5000\ \text{N} \cdot 20\ \text{m}$$
$$W_{nutz} = 100\,000\ \text{Nm}$$
$$\underline{W_{nutz} = 100\ \text{kJ}}$$

Ergebnis:
Die nutzbringende Arbeit ist kleiner als die aufzuwendende Arbeit. Ein Teil der aufzuwendenden Arbeit ist erforderlich, um das Seil zu heben und die Reibung zu überwinden.

Auch ein Bergsteiger verrichtet Arbeit

Klettern ist eine beliebte Sportart (Abb. 2). Um einen bestimmten Höhenunterschied zu überwinden, ist mechanische Arbeit erforderlich.
Wovon hängt die Arbeit ab, die ein Bergsteiger verrichtet?

Der Bergsteiger verrichtet Hubarbeit. Sie ist abhängig
- von der Gewichtskraft des Bergsteigers und seiner Ausrüstung und
- vom Höhenunterschied, den der Bergsteiger überwindet.

Die mechanische Arbeit ist unabhängig davon, wie schnell der Bergsteiger sich nach oben bewegt. Die Schnelligkeit des Verrichtens von Arbeit wird durch die Größe Leistung erfasst.

1 Ein Bergsteiger verrichtet Hubarbeit.

Wie groß ist die verrichtete Arbeit, wenn der Bergsteiger eine Masse von 68 kg hat, seine Ausrüstung 12 kg wiegt und er aus einer Höhe von 785 m in eine Höhe von 1 685 m klettert?

Analyse:
Aus der Masse des Bergsteigers und seiner Ausrüstung muss die Gewichtskraft ermittelt werden, die beide haben. Der zurückgelegte Weg ist der Höhenunterschied. Die ebenfalls auftretende Reibungsarbeit und die Beschleunigungsarbeit (z. B. Bewegungsänderung von Armen und Beinen) bleiben unberücksichtigt.
Vereinfacht kann der Sachverhalt folgendermaßen dargestellt werden:

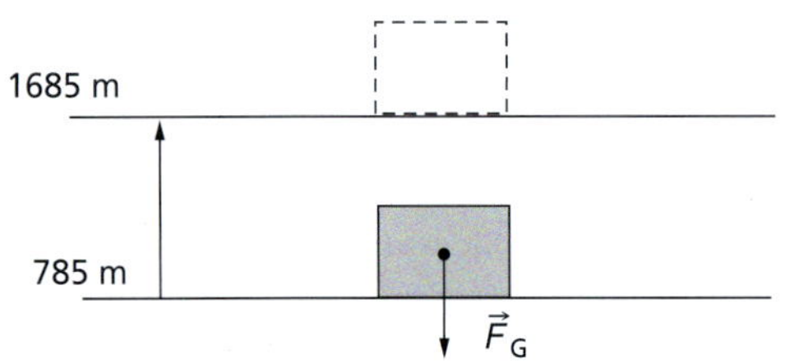

Gesucht: W in N · m
Gegeben: $m_1 = 68$ kg
$m_2 = 12$ kg
$h = 1\,685 \text{ m} - 785 \text{ m} = 900 \text{ m}$

Lösung:
$$W = F_G \cdot h$$
Die Kraft ergibt sich aus der Masse von Bergsteiger und Ausrüstung:
$$m = m_1 + m_2$$
$$m = 68 \text{ kg} + 12 \text{ kg}$$
$$m = 80 \text{ kg}$$
Das entspricht einer Gewichtskraft von 800 N. Damit erhält man für die Hubarbeit:
$$W = 800 \text{ N} \cdot 900 \text{ m}$$
$$\underline{W = 720\,000 \text{ N} \cdot \text{m}}$$

Ergebnis:
Der Bergsteiger verrichtet eine Arbeit von 720 000 N · m oder 720 kJ. Diese Hubarbeit ist unabhängig davon, ob der Bergsteiger einen steilen und kurzen oder einen weniger steilen und langen Weg wählt.

1 Ein Hochspringer vollbringt kurzzeitig eine sportliche Höchstleistung.

Höchstleistung leider nicht von Dauer

Während beim Hochsprung nur die Höhe der übersprungenen Latte interessiert, geht es beim Gewichtheben allein um ein „Kräftemessen".
Ein Vergleich der beiden sportlichen Leistungen im physikalischen Sinne ist nur möglich, wenn einige Größen bekannt sind. So hebt der Hochspringer (m = 75 kg) seinen Schwerpunkt etwa um 1 m (Abb. 1). Dafür benötigt er 0,5 s. Der Gewichtheber hebt 180 kg in etwa 2 s um eine Höhe von 2 m.
In beiden Fällen handelt es sich bei diesen Sportarten um Augenblicksleistungen.
Vergleiche die Leistungen eines Hochspringers und eines Gewichthebers mit der menschlichen Dauerleistung von etwa 100 W!

Analyse:
Beide Sportler verrichten Hubarbeit.

Gesucht: Leistung des Hochspringers P_H
Leistung des Gewichthebers P_G
Gegeben: $m_H = 75$ kg $\Rightarrow F_{G_H} = 750$ N
$m_G = 180$ kg $\Rightarrow F_{G_G} = 1\,800$ N
$h_H = 1$ m $\quad h_G = 2$ m
$t_H = 0{,}5$ s $\quad t_G = 2$ s

Lösung:
Die Leistung kann berechnet werden mit der Gleichung:
$$P = \frac{W_{Hub}}{t} \qquad W_{Hub} = F_G \cdot h$$

Damit ergibt sich für die Leistung:

$$P = \frac{F_G \cdot h}{t}$$

$$P_H = \frac{750\,\text{N} \cdot 1\,\text{m}}{0{,}5\,\text{s}} \qquad P_G = \frac{1800\,\text{N} \cdot 2\,\text{m}}{2\,\text{s}}$$

$$\underline{P_H = 1500\,\text{W}} \qquad \underline{P_G = 1800\,\text{W}}$$

Ergebnis:
Die Leistung des Gewichthebers von 1800 W ist 1,2-mal so groß wie die Leistung des Hochspringers von 1500 W. Beide liegen als Augenblicksleistungen weit über der Dauerleistung eines Menschen. Sie sind 15- bzw. 18-mal größer als die Dauerleistung von 100 W.
Solche Augenblicksleistungen können von Menschen nur einen kurzen Zeitraum lang erbracht werden. Die genannte Dauerleistung kann dagegen auch mehrere Stunden lang vollbracht werden.

Mechanische Arbeit beim Heben eines Körpers

Mithilfe eines Krans (Abb. 1) soll eine Betonplatte (m = 800 kg) um 7 m angehoben werden. Die Anzahl der tragenden Seile beträgt vier. Das bedeutet: Die Last verteilt sich gleichmäßig auf diese vier tragenden Seile.
Welche mechanische Arbeit ist zum Heben der Betonplatte erforderlich?
Welche Arbeit muss der Elektromotor des Krans am Seilende verrichten? Vergleiche die Ergebnisse!

1 Kran mit vier tragenden Seilen

Analyse:
Vereinfacht wird die Anordnung als Flaschenzug mit vier tragenden Seilen betrachtet. Reibung, Masse der Seile und Masse der losen Rollen werden vernachlässigt.
Nach den Gesetzen an Rollen (s. S. 108) muss der Motor ein Viertel der Gewichtskraft des Körpers aufbringen. Der Weg, den das Seil in Richtung Motor bewegt werden muss, ist viermal so groß wie der Weg, um den die Betonplatte gehoben wird. Die Masse von Rollen und Seil wird vernachlässigt.

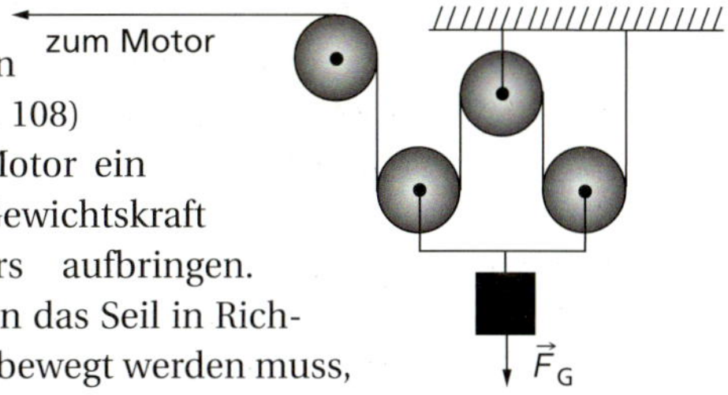

Gesucht: W_{Hub}
W_{Motor}
Gegeben: $h = 7$ m
$m = 800$ kg $\Rightarrow F_G = 8\,000$ N
$s = 4 \cdot 7$ m $= 28$ m
$F = \frac{1}{4} \cdot 8\,000$ N $= 2\,000$ N

Lösung:
Für die Hubarbeit ergibt sich:

$$W_{Hub} = F_G \cdot h$$
$$W_{Hub} = 8\,000\,\text{N} \cdot 7\,\text{m}$$
$$\underline{W_{Hub} = 56\,000\,\text{N} \cdot \text{m}}$$

Für die Arbeit des Motors erhält man:

$$W_{Motor} = F \cdot s$$
$$W_{Motor} = 2\,000\,\text{N} \cdot 28\,\text{m}$$
$$\underline{W_{Motor} = 56\,000\,\text{N} \cdot \text{m}}$$

Ergebnis:
Die mechanische Arbeit zum Heben der Betonplatte ist genauso groß wie die Arbeit, die der Elektromotor aufbringen muss.
Diesen Zusammenhang kann man allgemein auch als Gesetz von der Gleichheit der Arbeit formulieren: Mit kraftumformenden Einrichtungen wird keine mechanische Arbeit gespart. Diese Aussage gilt nicht nur für lose Rollen und Flaschenzüge, sondern auch für geneigte Ebenen und Hebel, allerdings nur, wenn man die Reibung vernachlässigt.

Suche von Informationen im Internet

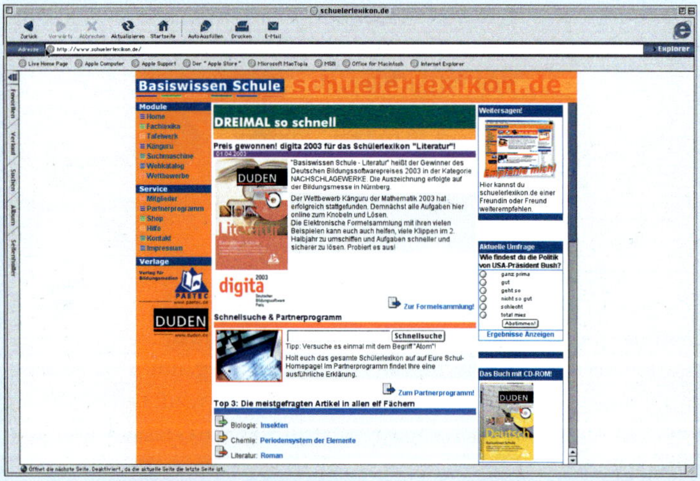

Unter **www.schuelerlexikon.de** kommst du auf die Homepage dieser für Schüler entwickelten Lexika. Dort kannst du z. B. das Lexikon Physik auswählen.

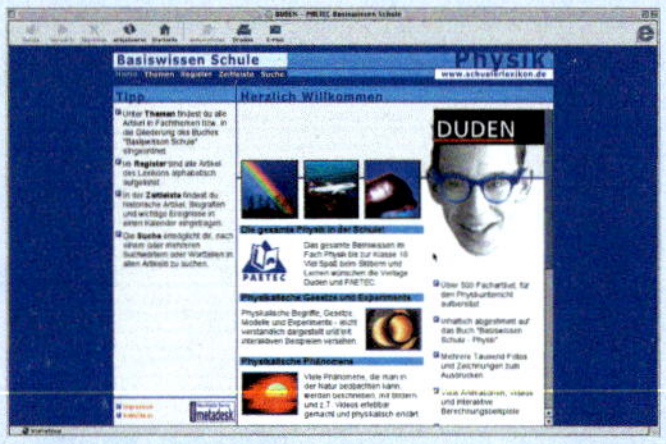

Zum Anfertigen einer Präsentation kann man Bilder und Texte aus dem Schülerlexikon kopieren und nutzen.

Das Internet ist eine wichtige Informationsquelle. Auf vielen Millionen Seiten sind für jeden Nutzer eine Vielzahl von Informationen zugänglich, die man über Internet-Adressen, Links oder Suchmaschinen finden kann. Wenn du einen bestimmten Begriff, ein Gesetz, ein technisches Gerät oder eine Biografie eines Wissenschaftlers finden willst, solltest du beachten:

- Zweckmäßig ist die Suche über eine gute **Suchmaschine** (z. B. www.google.de oder www.altavista.de) oder über eine Adresse, unter der für Schüler entwickelte Materialien zur Verfügung stehen.
- Nutze die Suche mit **Suchwörtern!** Überlege dir aber vorher genau, welche Suchwörter du eingibst. Bei einem Suchwort wie „Kraft“ bekommst du viele Beiträge angezeigt. Das Suchwort „Gewichtskraft“ oder „Reibungskraft“ schränkt die Anzahl der angezeigten Seiten deutlich ein.
- Du kannst die Suche auch durch die Eingabe mehrerer Wörter einschränken. Wie dann die Wörter einzugeben sind, hängt von der jeweiligen Suchmaschine ab. Meist sind dazu Hinweise gegeben. Häufig gilt:
  - Werden zwei durch Leerzeichen getrennte Wörter eingegeben, so werden die Beiträge aufgelistet, die mindestens eines der beiden Wörter enthalten. Die Eingabe von „Kraft Reibung“ liefert dann alle Beiträge, die die Wörter „Kraft“ oder „Reibung“ enthalten.
  - Werden zwei durch + verbundene Wörter eingegeben, so werden die Beiträge aufgelistet, die alle beide Wörter enthalten. Eingabe von „Kraft“ + „Reibung“ liefert die Beiträge, in denen beide Wörter enthalten sind.
- Prüfe, ob die Informationen, die du gefunden hast, für dich verständlich sind und ob es wirklich die Informationen sind, die du gesucht hast. Dazu musst du versuchen, beim Lesen die wichtigsten Inhalte zu erfassen und zu bewerten.

Überlege, wie du weiter mit dem Beitrag arbeiten willst. Möglich ist z. B.:

- das Notieren der Adresse, um später nochmal nachzusehen;
- das Ausdrucken des Beitrages;

das Kopieren und Speichern des Beitrages.

gewusst · gekonnt

1. Die Abbildungen zeigen Beispiele, bei denen Kräfte wirken.

Welche Arten von Arbeit werden verrichtet? Begründe jeweils deine Aussage!

2. Welche Arten mechanischer Arbeit werden bei folgenden Vorgängen verrichtet?
a) Ein Pkw verringert durch Bremsen seine Geschwindigkeit.
b) Ein Radfahrer fährt an.
c) Ein Kind steigt eine Leiter hinauf.
d) Ein Handwerker biegt ein Rohr.

3. Eine Kiste wird mit einer Kraft von 150 N auf dem Boden 3 m weit geschoben.
Wie groß ist die verrichtete Arbeit?

4. Du läufst mit deiner Schultasche auf einer ebenen Straße 350 m weit.
Welche Arbeit verrichtest du an der Schultasche? Begründe deine Aussage!

5. Nenne Beispiele für Hubarbeit, Spannarbeit, Beschleunigungsarbeit und Reibungsarbeit aus deinem Erfahrungsbereich!
Erläutere, welche Kräfte wirken und welche Wege zurückgelegt werden!

6. Gleich schwere Kisten sind vom Boden in einzelne Felder eines Regals gehoben worden. In welchen Fällen wurde die gleiche Arbeit zum Füllen der Regalfelder verrichtet?
Antworte so: $W_{1A} = W_{2C}$.

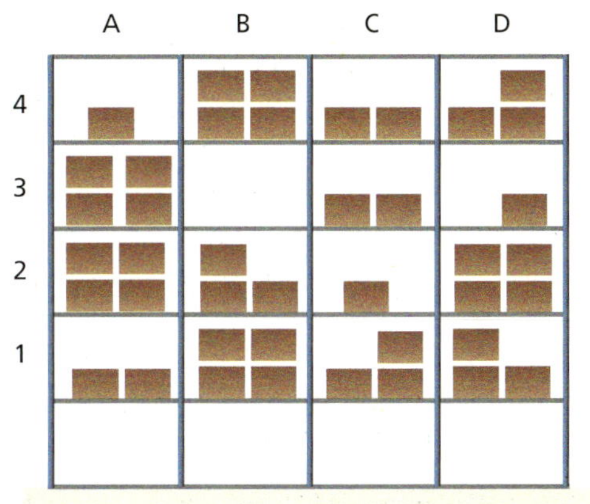

7. Berechne die fehlenden Werte unter der Bedingung, dass eine konstante Kraft in Richtung des Weges wirkt!

	F	*s*	*W*
a)	400 N	2,5 m	
b)	0,3 N		9 N · m
c)		3,8 m	76 kJ
d)	12,6 N	10 cm	

8. Ein Schüler verrichtet eine Arbeit von 100 J. Nenne vier verschiedene Möglichkeiten, diese Arbeit zu verrichten!

9. Anja will sich beim Wandern die Arbeit erleichtern, indem sie statt des bequemen Wanderweges eine steile Abkürzung wählt. Was meinst du dazu?

10. Ein Eimer mit 5 l Wasser soll 1 m hochgehoben werden. Der leere Eimer hat eine Gewichtskraft von 12 N.
a) Welche Kraft ist dazu erforderlich?
b) Wie groß ist die verrichtete Arbeit?

11. Ein Kran hat eine Betonplatte (Masse $m = 500$ kg) 5 m hochgehoben. Dann wird die Betonplatte in horizontaler Richtung um 4 m bewegt (s. Abb.).
a) Wie groß ist die durch den Kran verrichtete Hubarbeit?
b) Wie groß ist die Arbeit, wenn die Platte nur in horizontaler Richtung bewegt wird?

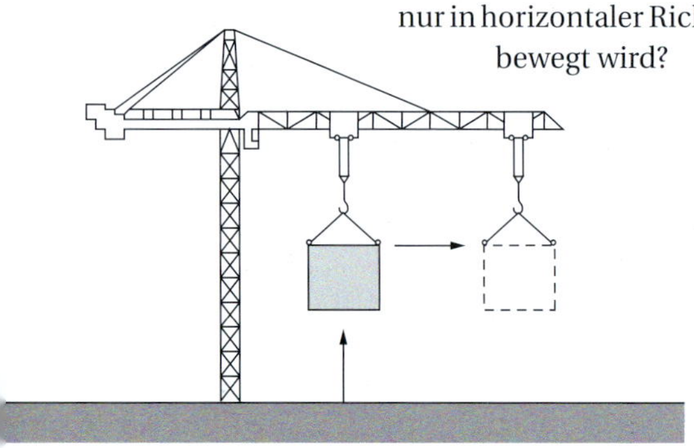

12. Das Herz eines Erwachsenen pumpt bei jedem Herzschlag etwa 80 cm^3 Blut, das sind etwa 80 g, durch den Körper. Das Blut strömt in alle Körperteile. Wir können annehmen, dass es im Durchschnitt bei jedem Herzschlag um 1 m gehoben wird. Der Puls beträgt bei normaler Belastung etwa 70 in der Minute.
a) Welche Arbeit verrichtet das menschliche Herz an einem Tag?
b) Welche Arbeit verrichtet es bei einer Lebensdauer von 70 Jahren?

***13.** Eine Kiste soll mit Hilfe einer Brechstange etwas angehoben werden. Dafür gibt es zwei Möglichkeiten (s. Abb). Im Fall a) wird die Brechstange nach oben bewegt, im Fall b) nach unten.

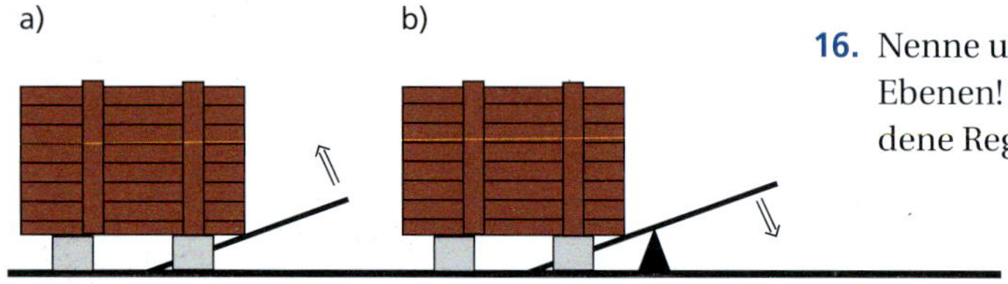

In welchem Fall kann man die Kiste mit geringerer Kraft anheben? Begründe!

14. Radmuttern bei Autos müssen fest angezogen sein. Bei einer Reifenpanne muss man sie aber lösen können.

Gib Möglichkeiten an, wie man eine fest sitzende Radmutter lösen kann! Welche Aussagen kann man jeweils über die aufzuwendende Kraft und den Weg treffen?

15. Mithilfe von drei verschiedenen Anordnungen (s. Skizzen) soll eine Kiste mit einer Masse von 100 kg hochgehoben werden.

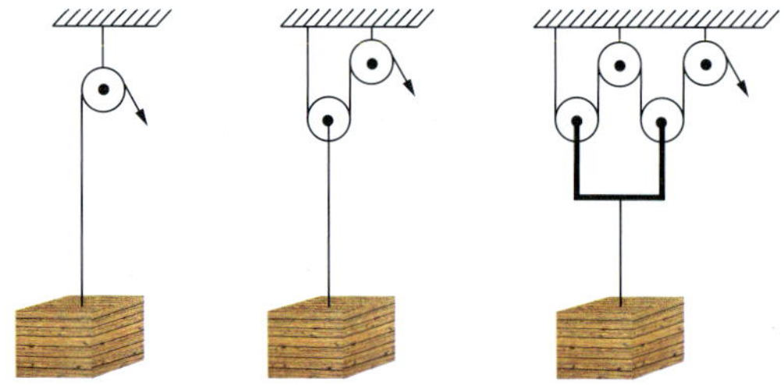

a) Bei welcher Anordnung muss die kleinste Kraft aufgewendet werden? Begründe!
b) Wo ist der Zugweg am größten?
c) Welche Aussage kann man über die mechanische Arbeit treffen?

16. Nenne und erläutere Beispiele für geneigte Ebenen! Erläutere an einem Beispiel die Goldene Regel der Mechanik!

17. An Straßen findet man folgende Schilder:

a) Was bedeuten diese Schilder?
b) Eine Bergstraße hat einen Anstieg von 12 %, eine andere einen Anstieg von 6 %. Wo muss die Antriebskraft des Motors eines Pkw größer sein? Wo ist der Weg für einen bestimmten Höhenunterschied länger?

18. Berechne die fehlenden Werte unter der Bedingung, dass die Arbeit gleichmäßig verrichtet wird!

	W	*P*	*t*
a)	360 J		12 s
b)		100 W	1 h
c)	1,2 kJ	0,3 kW	
d)	880 N · m		5 s

19. Nicht alles, was man in der Umgangssprache als Leistung bezeichnet, ist auch Leistung im physikalischen Sinne.
Nenne dafür Beispiele!

20. Ein Autofahrer sagt: „Mein Auto hat eine Leistung von 65 kW.“ Ein anderer stellt fest: „Mein Auto hat 80 PS, ist also leistungsstärker.“ Hat er Recht?

21. Bestimme experimentell deine Höchstleistung beim Treppensteigen!
Miss die Zeit, die du brauchst! Bestimme den Weg aus der Höhe einer Treppenstufe und der Anzahl der Stufen!

22. Von einem Kran wird ein Behälter mit Beton ($m = 120$ kg) in 20 s um eine Höhe von 14 m gehoben und anschließend in dieser Höhe um 10 m waagerecht verschoben.
a) Wie groß ist die Arbeit, die am Betonbehälter verrichtet wird?
b) Wie groß ist die aufgebrachte Leistung?

23. Zwei Pkw gleicher Antriebsleistung verrichten unterschiedliche Arbeit. Ist das möglich? Begründe deine Aussage!

24. Weshalb haben die Motoren von Bussen oder Lkw eine wesentlich größere Leistung als die Motoren der meisten Pkw?

25. Welche Konsequenzen hätte es für den Straßenverkehr, wenn alle Kraftfahrzeuge annähernd die gleiche Leistung hätten?

26. Ein Bergsteiger ($m = 65$ kg) bewältigt einen Höhenunterschied von 970 m in $2\frac{1}{2}$ Stunden.
a) Wie groß ist die von ihm verrichtete Hubarbeit?
b) Welche mechanische Leistung hat er vollbracht?

27. Bei einer Boeing 747 beträgt bei einer Geschwindigkeit von 800 km/h die Schubkraft der Triebwerke 700 kN. Wie groß ist die Leistung der Triebwerke?

28. Bei einer Wanderung laufen einige Personen eine Straße hinauf. Einer wählt eine steile Abkürzung.
a) Wer hat den längeren Weg, wer braucht die größere Kraft?
b) Erläutere an diesem Beispiel die Goldene Regel der Mechanik!

Mechanische Arbeit, Energie und Leistung

Mechanische Arbeit W	**Mechanische Leistung P**
wird verrichtet, wenn ein Körper durch eine Kraft bewegt oder verformt wird.	gibt an, wie viel mechanische Arbeit in jeder Sekunde verrichtet wird.
Einheiten: 1 Newtonmeter (1 N · m) 1 Joule (1 J)	**Einheiten:** 1 Watt (1 W) 1 Kilowatt (1 kW)
Berechnung: $W = F \cdot s$ (F = konstant und $F \parallel s$)	**Berechnung:** $P = \frac{W}{t}$ $\quad P = \frac{F_G \cdot h}{t}$
Bei der mechanischen Arbeit kann man zwischen **Hubarbeit**, **Reibungsarbeit**, **Verformungsarbeit** und **Beschleunigungsarbeit** unterscheiden. Die Gleichung $W = F \cdot s$ ist immer dann anwendbar, wenn die Kraft F konstant ist und in Richtung des Weges wirkt.	Wird die Arbeit W in der Zeit t ungleichförmig verrichtet, so erhält man mit der Gleichung $P = W/t$ eine **mittlere Leistung**. Bewegt sich ein Körper gleichförmig und wirkt eine konstante Kraft, so gilt auch: $P = F \cdot v$

Hebel, Rollen, geneigte Ebenen und **hydraulische Anlagen** sind kraftumformende Einrichtungen.

Hebel

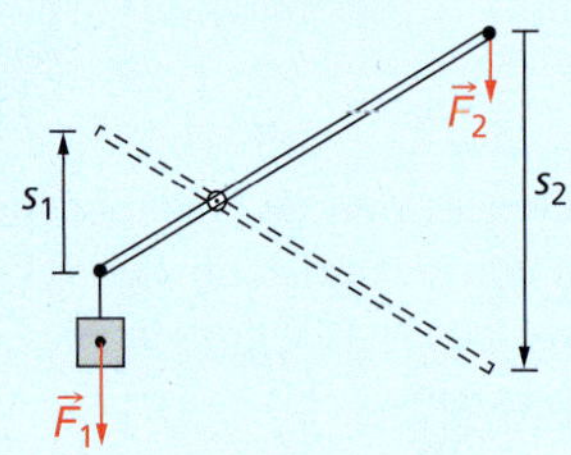

$F \sim \frac{1}{s}$

Rollen

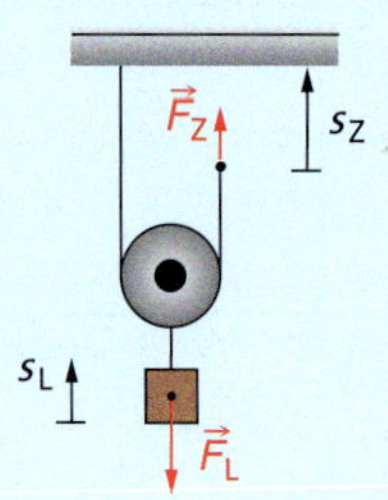

$F_Z = \frac{1}{2} \cdot F_L$

$s_Z = 2 \cdot s_L$

Geneigte Ebenen

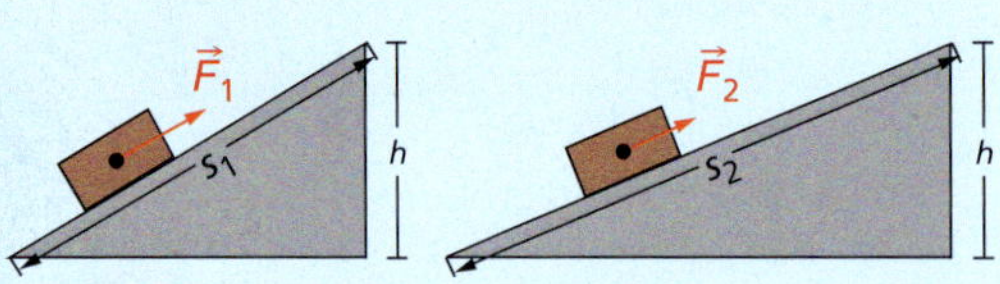

$s_1 < s_2$
$F_1 > F_2$ (h = konstant)

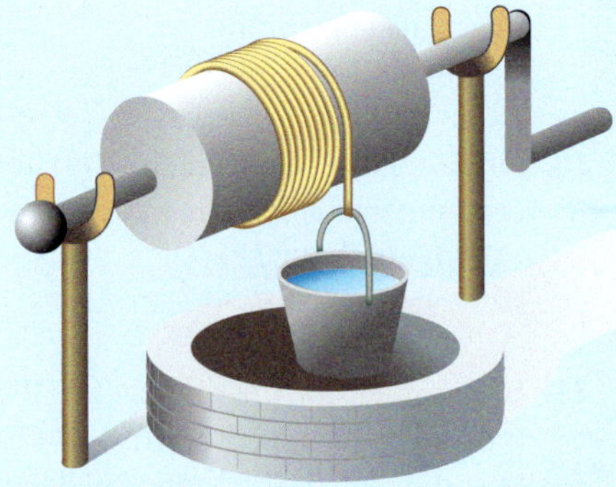

Für alle kraftumformende Einrichtungen gilt die **Goldenen Regel der Mechanik:**

Was man an Kraft spart, muss man an Weg zusetzen.

3 Wärmelehre

3.1 Sonne, Wärmestrahlung, Wind und Wolken

Kälte „ohne Ende"
Eisbären leben in der Arktis, in der monatelang strenger Frost herrscht. Temperaturen von unter −30 °C über einen längeren Zeitraum hinweg sind keine Seltenheit. Die Bären fischen im eiskalten Wasser und bringen ihre Jungen im Polarwinter in Schneehöhlen zur Welt.
Wie schützen sich Eisbären und andere Tiere vor tiefen Temperaturen?

Kalt oder warm?
Wenn du an einem heißen Sommertag am Strand liegst, kommst du leicht ins Schwitzen. Nach einem ausführlichen Bad kommt es dir dann aber relativ kühl vor, wenn du aus dem Wasser kommst, obwohl sich die Lufttemperatur nicht verändert hat.
Wie sind diese unterschiedlichen Empfindungen zu erklären?

Heiß und glühend
Um Stahl zum Glühen zu bringen, muss ihm viel Wärme zugeführt werden. Der glühende Stahl wird dann plötzlich abgekühlt und damit gehärtet.
Bei welcher Temperatur schmilzt Stahl? Kann er auch verdampfen?

Energie und Wärme

Eine Form der Energie ist diejenige, die alle Körper aufgrund ihrer Temperatur haben. Sie wird als **thermische Energie** bezeichnet. So besitzt das heiße Wasser, das aus einem Geysir (Abb. 2) austritt, thermische Energie.
Die in einem Körper gespeicherte thermische Energie ist abhängig
- von der Masse des Körpers,
- von der Temperatur des Körpers,
- von dem Stoff, aus dem er besteht.

Je höher die Temperatur eines Körpers ist, umso größer ist seine thermische Energie. So besitzt z. B. ein Liter heißes Wasser eine größere thermische Energie als ein Liter kaltes Wasser.
Aufgrund ihrer thermischen Energie können Körper Wärme an ihre Umgebung abgeben.

Körper, die Wärme an ihre Umgebung abgeben, nennt man Wärmequellen.

Einige Wärmequellen sind in Abb. 1 dargestellt. Wird von einem Körper Wärme abgegeben, so verringert sich seine Energie. Die Energie des Körpers, auf den die Wärme übertragen wird, vergrößert sich dementsprechend (Abb. 3). Die von einem Körper auf einen anderen Körper übertragende Wärme ist somit ein Maß für die dem einen Körper zugeführte bzw. vom anderen Körper abgegebene Energie.

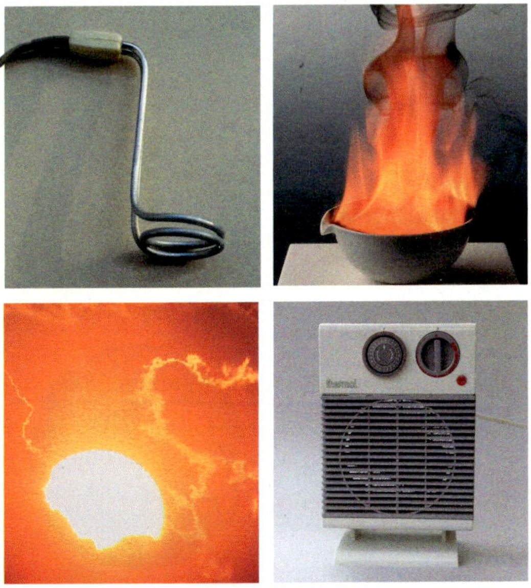

1 Verschiedene Wärmequellen: In ihnen erfolgen unterschiedliche Energieumwandlungen.

2 Heißes Wasser eines Geysirs besitzt Energie. Es gibt Wärme an die Umgebung ab.

Die Wärme gibt an, wie viel Energie von einem Körper auf einen anderen Körper übertragen wird.

Formelzeichen: Q
Einheit: 1 Joule (1 J)

Vielfache der Einheit 1 J sind 1 Kilojoule (1 kJ) und ein Megajoule (1 MJ).
Es gilt: 1 MJ = 1 000 kJ = 1 000 000 J

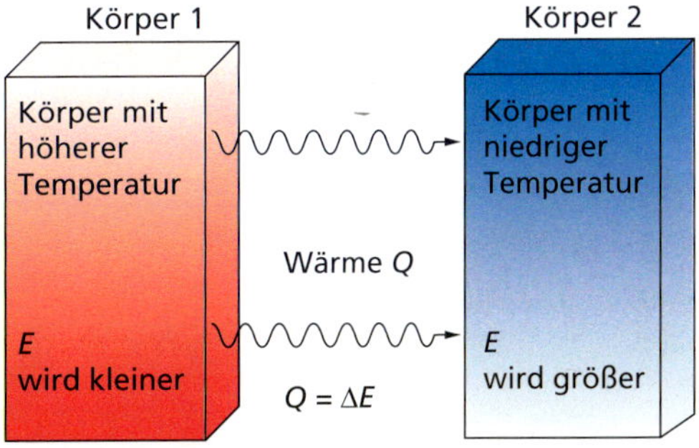

3 Energie wird durch Wärme von einem Körper auf einen anderen übertragen.

Wärmestrahlung der Sonne

Jeder von uns kennt die angenehme Wärme der Sonnenstrahlung. Sie gelangt praktisch durch den leeren Weltraum, also ohne Stoff, zur Erde. Diese Art der Wärmeübertragung wird **Wärmestrahlung** genannt.

Die Oberfläche der Sonne ist etwa 6 000 °C heiß. Die Temperatur der Sohle eines Bügeleisens z. B. ist dagegen etwa zwanzig Mal kleiner. Trotzdem strahlt auch sie Wärme ab. Der Unterschied zwischen beiden besteht darin, dass im Falle der Sonne ein Teil der Strahlung sichtbar ist, beim Bügeleisen nicht. Nur sehr heiße Körper wie die Sonne oder ein glühender Metalldraht senden neben der nicht sichtbaren Wärmestrahlung auch sichtbares Licht aus.

Heiße Körper senden Wärmestrahlung aus. Das geschieht ohne Mitwirkung eines Stoffes.

Auch Rotlichtlampen, Öfen, Lebewesen oder heiße Speisen strahlen Wärme ab.

Die Sonne strahlt Energie in den gesamten Raum ab. Ein kleiner Teil dieser Energie trifft auf die Erde. Messungen an der Grenze der Erdatmosphäre haben ergeben: Bei senkrechtem Einfall beträgt dort die von der Sonne kommende Energie je Quadratmeter und Sekunde 1,37 kJ. Auf die Erdoberfläche gelangen davon nur etwa 50 %. Der Rest wird durch die Atmosphäre zurückgestrahlt bzw. absorbiert. Wie viel Energie eingestrahlt wird, hängt auch vom Einfallswinkel des Lichts ab (Abb. 3).

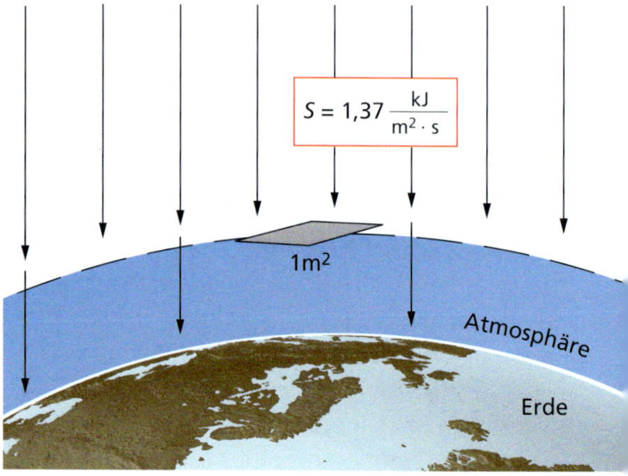

1 Die Sonnenenergie, die die Obergrenze der Atmosphäre erreicht, ist relativ konstant und beträgt 1,37 kJ in jeder Sekunde für einen Quadratmeter.

Die Temperatur an einem bestimmten Ort ist von der Jahreszeit, der Tageszeit und von der Lage des Ortes selbst abhängig (Abb. 2, 3). Der zeitliche Verlauf wird in Klimadiagrammen erfasst.

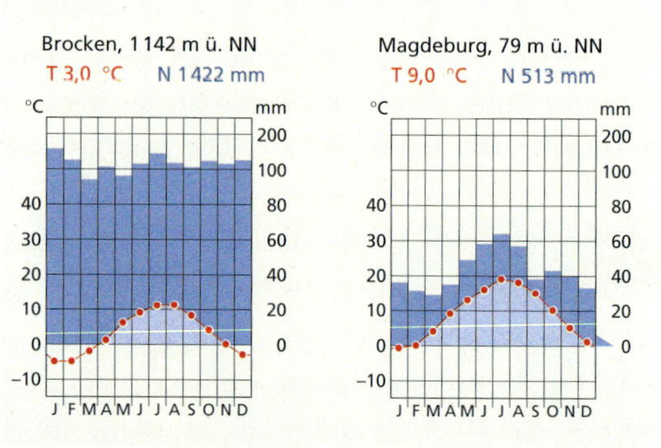

2 In Klimadiagrammen werden der jährliche Temperaturverlauf und die Niederschläge erfasst.

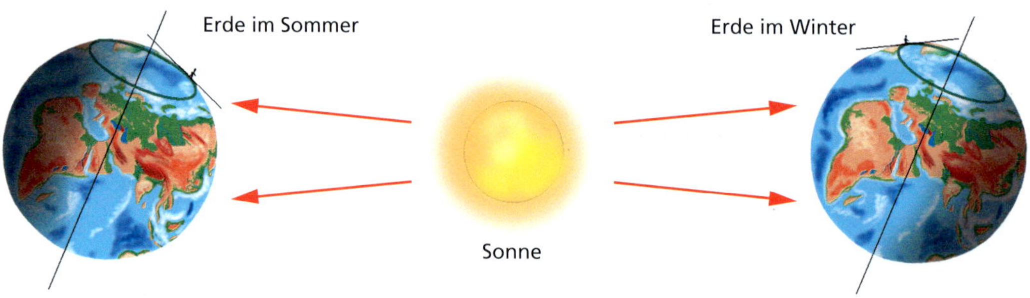

3 Der Einfallswinkel des Lichts hängt von der Jahreszeit und der Tageszeit ab.

Die Temperatur

Die Eigenschaft von Körpern, unterschiedlich heiß oder kalt zu sein, wird durch die physikalische Größe **Temperatur** beschrieben.

Die Temperatur gibt an, wie heiß oder wie kalt ein Körper ist.
Formelzeichen: ϑ (griechischer Buchstabe, sprich: Theta)
Einheit: 1 Grad Celsius (1 °C)

Zur Angabe der Temperatur eines Körpers in Grad Celsius (°C) wird die **Celsiusskala** genutzt. Benannt ist diese Skala nach dem schwedischen Naturforscher ANDERS CELSIUS (1701–1744).

Temperaturen werden mit Thermometern gemessen. Während die ersten Thermometer noch keine festgelegten Skalen hatten, entwickelte Celsius um 1742 eine Skala mit 0 Grad als Siedepunkt des Wassers und 100 Grad als Schmelzpunkt. Um 1750 erfolgte die Umwandlung in die heute übliche Form.

Temperatur und Teilchenbewegung

Alle festen Stoffe, Flüssigkeiten und Gase bestehen aus sehr kleinen Teilchen, den Atomen und Molekülen. Diese befinden sich in ständiger Bewegung und zwischen ihnen wirken Kräfte.
Die Geschwindigkeiten der Teilchen eines Stoffes sind unterschiedlich groß, schwanken jedoch um einen Mittelwert herum. Wie groß die mittlere Geschwindigkeit aller Teilchen eines Stoffes ist, hängt von der Art des Stoffes, vom Aggregatzustand und vor allem von der Temperatur ab. Für feste, flüssige und gasförmige Körper gilt:

Je höher die Temperatur eines Körpers ist, desto größer ist die mittlere Geschwindigkeit aller Teilchen des Stoffes, aus dem der Körper besteht.

Temperaturen in Natur und Technik	
im Zentrum der Sonne	160 Mio °C
Oberfläche der Sonne	6 000 °C
Glühwendel in der Glühlampe	2 500 °C
Flamme eines Bunsenbrenners	1 700 °C
Kerzenflamme	1 200 °C
Rot glühender Stahl	800 °C
Siedetemperatur von Wasser	100 °C
höchste auf der Erde gemessene Lufttemperatur	58 °C
normale Körpertemperatur des Menschen	37 °C
Schmelztemperatur von Eis	0 °C
Tiefkühlfach im Kühlschrank	– 20 °C
tiefste auf der Erde gemessene Lufttemperatur	– 88 °C
Temperatur flüssiger Luft	– 193 °C
tiefste Temperatur, die möglich ist	– 273 °C

Mit der Geschwindigkeit verändert sich auch die kinetische Energie der einzelnen Teilchen. Je größer die Temperatur eines Körpers ist, desto größer ist die mittlere kinetische Energie aller seiner Teilchen. Damit ist die Temperatur eines Körpers ein Maß für die mittlere Geschwindigkeit bzw. die mittlere kinetische Energie aller seiner Teilchen.

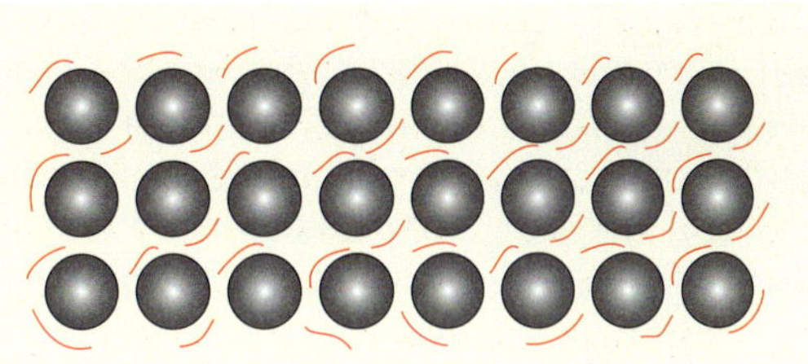

1 Teilchenbewegung bei niedriger Temperatur: Die Teilchen schwingen hin und her. E_{kin} ist klein.

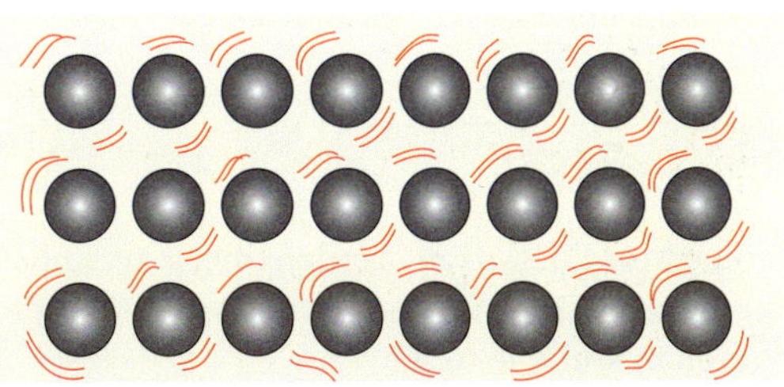

2 Teilchenbewegung bei höherer Temperatur: Die Teilchen schwingen heftiger. E_{kin} ist groß.

Absoluter Nullpunkt und Kelvinskala

Bei Verringerung der Temperatur bewegen sich die Teilchen aller Stoffe weniger heftig. Die tiefstmögliche Temperatur ist deshalb diejenige, bei der die Teilchen zur Ruhe kommen. Diese Temperatur wird als **absoluter Nullpunkt** bezeichnet.

> **Der absolute Nullpunkt ist die tiefstmögliche Temperatur. Sie beträgt – 273,15 °C.**

Diesen Wert hat man theoretisch berechnet. In der Praxis ist er nicht erreichbar, da es eine völlige Bewegungslosigkeit der Teilchen nicht gibt.
Der englische Naturforscher WILLIAM THOMSON (1834–1907), später zum LORD KELVIN geadelt, wählte den absoluten Nullpunkt zum Ausgangspunkt einer Temperaturskala.
Diese Temperaturskala, die mit dem tiefstmöglichen Wert von –273,15 °C beginnt, wird zu Ehren von Lord KELVIN auch Kelvinskala genannt. Die Temperaturen dieser Skala heißen **absolute Temperaturen.** Da für die Kelvinskala die gleiche Einteilung wie für die Celsiusskala gewählt wurde (Abb. 1), entsprechen 0 °C dann 273,15 K. Häufig rechnet man mit 273 K. Für eine Temperatur von 20 °C kann dann z. B. geschrieben werden:
$\vartheta = 20\,°C$ oder $T = 293\,K$.

> **Die Temperatur kann auch in der Kelvinskala angegeben werden (absolute Temperatur).**
>
> **Formelzeichen: *T***
> **Einheit: 1 Kelvin (1 K)**

Temperaturdifferenzen werden meist in Kelvin angegeben. Für den Zusammenhang von Temperaturen in K und in °C gilt:

$$\frac{T}{K} = \frac{\vartheta}{°C} + 273$$

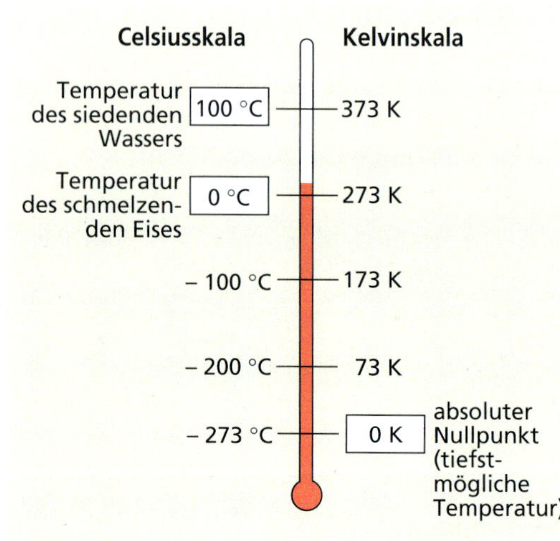

1 Celsiusskala und Kelvinskala im Vergleich

Mosaik

Weitere Temperaturskalen

Temperaturangaben müssen für jedermann und überall dasselbe aussagen. Das gelingt mit Bezugspunkten, die überall auf der Welt gleich sind. In der Geschichte der Physik hat es verschiedene Vorschläge gegeben, von denen einige noch heute in Gebrauch sind (Abb. 2).
Der schwedische Forscher ANDERS CELSIUS (1701–1744) wählte die Temperaturen von schmelzendem Eis (0 °C) und siedendem Wasser (100 °C) und teilte den Abstand zwischen ihnen in 100 gleiche Teile. Noch vor CELSIUS, im Jahre 1714, entwickelte der Physiker GABRIEL DANIEL FAHRENHEIT (1686–1736) seine Temperaturskala. Fixpunkte sind die Temperatur eines Gemisches aus Eis, Salmiak und Wasser (0 °F) und unserer Körpertemperatur (100 °F). Bei uns werden Temperaturen in der Regel in Grad Celsius angegeben, in den USA in °F.

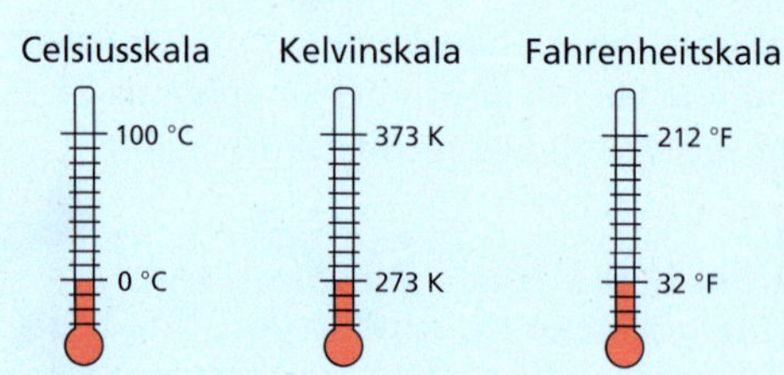

2 Verschiedene Temperaturskalen im Vergleich

Die spezifische Wärmekapazität

Magma quillt aus dem Erdinneren (Abb. 1) und kühlt dann allmählich ab. Dabei gibt es Wärme an die Umgebung ab. Seine thermische Energie verringert sich.
Wenn wir heißes Wasser brauchen, so müssen wir dem Wasser Wärme zuführen, indem wir es z. B. auf eine Heizplatte stellen oder mit dem Tauchsieder erhitzen. Das Wasser nimmt Wärme auf, seine thermische Energie vergrößert sich.
Im Herbst ist es in unmittelbarer Nähe großer Wasserflächen deutlich milder als im Binnenland. Im Wasser ist Energie gespeichert, die teilweise an die Luft abgegeben wird und die Lufttemperatur beeinflusst. Im Frühling dagegen ist es am Meer häufig kühler als im Binnenland.

Die Wärme, die von einem Körper an seine kältere Umgebung abgegeben oder von seiner wärmeren Umgebung aufgenommen wird, ist abhängig von
- dem Stoff, aus dem der Körper besteht,
- der Masse des Körpers und
- der Temperaturdifferenz zwischen der Endtemperatur und der Anfangstemperatur des Körpers.

1 Der Ätna auf Sizilien ist mit 3340 m Höhe nicht nur der höchste, sondern auch der aktivste Vulkan Europas. Der letzte größere Ausbruch erfolgte 2001.

Die Abhängigkeit der abgegebenen oder aufgenommenen Wärme vom Stoff wird durch die **spezifische Wärmekapazität** beschrieben.

Die spezifische Wärmekapazität eines Stoffes gibt an, wie viel Wärme von 1 kg dieses Stoffes abgegeben oder aufgenommen wird, wenn sich seine Temperatur um 1 K ändert.

Formelzeichen: c
Einheit: 1 Kilojoule je Kilogramm und Kelvin $\left(1 \frac{\text{kJ}}{\text{kg} \cdot \text{K}}\right)$

Stahl hat z. B. eine spezifische Wärmekapazität von:

$$c = 0{,}47 \ \frac{\text{kJ}}{\text{kg} \cdot \text{K}}$$

Das bedeutet: Wenn sich 1 kg Stahl um 1 K abkühlt, so wird eine Wärme von 0,47 kJ an die Umgebung abgegeben. Wenn 1 kg Stahl um 1 K erwärmt werden soll, muss ihm eine Wärme von 0,47 kJ zugeführt werden. Bei einem Kilogramm Wasser braucht man für die gleiche Temperaturänderung etwa die 9fache Wärme.
Die spezifische Wärmekapazität ist eine Stoffkonstante. Ihr Wert ist bei Wasser besonders groß.

spezifische Wärmekapazität von Stoffen

Stoff	c in $\frac{\text{kJ}}{\text{kg} \cdot \text{K}}$
Aluminium	0,90
Beton	0,90
Blei	0,13
Eis (bei 0 °C)	2,09
Eisen	0,46
Heizöl	2,07
Holz (Eiche)	2,39
Kupfer	0,39
Luft	1,01
Porzellan	0,73
Quecksilber	0,14
Ziegelstein	0,86
Wasser	4,19
Wasserdampf	1,86
Zinn	0,23

Grundgleichung der Wärmelehre

Der Zusammenhang zwischen der Temperaturänderung eines Körpers und der von ihm aufgenommenen oder abgegebenen Wärme wird in der **Grundgleichung der Wärmelehre** erfasst.

Unter der Bedingung, dass sich der Aggregatzustand eines Körpers nicht ändert, kann die von einem Körper abgegebene oder aufgenommene Wärme berechnet werden mit der Gleichung:

$Q = m \cdot c \cdot \Delta T$

- m Masse des Körpers
- c spezifische Wärmekapazität
- ΔT Differenz zwischen Endtemperatur und Anfangstemperatur

Statt der Temperaturdifferenz ΔT kann auch $\Delta\vartheta$ gesetzt werden, denn es gilt: $\Delta T = \Delta\vartheta$.

Ein spezieller Fall liegt vor, wenn zwei Körper unterschiedlicher Temperatur, z. B. zwei Wassermengen, gemischt werden.
Dann gilt: Die vom wärmeren Wasser abgegebene Wärme ist genauso groß wie die vom kühleren Wasser aufgenommene Wärme. Das gilt auch für zwei beliebige Körper, die sich in engem Kontakt zueinander befinden, und wird als **Mischungsregel** bezeichnet.

Die von einem Körper abgegebene Wärme ist genauso groß wie die vom anderen Körper aufgenommene Wärme.

$$Q_{ab} = Q_{zu}$$

Haben zwei Wassermengen mit den Massen m_1 und m_2 die Temperaturen ϑ_1 und ϑ_2, so gilt für die abgegebene und die aufgenommene Wärme:

$$m_1 \cdot c \cdot (\vartheta_1 - \vartheta_m) = m_2 \cdot c \cdot (\vartheta_m - \vartheta_2)$$

Dabei ist ϑ_m die Mischungstemperatur.

Mosaik

Die Bedeutung der spezifischen Wärmekapazität des Wassers

Von allen in der Natur vorkommenden Stoffen hat Wasser mit die größte spezifische Wärmekapazität. c = 4,19 kJ/(kg · K) bedeutet, dass 1 l Wasser eine Wärme von 4,19 kJ aufnimmt, wenn es um 1 K erwärmt wird. Bei einer Abkühlung von 1 K gibt das Wasser eine Wärme von 4,19 kJ ab.
Große Wassermengen, insbesondere Seen, Meere und Ozeane, haben deshalb erheblichen Einfluss auf das Klima.
Im Sommer wird vom Wasser aufgrund der Sonneneinstrahlung viel Wärme gespeichert.
Im Herbst und Winter wird ein erheblicher Teil dieser Wärme an die Umgebung abgegeben. Es ist milder als im Binnenland.
Im Frühjahr und Frühsommer erwärmt sich das Wasser erst allmählich. Der umgebenden Luft, die sich schneller erwärmt, wird Wärme entzogen. Dadurch entsteht insgesamt ein typisches **Seeklima** mit relativ milden Wintern und relativ kühlen Sommern.
Beeinflusst wird das Klima in vielen Regionen auch durch gewaltige Meeresströmungen, z. B. durch den warmen Golfstrom. Er geht von der Karibik aus und hat Auswirkungen auf das Klima in England, Schottland, Irland oder Norwegen.
Auch in der Technik besitzt Wasser große Bedeutung. In Warmwasserheizungen wird genutzt, dass Wasser aufgrund seiner großen spezifischen Wärmekapazität viel Energie in Form von Wärme transportiert. Für die Kühlung von Motoren oder als Kühlmittel in Kraftwerken wird ebenfalls Wasser verwendet.

Übersicht über die Aggregatzustände

	Feste Körper	Flüssigkeiten	Gase
Beispiele			
	Eis ist ein fester Körper.	Wasser ist eine Flüssigkeit.	Wasserdampf ist ein Gas.
Aufbau	Feste Körper bestehen aus Teilchen, die eng beieinander liegen und einen bestimmten Platz haben.	Flüssigkeiten bestehen aus Teilchen, die keinen bestimmten Platz haben, sondern gegeneinander verschiebbar sind. Ihr Abstand bleibt gleich.	Gase bestehen aus Teilchen, die sich in großem Abstand voneinander befinden. Sie haben keinen festen Platz.
	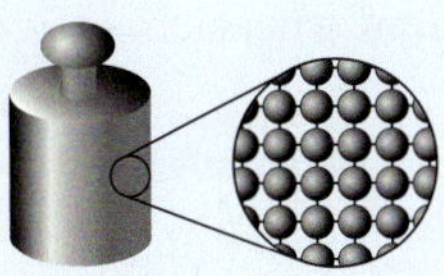	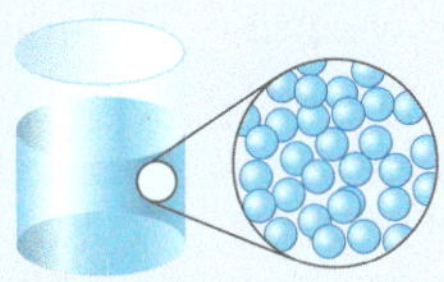	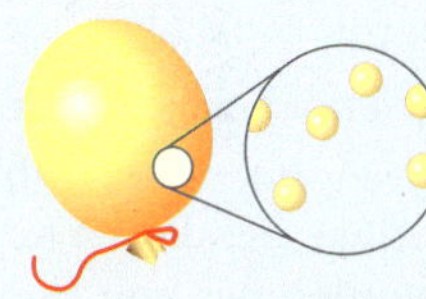
	Die Teilchen schwingen um ihren Platz hin und her.	Die Teilchen führen unregelmäßige Bewegungen aus.	Die Teilchen bewegen sich frei im gesamtem Raum.
Form	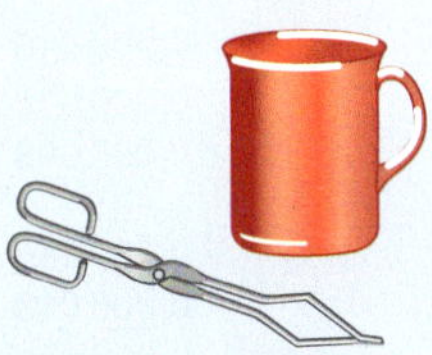		
	Feste Körper haben eine bestimmte Form. Sie können kompakt, kristallin oder pulverförmig vorliegen.	Flüssigkeiten passen sich der Form des Gefäßes an, in dem sie sich befinden.	Gase passen sich der Form des Gefäßes an, in dem sie sich befinden.
Volumen	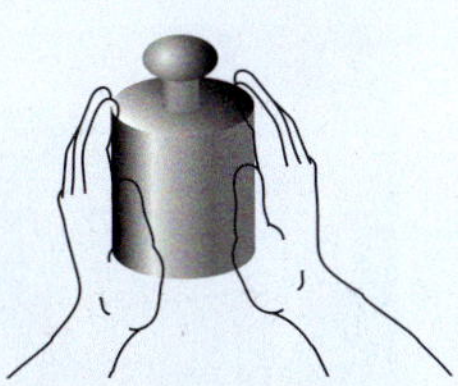	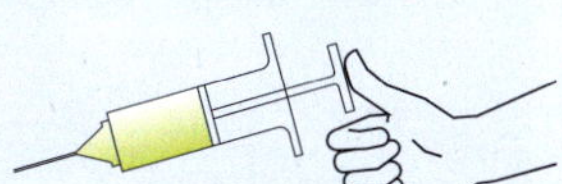	
	Feste Körper haben ein bestimmtes Volumen. Sie lassen sich nicht zusammendrücken.	Flüssigkeiten haben ein bestimmtes Volumen. Sie lassen sich nicht zusammendrücken.	Gase nehmen den gesamten Raum ein, der ihnen zur Verfügung steht. Sie lassen sich zusammendrücken und haben ein veränderliches Volumen.

Längenänderung fester Körper

Jeder Körper nimmt bei einer bestimmten Temperatur einen bestimmten Raum ein. Er besitzt ein bestimmtes Volumen. Gleichmäßig geformte Körper haben eine bestimmte Länge, Breite und Höhe. Erwärmungen oder Abkühlungen führen zu Änderungen der Abmessungen eines Körpers (Abb. 1). Unter der Bedingung, dass sich ein Körper ausdehnen kann, gilt:

Wenn sich die Temperatur eines Körpers ändert, dann ändert sich auch sein Volumen.

Schon an einer Eisenkugel lässt sich nachweisen, dass sich ihr Volumen vergrößert, wenn man sie erhitzt (Abb. 2). Auch lange feste Körper wie Brücken, Eisenbahnschienen oder Hochspannungsleitungen (Abb. 1a) vergrößern bei Erwärmung ihr Volumen. Bei diesen Körpern ist aber nur die Längenänderung von praktischer Bedeutung. Die Längenänderung eines festen Körpers hängt außer von der ursprünglichen Länge und der Temperaturänderung auch von dem Stoff ab, aus dem der Körper besteht.

Für die Längenänderung Δl eines festen Körpers bei Temperturänderung gilt:

$$\Delta l = l_0 \cdot \alpha \cdot \Delta T$$

- l_0 ursprüngliche Länge
- α linearer Ausdehnungskoeffizient
- ΔT Temperaturänderung

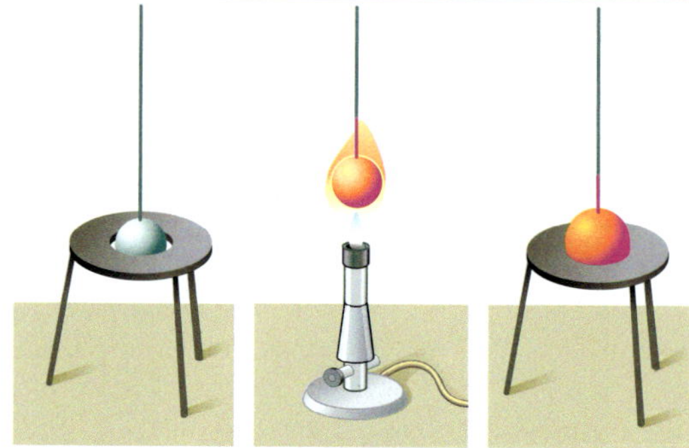

2 Bei Zimmertemperatur passt die Eisenkugel gerade noch durch eine Öffnung. Wird sie erhitzt, dehnt sie sich aus und passt nicht mehr hindurch.

Ein Kupferdraht verlängert sich unter gleichen Bedingungen mehr als ein Draht aus Stahl (s. Tabelle). Die Abhängigkeit vom Stoff wird durch eine Stoffkonstante erfasst, die als **linearer Ausdehnungskoeffizient α** bezeichnet wird.

Linearer Ausdehnungskoeffizient von Stoffen

Stoff	α in $\frac{1}{K}$
Aluminium	0,000 024
Beton	0,000 012
Eisen	0,000 012
Glas	0,000 010
Gold	0,000 014
Holz	0,000 008
Kupfer	0,000 016
Messing	0,000 018
Silber	0,000 020
Stahl	0,000 012
Zink	0,000 036
Zinn	0,000 027

1a Im Sommer hängen Hochspannungsleitungen zwischen den Masten in der Regel mehr durch als im Winter.

1b Zur Wasserkühlung eines Motors gehört ein Ausgleichsgefäß. Es gibt Raum für die sich ausdehnende Kühlflüssigkeit.

1c Das erhitzte Gas dehnt sich aus und bläht einen Heißluftballon auf. Ein Teil des ursprünglich vorhandenen Gases entweicht.

Volumenänderung von Flüssigkeiten

In Kaufhäusern, Hotels oder Bürohäusern sind zum Schutz vor Bränden Sprinkleranlagen in den Decken installiert (Abb. 1). Sie sind direkt mit Wasserleitungen verbunden. Bei großer Temperaturerhöhung wie bei einem Brand dehnt sich eine Flüssigkeit im Sprühkopf stark aus und „sprengt" das Röhrchen. Das Löschwasser hat freien Lauf.

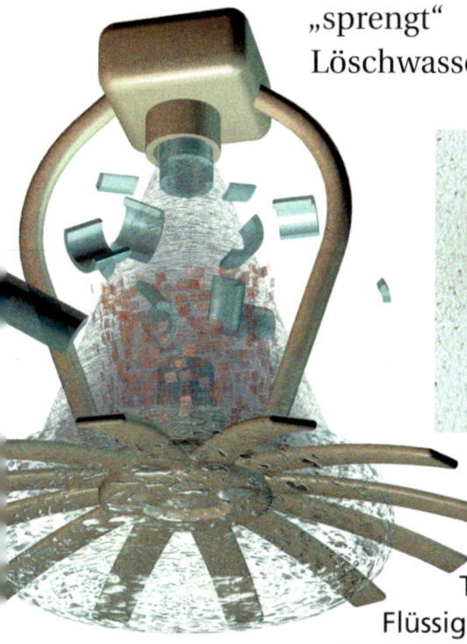

1 Im Sprühkopf einer Sprinkleranlage dehnt sich bei Temperaturanstieg eine Flüssigkeit so stark aus, dass ihr Behältnis zerspringt.

Das in Abb. 2 dargestellte Experiment zeigt, wie unterschiedlich sich das Volumen von verschiedenen Flüssigkeiten vergrößert, wenn man sie der gleichen Temperaturänderung aussetzt.

Die meisten Flüssigkeiten dehnen sich bei Erhöhung der Temperatur aus und ziehen sich bei Verringerung der Temperatur zusammen.

Wasser macht bei niedriger Temperatur eine Ausnahme (s. S. 130). Sein nicht normales Verhalten wird als **Anomalie des Wassers** bezeichnet.

Ähnlich wie bei festen Körpern hängt auch die Volumenänderung einer Flüssigkeit ab

- vom Stoff, aus dem die Flüssigkeit besteht,
- vom ursprünglichen Volumen der Flüssigkeit,
- von der Temperaturänderung.

So vergrößert sich z. B. das Volumen von 10 l Heizöl um 90 ml, wenn man seine Temperatur um 10 K erhöht, das von Wasser dagegen bei der gleichen Temperaturänderung nur um 18 ml, also wesentlich weniger.

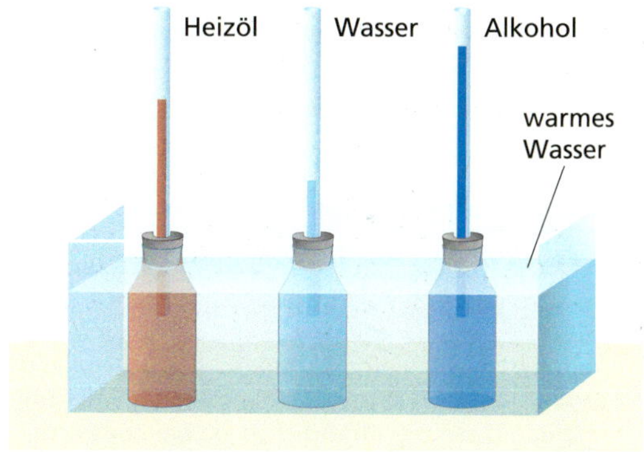

2 Bei Zimmertemperatur standen die Flüssigkeiten in den drei Steigrohren gleich hoch. Ihr Ausgangsvolumen war gleich. Bei gleicher Temperaturerhöhung dehnt sich Alkohol am meisten aus.

Für die Volumennänderung ΔV eines festen Körpers bei Temperturänderung gilt:

$$\Delta V = V_0 \cdot \gamma \cdot \Delta T$$

V_0 **ursprüngliches Volumen**
γ **Volumenausdehnungskoeffizient**
ΔT **Temperaturänderung**

Mosaik

Flüssigkeitsthermometer

Die Volumenänderung von Flüssigkeiten und Gasen mit der Temperatur wird bei Flüssigkeitsthermometern (Abb. 3) und Gasthermometern (s. S. 131) genutzt. Als Thermometerflüssigkeit wird meist gefärbter Alkohol verwendet. Wasser ist wegen seines besonderen Verhaltens (s. S. 130) nicht geeignet.

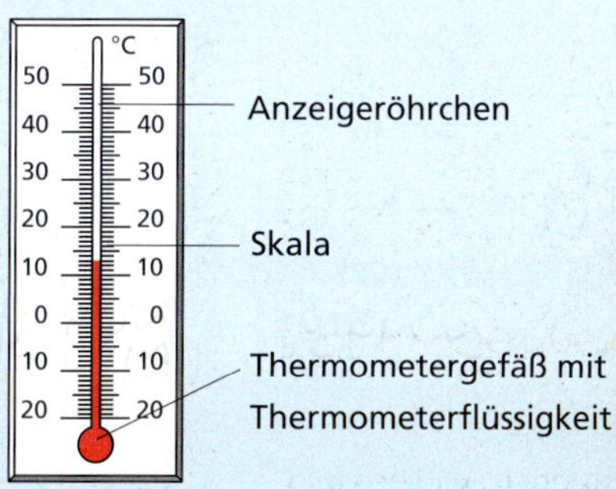

3 Aufbau eines Flüssigkeitsthermometers

Mosaik

Die Anomalie des Wassers

Bei Temperaturen über 4 °C verhält sich Wasser wie andere Flüssigkeiten. Bei Erhöhung der Temperatur dehnt es sich aus, bei Verringerung der Temperatur wird sein Volumen kleiner.
Kühlt sich Wasser aber unter 4 °C ab, so wird sein Volumen nicht kleiner, sondern bis 0 °C wieder größer. Wasser hat bei 4 °C sein kleinstes Volumen und damit seine größte Dichte, da bei konstanter Masse $\rho \sim 1/V$ gilt. Dieses „nicht normale" Verhalten von Wasser wird in der Physik als **Anomalie des Wassers** bezeichnet (Abb. 1). Die Anomalie des Wassers ist für das Leben von Tieren und Pflanzen im Wasser sehr wichtig.
Im Sommer wird das Wasser von der Sonne erwärmt. Das leichtere, wärmere Wasser bleibt an der Oberfläche, tiefer liegende Schichten sind kühler. Es bildet sich eine stabile Temperaturschichtung des Wassers aus (Abb. 2). Das kannst du auch beim Baden feststellen.
Im Herbst (Abb. 3) und Winter (Abb. 4) kühlt sich das Wasser an der Oberfläche ab. Das Wasser mit der größeren Dichte sinkt nach unten. Bei Temperaturen um 4 °C bleibt dann das kühlere Wasser an der Oberfläche. Eine weitere Abkühlung führt zur Eisbildung an der Wasseroberfläche. Tiefer liegende Schichten haben eine Temperatur von 4 °C. Das Wasser gefriert in größeren Tiefen also nicht. Dadurch können Tiere und Pflanzen im Wasser überleben.

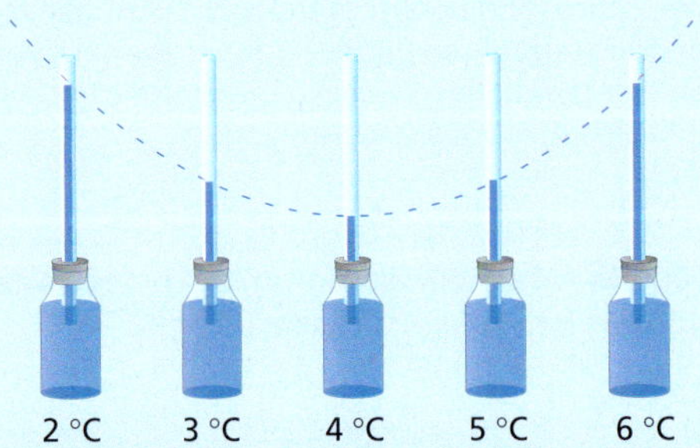

1 Bei 4 °C hat Wasser sein kleinstes Volumen und seine größte Dichte.

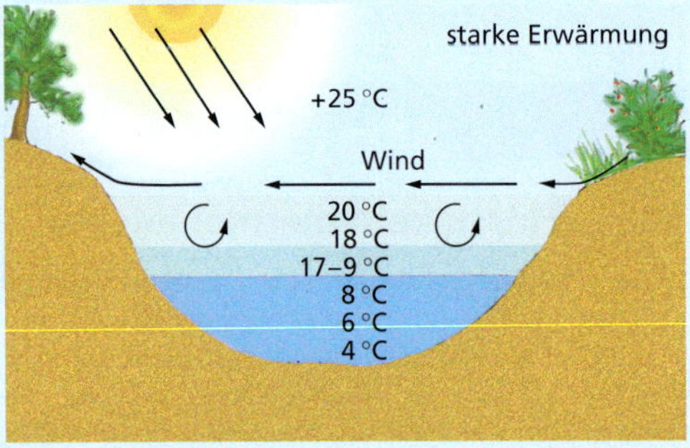

2 Sommerstabilität

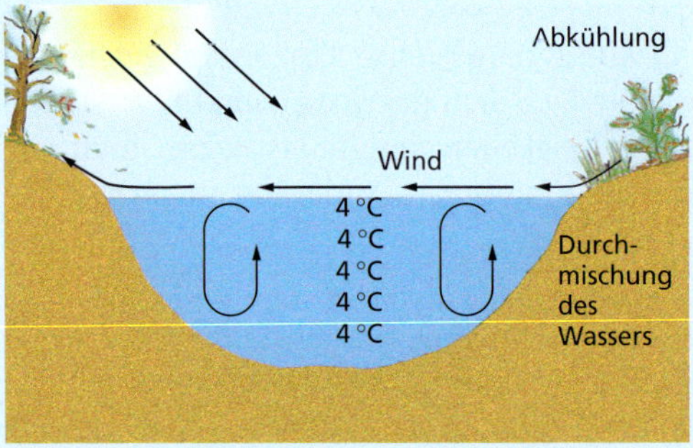

3 Herbstzirkulation

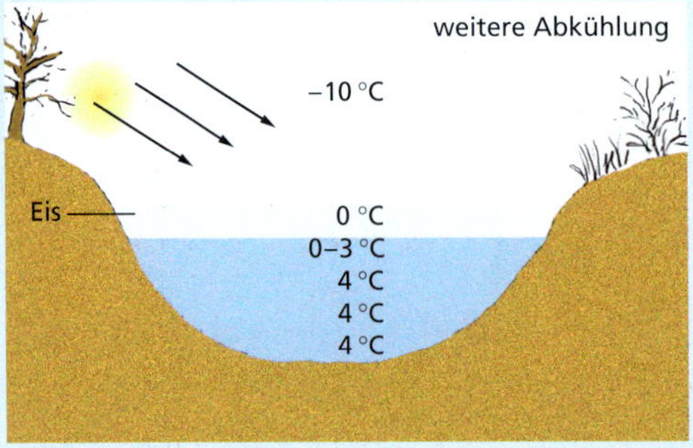

4 Winterstabilität

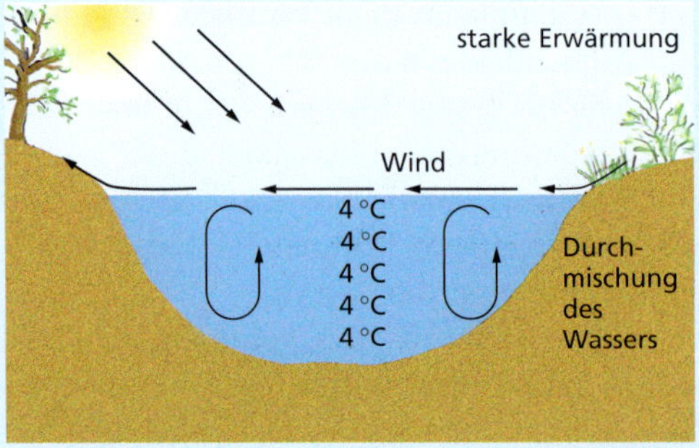

5 Frühjahrszirkulation

Volumenänderung von Gasen

1 Wird die Luft in dem Gefäß erwärmt, so dehnt sie sich aus. Der Luftballon bläst sich auf.

Ebenso wie feste Körper und die meisten Flüssigkeiten dehnen sich auch Gase beim Erwärmen aus und ziehen sich beim Abkühlen zusammen (Abb. 1). Aber bei Gasen hängt die Volumenänderung bei Erwärmung nicht von der Art des Gases ab. Gase wie Luft, Butan oder Helium dehnen sich bei gleicher Temperaturänderung fast gleich stark aus.

Das Volumen eines Gases von 10 l vergrößert sich bei einer Erwärmung um 10 K um 366 ml. Zum Vergleich: Das Volumen von 10 l Wasser vergrößert bei der gleichen Temperaturänderung nur um 18 ml.

Alle Gase dehnen sich gleich aus. Bei gleicher Temperaturänderung und gleichem Ausgangsvolumen dehnen sich Gase stärker aus als Flüssigkeiten.

Die Volumenänderung von Gasen kann wie die Volumenänderung von Flüssigkeiten mit der Gleichung $\Delta V = V_0 \cdot \gamma \cdot \Delta T$ berechnet werden. Unter der Voraussetzung, dass der normale Luftdruck vorliegt, gilt für den Volumenausdehnungskoeffizienten von Gasen:

$$\gamma = \frac{1}{273\,\mathrm{K}} = 0{,}0037\,\frac{1}{\mathrm{K}}$$

Gase kennzeichnet noch eine weitere Besonderheit: Wenn sie in einem Gefäß erhitzt werden, das nicht verschlossen ist, dann entweicht ein Teil des Gases (Abb. 2). Befindet sich das Gas jedoch in einem fest verschlossenen Gefäß, beispielsweise in einem Fahrradschlauch oder einem Autoreifen, dann steigt der Druck der eingeschlossenen Luft.

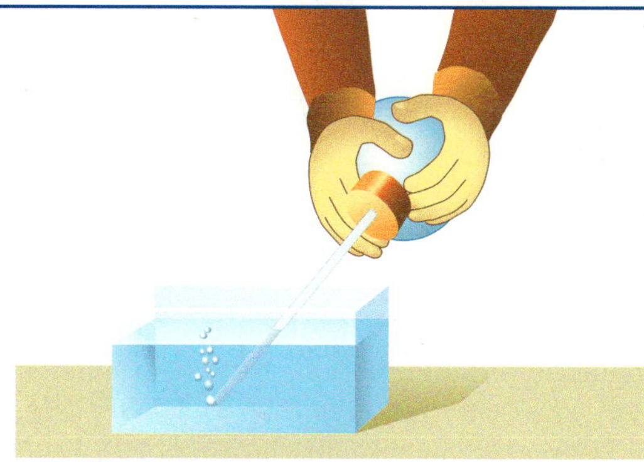

2 Schon eine Erhöhung von Raum- auf Körpertemperatur der Luft im Kolben führt zu einer Vergrößerung ihres Volumens: Sie entweicht, sichtbar an den aufsteigenden Luftblasen im Wasser.

Mosaik

Gasthermometer

Die Entwicklung der Thermometer kann als die erste wissenschaftlich-praktische Ausnutzung der Erkenntnis von der Wärmeausdehnung verschiedener Körper angesehen werden.
Als Erfinder des Thermometers oder seines Vorläufers, des Thermoskops (ohne Skala), gelten GALILEO GALILEI (1564–1642) und – unabhängig von ihm – der Arzt SANTORIUS aus Italien, der im 16. Jahrhundert ein Thermometer zur Messung der Körpertemperatur erfand.
Die ersten Thermometer, die in der ersten Hälfte des 17. Jahrhunderts allgemeine Verbreitung fanden, waren Gasthermometer (Abb. 3). Die Ausdehnung des Volumens einer eingeschlossenen Menge Luft bei Erwärmung ist die eigentliche Ursache dafür, dass sich die Lage des Quecksilbertropfens in der Anordnung verändert.

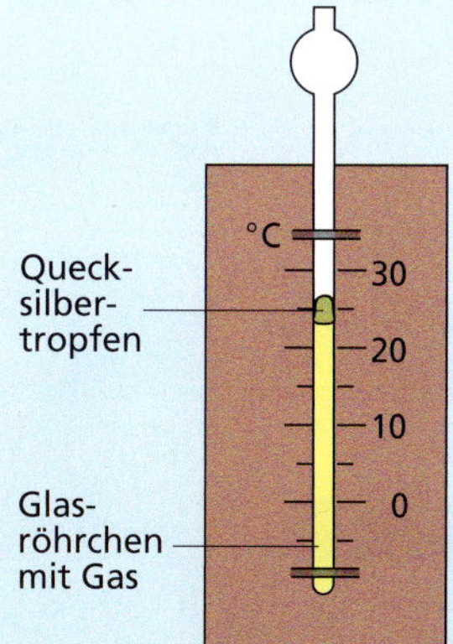

3 Aufbau eines Gasthermometers: Die Ausdehnung der Luft bei Erwärmung verschiebt den Quecksilbertropfen. Die Verschiebung des Quecksilbertropfens ist ein Maß für die Temperaturänderung.

Körper in verschiedenen Aggregatzuständen

Alle Körper unserer Umgebung haben bei Zimmertemperatur einen bestimmten **Aggregatzustand.** Wasser ist flüssig, ein Hammer fest und die Luft gasförmig. Bei einer anderen Temperatur können diese Körper aber auch in einem anderen Aggregatzustand vorliegen (Abb. 1). Wasser kann zu Eis werden, Stahl kann schmelzen, Luft kann verflüssigt werden.

> **Körper können sich im festen, flüssigen oder gasförmigen Aggregatzustand befinden.**

Je nachdem, in welchem Aggregatzustand sich ein Körper befindet, ändert sich mit der Temperatur auch sein Volumen (s. S. 128 ff.). Der Körper bleibt aber in demselben Aggregatzustand.
Damit ein Körper seinen Aggregatzustand ändert, muss die Wärme genügend groß sein, die ihm zugeführt bzw. entzogen wird. Abb. 2 benennt die Vorgänge, bei denen sich die Aggregatzustände ändern. Das geschieht bei der Schmelz- bzw. Siedetemperatur.

Schmelzen und Erstarren

Wird einem festen Körper, z. B. Eis oder Stahl, Wärme zugeführt, so steigt seine Temperatur. Der Körper bleibt aber zunächst im festen Aggregatzustand.
Bei einer bestimmten Temperatur, der **Schmelztemperatur,** wird der Körper flüssig. Solange der

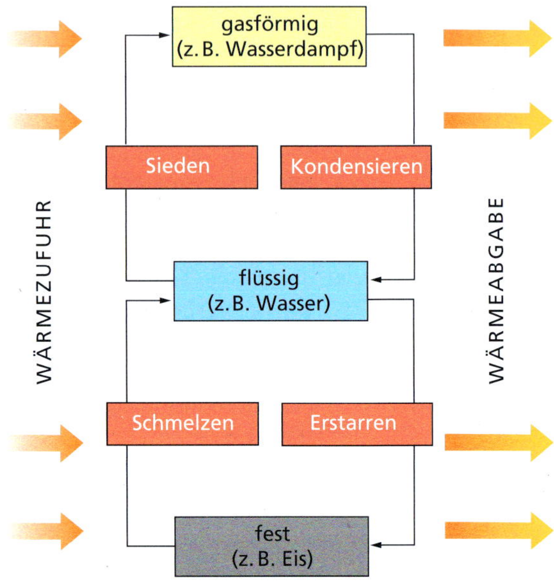

2 Aggregatzustände und ihre Änderungen

Körper schmilzt, sind sowohl feste als auch flüssige Teile des Körpers vorhanden. Seine Temperatur ändert sich nicht. Die gesamte zugeführte Wärme wird für das Schmelzen benötigt, also für die Umwandlung des Körpers vom festen in den flüssigen Aggregatzustand. Erst wenn der gesamte Körper geschmolzen ist, steigt seine Temperatur wieder an (Abb. 1, S. 133).
Die Schmelztemperatur ist abhängig von dem Stoff, aus dem der Körper besteht.
Körper können auch direkt vom festen in den gasförmigen Aggregatzustand übergehen. Dieser Vorgang heißt **Sublimieren.** Er tritt z. B. bei Schnee auf.

1a Wasser geht bei Temperaturen unter 0 °C in seinen festen Zustand über und liegt als Eis vor.

1b Schokolade wird beim Erwärmen flüssig und kann z. B. für Glasuren genutzt werden.

1c Luft und andere Gase können bei sehr tiefen Temperaturen auch flüssig sein.

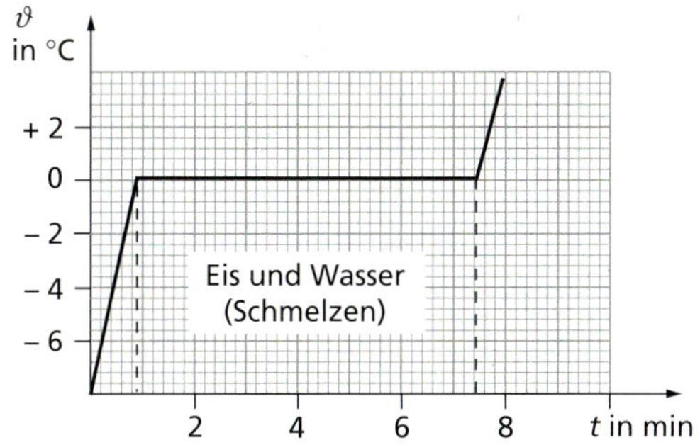

1 Temperatur-Zeit-Diagramm für das Schmelzen von Eis bei gleichmäßiger Wärmezufuhr

Umgekehrt gilt: Wenn einem flüssigen Körper Wärme entzogen wird, so geht er bei seiner **Erstarrungstemperatur** vom flüssigen in den festen Aggregatzustand über.
Schmelztemperatur und Erstarrungstemperatur eines Stoffes sind gleich groß: So schmilzt z. B. Eis bei 0 °C. Bei ebenfalls 0 °C erstarrt Wasser.

Ein Körper geht bei der Schmelztemperatur vom festen in den flüssigen Aggregatzustand (Schmelzen) bzw. umgekehrt vom flüssigen in den festen Aggregatzustand (Erstarren) über.

Während des Schmelzens und des Erstarrens ändert sich mit dem Aggregatzustand auch das Volumen des Körpers (Abb. 2).

**Bei den meisten Stoffen ist das Volumen des flüssigen Körpers größer als das Volumen des festen Körpers.
Wasser bildet dabei eine Ausnahme.**

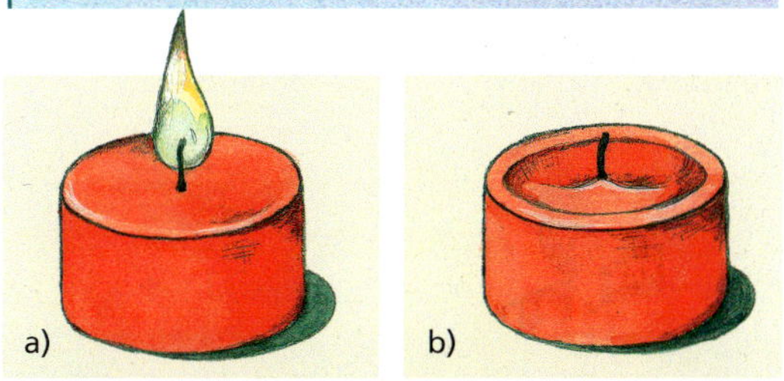

2 Das flüssige Kerzenwachs auf der brennenden Kerze bildet eine glatte Oberfläche (a). Beim Erstarren zieht sich das Wachs zusammen. Das feste Wachs bildet auf der Oberfläche eine Mulde (b).

Die Schmelztemperatur von Stoffen ist nicht immer gleich groß. Sie ist abhängig vom äußeren Druck. Für Eis gilt:

Die Schmelztemperatur von Eis ist umso niedriger, je größer der Druck ist.

Das spielt zum Beispiel beim Schlittschuhfahren oder bei der Bewegung von Gletschereis eine wichtige Rolle. Die zum Schmelzen erforderliche Wärme wird als **Schmelzwärme** bezeichnet.

Die spezifische Schmelzwärme gibt an, wie viel Wärme erforderlich ist, um 1 kg eines Stoffes zu schmelzen.

Formelzeichen: q_S
Einheit: 1 Kilojoule je Kilogramm $\left(1\ \frac{kJ}{kg}\right)$

Beim Erstarren wird diese Wärme wieder abgegeben. Die Schmelzwärme für einen Körper mit der Masse m kann dann berechnet werden mit der Gleichung $Q_S = q_S \cdot m$.

Schmelztemperatur ϑ_S und spezifische Schmelzwärme q_S einiger Stoffe

Stoff	ϑ_S in °C	q_S in $\frac{kJ}{kg}$
Quecksilber	–39	12
Eis	0	334
Glycerin	18	201
Wachs	50	176
Zinn	232	59
Messing	320	168
Blei	327	25
Zink	419	105
Antimon	631	165
Aluminium	660	396
Kupfer	1 083	205
Eisen	1 540	275
Platin	1739	111
Wolfram	3 387	193

Sieden und Kondensieren

Wird einem flüssigen Körper, z. B. Wasser, Wärme zugeführt, so steigt zunächst seine Temperatur, bis er zu sieden beginnt und gasförmig wird. Solange das Wasser siedet, also sowohl flüssige als auch gasförmige Teile vorhanden sind, ändert sich die Temperatur des Wassers nicht. Die gesamte zugeführte Wärme wird für die Umwandlung des Körpers vom flüssigen in den gasförmigen Aggregatzustand benötigt. Erst dann steigt die Temperatur des Körpers wieder an (Abb. 1).
Umgekehrt gilt: Wenn einem gasförmigen Körper Wärme entzogen wird, so geht er bei seiner **Kondensationstemperatur** vom gasförmigen in den flüssigen Aggregatzustand über. Siedetemperatur und Kondensationstemperatur eines Stoffes sind gleich groß.

Ein Körper geht bei der Siedetemperatur vom flüssigen in den gasförmigen Aggregatzustand (Sieden) bzw. vom gasförmigen in den flüssigen Aggregatzustand (Kondensieren) über.

Wie die Schmelztemperatur ist auch die Siedetemperatur druckabhängig.

Siedetemperatur ϑ_V und spezifische Verdampfungswärme q_V einiger Stoffe

Stoff	ϑ_V in °C	q_V in $\frac{kJ}{kg}$
Stickstoff	−196	198
Sauerstoff	−183	214
Ammoniak	−33	1370
Dimethylether	35	384
Alkohol (Ethanol)	78	840
Wasser	100	2 256
Speiseöl	200	–
Quecksilber	357	285
Zink	907	1 802
Blei	1751	871
Gold	2707	1 578
Eisen	3 070	6 322

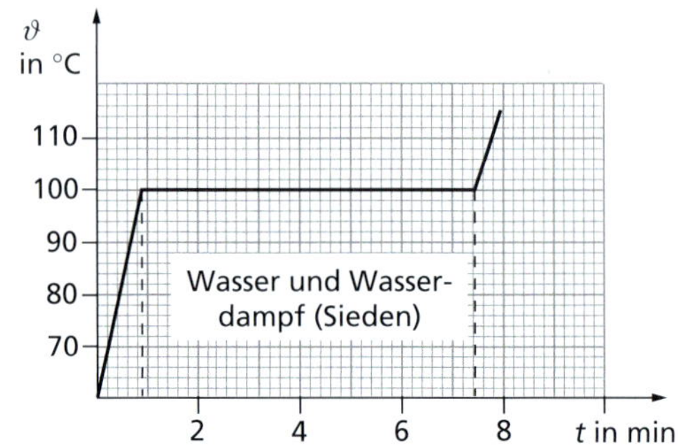

1 Temperatur-Zeit-Diagramm für das Sieden von Wasser bei gleichmäßiger Wärmezufuhr

Die Siedetemperatur von Wasser ist umso höher, je größer der Druck ist.

Das wird z. B. in Schnellkochtöpfen genutzt (Abb. 2). Durch Erhöhung des Drucks siedet das Wasser erst bei über 100 °C. Dadurch werden die Speisen schneller gar.

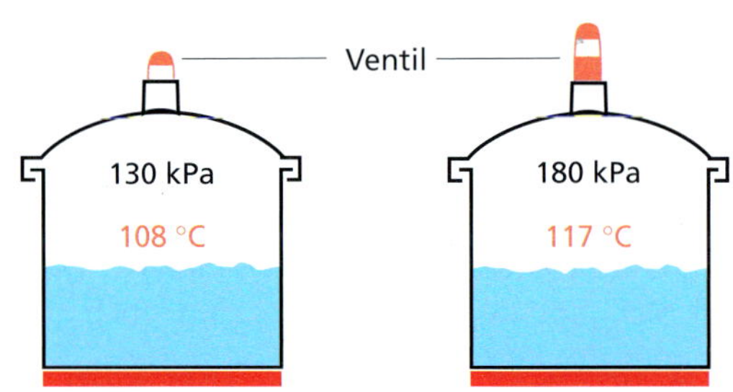

2 Im Schnellkochtopf kann der Dampf nicht entweichen. Druck und Siedetemperatur steigen.

Siedetemperatur von Wasser bei verschiedenem Druck

p in kPa	ϑ_V in °C
1	7
5	33
10	46
50	81
100 (normaler Druck)	100
500	152
1 000	180
5 000	264
10 000	311
20 000	366

Die zum Sieden erforderliche Wärme wird als **Verdampfungswärme** bezeichnet.

Die spezifische Verdampfungswärme gibt an, wie viel Wärme erforderlich ist, um 1 kg eines Stoffes zu verdampfen.

Formelzeichen: q_V
Einheit: **1 Kilojoule je Kilogramm** $\left(1\,\frac{kJ}{kg}\right)$

Beim Kondensieren wird diese Wärme wieder abgegeben. Die Verdampfungswärme für einen Körper mit der Masse m kann berechnet werden mit der Gleichung $Q_V = q_V \cdot m$.

Verdunsten von Flüssigkeiten

Flüssigkeiten können auch weit unter ihrer Siedetemperatur in den gasförmigen Zustand übergehen. Diesen Vorgang nennt man **Verdunsten.** Das Verdunsten von Wasser kann man z. B. beim Trocknen einer nassen Straße oder beim Trocknen von Wäsche feststellen. Wie schnell eine Flüssigkeit verdunstet, ist abhängig
- von der Größe ihrer Oberfläche,
- von der Temperatur und
- davon, wie schnell der verdunstete Anteil abgeführt wird.

Auch beim Verdunsten muss der Flüssigkeit Wärme zugeführt werden. Sie wird der Umgebung entzogen. Dadurch kühlt sich die Umgebung ab. Diese „Verdunstungskälte" spielt eine wichtige Rolle bei der Regulierung unserer Körpertemperatur: Bei sehr warmem Wetter schwitzen wir. Der Schweiß verdunstet teilweise. Die dafür erforderliche Wärme wird unserem Körper entzogen. Er wird gekühlt.

Beim Verdunsten von Flüssigkeiten wird der Umgebung Wärme entzogen.

Das wird z. B. in der Medizin genutzt: Um kleine Stellen auf der Haut unempfindlich gegen Schmerz zu machen, wird eine Flüssigkeit aufgesprüht, die sehr schnell verdunstet.

1 Wasser auf der Haut verdunstet. Dadurch kühlt sich die Haut ab. Das kann sogar bei hohen Temperaturen zu einer Erkältung führen.

Die Luftfeuchtigkeit

Luft enthält Wasserdampf, der für uns nicht sichtbar ist. Er gelangt durch Verdunsten von Wasser in die Atmosphäre.

Der Anteil von Wasserdampf, der sich in der Atmosphäre befindet, wird als Luftfeuchtigkeit bezeichnet.

Die Luftfeuchtigkeit wird meist in Prozent angegeben. 60 % Luftfeuchtigkeit bedeutet: Die Luft enthält 60 % des Wasserdampfes, der bei einer bestimmten Temperatur aufgenommen werden kann. Kondensiert dieser Wasserdampf, so bilden sich Wolken, in Erdbodennähe Nebel und am Erdboden Tau.

2 Wolken, Nebel oder Tau sind kondensierter Wasserdampf.

Mosaik

Wind und Wetter

Die Entstehung von **Wind** ist ein sehr komplizierter Prozess, bei dem sowohl globale als auch regionale Besonderheiten Einfluss haben. Eine große Rollen spielen Druck- und Temperaturunterschiede. So strömt z. B. die Luft am Boden stets von Gebieten hohen Luftdrucks (Hochdruckgebiete) in Bereiche niedrigen Luftdrucks (Tiefdruckgebiete).

Die Windgeschwindigkeiten hängen von den Druck- und Temperaturunterschieden ab. Manchmal wird auch die **Windstärke** angegeben, meist nach der BEAUFORT-Skala (s. Übersicht rechts).

An Berghängen beobachtet man **Aufwind** (Abb. 1). Das Aufsteigen von Luft ist mit einer Abkühlung und nicht selten mit Wolkenbildung verbunden. Eine typische Erscheinung in den Alpen ist der **Föhn** (Abb. 2). Er entsteht folgendermaßen: Die anströmende Luft steigt nach oben und kühlt dabei um etwa 1 °C je 100 m Höhenunterschied ab. Diese Abkühlung verringert sich auf etwa 0,5 °C je 100 m, wenn Wasserdampf kondensiert, weil dabei Kondensationswärme frei wird. Beim Absinken erwärmt sich die Luft ebenfalls um etwa 1 °C je 100 m Höhenunterschied. Damit kann die Luft mehr Wasserdampf aufnehmen. Wolken lösen sich auf.

1 An Berghängen, die von der Sonne bestrahlt werden, erwärmt sich die Luft und steigt als Hangaufwind nach oben. Solche Aufwinde werden von Vögeln und Segelfliegern genutzt.

2 Die Luft kühlt sich beim Aufsteigen ab und erwärmt sich beim Absinken. Damit verringert sich die Luftfeuchtigkeit. Es kommt zum Föhn.

Windstärken nach BEAUFORT

Windstärke	Geschwindigkeit in m/s	Bezeichnung und Auswirkungen
0	0,0 … 0,2	still; Rauch steigt gerade empor
1	0,3 … 1,5	leiser Zug; Windrichtung angezeigt nur durch Zug des Rauches
2	1,6 … 3,3	leichte Brise; Wind am Gesicht fühlbar, Blätter säuseln
3	3,4 … 5,4	schwache Brise; bewegt Blätter und dünne Zweige
4	5,5 … 7,9	mäßige Brise; hebt Staub und loses Papier, bewegt Zweige und dünnere Äste
5	8,0 … 10,7	frische Brise
6	10,8 … 13,8	starker Wind; starke Äste in Bewegung, Pfeifen in Freileitungen
7	13,9 … 17,1	steifer Wind; ganze Bäume in Bewegung, Hemmung beim Gehen gegen den Wind
8	17,2 … 20,7	stürmischer Wind
9	20,8 … 24,4	Sturm; kleinere Schäden an Häusern und Dächern
10	24,5 … 28,4	schwerer Sturm; entwurzelt Bäume, bedeutende Schäden an Häusern
11	28,5 … 32,6	orkanartiger Sturm; verbreitete Sturmschäden
12	> 32,6	Orkan

Mosaik

Wolken und Niederschläge

Wenn Wasserdampf in der Atmosphäre kondensiert, bilden sich Wolken. Je nach den Bedingungen können sie sehr unterschiedlich aufgebaut sein (Abb. 1).

1 Am Himmel kann man viele unterschiedliche Wolken beobachten. International unterscheiden die Meteorologen 10 verschiedene Wolkenarten.

Der meiste Niederschlag fällt bei uns als **Regen**. Er kommt folgendermaßen zustande:
Kondensierter Wasserdampf bildet zunächst kleinste Tröpfchen, an die sich immer mehr Wasser anlagern kann. Werden diese Tröpfchen in der Wolke groß und schwer genug, so fallen sie als Regentropfen zur Erde. Der Tropfendurchmesser beträgt meist 0,6 mm bis 6 mm, die Fallgeschwindigkeit 1 m/s bis maximal 8 m/s.
Schnee ensteht in der Luft durch Gefrieren von Wassertropfen bei Temperaturen von –12 °C bis –16 °C. Es bilden sich Schneekristalle, die sich nahe dem Nullpunkt zu Schneeflocken verbinden. Ergiebige Schneefälle treten vor allem bei Temperaturen um 0 °C auf.
Eine besondere Form des Niederschlags ist **Hagel**, der vor allem im Zusammenhang mit Gewittern auftritt. Durch die starken Winde in Gewitterwolken kann sich an Eiskörnchen immer mehr Wasser anlagern. Als Hagelkörner fallen sie meist auf einem eng begrenzten Raum zur Erde.

Wettervorhersagen werden von Menschen seit Jahrtausenden durchgeführt. Genauere Beobachtungen und Messungen von Temperatur oder Druck gibt es aber erst seit etwa 150 Jahren.

2 Durch Wetterstationen werden die Windstärke, die Temperatur, der Luftdruck, die Regenmenge und die Luftfeuchtigkeit gemessen.

In Deutschland erfolgt die Registrierung des Wetters und Wettervorhersagen durch den Deutschen Wetterdienst und durch private Dienste. Sie verfügen über ein umfangreiches Netz von Wetterstationen (Abb. 2) und erhalten auch ständig Informationen von Wettersatelliten (Abb. 3). Alle diese ständigen Messungen und Beobachtungen werden genutzt, um kurz- und mittelfristige Wettervorhersagen zu machen.

3 Durch Wettersatelliten wird ständig das Wetter beobachtet.

Physik in Natur und Technik

Energie von der Sonne

Die Sonne ist unsere wichtigste Energiequelle. Sie strahlt schon seit über 4 Milliarden Jahren und wird das auch noch einige Milliarden Jahre tun. Licht und Wärme von der Sonne ermöglichen das Wachstum von Pflanzen und Tieren. Die Energie der Sonne gewährleistet eine durchschnittliche Temperatur von 15 °C an der Erdoberfläche und damit die Entwicklung von Leben. Kohle wird heute da abgebaut, wo vor Millionen von Jahren Wälder im Sonnenlicht wuchsen. Diese Wälder versanken und wurden mit Erde überdeckt. Unter den Erdschichten verwandelte sich das Holz über große Zeiträume hinweg zu Kohle. Auch der gesamte Wasserkreislauf auf der Erde ist auf Sonnenenergie zurückzuführen.

Wie gelangt die Energie von der etwa 150 Millionen Kilometer entfernten Sonne zur Erde? Wie viel Energie erhält die Erde von der Sonne?

Für die Übertragung von Energie in Form von Wärme gibt es drei Möglichkeiten: die Wärmeleitung, die Wärmeströmumg und die Wärmestrahlung.

Eine Wärmeleitung oder Wärmeströmung zwischen Sonne und Erde ist nicht möglich.

Beide Formen des Energietransportes sind an Stoffe gebunden. Der Raum zwischen Sonne und Erde ist aber leer. Die Energieübertragung kann deshalb nur in Form von Wärmestrahlung und Licht erfolgen. Auf 1 m^2 Fläche trifft in Erdentfernung in jeder Sekunde eine Sonnenenergie von 1,37 kW·s.

Die gesamte Fläche der Erde ergibt sich aus dem Erdradius von $r = 6\,371$ km:

$$A = \pi \cdot r^2$$
$$A = \pi \cdot (6{,}371 \cdot 10^6\ \text{m})^2$$
$$A = 1{,}28 \cdot 10^{14}\ \text{m}^2$$

Damit erhält man für die gesamte Erde als Energie:

$$E = 1{,}37\ \text{kW} \cdot \text{s} \cdot 1{,}28 \cdot 10^{14}$$
$$E = 1{,}75 \cdot 10^{14}\ \text{kW} \cdot \text{s}$$
$$\underline{E = 4{,}86 \cdot 10^{10}\ \text{kW} \cdot \text{h}}$$

Auf die gesamte Erde trifft in jeder Stunde eine Energie von etwa $4{,}9 \cdot 10^{10}$ kW · h oder in jeder Sekunde eine Energie von etwa $1{,}7 \cdot 10^{17}$ J.

Beachte: Diese Energie trifft auf die Atmosphäre der Erde. Nur etwa 50 % davon gelangt bis zur Erdoberfläche, der andere Teil wird reflektiert oder von der Atmosphäre absorbiert.

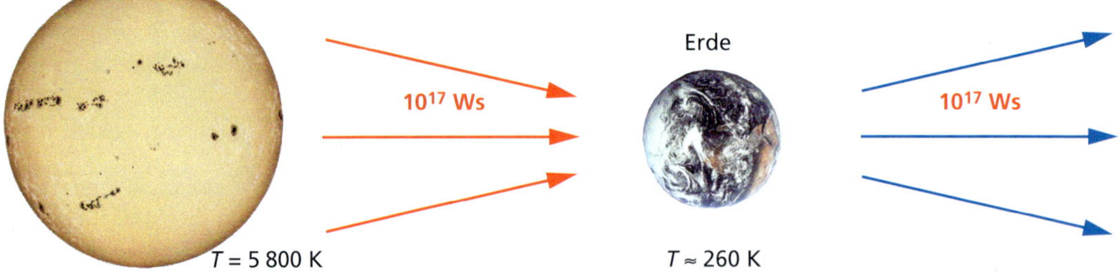

1 Die von der Sonne stammende Energie wird von der Erde aufgenommen. Die Erde ihrerseits gibt diese Energie an den umgebenden Weltraum ab.

Wasser als Wärmespeicher

Aufgrund seiner großen spezifischen Wärmekapazität ist Wasser ein guter Wärmespeicher. Die Rappbode-Talsperre im Harz hat ein Fassungsvermögen von 109 Mio. Kubikmeter.

Wie viel Wärme gibt dieses Wasser an die Umgebung ab, wenn sich seine Temperatur um 1 K verringert?

Analyse:

Da sich der Aggregatzustand des Wassers nicht ändert, kann die Grundgleichung der Wärmelehre zur Berechung genutzt werden. Die Masse des Wassers lässt sich aus dem gegebenen Volumen und der Dichte ermitteln.

Gesucht: Q

Gegeben: $V = 109 \cdot 10^6\ \text{m}^3$

$\Delta T = 1\ \text{K}$

$\rho = 1\ \frac{\text{g}}{\text{cm}^3} = 1\,000\ \frac{\text{kg}}{\text{m}^3}$

$c = 4{,}19\ \frac{\text{kJ}}{\text{kg} \cdot \text{K}}$

Lösung:

$$Q = c \cdot m \cdot \Delta T \qquad \rho = \frac{m}{V}$$

$$m = \rho \cdot V$$

$$Q = c \cdot \rho \cdot V \cdot \Delta T$$

$$Q = 4{,}19\ \frac{\text{kJ}}{\text{kg} \cdot \text{K}} \cdot 1\,000\ \text{kg} \cdot 109 \cdot 10^6 \cdot 1\ \text{K}$$

$$\underline{Q = 4{,}6 \cdot 10^{11}\ \text{kJ}}$$

Ergebnis:

Bei der Verringerung der Temperatur um 1 K gibt das Wasser der Rappbode-Talsperre eine Wärme von $4{,}6 \cdot 10^{11}$ kJ an die Umgebung ab. Zum Vergleich: Der Heizkessel eines Einfamilienhauses müsste mit einer Leistung von 15 kW etwa 970 Jahre lang betrieben werden, um diese Wärme abzugeben. Große Wasserflächen beeinflussen aufgrund ihres Speicherungsvermögens für Wärme auch das Klima.

Vorsicht beim Tanken im Sommer

In der Regel tankt man sein Auto voll. Im Sommer kann das jedoch gefährlich werden, wenn der Tank randvoll gefüllt wird.

Warum sollte man an heißen Sommertagen den Tank eines Autos nie randvoll füllen?

Wie alle Flüssigkeiten dehnt sich das Benzin aus. Es wird an der Tankstelle aus unterirdischen Vorratsbehältern gepumpt und hat dann eine Temperatur von ca. 10 °C. An Sommertagen mit 30 °C bedeutet das eine Temperaturerhöhung um 20 K. Wenn also ein Tank z. B. 50 l Benzin fasst, dann vergrößert sich das Volumen folgendermaßen:

Entsprechend der Tabellenwerte vergrößert sich das Volumen von 10 l Benzin bei einer Temperaturänderung von 10 K um 100 ml.

50 l dehnen sich dann bei gleicher Temperaturänderung um 5 · 100 ml = 500 ml aus. Bei einer doppelt so großen Temperaturänderung hat sich das Tankvolumen dann um das Doppelte vergrößert: Es sind 1 000 ml.

Das Volumen einer Tankfüllung Benzin von 50 l wird also um 1/50 größer. Das ist immerhin 1 l.

Wurde der Tank bei diesen Temperaturen bis zum Rand gefüllt, entweicht das überschüssige Benzin über ein Entlüftungsrohr (Abb. unten). Das verschmutzt nicht nur die Umwelt, sondern kann auch zur Ursache von Bränden werden.

Das Entlüftungsrohr dient ansonsten dazu, dass die Luft beim Tanken entweichen kann.

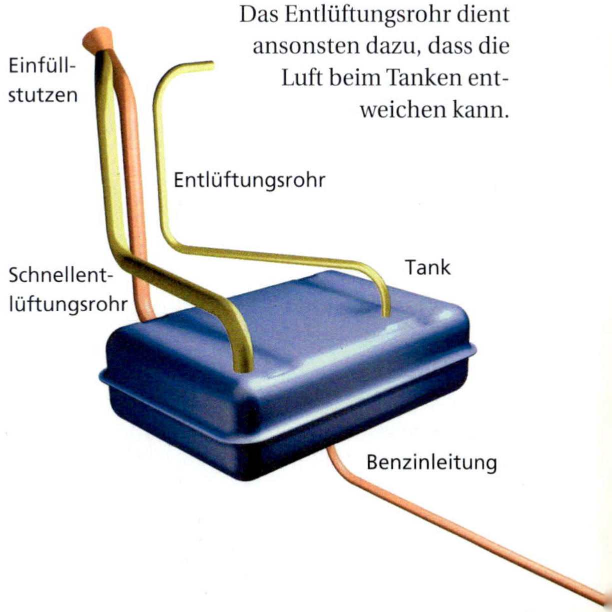

Immer cool bleiben

Juice, Cola und andere Getränke schmecken am besten, wenn sie kalt sind. Deshalb stellt man sie in den Kühlschrank oder gibt Eiswürfel in das Getränk (s. Abb.).
Wie verändert sich die Temperatur eines Getränks, wenn Eiswürfel zugegeben werden?

Das Getränk hat zunächst Zimmertemperatur. Gibt man Eiswürfel hinzu und rührt gut um, bildet sich ein Flüssigkeit-Eis-Gemisch. Die Eiswürfel beginnen sich zu erwärmen und zu schmelzen. Die dafür erforderliche Wärme wird der Flüssigkeit entzogen. Dabei sind zwei Vorgänge zu unterscheiden:
– Das Eis erwärmt sich zunächst bis auf 0 °C.
– Das Eis beginnt bei 0 °C zu schmelzen.

In den beiden Vorgängen wird der Flüssigkeit Wärme entzogen. Die Temperatur der Flüssigkeit verringert sich, solange noch Eis vorhanden ist. Kälter als 0 °C kann das Gemisch nicht werden. Diese Temperatur wird aber meist nicht erreicht, weil ein ständiger Austausch der Wärme mit der Umgebung des Raumes stattfindet.

Ist das Eis vollständig geschmolzen, erwärmt sich das Getränk wieder. Die dafür erforderliche Wärme stammt aus der Umgebung des Glases. Diese kühlt sich demzufolge geringfügig ab.
Wartet man lange genug, dann nimmt das Getränk allmählich wieder die Temperatur der Umgebung an.

Kochen will gelernt sein

Wenn man Kartoffeln kochen will, müssen sie eine Zeit lang bei ca. 100 °C in Wasser garen.
Warum ist es sinnvoll, kurz vor dem Sieden des Wassers die Heizstufe des Herdes zu verkleinern?

Kartoffeln garen in siedendem Wasser. Beim Sieden geht das Wasser in Wasserdampf über, der aus dem Topf entweicht. Das geschieht bei der Siedetemperatur von 100 °C, unabhängig davon, ob das Wasser stark oder schwach sprudelt.
Es reicht deshalb völlig aus, dem Wasser nur so viel Wärme zuzuführen, dass der Siedevorgang gerade im Gange bleibt. Das Garen bei höherer Heizstufe geht deshalb nicht schneller.

Mosaik

Destillation – ein Verfahren zur Stofftrennung

Die unterschiedlichen Siedetemperaturen von Flüssigkeiten werden zum Trennen von Flüssigkeitsgemischen genutzt. Das Verfahren nennt man **Destillieren.** Mit ihm wird aus Rohöl Benzin gewonnen oder reiner Alkohol hergestellt oder Wasser gereinigt. Wird einem Flüssigkeitsgemisch Wärme zugeführt, so verdampft zunächst die Flüssigkeit mit der niedrigeren Siedetemperatur. Fängt man diesen Dampf auf und kühlt ihn, so kondensiert er, sodass er aufgefangen werden kann. Das geschieht so lange, bis eine der Flüssigkeiten vollständig verdampft ist.
Um destilliertes Wasser herzustellen, wird die Temperatur langsam erhöht, damit Flüssigkeiten mit einer Siedetemperatur unter der des Wassers verdampfen können.

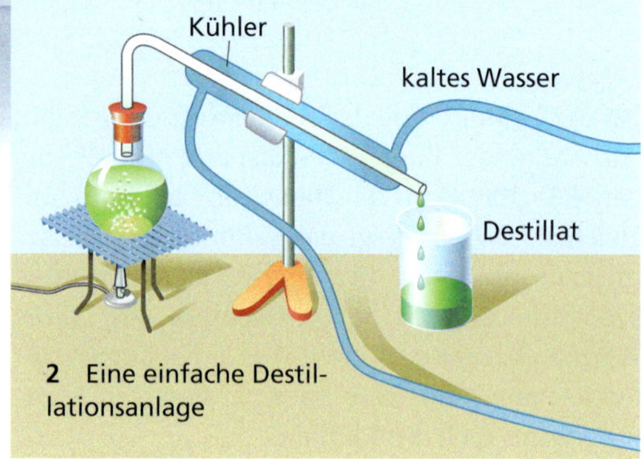

2 Eine einfache Destillationsanlage

gewusst · gekonnt

1. Eine Tasse mit heißem Tee steht längere Zeit auf dem Tisch.

Beschreibe die Veränderungen, die vor sich gehen, mit den Begriffen Wärme, Temperatur und thermische Energie!

2. Die thermische Energie eines Topfes mit Wasser soll erhöht werden.
a) Nenne verschiedene Möglichkeiten!
b) Was geschieht dabei mit der Temperatur des Wassers? Begründe!

3. Nimm eine kleine Wassermenge und miss deren Temperatur. Fülle das Wasser in einen Becher, verschließe diesen und schüttle kräftig einige Minuten.
Miss wieder die Temperatur und vergleiche mit der Anfangstemperatur! Erkläre!

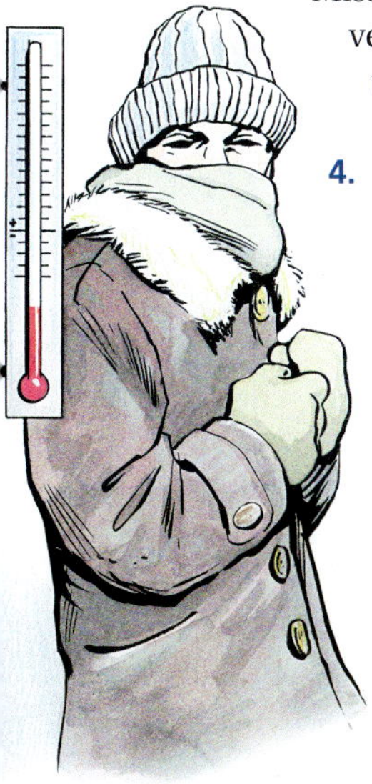

4. Ein Streichholz kann man durch Reiben an der Reibfläche entzünden. Erkläre!

5. Vergleiche die Größen Energie und Wärme! Stelle Gemeinsamkeiten und Unterschiede zusammen!

6. Erläutere, wie man durch angemessene Kleidung
a) die Wärmeabstrahlung durch den menschlichen Körper gering halten kann,
b) die Wärmeeinstrahlung der Sonne durch Kleidung klein halten kann!

7. Die Wärmestrahlung der Sonne kann man für Sonnenöfen nutzen. Die Skizze zeigt einen einfachen Sonnenofen.

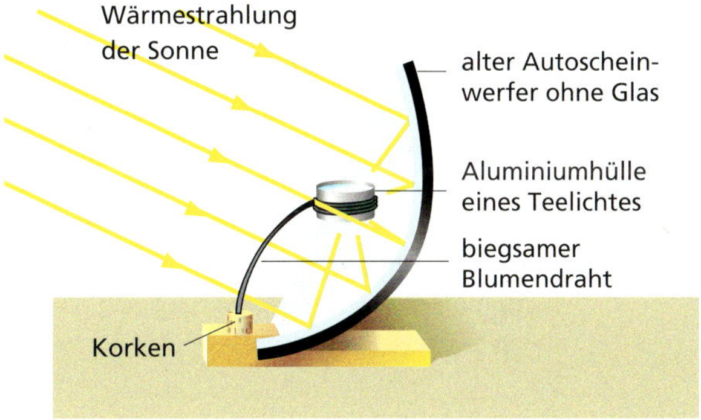

a) Baue dir einen solchen Sonnenofen! Die Wirkung der Sonnenstrahlung kannst du nachweisen, wenn du etwas Wasser in das Töpfchen füllst und im Abstand von 2 Minuten die Temperatur misst.
b) Beschreibe, wie ein solcher Sonnenofen funktioniert!

8. Wie viele Kelvin sind 250 °C, 100 °C, 25 °C, –10 °C, –210 °C?

9. In einer Zeitung liest Bruno folgende Temperaturangaben: 20 K, 173 K, 278 K, 362 K, 450 K.
Gib diese Temperaturen in °C an!

10. Bestimme die jeweiligen Temperaturdifferenzen $\vartheta_1 - \vartheta_2$!

ϑ_1 in °C	20	40	–8	10	–25
ϑ_2 in °C	5	–6	15	65	–10

11. Erkunde, wie groß die Temperatur im Inneren und an der Oberfläche der Sonne ist! Gib die Temperaturen in Grad Celsius und in Kelvin an!

12. In einem Bericht steht, dass man in einem Forschungslabor eine Temperatur von –318 °C gemessen haben soll. Eine andere Meldung besagt, dass – 45 K erreicht wurden. Was sagst du dazu?

13. Warum sind die Temperaturskalen zwar nach unten, aber nicht nach oben begrenzt?

14. Untersuche experimentell den Temperaturverlauf in zwei sich berührenden Wassermengen mit unterschiedlicher Temperatur!
Vorbereitung:
Welche Größen müssen gemessen werden? Überlege dir eine Versuchsanordnung! Zum Berühren der beiden Wassermengen kann man ein kleines Becherglas mit Wasser in ein größeres Becherglas mit Wasser stellen.
Durchführung:
Baue die Versuchsanordnung auf und nimm die Messwerte auf!
Auswertung:
Stelle den Temperaturverlauf für beide Flüssigkeiten in *einem* Diagramm dar!
Was kann man aus dem Diagramm ableiten? Was lässt sich über die mittlere Geschwindigkeit und die mittlere kinetische Energie der Teilchen beider Flüssigkeiten aussagen?

15. In einem Becherglas wurden 200 g einer Flüssigkeit erwärmt. Das Diagramm zeigt den experimentell ermittelten Zusammenhang.

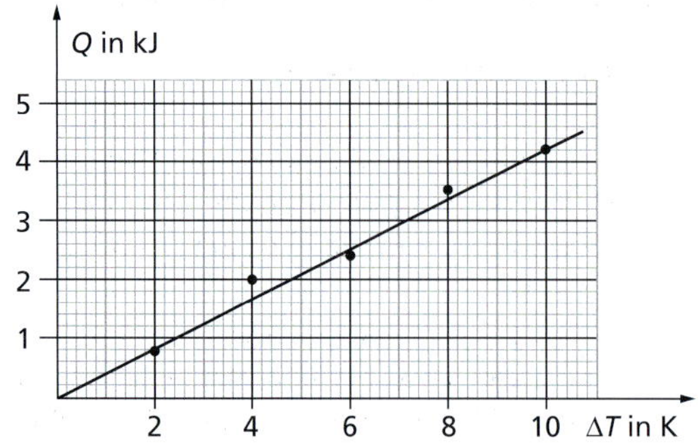

a) Interpretiere das Diagramm!
b) Berechne für die Flüssigkeit die spezifische Wärmekapazität! Entnimm die notwendigen Daten dem Diagramm!

16. Ein Liter Wasser soll von 18 °C auf 60 °C erwärmt werden. Wie viel Wärme muss dem Wasser zugeführt werden?

17. Ein glühender Stahlblock mit einer Masse von 1 t hat eine Temperatur von 900 °C und kühlt allmählich auf 20 °C ab.
Wie viel Wärme wird dabei an die Umgebung abgegeben?

***18.** Die spezifische Wärmekapazität einer Flüssigkeit soll experimentell bestimmt werden.
a) Beschreibe, wie man vorgehen könnte!
b) Bestimme experimentell die spezifische Wärmekapazität einer Flüssigkeit!

19. Die spezifische Wärmekapazität von trockenem Sand beträgt $c = 0{,}84\ \mathrm{kJ/(kg \cdot K)}$ und ist wesentlich kleiner als die von Wasser. Begründe damit die hohen Temperaturschwankungen in Wüstengebieten im Unterschied zu Gebieten am Meer!

***20.** In drei Gefäßen befinden sich Flüssigkeiten, die die gleiche Masse und die gleiche Temperatur haben.

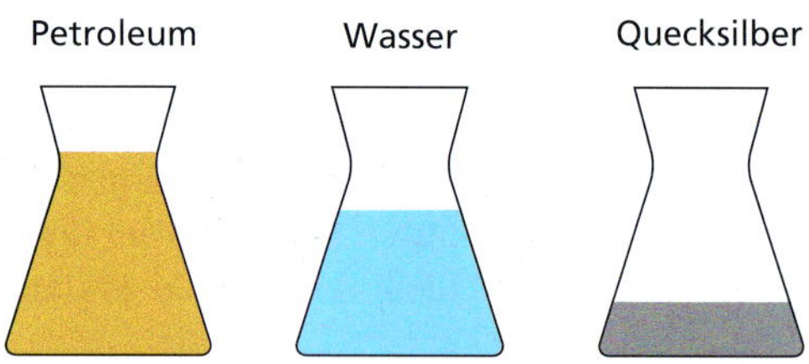

Allen drei Gefäßen wird die gleiche Wärme zugeführt.
a) Welche Aussage kann man über die Endtemperatur in den drei Gefäßen machen? Begründe deine Aussage!
b) Was müsste man tun, damit alle drei Flüssigkeiten die gleiche Temperatur erreichen?

21. Erkunde, welche Stoffe sich bei Erwärmung besonders stark ausdehnen!

22. Es gibt Thermometer, die die Ausdehnung von Quecksilber, Alkohol oder Gasen nutzen. Warum kommt nicht auch Wasser als Thermometerflüssigkeit infrage?

23. Warum kann ein aufgeblasener Luftballon in der Sonne zerplatzen?

24. Eine Wasserflasche aus Glas blieb unbemerkt bei starkem Frost im Kofferraum eines Autos liegen. Als am nächsten Tag die Temperaturen wieder bei etwa 6 °C lagen, gab es eine unangenehme Überraschung. Welche könnte das gewesen sein? Erkläre!

25. Ein Tischtennisball kann leicht eine Delle bekommen. Was kann man tun, um ihn wieder auszubeulen? Begründe!

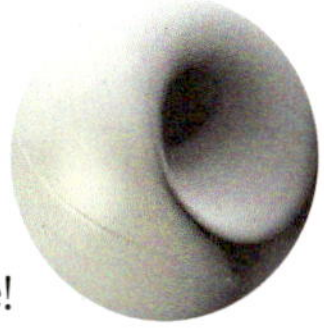

26. Der 1889 gebaute, 300 m hohe Pariser Eiffelturm besteht aus Stahl. Bei intensiver Sonneneinstrahlung wird der Turm nicht nur etwas höher, sondern biegt sich auch zur Seite. Begründe das physikalisch!

27. Große Brücken sind an mindestens einer Seite auf Rollen gelagert (Abb. links), in der Fahrbahn befinden sich Dehnungsfugen (Abb. rechts).

a) Welche Funktion haben die Rollen bzw. die Fugen?

b) Erkunde, wie man bei Brückengeländern und bei Schienen die Längenänderung bei Temperaturänderung berücksichtigt!

28. Befestige das eine Ende einer Stricknadel fest auf einem Holzklotz! Das andere Ende der Stricknadel soll beweglich auf einer Stopfnadel mit Zeiger lagern.

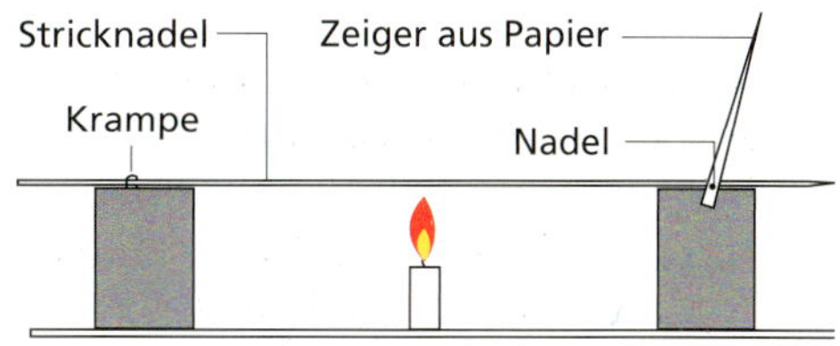

Nun erwärme die Stricknadel vorsichtig mit einer Kerzenflamme! **Vorsicht!** Es besteht Brandgefahr. Beschreibe und erkläre deine Beobachtung!

29. Festsitzende Glasstöpsel lösen sich, wenn man den Flaschenhals vorsichtig erwärmt. Erkläre!

30. Warmwasserleitungen von einem Heizkraftwerk zu einem Wohngebiet verfügen über „Dehnungsschleifen“ (s. Abb.).

Welche Funktion haben sie?

31. Die Fahrdrähte für Elektrolokomotiven müssen immer straff gespannt sein. Das wird mithilfe von Rollen und angehängten Körpern gewährleistet.
Wie groß ist die Längenänderung eines 100 m langen Fahrdrahtes aus Kupfer, wenn die tiefste Temperatur im Winter –15 °C und die Höchsttemperatur im Sommer 35 °C beträgt?

32. Um die Festigkeit von Bauwerken, vor allem von Fußböden und Decken, zu erhöhen, bringt man in die Betonplatten ein Geflecht aus Stahl ein. Auch bei größeren Temperaturschwankungen gibt es bei diesem „Stahlbeton“ keine Risse oder andere Schäden.
a) Warum führt die Kombination von Stahl und Beton zu „Stahlbeton“ bei Temperaturschwankungen zu keinen Schäden an Bauwerken? Nutze für deine Antwort die Angaben in der Tabelle S. 128!
b) Warum darf man keine Geflechte aus Aluminium oder Messing zur Stabilisierung von Betonplatten verwenden?

33. In der Tabelle ist die Verlängerung eines 5 m langen Kupferrohres in Abhängigkeit von der Temperatur angegeben.

ϑ_1 in °C	20	40	60	80	100
Δl in mm	1,6	3,2	4,9	6,3	8,0

a) Zeichne das Δl-ϑ-Diagramm!
b) Wie groß ist Δl bei 5 °C und bei 50 °C?
c) Bei welcher Temperatur beträgt die Länge des Rohres 5 m?

34. Nenne Beispiele aus Natur, Technik und Alltag, wo die Volumenänderung von Körpern
a) genutzt wird,
b) unerwünscht ist!

35. Nenne und erläutere einige Aggregatzustandsänderungen in der Natur und im Haushalt!

36. Fülle ein kleines Plastikgefäß randvoll mit Wasser, stelle es auf einen Teller und dann vorsichtig in ein Gefrierfach!
Was stellst du fest, als du das Gefäß nach einigen Stunden wieder hervorholst? Erkläre!

37. Glühende Lava aus einem Vulkan wird nach dem Erstarren hartes Gestein. Was kann man daraus über die Temperatur der Lava und die Temperatur im Erdinnern ableiten?

38. Der Glühfaden einer eingeschalteten Glühlampe besitzt eine Temperatur von etwa 2 500 °C. Warum werden die Glühfäden von Glühlampen aus Wolfram und nicht aus anderen Metallen gefertigt?

39. Beobachte, was mit dem Wachs eines Teelichts passiert, wenn du das Teelicht anzündest, es einige Zeit brennen lässt, löschst und wieder einige Zeit wartest! Beschreibe!

40. Damit die Scheibenwaschanlage eines Autos auch im Winter funktioniert, muss man dem Wasser ein Frostschutzmittel beigeben. Was soll das Frostschutzmittel bewirken?

41. Durch Frostaufbrüche können Straßen stark beschädigt werden. Erkläre anhand der Bilder, wie es zu diesen Schäden kommen kann!

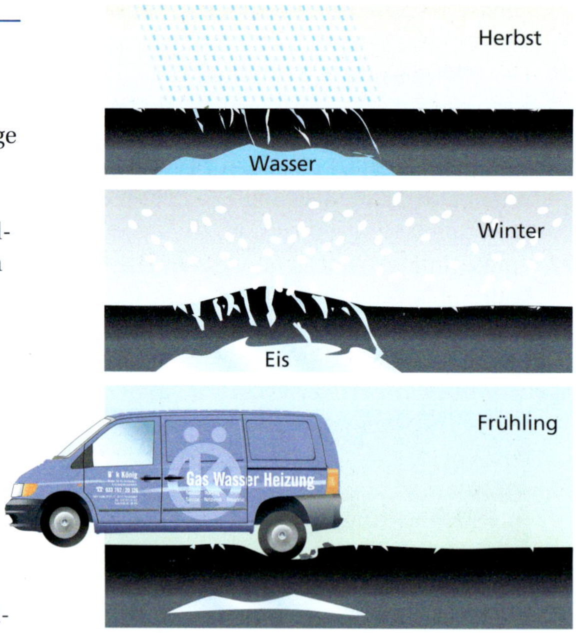

42. Bruno behauptet: „Wenn einem Körper Wärme zugeführt wird, so erhöht sich dessen Temperatur immer.“ Britta dagegen meint: „Die Temperatur erhöht sich nicht immer.“ Wer hat Recht? Begründe!

43. Beim Föhnen der Haare kannst du eine interessante Beobachtung machen: Solange die Haare feucht sind, ist der heiße Luftstrom des Föhns kaum spürbar, mitunter erscheint er sogar kühl. Bei trockenen Haaren merkst du, dass der Luftstrom tatsächlich heiß ist. Wie sind diese Unterschiede zu erklären?

44. Wenn du einen angefeuchteten Finger hochhältst, kannst du recht gut die Windrichtung bestimmen. Probiere es aus! Erkläre!

45. Untersuche, ob sich die Temperatur von Wasser während des Verdampfens ändert!
Vorbereitung:
Erwärme gleichmäßig eine Menge Wasser und miss in gleichen Zeitabständen die Temperatur, bis kaum noch Wasser im Gefäß vorhanden ist!
Durchführung:
Stelle das Gefäß auf eine Heizplatte, die vorher schon einige Minuten eingeschaltet wurde! Miss in Abständen von einer Minute die Temperatur! Notiere die Messwerte!
Auswertung:
Trage die Messwerte in ein Diagramm ein! Wähle für die waagerechte Achse die Zeit und für die senkrechte Achse die Temperatur! Formuliere ein Ergebnis!

46. Bei sehr warmem Wetter oder starker Anstrengung schützt sich der menschliche Körper vor Überhitzen durch die Absonderung von Schweiß. Erläutere, wie durch Schweißabsonderung die menschliche Haut gekühlt wird!

47. Nicht nur der Mensch, sondern auch Tiere schützen sich bei hohen Temperaturen vor Überhitzung. Erkunde, wie verschiedene Tiere ihre Körpertemperatur regulieren!

48. Wickle um ein Thermometergefäß eines Flüssigkeitsthermometers oder um den Messfühler eines elektronischen Thermometers Watte oder Löschpapier.

a) Feuchte die Watte mit Spiritus an! Was kannst du beobachten? Erkläre!
b) Wiederhole den Versuch! Blase dabei möglichst ständig kalte Luft gegen die angefeuchtete Watte! Vergleiche das Ergebnis mit dem bei Teilaufgabe a! Erkläre!

***49.** Flugzeuge ziehen oft „Kondensstreifen“ hinter sich her. Wie kommen sie zustande?

50. Im Gebirge treten typische Winde auf. Am Tag strömt Luft nach oben (Aufwind), nachts nach unten (Abwind).

Erkläre das Zustandekommen dieser Erscheinungen!

51. In meteorologischen Stationen werden ständig der Luftdruck, die Temperatur, die Windstärke, die Luftfeuchtigkeit und die Niederschlagsmenge gemessen. Erkunde, wie man diese Größen messen kann!

Thermisches Verhalten von Körpern

Temperatur T	Thermische Energie E_{th}	Wärme Q
gibt an, wie heiß oder wie kalt ein Körper ist.	ist die Fähigkeit eines Körpers, aufgrund seiner Temperatur mechanische Arbeit zu verrichten und Wärme abzugeben.	gibt an, wie viel Energie von einem Körper auf einen anderen übertragen wird.

Wird einem Körper Wärme zugeführt oder von ihm abgegeben, so kann das unterschiedliche Auswirkungen haben.

Zufuhr oder Abgabe von Wärme

kann führen zu

Volumen- oder Längenänderung von Körpern	Veränderung der Temperatur von Körpern	Veränderung des Aggregatzustandes von Körpern
Schienen werden bei Wärmezufuhr länger.	Wasser erwärmt sich bei Wärmezufuhr.	Eis schmilzt bei Wärmezufuhr.

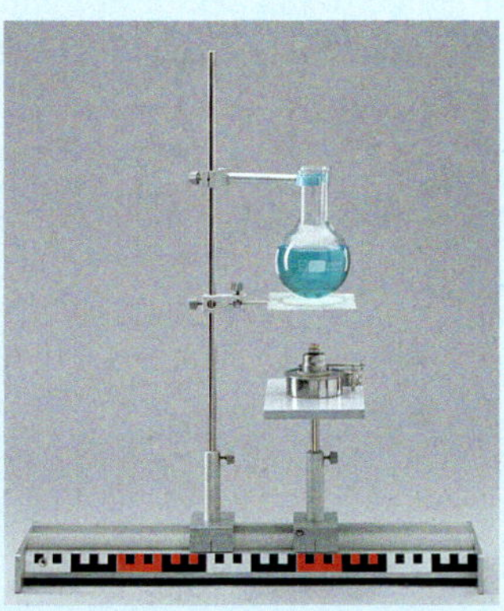

Bei einem Körper in einem bestimmten Aggregatzustand hängt seine Temperaturänderung ΔT ab von
- der zugeführten oder abgegebenen Wärme Q
- der Masse m des Körpers,
- der spezifischen Wärmekapazität c des Stoffes.

Es gilt die **Grundgleichung der Wärmelehre:**

$$Q = c \cdot m \cdot \Delta T$$

Längenänderung von Körpern	Volumenänderung von Körpern
$\Delta l = l_0 \cdot \alpha \cdot \Delta T$	$\Delta V = V_0 \cdot \gamma \cdot \Delta T$
l_0 ursprüngliche Länge α linearer Ausdehnungskoeffizient ΔT Temperaturänderung	V_0 ursprüngliches Volumen γ Volumenausdehnungskoeffizient ΔT Temperaturänderung

Aggregatzustände und ihre Änderungen

Körper aus einem Stoff können sich in verschiedenen Aggregatzuständen befinden.

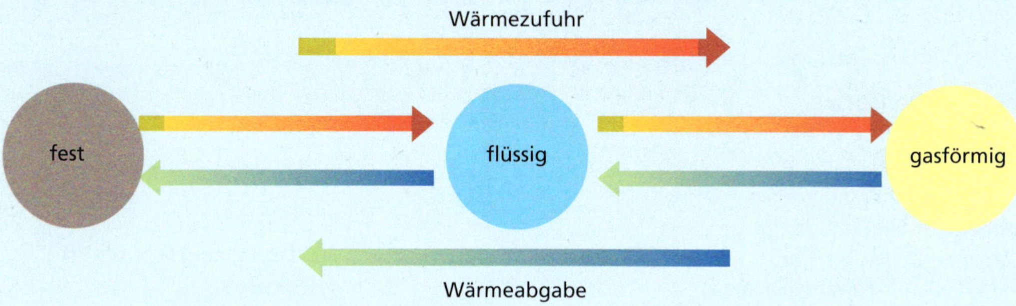

Während des **Schmelzens** und **Erstarrens** bleibt die Temperatur (Schmelztemperatur, Erstarrungstemperatur) gleich groß. Schmelzwärme und Erstarrungswärme sind gleich groß.

$$Q_S = q_S \cdot m$$

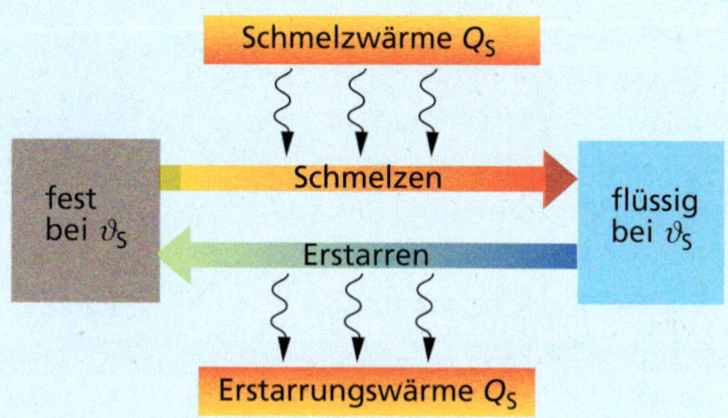

Während des **Siedens** und **Kondensierens** bleibt die Temperatur (Siedetemperatur, Kondensationstemperatur) gleich groß. Verdampfungswärme und Kondensationswärme sind gleich groß.

$$Q_V = q_V \cdot m$$

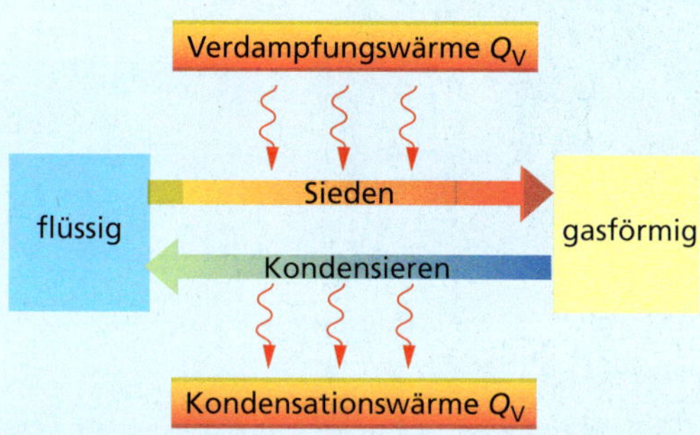

Für Wasser gelten die nachfolgend genannten Daten.

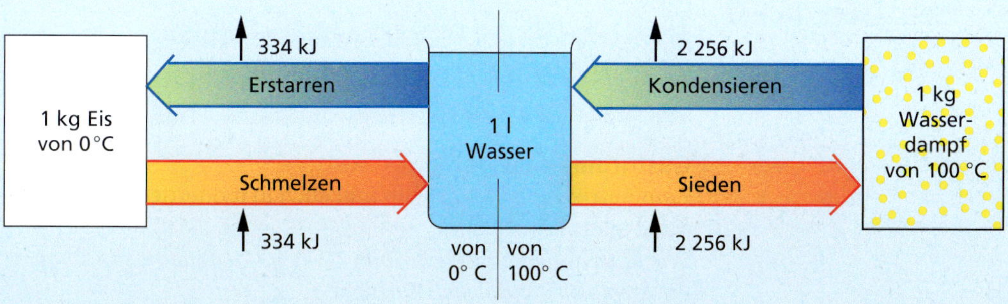

3.2 Wärme und Wärmekraftmaschinen

Die erste Lokomotive

Im 19. Jahrhundert trug die Entwicklung der Eisenbahn wesentlich zum technischen Fortschritt bei. 1814 konstruierten die Gebrüder STEPHENSON die erste Lokomotive. 1822 bis 1825 entstand die erste Bahnlinie zwischen Stockton und Darlington, auf der eine der Lokomotiven von STEPHENSON fuhr. Sie leistete 8 PS und erreichte eine Geschwindigkeit von 20 km/h.
Wie funktioniert eine solche Dampfmaschine?

Verbrennungsmotoren für Autos

Pkw haben als Antrieb einen Ottomotor oder einen Dieselmotor. In den Motoren wird Kraftstoff (Benzin, Diesel) verbrannt und die in ihm enthaltene Energie in Bewegungsenergie des Autos umgewandelt.
Welche Unterschiede bestehen in der Funktionsweise von Ottomotor und Dieselmotor? Welche Vor- und Nachteile haben diese Motoren?

Gasturbinen treiben an

Zum Antrieb von Flugzeugen und auch in modernen Kraftwerken nutzt man Gasturbinen.
Wie funktioniert eine Gasturbine? Welche Energieumwandlungen erfolgen bei einer solchen Turbine?

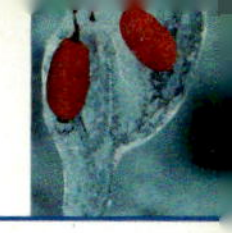

Thermische Energie, Wärme und Arbeit

Heiße Gase können Arbeit verrichten. Das lässt sich beobachten, wenn beim Kochen der Deckel auf dem Topf zu klappern beginnt und damit den Beginn des Siedevorgangs anzeigt. Der Wasserdampf verrichtet Arbeit. Das kann man auch in einfachen Versuchen zeigen (Abb. 1).
Im Teilchenmodell lässt sich das folgendermaßen deuten: Bei Wärmezufuhr bewegen sich die Gasteilchen schneller. Die thermische Energie des Gases erhöht sich. Die Teilchen stoßen auf andere Körper. Diese können sich bewegen (Kolben, Turbinenrad o. Ä.). Dabei verlieren die Teilchen kinetische Energie. Die thermische Energie des Gases nimmt ab. Es wird kälter.
Befindet sich das Gas in einem abgeschlossenen Behälter, dann steigt bei Wärmezufuhr der Druck auf die Gefäßwände. Die thermische Energie des Gases im Gefäß erhöht sich.

Die thermische Energie von Gasen ermöglicht es Arbeit zu verrichten.

Der Zusammenhang zwischen der Änderung der thermischen Energie, der verrichteten mechanischen Arbeit und der dabei ausgetauschten Wärme wird genauer im **1. Hauptsatz der Wärmelehre** erfasst.

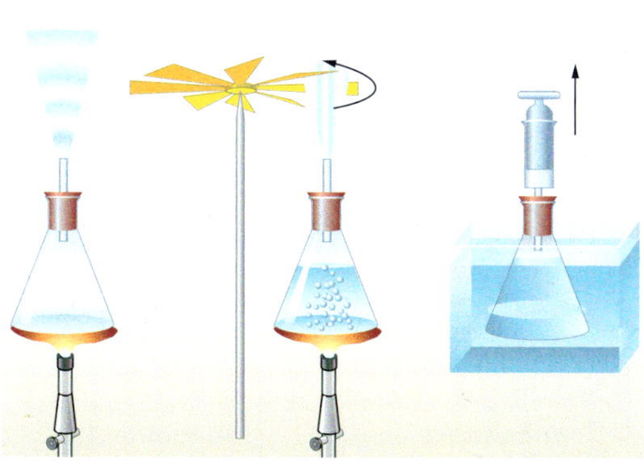

1 Die thermische Energie von Gasen wird in mechanische Energie umgewandelt.

In einem abgeschlossenen System ist die Änderung der thermischen Energie verbunden mit der Zufuhr oder der Abgabe von Wärme und dem Verrichten mechanischer Arbeit.

$\Delta E = W + Q$

ΔE Änderung der thermischen Energie
W mechanische Arbeit
Q Wärme

Der 1. Hauptsatz der Wärmelehre ist der Energieerhaltungssatz für thermische Vorgänge. Er ist die Grundlage für das Verständnis der Wirkungsweise von **Wärmekraftmaschinen.** Dazu zählen Dampfmaschinen, Verbrennungsmotoren, Gas- und Dampfturbinen, aber auch Kühlschrank und Wärmepumpe.

Die Richtung der Energieübertragung

Die meisten Prozesse der Energieumwandlung und Energieübertragung, die in der Natur vorkommen, laufen von allein nur in einer bestimmten Richtung ab.
So gibt z. B. heißer Tee solange Wärme an die Umgebung ab, bis seine Temperatur gleich der Umgebungstemperatur ist.
Große Wasserflächen erwärmen sich erst allmählich. Dabei geht die Wärme immer von der Luft höherer Temperatur zum Wasser niedrigerer Temperatur über.
Alle Erfahrungen über die Richtung der Energieübertragung bei Vorgängen in Natur und Technik sind im **2. Hauptsatz der Wärmelehre** zusammengefasst. Er besagt:

Die Übertragung von Wärme erfolgt von selbst nur von einem Körper höherer Temperatur zu einem Körper niedrigerer Temperatur.

Dieses von dem deutschen Physiker ROBERT CLAUSIUS (1822–1888) entdeckte Naturgesetz ist überaus bedeutsam für die Nutzung von Energie und für die Wirkungsweise von Wärmekraftmaschinen.

Ottomotor und Dieselmotor

Im Jahre 1867 stellte Nikolaus Otto (1832 bis 1891) seinen ersten Verbrennungsmotor vor. Diese Art von Motor ist heute unter dem Namen **Ottomotor** bekannt. Rudolf Diesel (1858–1913) entwickelte um 1895 eine weitere Art von Motor, den wir heute als **Dieselmotor** kennen. Bei beiden Arten von Motoren wird in einem Zylinder Kraftstoff (Diesel oder Benzin) verbrannt.
Die im Kraftstoff enthaltene chemische Energie wird beim Verbrennen in thermische Energie des Gases und diese wiederum in mechanische Energie des Kolbens umgewandelt. Für Verbrennungsmotoren gilt folgende **Energieumwandlungskette:**

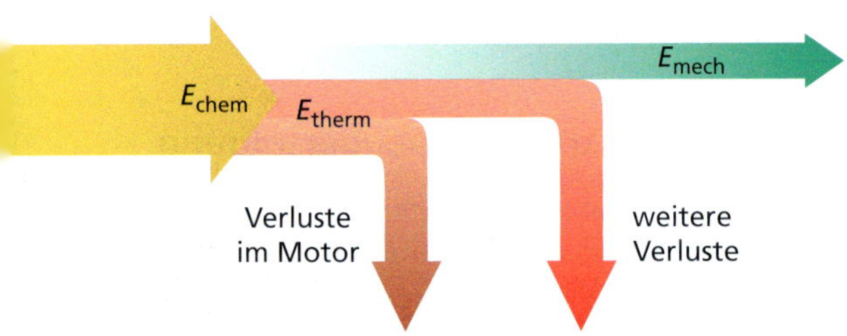

Die im Kraftstoff gespeicherte Energie ermöglicht nach dem 1. Hauptsatz der Wärmelehre das Verrichten von Arbeit. Damit kann das Auto beschleunigen und in Bewegung bleiben. Ein erheblicher Teil der zugeführten Energie wird in Form von Wärme an die Umgebung abgegeben.

2 Dieselmotor für einen Pkw

Bei einem Viertakt-Dieselmotor (Abb. 1) wird im **1. Takt** Luft angesaugt, indem sich der Kolben nach unten bewegt.
Im **2. Takt** bewegt sich der Kolben nach oben und verdichtet die Luft so stark, dass sie sich auf über 600 °C erhitzt. Hat der Kolben seinen höchsten Punkt erreicht, so sprüht eine Einspritzpumpe durch eine feine Düse den Dieselkraftstoff mit hohem Druck in den Zylinder. Dort entzündet er sich von selbst in der heißen Luft.
Im **3. Takt** verbrennt der Dieselkraftstoff explosionsartig. Die Verbrennungsgase dehnen sich aus und treiben den Kolben nach unten. Es wird Arbeit verrichtet und Wärme abgegeben.
Im **4. Takt** bewegt sich der Kolben nach oben und stößt die Abgase aus. Auch mit den Abgasen wird Wärme an die Umgebung abgegeben.
Der Vorgang beginnt von neuem.

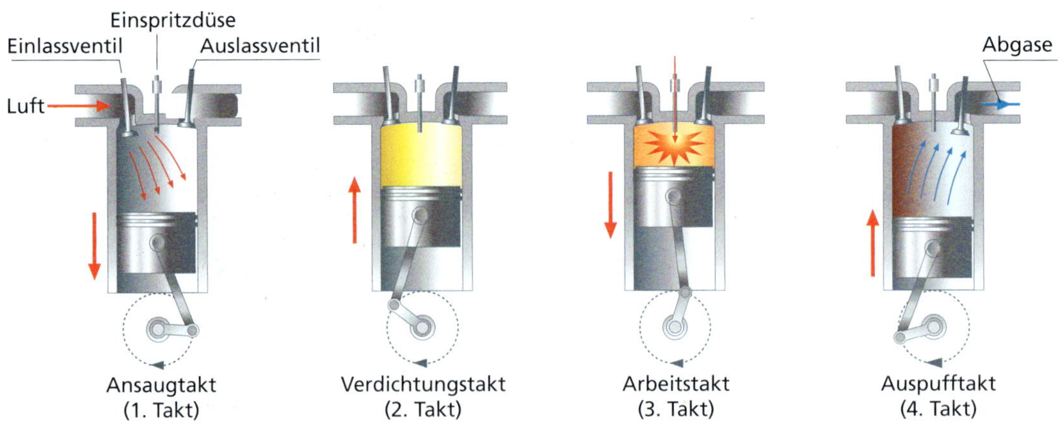

1 Arbeitsweise eines Viertakt-Dieselmotors

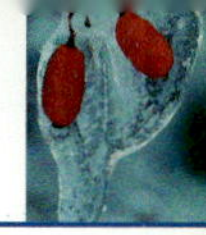

Lediglich im 3. Takt wird die zugeführte Energie in mechanische Energie umgewandelt. Er wird deshalb als Arbeitstakt bezeichnet. In den anderen Takten wird dem Motor von außen mithilfe eines **Schwungrads** Energie zugeführt.
Motoren können 4, 6 oder 8, aber auch 12 **Zylinder** haben. Sie werden vom Kühlwasser umströmt, da sich der Motor beim Verbrennen der Gase stark erhitzt, und gekühlt werden muss.
In einem Mehr-Zylinder-Motor laufen zu gleichen Zeiten unterschiedliche Takte ab, sodass sich immer einer der Zylinder im Arbeitstakt befindet.
Wegen der hohen Verdichtung ist der Druck im Zylinder sehr groß. Deswegen sind die Dieselmotoren kompakt und relativ schwer.

Ottomotoren findet man in Pkw, Motorrädern und in transportablen Geräten wie Rasenmähern. Es gibt sie als Zweitakt- und als Viertaktmotoren. Bei einem Ottomotor wird nicht Luft, sondern ein Gemisch aus Luft und Benzin in den Zylinder gebracht und verdichtet. Dieses Gemisch wird vorher im Vergaser erzeugt. Im Unterschied zum Dieselmotor wird das Gemisch durch den Funken einer Zündkerze zur Explosion gebracht. Dabei entstehen Temperaturen bis zu 2 000 °C und ein hoher Druck. Die anderen Takte sind vergleichbar mit denen beim Dieselmotor.
Während Dieselmotoren einen Wirkungsgrad von bis zu 40 % haben können, erreichen Ottomotore nur Wirkungsgrade von höchstens 30 %. Bei den meisten Pkw-Motoren liegen diese Werte zwischen 20 % und 25 %.
Sowohl bei Otto- als auch bei Dieselmotoren gelangt ein großer Teil der Verbrennungsprodukte durch den Auspuff in die Umwelt und hat wesentlichen Anteil an der Luftverschmutzung. Darüber hinaus wird ein erheblicher Teil der durch die Verbrennung von Kraftstoff entstehenden thermischen Energie an die Umgebung abgegeben.

Mosaik

Zweitakt-Ottomotor

Zweitakt-Ottomotoren gibt es nicht nur in Rasenmähern, sondern auch in Mopeds und Mofas, Kettensägen und Wasserpumpen. Wie unterscheiden sie sich von den Viertaktmotoren?
Ihr Aufbau ist einfacher, da keine Ventile erforderlich sind (s. Skizzen).

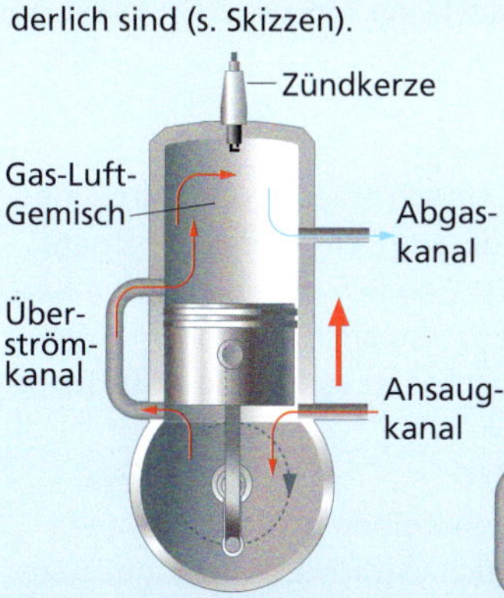

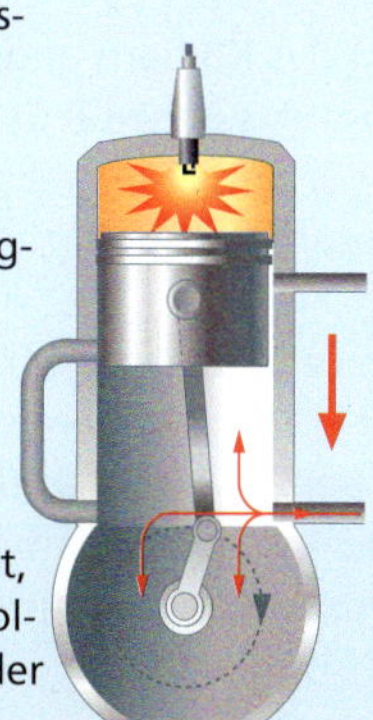

Die Kanäle sind so angeordnet, dass sie bei Bewegung des Kolbens durch diesen geöffnet oder geschlossen werden.

Im **1. Takt** bewegt sich der Kolben nach oben und verschließt dadurch den Überström- und Abgaskanal. Das Gemisch wird weiter verdichtet. Durch den so entstehenden Unterdruck im Kurbelgehäuse strömt durch den Ansaugkanal neues Gemisch in das Kurbelgehäuse.
Im **2. Takt** wird das Gemisch gezündet und der Kolben nach unten gedrückt. Durch die Abwärtsbewegung verschließt der Kolben den Ansaugkanal und presst das Gemisch etwas zusammen. Es wird „vorverdichtet". Gleichzeitig können durch den Abgaskanal die Abgase entweichen. Das vorverdichtete Gemisch strömt durch den Überströmkanal in den Zylinder.
Zweitaktmotoren sind robuster und leichter als Viertakter gleicher Leistung. Von Nachteil ist, dass sich Abgase und Benzindämpfe vermischen. Mit dem Benzin muss auch Öl getankt werden, um alle beweglichen Teile zu schmieren.

Ottomotor

1 Ottomotor für einen Pkw

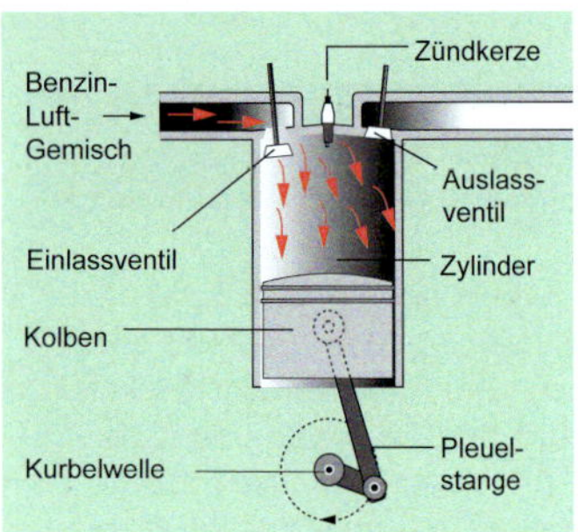

2 Aufbau eines Ottomotors

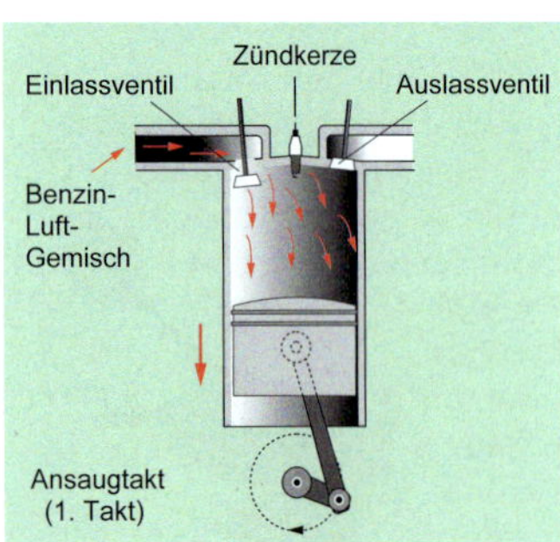

3 Wirkungsweise eines Ottomotors

Der Ottomotor, benannt nach dem deutschen Erfinder **NIKOLAUS AUGUST OTTO** (1832–1891), ist ein **Verbrennungsmotor,** der mit einem Benzin-Luft-Gemisch betrieben wird. Es gibt ihn als Viertakt- und Zweitaktmotor. Ottomotoren werden zum Antrieb von Motorrädern, Pkw, Booten, Rasenmähern und vielen anderen Maschinen genutzt.

Aufbau und Wirkungsweise eines Viertaktmotors

Der **Aufbau eines Ottomotors** als **Viertaktmotor** ist in Bild 2 dargestellt. Wichtige Teile sind der **Zylinder** mit dem beweglichen Kolben, der über die **Pleuelstange** mit der **Kurbelwelle** verbunden ist. Die Zylinderwände werden mit Wasser gekühlt. Der Kolben besteht meist aus einer Leichtmetalllegierung und besitzt zur besseren Abdichtung Kolbenringe. Die **Zündkerze** dient der elektrischen Zündung des Benzin-Luft-Gemisches. Darüber hinaus besitzt der Motor ein **Einlassventil** zum Einbringen des Benzin-Luft-Gemisches und ein **Auslassventil** zum Ausstoßen der Verbrennungsgase. Der höchste Punkt, den der Kolben erreicht, wird als **oberer Totpunkt** (OT), der niedrigste Punkt als **unterer Totpunkt** (UT) bezeichnet. Das Volumen zwischen diesen beiden Punkten ist der **Hubraum** des Motors.

Die **Wirkungsweise eines Ottomotors** kann man aus Bild 3 erkennen. Dargestellt ist ein Viertaktmotor. Seine vier Takte lassen sich folgendermaßen charakterisieren:

1. Takt: Ansaugen (Ansaugtakt)

Im **Vergaser** wird ein Benzin-Luft-Gemisch erzeugt und durch die Abwärtsbewegung des Kolbens angesaugt. Durch das geöffnete Einlassventil gelangt das Benzin-Luft-Gemisch in den Zylinder. Bei neueren Motoren wird das Benzin-Luft-Gemisch mit hohem Druck in den Zylinder eingespritzt. Man spricht dann von **Direkteinspritzung.**

2. Takt: Verdichten (Verdichtungstakt)

Durch den sich aufwärts bewegenden Kolben bei geschlossenen Ventilen wird das Benzin-Luft-Gemisch verdichtet. Druck und Temperatur erhöhen sich. Kurz vor dem oberen Totpunkt wird durch einen elektrischen Funken an der Zündkerze das Benzin-Luft-Gemisch gezündet.

... und mehr

Informiere dich auch unter: *RUDOLF DIESEL, Dieselmotor, Dampfmaschine, Dampfturbine, Flugzeugtriebwerke, Gasturbine, Heißluftmotor, Stirlingmotor, Kühlschrank, Wärmepumpe, Wankelmotor, ...*

Dampfturbinen

Dampfturbinen werden vor allem in Kraftwerken zum Antrieb von großen Generatoren angewendet. Erste Versuche der Konstruktion von Dampfturbinen gab es schon im 19. Jahrhundert.

An der Entwicklung leistungsfähiger Dampfturbinen waren viele Techniker beteiligt, z. B. der Schwede GUSTAV DE LAVAL (1845 bis 1913), der Franzose AUGUSTE RATEAU (1863 bis 1930) und der Amerikaner GLENN CURTIS (1878–1930).

Moderne Dampfturbinen (Abb. 1) bestehen aus mehreren Laufrädern mit zahlreichen Schaufeln. Alle Laufräder sind auf einer Welle befestigt.

Der zum Betrieb der Dampfturbine erforderliche Dampf steht unter hohem Druck (ca. 200 bar) und hat eine Temperatur von 400 °C bis 600 °C, besitzt also eine große thermische Energie.

Der Dampf wird durch Düsen mit hoher Geschwindigkeit auf die Schaufeln der Dampfturbine geleitet und versetzt die Laufräder in Rotation. Dabei verringern sich Geschwindigkeit, Temperatur und Druck des Dampfes, seine thermische Energie wird kleiner.

Insgesamt vollziehen sich dabei folgende Energieumwandlungen:

$$E_{th} \rightarrow E_{kin} \rightarrow E_{Rotation}$$

1 Montage einer Dampfturbine

Mosaik

RUDOLF DIESEL und NIKOLAUS OTTO

RUDOLF DIESEL wurde 1858 als Sohn deutscher Eltern in Paris geboren und verlebte dort seine Kindheit. 1873–1880 erhielt er in Augsburg und München eine Ausbildung als Techniker und Maschinenbauingenieur.

Nach seinem Studium arbeitete er als Leiter einer Eisfabrik in Paris und begann sich daneben mit der Entwicklung von Wärmekraftmaschinen zu beschäftigen. Nach mehrjährigen Arbeiten konnte er 1897 den ersten funktionsfähigen Dieselmotor vorstellen. Dieser wurde mit Petroleum betrieben.

Durch seine Patente erwarb DIESEL ein großes Vermögen, verlor aber auch viel Geld durch Spekulationen.

1913 verschwand ROBERT DIESEL während einer Fahrt von Antwerpen nach Harwich (England) vom Schiff. Was wirklich an seinem Todestag vorging, ist bis heute unbekannt.

NIKOLAUS OTTO wurde 1832 in Holzhausen bei Nassau geboren. Sein technisches Wissen eignete sich N. OTTO weitgehend selbständig an. Nach 1860 begann er mit Gasmotoren zu experimentieren. Dabei fand er 1861 das Prinzip des Viertaktmotors. Gemeinsam mit den Technikern GOTTLIEB DAIMLER (1834–1900) und WILHELM MAYBACH (1846–1929) entwickelte N. OTTO neue Motoren.

Nach Streitigkeiten zog sich N. OTTO aus der gemeinsamen Firma zurück. Darüber hinaus kam es zu vielen Streitigkeiten über die Patente von N. OTTO. So wurde 1884 durch das Deutsche Reichsgericht das Patent OTTOS für den Viertaktmotor aberkannt. Trotzdem blieb N. OTTO ein geachteter Techniker. Er starb 1891 in Köln.

Bis heute werden bei Pkw und Lkw die auf R. DIESEL und N. OTTO zurückgehenden Dieselmotoren und Ottomotoren genutzt.

Physik in Natur und Technik

Die Dampfmaschine

Dampfmaschinen werden heute zwar durch Dampfturbinen, Verbrennungsmotoren und Elektromotoren ersetzt, aber im 18. Jahrhundert wurde mit ihrer Entwicklung und Nutzung erstmals eine industrielle Produktion möglich. Sie dienten nicht nur als Antriebe für Lokomotiven (Abb. 1) und Schiffe, sondern auch für viele andere Maschinen in Eisen- und Walzwerken, Spinnereien, Webereien, im Straßenbau und in der Landwirtschaft, z. B. als Dampfpflug.

Diese Entwicklung nahm ihren Anfang, als im Bergbau Kohle und Erz in immer tieferen Schächten abgebaut werden musste. Das dabei eindringende Wasser konnte nur mit leistungsfähigen Pumpen abgepumpt werden. Dafür wurden die ersten Dampfmaschinen entwickelt. Aber erst als es dem schottischen Techniker JAMES WATT (1776–1819) gelang, den Wirkungsgrad der Maschine zu verbessern und die Hin- und Herbewegung des Kolbens mithilfe eines Schwungrads, einer Pleuelstange und eines Exzenters (Abb. 3) in eine Drehbewegung umzuwandeln, war der eigentliche Durchbruch geschafft.

Wie ist eine Dampfmaschine aufgebaut? Wie funktioniert sie?

1 Dampfmaschine als Antrieb für Dampflokomotiven: Man sieht sie noch bei historischen Bahnen.

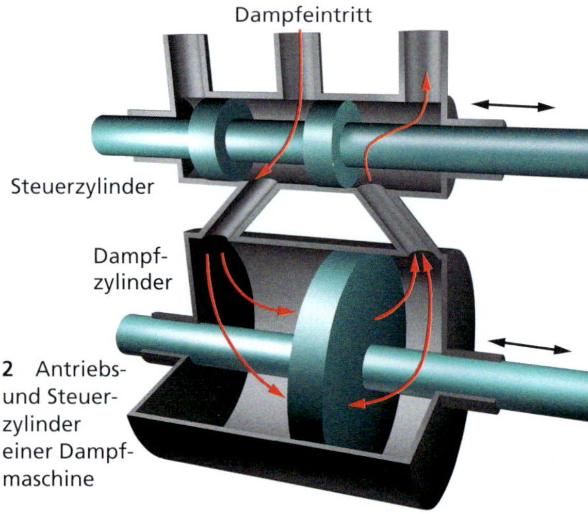

2 Antriebs- und Steuerzylinder einer Dampfmaschine

Durch eine Heizungsanlage mit Kohle- oder Ölheizung wird Wasser erhitzt und in Wasserdampf umgewandelt. Der unter hohem Druck stehende Wasserdampf, der eine große thermische Energie besitzt, wird in einen Zylinder geleitet, bewegt einen Kolben und verrichtet damit mechanische Arbeit.

Durch eine spezielle Steuereinrichtung wird der Dampf abwechselnd auf verschiedene Seiten des Kolbens geleitet (Abb. 2). Der Kolben bewegt sich dadurch hin und her. Durch Pleuelstange und Kurbelwelle mit Exzenter wird die Hin- und Herbewegung des Kolbens in eine Drehbewegung umgewandelt (Abb. 3).

Insgesamt wird die chemische Energie des Brennstoffes (Kohle, Öl) in mechanische Energie umgewandelt. Der Wirkungsgrad der ersten Dampfmaschinen betrug etwa 3 %. Eine Dampflok hat einen Wirkungsgrad von etwa 10 %.

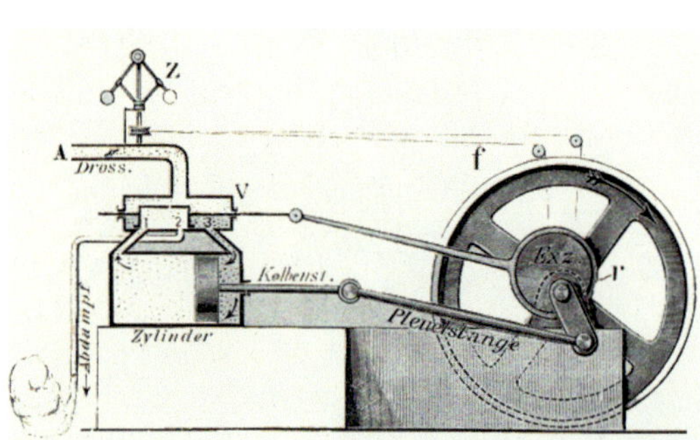

3 Aufbau einer Kolbendampfmaschine (historische Darstellung)

Kühlschrank und Wärmepumpe

Ein Kühlschrank (Abb. 1) ist heute bei uns in fast jedem Haushalt zu finden.
Wie ist ein solcher Kühlschrank aufgebaut? Wie funktioniert er?

Die Abb. 1 und 3 zeigen die wichtigsten Teile eines Kühlschranks. In seinem Innenraum befindet sich ein System von Rohren, der **Verdampfer** (Abb. 2). In diesem verdampft das Kühlmittel. Das Kühlmittel ist eine Flüssigkeit, die bei normalem Luftdruck bei Temperaturen weit unter dem Gefrierpunkt, z. B. bei –25 °C, siedet. Die zum Verdampfen notwendige Wärme wird der Luft und den Lebensmitteln in Kühlschrank entzogen. Sie kühlen ab.

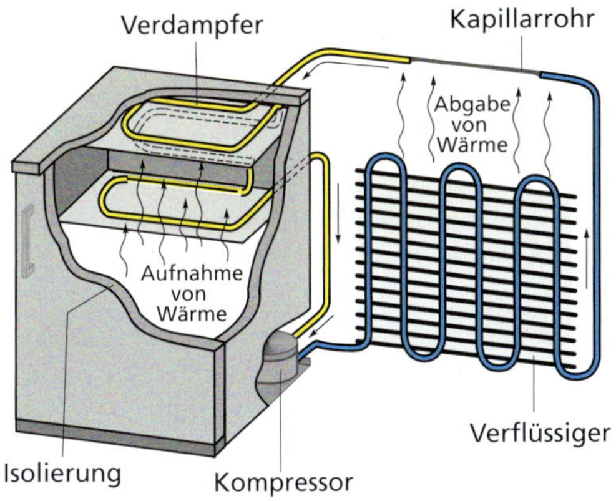

1 Aufbau eines Kühlschranks

Der **Kompressor** ist eine Pumpe. Diese saugt den Dampf ab, der im Verdampfer entstanden ist, und presst ihn in den Verflüssiger. Durch das Absaugen wird die Verdampfung beschleunigt und die Kühlung verstärkt. Beim Zusammenpressen erhöhen sich – ähnlich wie bei einer Luftpumpe – der Druck und damit die Temperatur des Dampfes. Sie steigt auf etwa 40 °C an. Im **Verflüssiger** kondensiert der Dampf. Dabei wird Kondensationswärme frei, die über die Kühlrippen abgegeben wird. Durch ein **Kapillarrohr** gelangt das Kühlmittel wieder in den Verdampfer. Dadurch verringert sich sein Druck und es beginnt wieder zu verdampfen. Der Kreislauf beginnt erneut.

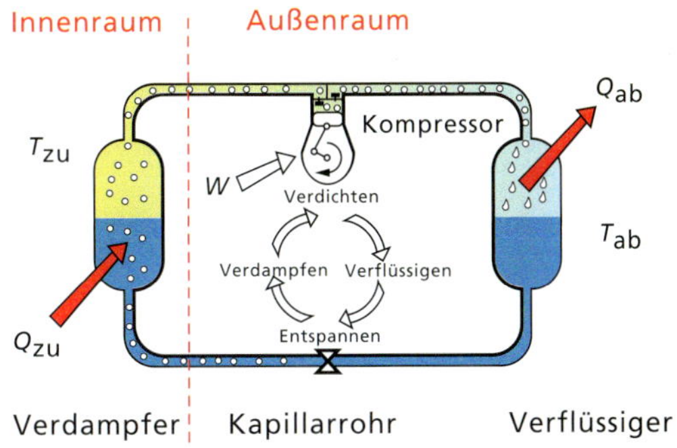

2 Kreislauf des Kühlmittels in einem Kühlschrank

Worin unterscheidet sich ein Kühlschrank von einer Wärmepumpe?

Bei einem Kühlschrank wird mithilfe des Kühlaggregats Wärme aus dem Inneren des Schrankes nach außen transportiert. Dadurch wird der Innenraum gekühlt und die Umgebung erwärmt. Ein solches Aggregat kann man auch als Wärmepumpe benutzen, um im Winter Gebäude zu heizen. Dabei wird, im Unterschied zum Kühlschrank, dem Außenraum (Erdreich, Grundwasser, Luft) Wärme durch einen Verdampfer entzogen, der sich außerhalb des Hauses befindet. Der Verflüssiger steht im Haus. Er gibt die Kondensationswärme an den Innenraum ab. Die Raumtemperatur steigt.

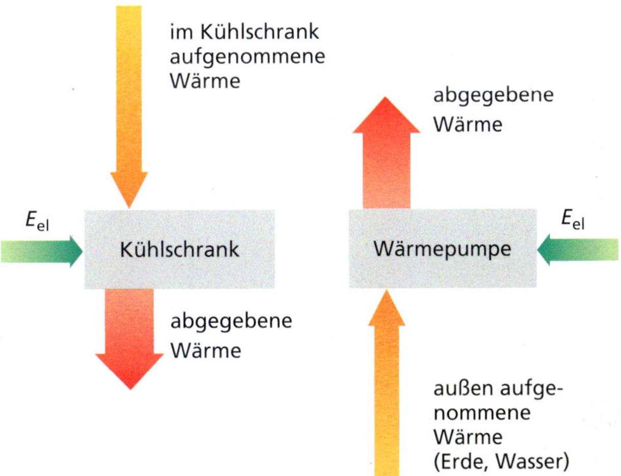

3 Energiebilanz bei Kühlschrank und Wärmepumpe

Warmes Wasser vom Dach

Besonders umweltfreundlich sind das Heizen und die Warmwasseraufbereitung mit Sonnenkollektoren (Abb. 2).

Beschreibe den Aufbau und erkläre die Wirkungsweise eines Sonnenkollektors!

In Sonnenkollektoren (Abb. 1) wird Wasser mithilfe der Sonnenstrahlung erwärmt. Die meisten Anlagen bestehen aus zwei Wasserkreisläufen, die durch einen Wärmetauscher verbunden sind, und dem eigentlichen Kollektor (Sammler). Pumpen halten die Kreisläufe in Gang (Abb. 2).
Kaltes Wasser wird im Kollektor durch die Sonnenstrahlung erwärmt. Von dort gelangt es in den Wärmetauscher und gibt Wärme an das kältere Wasser des anderen Kreislaufs ab. Dieses erwärmte Wasser wird z. B. zum Heizen verwendet.

1 Wasser wird durch die Strahlung der Sonne in Sonnenkollektoren erwärmt.

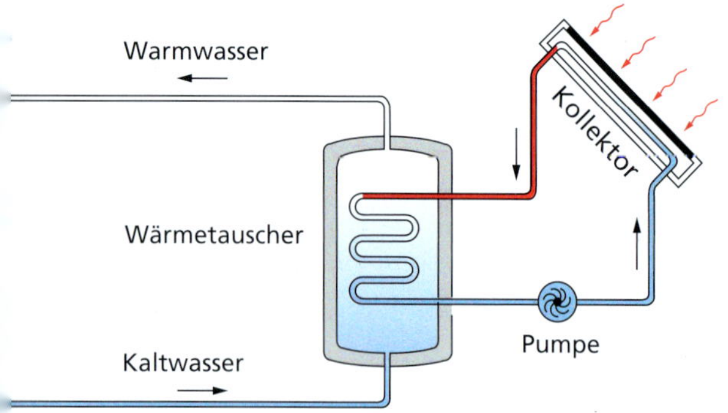

2 Aufbau eines Sonnenkollektors

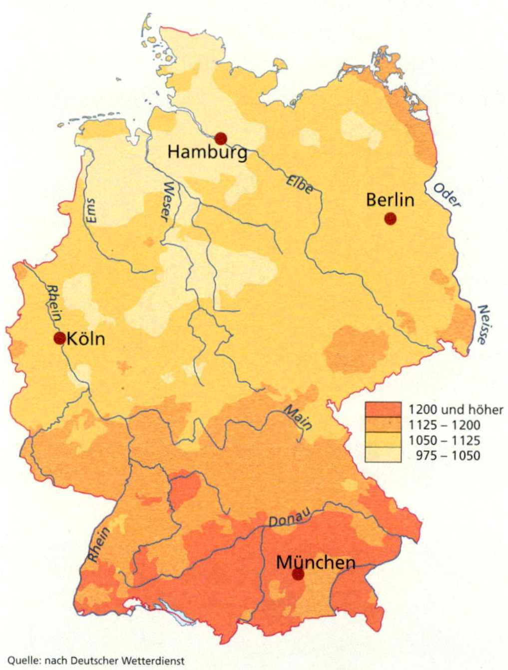

3 Gesamte Sonneneinstrahlung auf eine nach Süden geneigte Fläche pro Jahr in kWh/m^2

Wichtig ist die richtige Anordnung der Sonnenkollektoren. Sie sind besonders effektiv, wenn Sonnenstrahlung senkrecht auffällt. Deshalb werden Sonnenkollektoren so angebracht, dass sie möglichst nach Süden ausgerichtet sind und die Sonne senkrecht einstrahlt. Diese Sonneneinstrahlung ist in Deutschland regional unterschiedlich. Messungen zeigen, wie die Sonneneinstrahlung in Deutschland verteilt ist (Abb. 3). Im Süden ist die Intensität deutlich höher als im Norden.
Mit Sonnenkollektoren lässt sich heute bereits bei Wohnhäusern ein erheblicher Teil des Jahresenergiebedarfs an Warmwasser abdecken. Sie werden teilweise auch zur Heizung von Gewächshäusern und Schwimmbädern genutzt.
Der Wirkungsgrad von Sonnenkollektoren beträgt bis zu 80 %. Aktuelle Informationen zu Sonnenkollektoren sind im Internet zu finden, z. B. unter der Adresse **www.solarserver.de** oder unter dem Suchwort „Sonnenkollektor“.

Ein Kraftwerk für Strom und Wärme

Seit 1994 stellt das Steinkohle-Kraftwerk Rostock elektrische Energie bereit. Als Brennstoff wird über den Seeweg eingeführte Steinkohle aus Polen verwendet. Andere Wärmekraftwerke verbrennen Gas, Heizöl oder Biomasse.

Das Rostocker Kraftwerk hilft mit einer Leistung von ca. 500 MW die tagsüber anfallende Mittellast an Elektroenergie abzudecken. Der Wirkungsgrad beträgt bei reiner Stromerzeugung 42,4 %. Bei Abgabe der mit der Stadt vereinbarten 150 MW Fernwärme steigt die Ausnutzung des Brennstoffs auf 53,3 %, bei der größtmöglichen Wärmeauskopplung von 300 MW auf 62,5 %.
Wie ist ein Wärmekraftwerk aufgebaut und wie funktioniert es?

Wesentliche Teile eines Kraftwerks sind der Kessel zur Dampferzeugung, Dampfturbine, Generator, Kondensator und Kühlturm (Abb. 1).
Das Prinzip eines Wärmekraftwerks besteht darin, dass Wasser in einem geschlossenen Kreislauf strömt, in dem es verdampft und wieder kondensiert. In diesem Kreislauf trifft es auf die Turbinen, wird im Kondensator wieder abgekühlt und von neuem im Dampferzeuger erhitzt.
Stündlich werden im Rostocker Kraftwerk 150 t Steinkohle verbrannt und 1 650 t Dampf erzeugt. Dieser Dampf trifft bei einer Temperatur von 560 °C mit einem Druck von 260 bar auf eine einwellige Turbinenanlage, die mit einem Generator verbunden ist. Der Generator liefert eine Spannung von 21 kV, die über einen Transformator bei 380 kV ins Verbundnetz eingespeist wird.
Jede Verbrennung ist mit Belastungen der Umwelt wie Abwärme und Abgase verbunden. Die heutige Kraftwerkstechnik ermöglicht es, diese Belastungen zu verringern. Das beginnt mit der Verwendung von Brennern, die die Entstehung der Stickoxide bereits um ein Drittel reduzieren. Spezielle Anlagen dienen der Entstickung ($< 200\ mg/m^3$), Entstaubung ($< 20\ mg/m^3$) und der Entschwefelung ($< 200\ mg/m^3$) der Rauchgase. Das Auffälligste am Rostocker Kraftwerk ist der fehlende Schornstein. Die gereinigten Rauchgase werden über den 141,5 m hohen Kühlturm abgeführt. Die Kühlung erfolgt mit Wasser der Ostsee. Ein Teil des Dampfes, der aus den Turbinen austritt, wird direkt als Fernwärme ausgekoppelt und versorgt den Ortsteil Toitenwinkel.

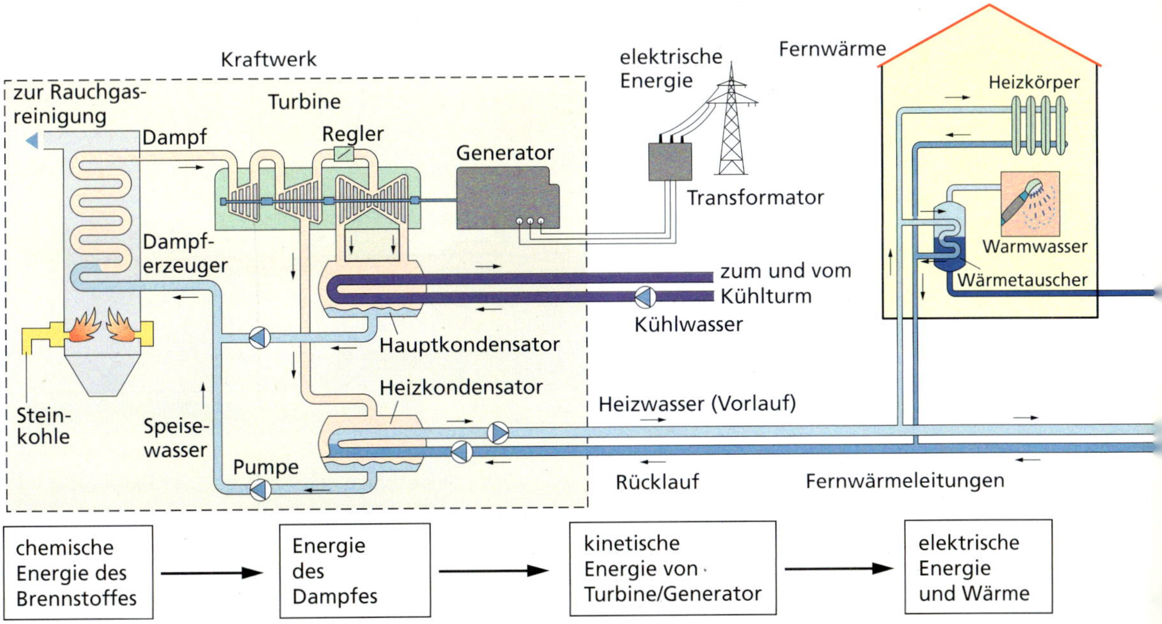

1 Aufbau eines Wärmekraftwerkes und Energieumwandlungskette

Kraftwerke im Vergleich

In Kraftwerken wird aus Primärenergie über mehrere Umwandlungsprozesse letztlich elektrische Energie erzeugt. Je nach Primärenergieträger und Art der Anlage unterscheidet man zwischen Wärmekraftwerken, Kernkraftwerken, Wasserkraftwerken, Windkraftwerken, Solarkraftwerken und geothermischen Kraftwerken.
Worin unterscheiden sich wichtige Arten von Kraftwerken?
Welche Vorteile und welche Nachteile haben einzelne Arten von Kraftwerken?

Art des Kraftwerkes	Wirkungsgrad
Solarkraftwerk	20 %
Windkraftwerk	25 %… 30 %
Kernkraftwerk	38 %
modernes Kohlekraftwerk	40 %
Gasturbinenkraftwerk	52 %
Pumpspeicherkraftwerk	75 %
Kraftwerk mit Kraft-Wärme-Kopplung	85 %
Wasserkraftwerk	90 %

Wesentliche Kriterien zur Beurteilung von Kraftwerken sind neben dem Wirkungsgrad die Kosten, die Risiken, die Umweltbelastung und die Verfügbarkeit der Primärenergieträger.
Eine Übersicht über die Wirkungsgrade gibt die obige Tabelle. Die meisten Kraftwerke in Deutschland sind **Wärmekraftwerke** mit einem Wirkungsgrad von ca. 40 % (Abb. 1). Durch die Nutzung der unvermeidlichen Abwärme für Heizzwecke (Kraft-Wärme-Kopplung) sind Wirkungsgrade bis 85 % möglich. Der Vorteil von Wärmekraftwerken besteht darin, dass einheimische Primärenergieträger genutzt werden können und diese Energieträger auch noch über Jahrzehnte hinweg verfügbar sind. Entscheidender Nachteil sind die beim Verbrennen fossiler Brennstoffe auftretenden Umweltbelastungen.
Dazu gehören die Belastung durch Staub, die bei der Verbrennung auftretenden Stickoxide (NO, NO_2) und Schwefeldioxid (SO_2) sowie Kohlenstoffdioxid (CO_2), das entscheidenden Einfluss auf den zusätzlichen Treibhauseffekt auf der Erde hat. Kraftwerke und Heizkraftwerke haben einen

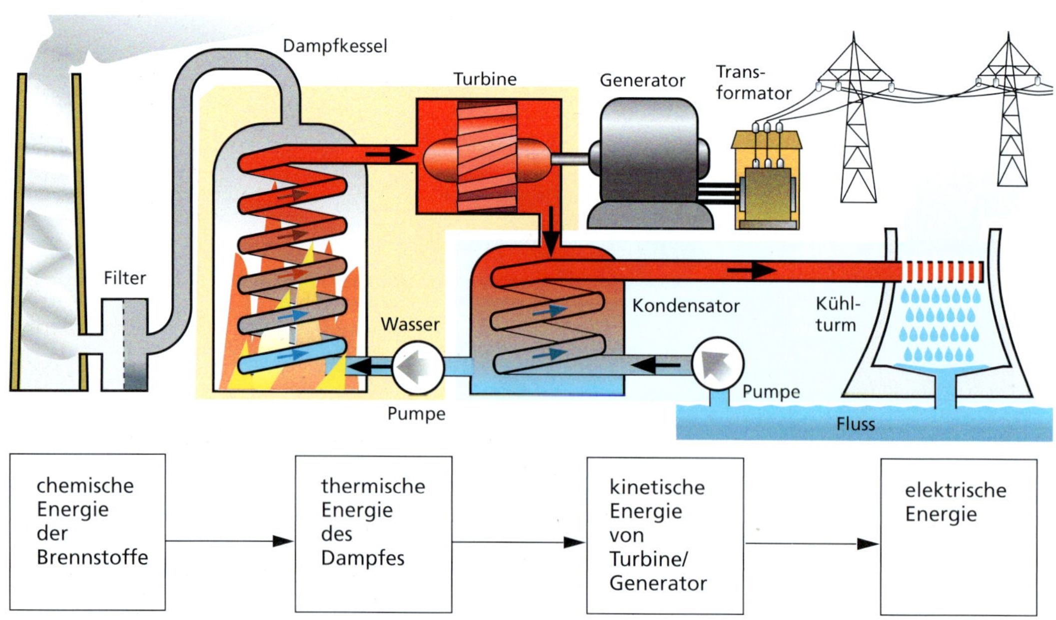

1 Die Energieumwandlungen sind in allen Arten von Wärmekraftwerken prinzipiell gleich.

Energieträger	Aufwand für 1 kWh Elektroenergie
Braunkohle	1,1 kg
Steinkohle	0,3 kg
Erdgas	0,22 m^3
Uran (angereichert)	0,0 045 g
Wasser	410 m^3 bei 1 m Fallhöhe
Heizöl	0,2 kg
Müll	1,5 kg... 3,5 kg
Sonnenstrahlung	15 m^2 Solarzellen

Anteil von ca. 40 % am CO_2-Ausstoß in Deutschland, der insgesamt etwa 900 Mio. Tonnen im Jahr beträgt. Moderne Wärmekraftwerke sind mit vielen Zusatzanlagen ausgerüstet, die dazu dienen, die Umweltbelastungen zu verringern. Dazu gehören z. B. Anlagen zur Rauchgasentschwefelung, Elektrofilter zur Verringerung der Staubbelastung und Anlagen zur Entstickung. Der Ausstoß von CO_2 kann durch solche technischen Maßnahmen prinzipiell nicht verhindert werden. Es müssen deshalb andere Möglichkeiten der Reduzierung gesucht werden. **Kernkraftwerke** sind spezielle Wärmekraftwerke. Wie alle anderen Kraftwerke haben auch Kernkraftwerke Vorteile und Nachteile. Eine weitere Art von Wärme-kraftwerken sind **Blockheizkraftwerke**. In ihnen wird Strom erzeugt und zugleich die entstehende Abwärme genutzt (Abb. 1).

Kernstück solcher Anlagen sind Motoren, die meist mit Gas betrieben werden und über einen gekoppelten Generator elektrische Energie erzeugen. Parallel dazu wird dem Kühlwasser des Motors mit den Abgasen Wärme entzogen und über einen Wärmetauscher an Heizungsanlagen weitergegeben. Das Prinzip wird als **Kraft-Wärme-Kopplung** bezeichnet. Solche Anordnungen haben einen Wirkungsgrad bis 85 % und sind vor allem dort gut nutzbar, wo über das ganze Jahr hinweg ein hoher Strom- und Wärmebedarf besteht (Betriebe, Krankenhäuser).

Wasserkraftwerke (Abb. 1) haben einen hohen Wirkungsgrad und lassen sich sehr umweltfreundlich betreiben. Allerdings gibt es in Deutschland für die Errichtung größerer Wasserkraftwerke nur beschränkte Möglichkeiten.

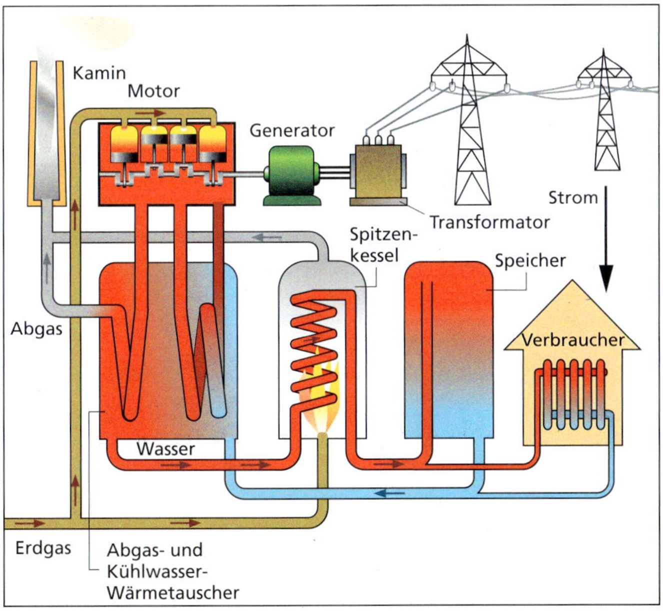

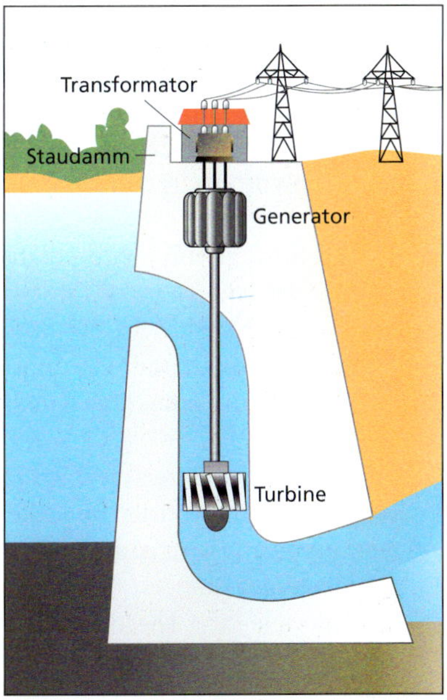

1 Blockheizkraftwerk mit Kraft-Wärme-Kopplung (links) und Wasserkraftwerk (rechts).

gewusst · gekonnt

1. Nenne und erläutere Vorgänge aus Natur und Technik, bei denen mechanische Energie in thermische Energie umgewandelt wird!

2. Taucht man eine Glaskugel wie in der Abbildung abwechselnd in warmes und kaltes Wasser, dann bewegt sich der Kolben auf und ab. Könnte man aus dieser Anordnung eine selbständig arbeitende Maschine bauen?

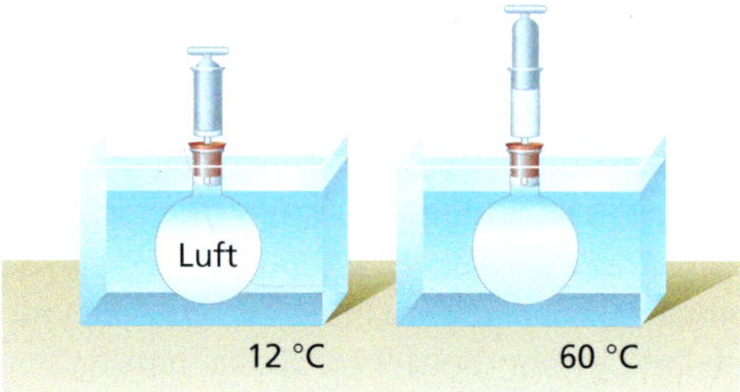

3. Die thermische Energie eines Topfes mit Wasser soll erhöht werden.
a) Nenne verschiedene Möglichkeiten, wie man das erreichen kann!
b) Was geschieht dabei mit der Temperatur des Wassers? Begründe!

4. Vergleiche die Größen thermische Energie und Wärme! Stelle Gemeinsamkeiten und Unterschiede zusammen!

5. Beschreibe den Aufbau und erkläre die Wirkungsweise eine Viertaktmotors!

6. Vergleiche Aufbau und Wirkungsweise eines Ottomotors und eines Dieselmotors!

7. Bei einem Dieselmotor, der 5,6 l Diesel auf 100 km braucht, werden 68 % der zugeführten Energie in Form von Wärme an die Umgebung abgegeben.
a) Wie viele Liter Diesel werden tatsächlich für die Fortbewegung auf 100 km genutzt?

b) Wie groß ist der Wirkungsgrad dieses Dieselmotors?

8. Warum müssen Wärmekraftmaschinen gekühlt werden? Welche Kühlmittel werden benutzt? Warum?

9. Der durchschnittliche Kraftstoffverbrauch bei Pkw mit Ottomotoren betrug in Deutschland im Jahr 1990 9,6 l, 1995 noch 9,0 l und im Jahr 2003 etwa 8,4 l. Inzwischen gibt es aber schon 3-Liter-Autos. Sie produzieren wesentlich weniger Schadstoffe als Autos mit höherem Kraftstoffverbrauch.
a) Durch welche Maßnahmen kann man bei jedem Pkw den Kraftstoffverbrauch und damit auch den Schadstoffausstoß verringern?
b) Erkunde, durch welche technischen Maßnahmen der Kraftstoffverbrauch moderner Autos wesentlich verringert werden kann!

10. Die Grafik (s. Abb.) zeigt das Prinzip einer Wärmekraftmaschine.
Erläutere die Grafik an einem selbst gewählten Beispiel!

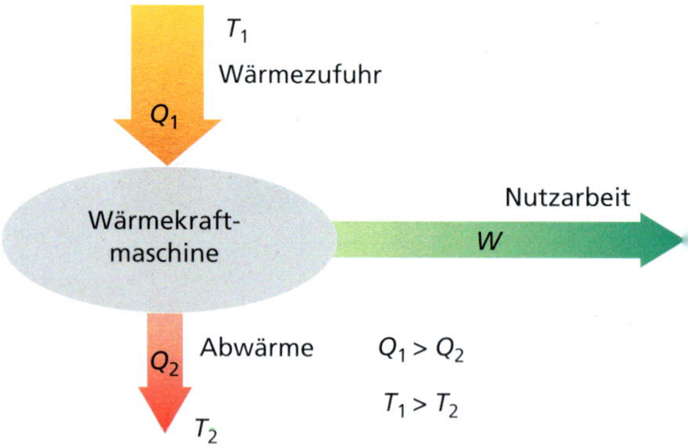

***11.** Ein Stirling-Motor (Heißluftmotor) hat gegenüber den Verbrennungsmotoren den Vorteil, dass er keine schädlichen Abgase an die Umwelt abgibt. Erkunde mithilfe des Internets, wie dieser Motor funktioniert und warum er noch keine Verbreitung gefunden hat! Nutze auch **www.schuelerlexikon.de**!

12. Der deutsche Ingenieur FELIX WANKEL (1902 bis 1988) entwickelte einen Motor, bei dem sich der Kolben nicht hin- und herbewegt, sondern rotiert. Ein solcher Motor wird als Drehkolbenmotor oder Wankelmotor bezeichnet. Informiere dich im Internet unter **www.schuelerlexikon.de** über diesen Motor! Bereite zu Aufbau und Wirkungsweise einen Kurzvortrag vor!

13. Bei der Deutschen Bahn wurden ab den fünfziger Jahren des 20. Jahrhunderts Dampflokomotiven allmählich durch Diesel- und Elektrolokomotiven ersetzt. Welche Vorteile haben diese Lokomotiven?

14. Die Skizze zeigt die Energiebilanz für einen Ottomotor. Wie groß ist der Wirkungsgrad?

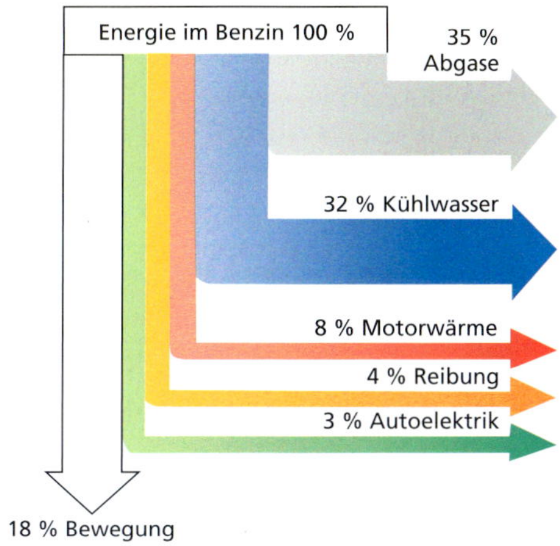

15. Vergleiche den Aufbau und die Wirkungsweise einer Wärmepumpe (s. Abb.) und eines Kühlschranks (s. S. 155)!

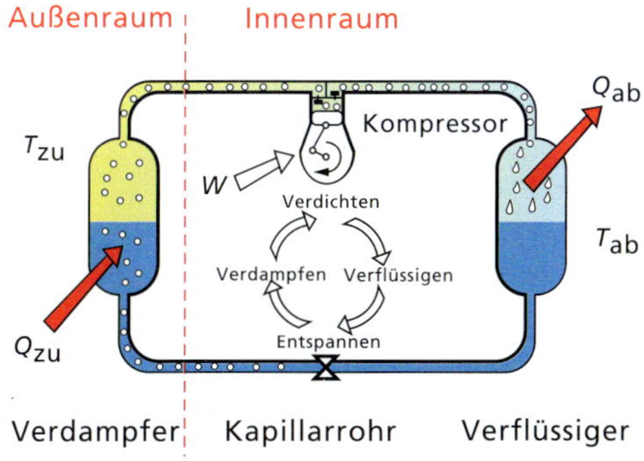

16. Wasser wird erhitzt. Der ausströmende Wasserdampf strömt gegen das Flügelrad.

a) Beschreibe die Energieumwandlungen, die bei diesem Experiment vor sich gehen!

b) Mit dem Experiment wird die prinzipielle Wirkungsweise einer Dampfturbine demonstriert. Erkunde, wie eine Dampfturbine aufgebaut ist und wie sie funktioniert! Nutze dazu das Internet, z. B. die Adresse **www.schuelerlexikon.de.**

17. Das Energieflussdiagramm zeigt die Energiebilanz für ein Kraftwerk mit Kraft-Wärme-Kopplung, bei dem die Abwärme für Heizzwecke genutzt wird.

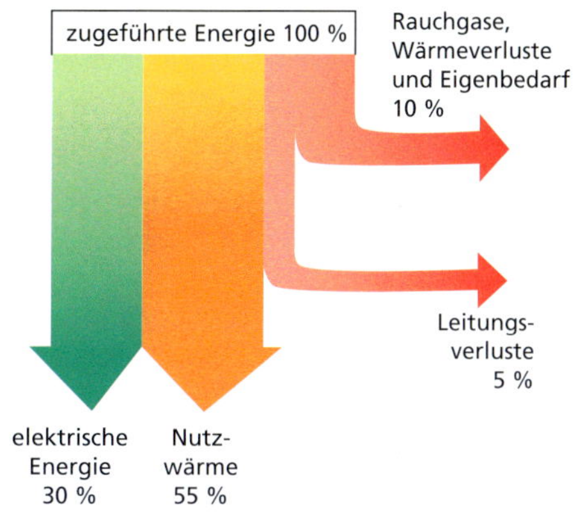

a) Wie groß ist der Wirkungsgrad dieses Kraftwerkes?

b) Kraftwerke mit Kraft-Wärme-Kopplung baut man in der Regel in der Nähe von Wohnvierteln. Warum wählt man einen solchen Standort?

*c) Diskutiere Möglichkeiten der Nutzung der Abwärme bei Großkraftwerken ohne Kraft-Wärme-Kopplung!

Wärme in der Technik

Die **thermische Energie** von Gasen ermöglicht es, **mechanische Arbeit** zu verrichten. Dabei wird **Wärme** von einem Körper auf andere Körper übertragen.

Thermische Energie E_{th}	**Wärme Q**
ist die Fähigkeit eines Körpers, aufgrund seiner Temperatur mechanische Arbeit zu verrichten und Wärme abzugeben.	gibt an, wie viel thermische Energie von einem Körper auf einen anderen übertragen wird.
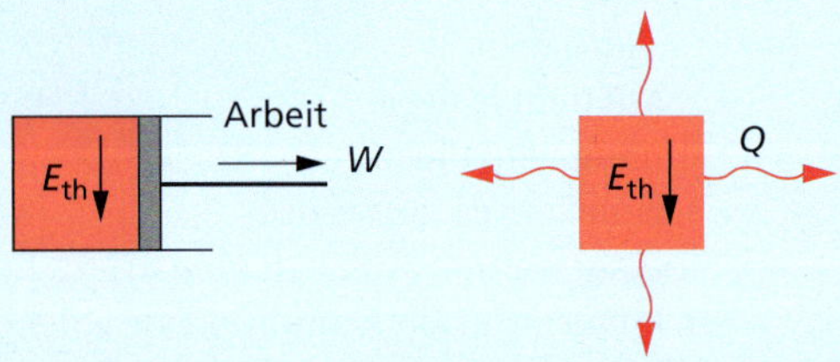	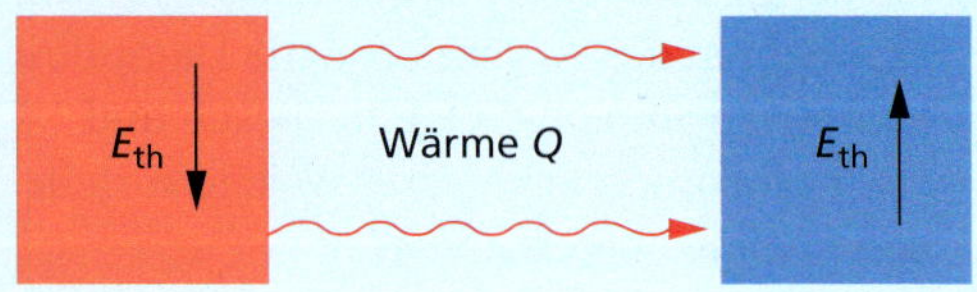

Bei **Wärmekraftmaschinen** wird mithilfe thermischer Energie mechanische Arbeit verrichtet. Dabei wird immer ein Teil der zugeführten Energie in Form von Wärme an die Umgebung abgegeben.

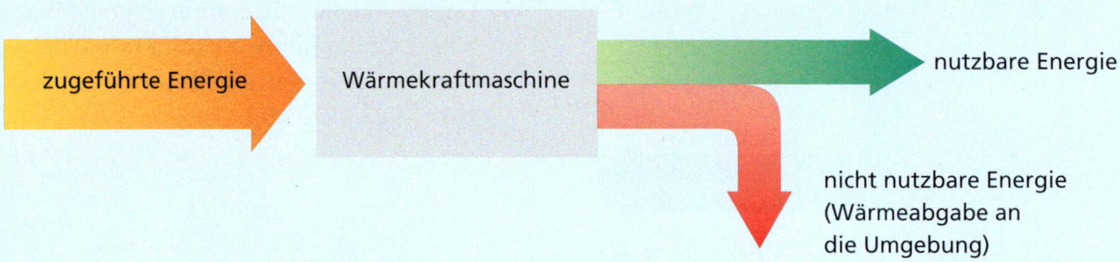

Zu den **Wärmekraftmaschinen** gehören Dampfmaschinen, Verbrennungsmotoren (Ottomotor, Dieselmotor) sowie Gas- und Dampfturbinen, aber auch Kühlschränke und Wärmepumpen.

Wärmekraftmaschine, die Arbeit verrichtet (Dampfmaschine, Verbrennungsmotor)

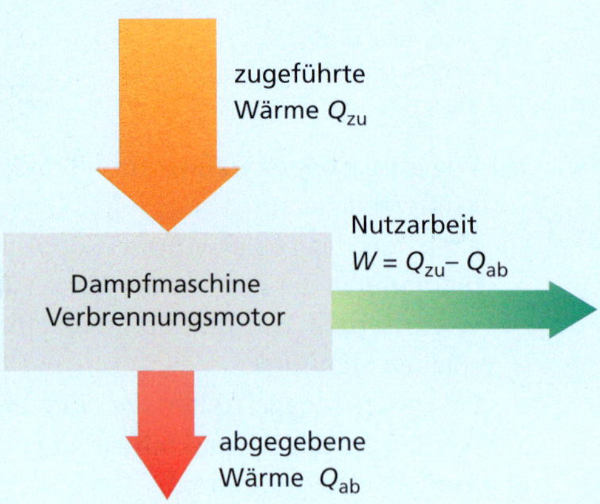

Wärmekraftmaschine, bei der Arbeit zugeführt wird (Wärmepumpe)

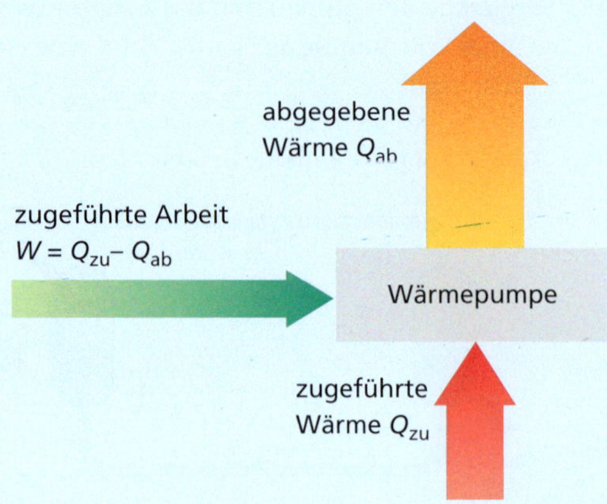

4 Elektrizitätslehre und Magnetismus

4.1 Elektrizität – elektrischer Strom und elektrische Spannung

Überall elektrischer Strom

Ohne elektrischen Strom ist unser Leben heute kaum noch denkbar. Elektrischer Strom wird uns durch die verschiedensten Quellen zur Verfügung gestellt: Batterien, Akkumulatoren, Dynamos, Solarzellen und Steckdosen. Viele elektrische Geräte nutzen die Wirkungen des elektrischen Stromes und machen uns das Leben angenehmer. Allein im Haushalt gibt es eine Vielzahl solcher Geräte. *Welche Wirkungen des elektrischen Stromes werden bei den verschiedenen Haushaltsgeräten genutzt?*

Haare stehen zu Berge

Wenn man trockene Haare mit einem Plastikkamm kämmt, kann es passieren, dass einem die Haare zu Berge stehen. Die Haare werden regelrecht von dem Kamm angezogen und man sieht aus wie Struwwelpeter. Ähnliches kann man auch feststellen, wenn man mit einer elektrisch geladenen Kugel verbunden ist (s. Foto). *Wie ist diese Erscheinung zu erklären?*

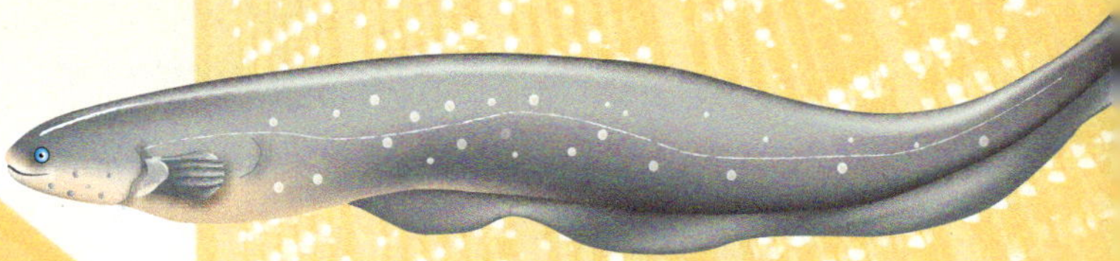

Spannung, erzeugt von Fischen?

Einige Fische, wie der im Süßwasser lebende südamerikanische Zitteraal, können Spannungen von mehreren Hundert Volt erzeugen. Der dadurch kurzzeitig im Wasser fließende Strom reicht aus, um ihre Beute zu betäuben oder gar zu töten. Gleichzeitig schützen sie sich so vor ihren natürlichen Feinden. *Wodurch ist es einem Zitteraal möglich, so hohe Spannungen zu produzieren?*

Elektrisch geladene Körper

Körper unserer Umgebung können elektrisch geladen sein. Die Ursache dafür liegt in ihrem Aufbau begründet. Alle Körper sind aus Atomen und Molekülen aufgebaut. Atome wiederum bestehen aus einer Atomhülle, in der sich elektrisch negativ geladene **Elektronen** befinden, und dem Atomkern (Abb. 2). Der Atomkern enthält u. a. elektrisch positiv geladene **Protonen** und ist damit positiv geladen. Ein Atom, das die gleiche Anzahl positiver Ladungen im Kern und negativer Ladungen in der Atomhülle hat, ist elektrisch neutral. Auch ein Körper, der insgesamt genauso viele Elektronen wie Protonen hat, ist nach außen ungeladen.

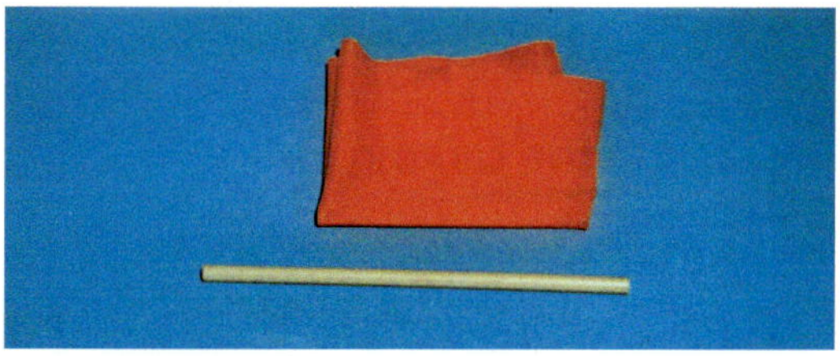

1a Vor der Berührung sind beide Körper neutral.

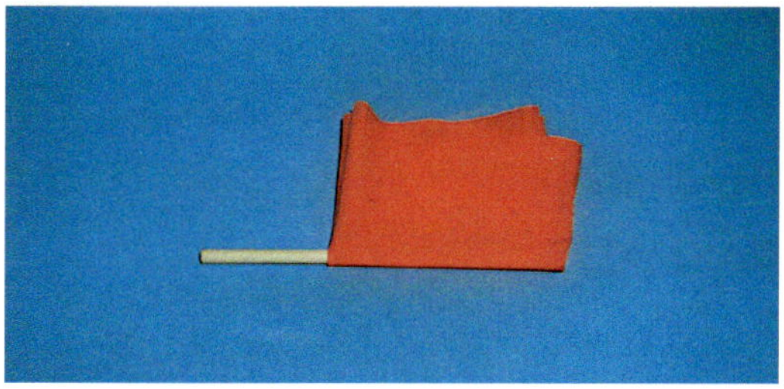

1b Beim innigen Berühren (Reiben) gehen Elektronen vom Tuch auf den Plastikstab über.

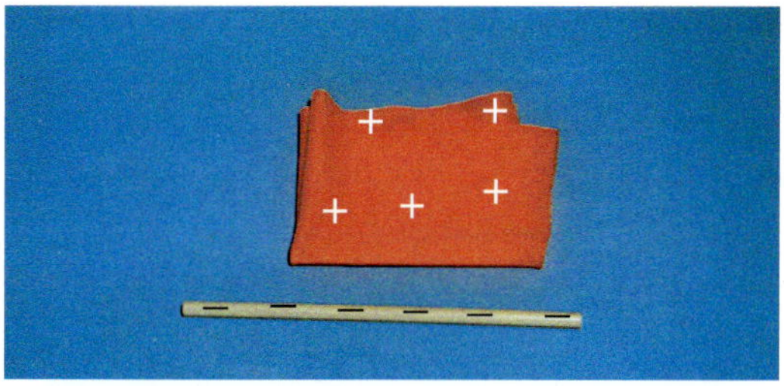

1c Nach der Berührung sind das Tuch positiv und der Plastikstab negativ geladen.

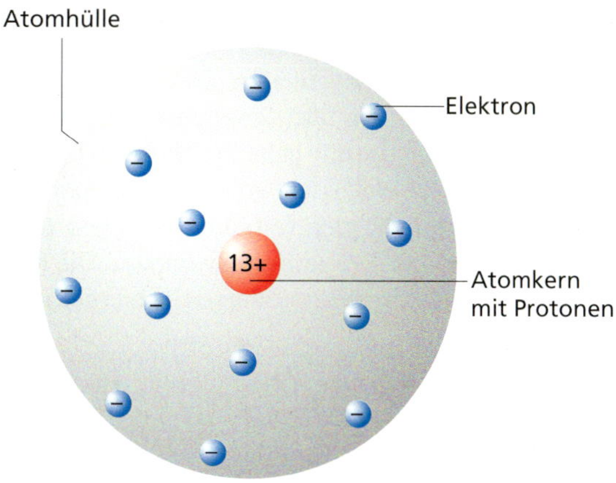

2 Aufbau eines Aluminiumatoms

Durch inniges Berühren bzw. Reiben zweier Körper aneinander können Elektronen von dem einen Körper auf den anderen Körper übergehen.

Danach hat der eine Körper mehr Elektronen als positive Ladungen. Er besitzt **Elektronenüberschuss** und ist negativ geladen.
Der andere Körper hat Elektronen abgegeben und besitzt nun einen **Elektronenmangel.** Er hat mehr positive Ladungen als Elektronen und ist positiv geladen (Abb. 1).

Ein negativ geladener Körper hat einen Elektronenüberschuss. Bei einem positiv geladenen Körper herrscht Elektronenmangel.

Da die **Ladungstrennung** durch Berührung bzw. Reibung zustande kommt, spricht man auch von **Reibungselektrizität.**

Kräfte zwischen geladenen Körpern

Berührt man einen ungeladenen Körper mit einem elektrisch negativ geladenen Körper, so können Elektronen von dem geladenen Körper auf den ungeladenen Körper übergehen. Der betroffene Körper ist dann negativ geladen.

Bringt man einen positiv geladenen Körper mit einem ungeladenen Körper in Berührung, so können Elektronen auf den positiv geladenen Körper übergehen. Der zunächst ungeladene Körper ist dann positiv geladen. Untersucht man das Verhalten elektrisch geladener Körper genauer, dann stellt man fest, dass zwischen elektrisch geladenen Körpern Kräfte wirken. Die Körper ziehen sich an oder stoßen sich ab (Abb. 1).

Gleichartig geladene Körper stoßen einander ab. Ungleichartig geladene Körper ziehen einander an.

Werden elektrisch geladene Körper leitend miteinander verbunden, so kommt es zum **Ladungsausgleich** (Abb. 2).

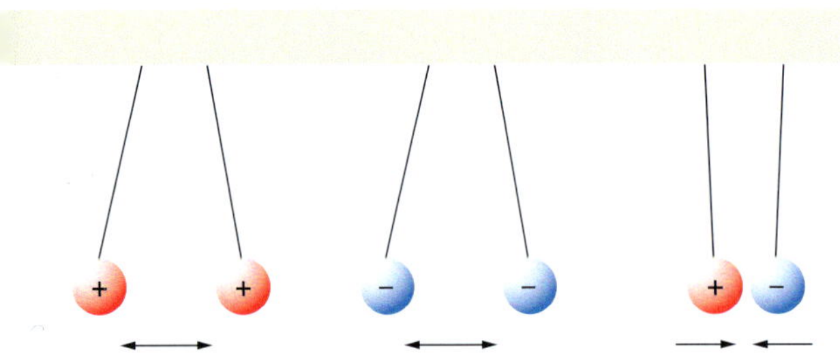

1 Es erfolgt eine Abstoßung, wenn beide Körper gleichartig geladen sind.
Es erfolgt eine Anziehung, wenn beide Körper ungleichartig geladen sind.

Nähert man einem ungeladenen Körper z. B. einen negativ geladenen Körper, so wirken zwischen den Ladungen ebenfalls Kräfte (Abb. 3). Es kommt auf dem ungeladenen Körper zu einer

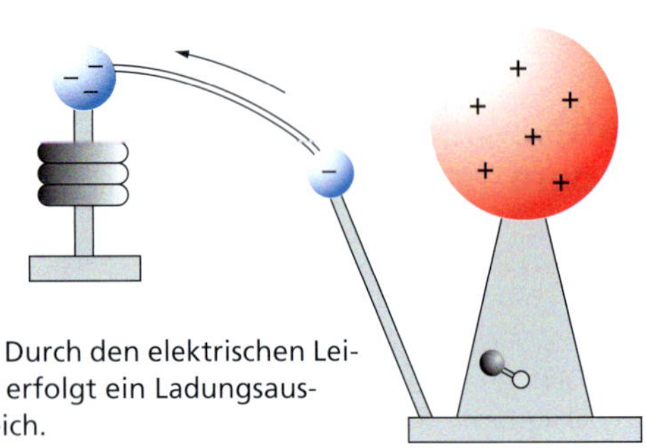

2 Durch den elektrischen Leiter erfolgt ein Ladungsausgleich.

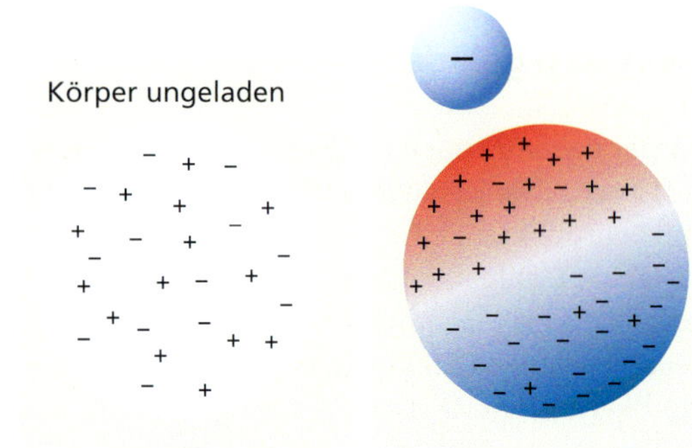

3 Ladungstrennung durch Influenz

Verschiebung von Ladungen und damit zu einer Ladungstrennung in bzw. auf dem betreffenden Körper.
Die Erscheinung der Ladungstrennung unter dem Einfluss eines geladenen Körpers wird als **Influenz** bezeichnet.

Die elektrische Ladung

Körper können unterschiedlich stark geladen sein. Wie stark ein Körper positiv oder negativ geladen ist, wird durch die Größe **elektrische Ladung** beschrieben.

Die elektrische Ladung eines Körpers gibt an, wie groß sein Elektronenüberschuss oder sein Elektronenmangel ist.

Formelzeichen: Q
Einheit: **1 Coulomb (1 C)**

Die Einheit 1 C ist nach dem französischen Naturforscher Charles Augustin De Coulomb (1736–1806) benannt.
Ein Körper hat eine Ladung von 1 C, wenn er einen Elektronenüberschuss oder einen Elektronenmangel von $6{,}2 \cdot 10^{18}$ Elektronen besitzt. Das ist die Anzahl von Elektronen, die bei einer Stromstärke von 1 A in einer Sekunde durch einen Leiterquerschnitt hindurchfließt. Die elektrische Ladung von geladenen Körpern in unserer Umgebung (geladene Kugeln, elektrische Aufladung des Menschen) beträgt meist wesentlich weniger als ein Tausendstel Coulomb. Die Ladung eines Elektrons ist $1{,}6 \cdot 10^{-19}$ C.

Das elektrische Feld

Im Raum um einen elektrisch geladenen Körper werden auf andere elektrisch geladene Körper Kräfte ausgeübt. Diesen Raum nennt man **elektrisches Feld.**

Ein elektrisches Feld existiert im Raum um einen elektrisch geladenen Körper, in dem auf andere elektrisch geladene Körper Kräfte ausgeübt werden.

Für elektrische Felder besitzten wir kein Sinnesorgan. Ein elektrisches Feld lässt sich aber durch Kräfte auf elektrisch geladene Körper nachweisen. Bringt man z. B. kleine, negativ geladene Kugeln in die Nähe einer anderen, positiv geladenen Kugel und zeichnet die jeweils wirkenden Kräfte ein, dann erhält man das in Abb. 1 dargestellte Bild. Werden anstelle der einzelnen Kraftpfeile (Abb. 1) durchgehende Linien gezeichnet, so erhält man ein **Feldlinienbild** des betreffenden Feldes (Abb. 2, 3, 4).

Ein elektrisches Feld lässt sich mithilfe eines Feldlinienbildes veranschaulichen.
Das Feldlinienbild ist ein Modell des elektrischen Feldes.

Aus einem Feldlinienbild ist erkennbar, in welcher Richtung die Kraft auf einen geladenen Körper wirkt (Abb. 4). Es gibt auch Auskunft über die Stärke des Feldes. Je stärker das elektrische Feld ist, desto dichter werden die Feldlinien gezeichnet. Beachte: Ein elektrisches Feld gibt es auch dort, wo keine Feldlinien gezeichnet sind.

Mosaik

Experimentelle Untersuchung elektrischer Felder

Feldlinien lassen sich auch experimentell veranschaulichen, wenn sich Grießkörnchen in Öl in einem elektrischen Feld befinden (Abb. unten). Unter der Wirkung des elektrischen Feldes richten sich die Grießkörnchen in Richtung der Feldlinien aus.

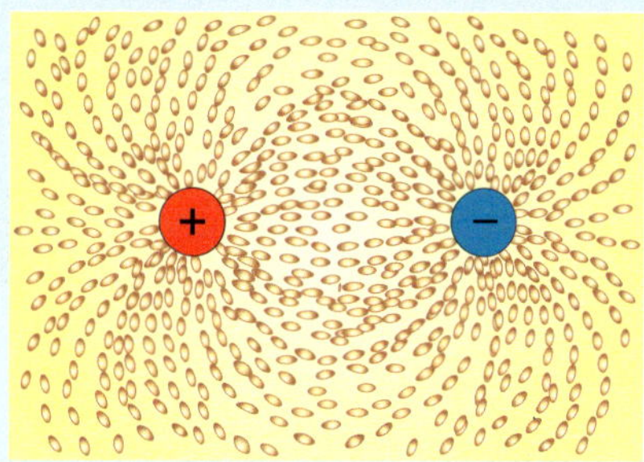

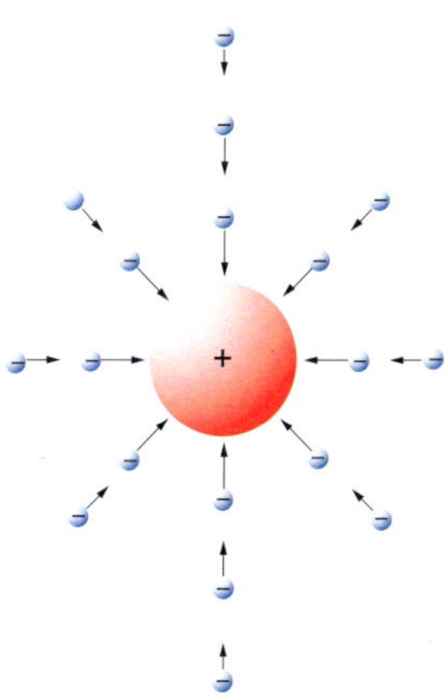

1 Kräfte auf geladene Körper im elektrischen Feld

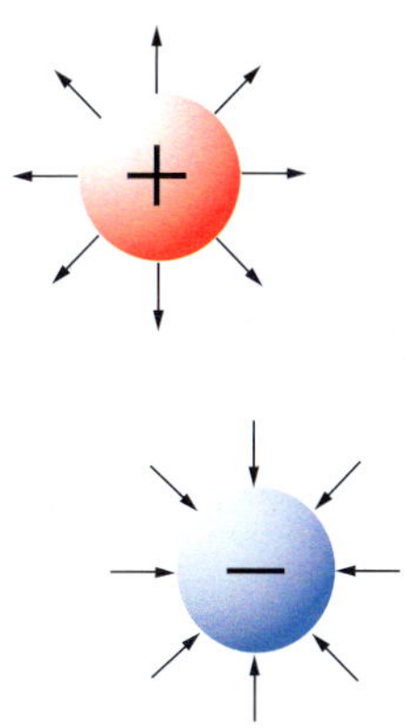

2 Elektrisches Feld um geladene Kugeln

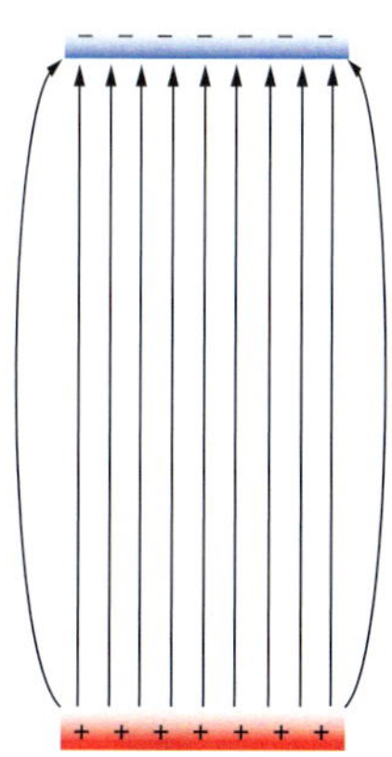

3 Elektrisches Feld zwischen zwei unterschiedlich geladenen Platten

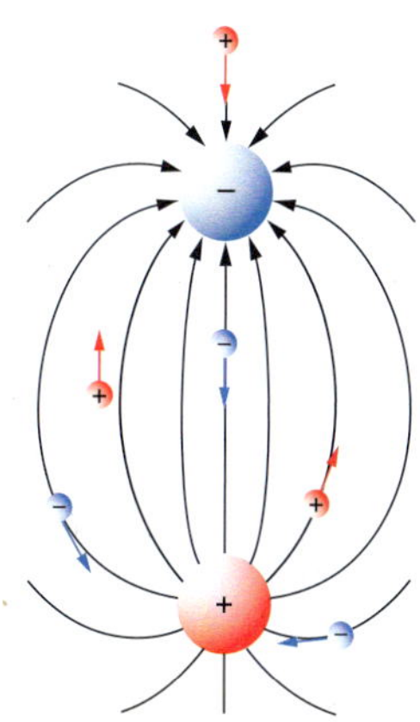

4 Feldlinienbild und Kräfte auf geladene Körper

Elektrischer Strom und elektrische Quellen

Wenn man den Lichtschalter betätigt, dann leuchtet eine Glühlampe auf. Durch sie fließt ein elektrischer Strom. Ähnlich ist das beim Einschalten eines Computers, eines Fernsehapparates oder eines CD-Players. Schaltet man die betreffenden Geräte aus, dann fließt kein Strom mehr. Elektrischer Strom kann nur in einem geschlossenen Stromkreis fließen (Abb. 2).

Ein elektrischer Strom fließt nur, wenn in einem geschlossenen Stromkreis mindestens eine elektrische Quelle und ein elektrischer Verbraucher durch elektrische Leitungen miteinander verbunden sind.

In den meisten Stromkreisen ist ein **Schalter** eingebaut, mit dem der Stromkreis geöffnet oder geschlossen werden kann.

Die ersten elektrischen Quellen, die für praktische Anwendungen nutzbar waren, konstruierte um 1800 der italienische Naturforscher ALESSANDRO VOLTA (1745–1827). Er erfand auch den Vorläufer unserer heutigen Batterien, die es inzwischen in den unterschiedlichsten Bauformen gibt (Abb. 1).

Neben Batterien gibt es heute eine Vielzahl weiterer elektrischer Quellen: Akkumulatoren liefern die notwendige Energie für das Starten eines Pkw. Generatoren in Kraftwerken versorgen Haushalte

1 Verschiedene elektrische Quellen: Bei allen diesen Quellen erfolgen elektrochemische Vorgänge.

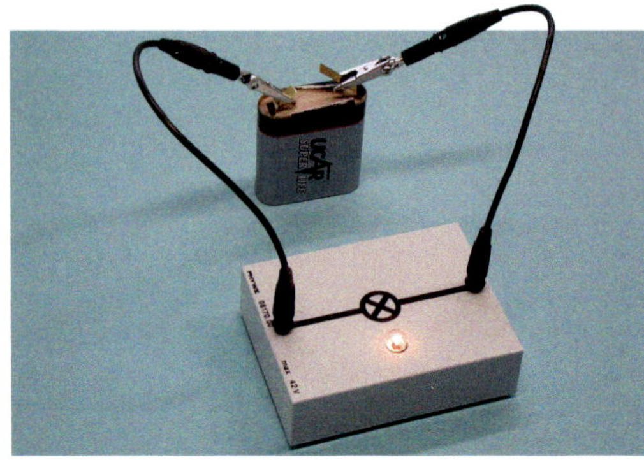

2 Ein einfacher Stromkreis besteht aus einer elektrischen Quelle und einem Verbraucher.

und Betriebe mit elektrischer Energie. Zu Hause nutzen wir die Steckdosen als elektrische Quellen. Die Fahrradbeleuchtung wird durch einen Dynamo betrieben. Zunehmend werden auch Solarzellen als elektrische Quellen genutzt. Bei ihnen wird die Energie des Sonnenlichts in elektrische Energie umgewandelt.

Was ist eigentlich elektrischer Strom? Genauere Untersuchungen haben ergeben:

Elektrischer Strom ist die gerichtete Bewegung von Elektronen in einem Stromkreis.

Am Minuspol einer Spannungsquelle herrscht Elektronenüberschuss, am Pluspol Elektronenmangel. Die Elektronen bewegen sich gerichtet durch die Leitungen und durch die Geräte. Sie bewegen sich immer vom Minuspol zum Pluspol der elektrischen Quelle (Abb. 3).

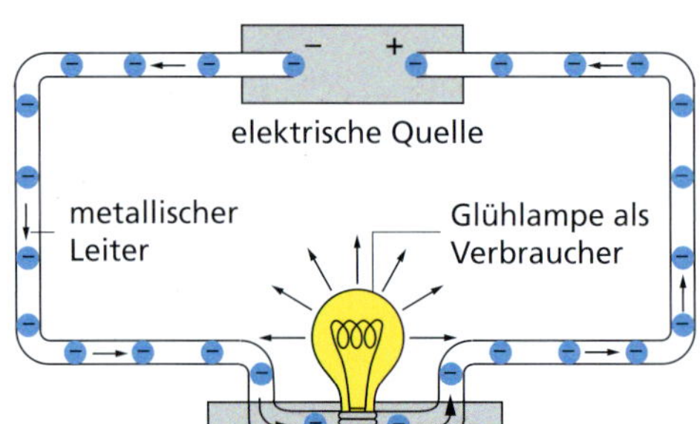

3 Elektronen bewegen sich durch den Stromkreis vom Minuspol zum Pluspol.

Der Strom ist dabei umso stärker, je mehr Elektronen sich durch die Leitung bewegen. Da jedes Elektron eine bestimmte Ladung trägt, kann man auch sagen: Je mehr Ladung sich in einer bestimmten Zeit durch einen Stromkreis bewegt, desto größer ist die Stärke des elektrischen Stroms.

In einem Stromkreis können sich verschiedene Geräte und Bauteile befinden, darunter **elektrische Verbraucher.** Das sind elektrische Geräte, in denen die verschiedenen Wirkungen des elektrischen Stromes genutzt werden, z. B. um Licht und Wärme zu erzeugen. In ihnen wird die elektrische Energie der Quelle in andere Energieformen umgewandelt.

Elektrische Leitungen bestehen aus Materialien, die den elektrischen Strom gut leiten.

> **Körper, die den elektrischen Strom gut leiten, nennt man elektrische Leiter.**
> **Körper, die den elektrischen Strom schlecht oder gar nicht leiten, nennt man elektrische Nichtleiter (Isolatoren).**

Fast alle Metalle sind gute **elektrische Leiter.** Körper aus Kupfer und Aluminium leiten den elektrischen Strom besonders gut. Sie werden deshalb vor allem für elektrische Leitungen eingesetzt.

Daneben gibt es auch viele **Nichtleiter** oder **Isolatoren.** Keramik, Kunststoff (z. B. Plastik oder Lack), Glas, Gummi und nicht leuchtende Gase (z. B. Luft) sind Isolatoren. Sie werden deshalb z. B. zur Isolation von elektrischen Leitungen genutzt.

Weitere Bauteile, die sich häufig in Stromkreisen befinden, sind **Glühlampen** und **Widerstände.**

Elektrische Stromkreise können in **Schaltplänen** vereinfacht und übersichtlich dargestellt werden. Dabei verwendet man für die einzelnen Bauteile **Schaltzeichen,** die international einheitlich festgelegt wurden.

Die Schaltzeichen einiger wichtiger Bauteile sind in der Übersicht (rechts) zusammengestellt.

Sie werden genutzt, um elektrische Schaltungen übersichtlich in Schaltplänen darzustellen.

elektrische Quelle (allgemein)

elektrische Quelle (Batterie)

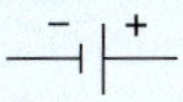

Glühlampe

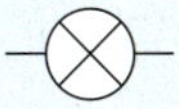

Elektromotor

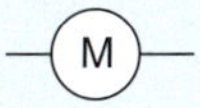

Widerstand

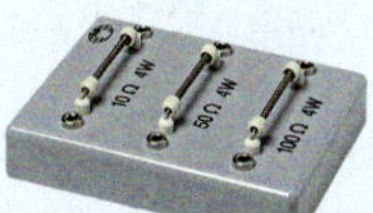

Sicherung

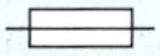

Leitungen, Kabel

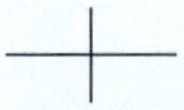

gekreuzt, ohne Verbindung

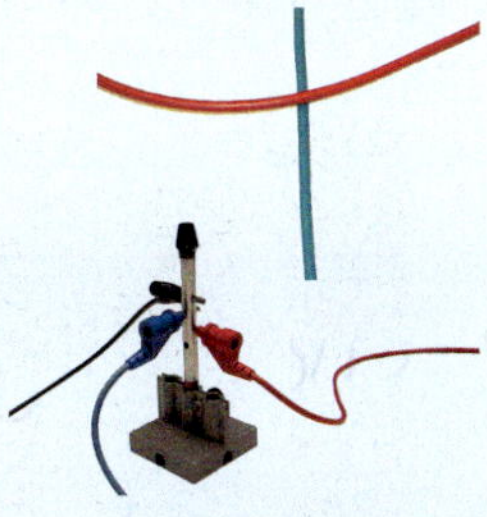

Abzweig

Schalter geöffnet

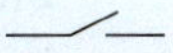

geschlossen

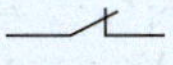

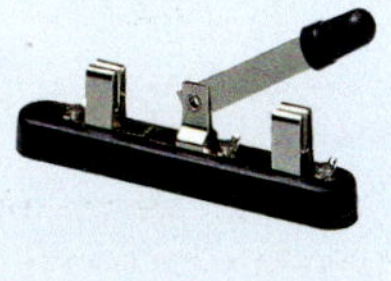

Einfache Stromkreise

Damit ein elektrischer Strom fließen kann, muss ein geschlossener Stromkreis vorliegen. Im einfachsten Fall wird ein elektrisches Gerät, z. B. eine Glühlampe, mit einer elektrischen Quelle verbunden (Abb. 1).
Für viele Anwendungen müssen aber mehrere Geräte im Stromkreis zusammengeschaltet werden. Dafür gibt es verschiedene Möglichkeiten. Als Beispiel betrachten wir die Schaltung von zwei Glühlampen.
Diese Glühlampen können hintereinander geschaltet sein (Abb. 2). Der Stromkreis ist **unverzweigt.** Eine solche Schaltung wird als **Reihenschaltung** bezeichnet.
Glühlampen können auch parallel zueinander geschaltet werden (Abb. 3). Der Stromkreis ist dann **verzweigt.** Eine solche Schaltung wird als **Parallelschaltung** bezeichnet.

Auch elektrische Quellen und andere Bauteile können in Reihe oder parallel geschaltet sein. Parallel- und Reihenschaltung können auch miteinander kombiniert sein, also in einer Schaltung vorhanden sein. Welche Schaltung der Bauteile man wählt, hängt von der jeweiligen Anwendung ab. Wenn in einem Haushalt mehrere Verbraucher (z. B. Lampen, Fernsehapparat, Computer) eingeschaltet sind, so sind diese Verbraucher parallel geschaltet. Bei Geräten wie Kofferradios oder Taschenlampen sind die zum Betrieb erforderlichen Batterien in Reihe geschaltet. Eine solche Reihenschaltung liegt auch bei Lichterketten und bei der Weihnachtsbaumbeleuchtung vor.

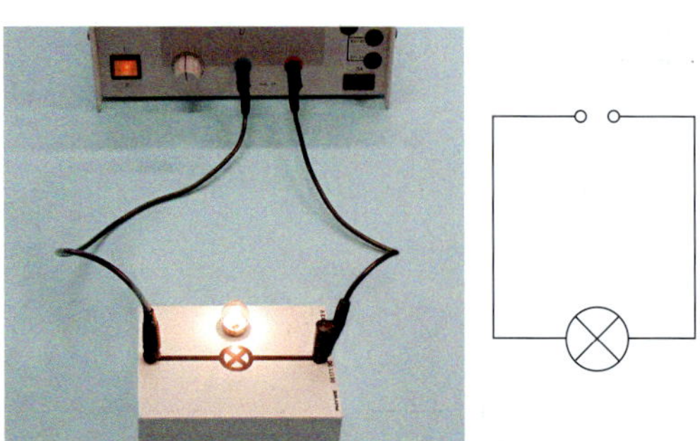

1 Einfacher Stromkreis mit einer Glühlampe

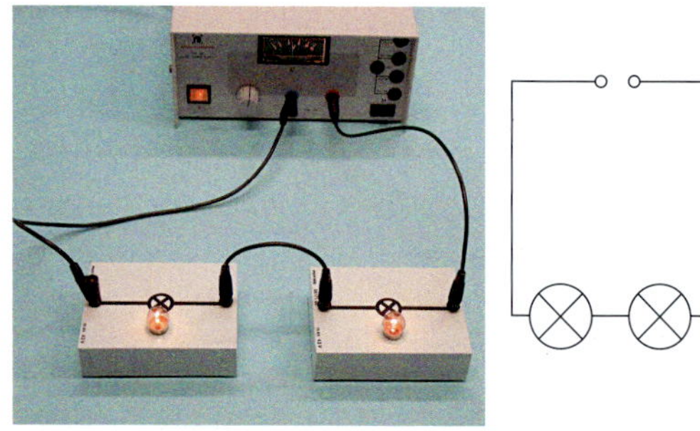

2 Reihenschaltung von Glühlampen (unverzweigt)

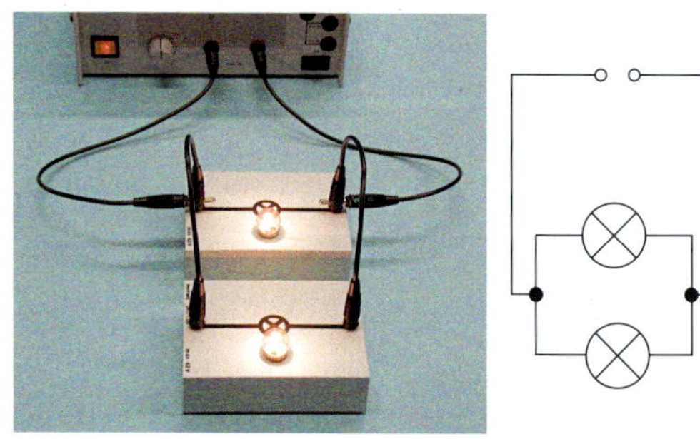

3 Parallelschaltung von Glühlampen (verzweigt)

Der Kurzschluss

Wenn der elektrische Strom z. B. durch eine schadhafte Isolierung die Möglichkeit hat, von einem Pol der elektrischen Quelle zum anderen Pol zu fließen, ohne durch den Verbraucher zu müssen, so wird er diesen Weg wählen. Man spricht dann von einem **Kurzschluss.**

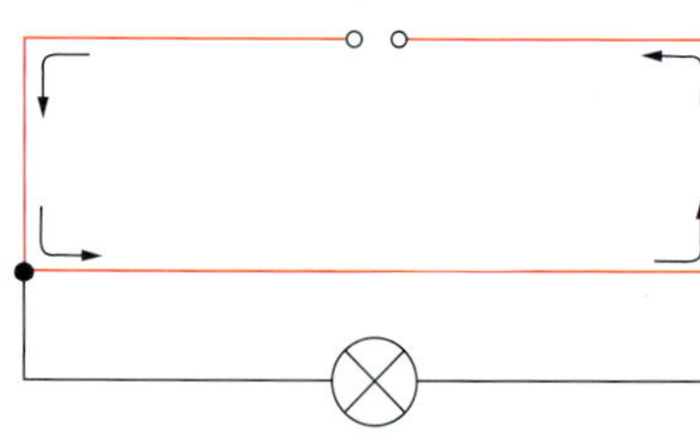

Da bei einem Kurzschluss kein Strom mehr durch den Verbraucher fliesst, arbeitet dieser auch nicht mehr. Der elektrische Strom in den Leitungen und in der Quelle kann so groß werden, dass aufgrund der Wärmewirkung des elektrischen Stromes die Leitungen und die Quelle heiß werden. Dabei kann es zu Bränden kommen. Manchmal können die Quelle oder die Leitungen auch zerstört werden.

Die elektrische Stromstärke

Die Wirkungen des elektrischen Stromes sind u. a. abhängig von der Stärke des Stromes, der durch einen Leiter oder ein Bauteil fließt. So leuchtet eine Lampe mehr oder weniger hell, je nachdem, wie groß der elektrische Strom ist, der durch die Glühlampe fließt. Eine Heizwendel gibt umso mehr Wärme ab, je größer die Stromstärke ist.
Auch im Alltag spricht man von Stromstärke, z. B. im Zusammenhang mit Wasserströmungen, Verkehrs- oder Fußgängerströmen. Die Stärke einer Wasserströmung ist umso größer, je mehr Wasser pro Sekunde durch den Rohrquerschnitt fließt. Ein Fußgängerstrom ist umso stärker, je mehr Fußgänger eine bestimmte Stelle passieren.
Beim elektrischen Strom bewegen sich Elektronen durch einen metallischen Leiter. Die Stärke dieses Elektronenstromes wird durch die physikalische Größe **elektrische Stromstärke** beschrieben. Allgemein gilt:

Die elektrische Stromstärke gibt an, wie viele Ladungsträger (z. B. Elektronen) sich in jeder Sekunde durch den Querschnitt eines elektrischen Leiters bewegen.

Formelzeichen: *I*
Einheit: 1 Ampere (1 A)

Elektrische Stromstärken in Natur und Technik	
Fotozelle	10 µA
Radio (batteriebetrieben)	10 mA
lebensgefährliche Stromstärke	> 20 mA
Glühlampe einer Taschenlampe	0,2 A
60-W-Glühlampe (bei 230 V)	0,26 A
100-W-Glühlampe (bei 230 V)	0,43 A
Bügeleisen	5 A
Elektrolokomotive	300 A
Elektroschweißgerät	500 A
Elektroschmelzofen	15 000 A
Blitz	bis 100 000 A

Die Einheit 1 A ist nach dem Franzosen ANDRÉ MARIE AMPÈRE (1775–1836) benannt. AMPÈRE war als Physiker und auch als Mathematiker tätig. In der Physik befasste er sich vor allem mit den magnetischen Wirkungen elektrischer Ströme. So fand er, dass stromdurchflossene Leiter nicht nur auf Magnetnadeln wirken, sondern sich auch je nach der Stromrichtung zwei stromdurchflossene Leiter anziehen oder abstoßen.
Teile der Einheit 1 A sind ein Milliampere (1 mA) und ein Mikroampere (1 µA):

1 A = 1 000 mA = 1 000 000 µA
1 mA = 1 000 µA

Bei einer Stromstärke von einem Ampere (1 A) bewegen sich etwa $6 \cdot 10^{18}$ Elektronen in jeder Sekunde durch den Leiterquerschnitt. Die Geschwindigkeit der Elektronen bei ihrer gerichteten Bewegung ist sehr gering und beträgt in metallischen Leitern nur etwa 1 mm/s.
Die elektrische Stromstärke wird mit Strommessern, auch **Stromstärkemesser** oder **Amperemeter** genannt, gemessen (Abb. 1, 2).

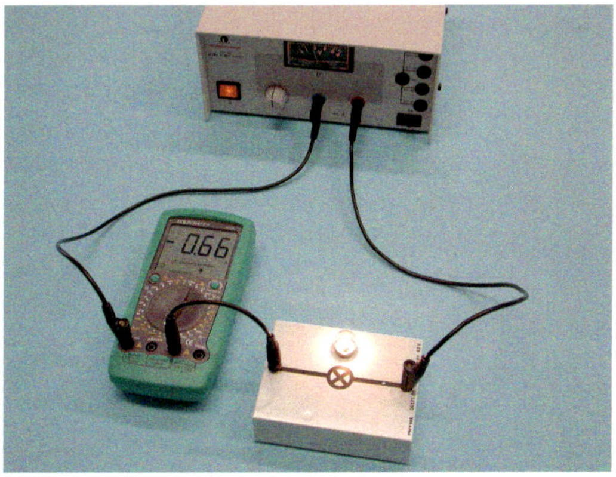

1 Messung der elektrischen Stromstärke in einem Stromkreis mit einer Glühlampe

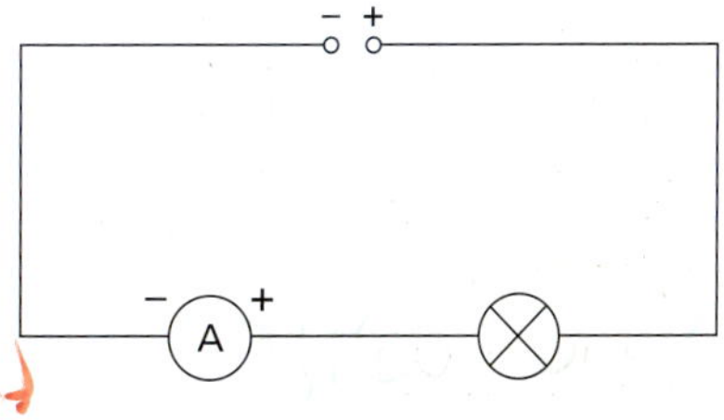

2 Schaltplan für Stromkreis mit Strommesser

In der Elektrizitätslehre werden häufig Vielfachmessgeräte genutzt, mit denen man verschiedene Größen messen kann.
Messgeräte haben einen **Messgerätefehler,** der die Genauigkeit der abgelesenen Messwerte beeinflusst. Dieser Fehler wirkt sich bei Zeigerinstrumenten im ersten Drittel der Skala besonders stark auf die Genauigkeit aus. Wenn man den Fehler klein halten will, ist der Messbereich so zu wählen, dass der Zeiger im letzten Drittel der Skala steht. Bei digitalen Messgeräten, also solchen, die das Messergebnis als Zahl anzeigen, tritt ebenfalls ein Messfehler auf. In der Regel ist die zuletzt angezeigte Ziffer unsicher.

1 Vielfachmessgeräte unterschiedlicher Bauart: Mit ihnen können Stromstärken, aber auch Spannungen gemessen werden.

Mosaik

Der Schutz des Menschen vor elektrischem Strom

Der menschliche Körper kann den elektrischen Strom leiten. Die Wirkung von elektrischem Strom auf den Menschen hängt von der Stärke des Stromes und von der Spannung sowie vom Stromweg ab (s. Abb.).

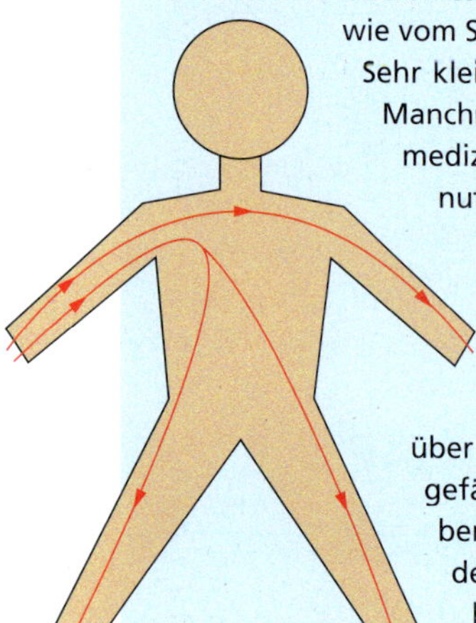

Sehr kleine Ströme schaden nichts. Manchmal werden sie auch zur medizinischen Behandlung genutzt. Aber bereits etwas größere elektrische Ströme können den Menschen verletzen oder sogar töten. Schon Ströme aus elektrischen Quellen über 25 V können lebensgefährlich sein. Steckdosen haben 230 V und sind damit für den Menschen äußerst lebensgefährlich.
Bereits schwache Ströme können beim Menschen Krämpfe verursachen, sodass man manchmal nicht einmal mehr die Hand von der elektrischen Leitung lösen kann.
Stärkere Ströme verursachen Atmungsbeschwerden und Verbrennungen. Es kann auch zu Unregelmäßigkeiten in der Herztätigkeit kommen. Dies kann zur Bewusstlosigkeit, zum Herzstillstand und damit zum Tod führen. Für den Stromweg Hand-Hand gilt:

2 mA	Strom gerade wahrnehmbar
10 mA	Es treten deutliche Verkrampfungen auf.
16 mA	starke Verkrampfungen, heftige Schmerzen
über 40 mA	Strom kann tödlich sein

Manchmal kann aber auch bereits der Schreck beim Berühren einer elektrischen Quelle zu einem Unfall führen. Deshalb muss sich der Mensch vor dem elektrischen Strom schützen und unbedingt die auf S. 173 genannten Regeln zum Umgang mit elektrischem Strom einhalten.

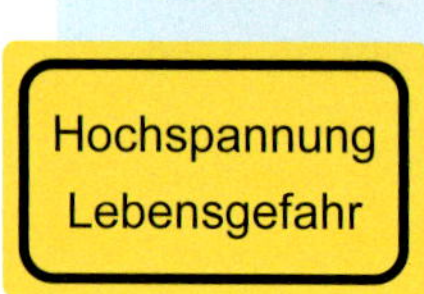

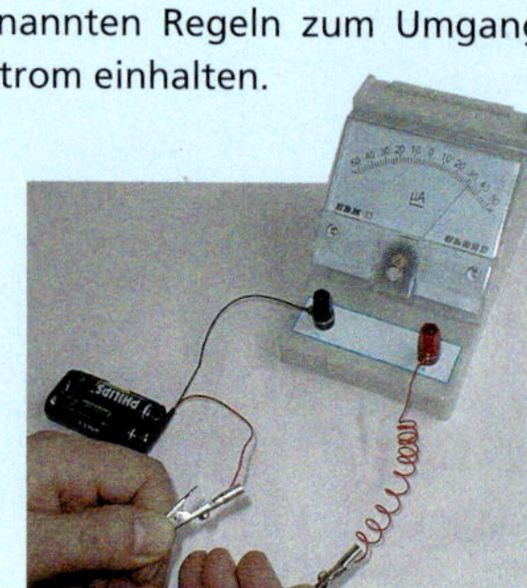

2 Selbst wenn man die Pole einer Batterie mit beiden Händen anfasst, fließt ein geringer elektrischer Strom durch den Körper.

Wirkungen des elektrischen Stromes

Fließt elektrischer Strom durch elektrische Leiter oder elektrische Geräte, so kann er verschiedene Wirkungen hervorrufen. Die charakteristischen Wirkungen des elektrischen Stroms sind in der Übersicht unten an Beispielen dargestellt.

Elektrischer Strom kann eine Lichtwirkung, eine Wärmewirkung, eine chemische Wirkung und eine magnetische Wirkung haben.

Ob ein elektrischer Strom fließt oder nicht, kann man nur an seinen Wirkungen erkennen. Auch alle Nachweismöglichkeiten für Strom beruhen auf seine Wirkungen.

Elektrischen Strom kann man nur an seinen Wirkungen erkennen.

Die Wirkungen des Stromes werden auch bei den vielfältigen Anwendungen genutzt. Glühlampen sind Beispiele für die Nutzung der Lichtwirkung. Die Wärmewirkung wird z. B. bei Elektroherden oder beim Föhn angewendet. Elektromagnete findet man in allen Elektromotoren oder als Lasthebemagnete. Zum Verchromen von Gegenständen nutzt man die chemische Wirkung.

Regeln für einen sicheren Umgang mit elektrischem Strom

1. Experimentiere niemals mit elektrischen Quellen, die eine Spannung von 25 V und mehr besitzen! Beachte: Die Netzspannung beträgt 230 V und ist daher lebensgefährlich.
2. Berühre niemals die Pole einer Steckdose, blanke Leitungen oder Leitungen mit schadhafter Isolierung mit bloßen Händen, metallischen Gegenständen oder anderen Leitern des elektrischen Stromes, z. B. Bleistift- oder Kugelschreiberminen!
3. Schließe Geräte stets an die richtige elektrische Quelle an! Die Voltzahlen von elektrischer Quelle und Gerät müssen annähernd übereinstimmen.
4. Ziehe Stecker niemals an den Leitungen aus der Steckdose, sondern stets am Stecker!

5. Baue elektrische Schaltungen stets bei ausgeschalteter elektrischer Quelle auf! Die elektrische Quelle darf erst nach Überprüfung der Schaltung eingeschaltet werden.
6. Bei gefährlichen Schaltungen müssen Sicherungen eingebaut werden. Wenn eine Sicherung kaputtgeht, dann ist
   - zunächst die Ursache der Störung zu beseitigen (z. B. Kurzschluss) und
   - dann eine neue Sicherung einzusetzen.

Elektrischer Strom kann unterschiedliche Wirkungen haben

Der elektrische Strom in einer Glühlampe kann Licht erzeugen.

Der Strom hat eine **Lichtwirkung.**

Der elektrische Strom in einem Bügeleisen erwärmt die Heizplatte.

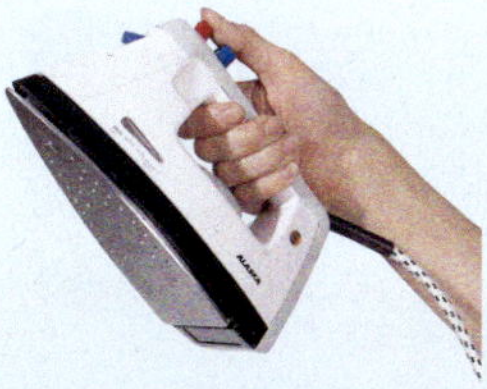

Der Strom hat eine **Wärmewirkung.**

Der elektrische Strom macht aus der Spule einen Elektromagneten.

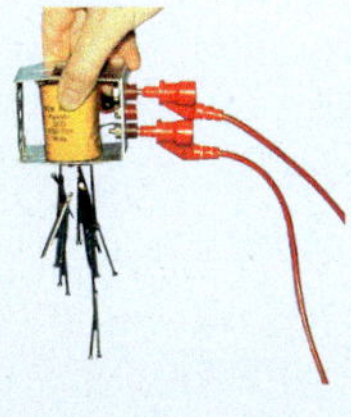

Der Strom hat eine **magnetische Wirkung.**

Mithilfe des elektrischen Stromes kann man einen metallischen Gegenstand verkupfern.

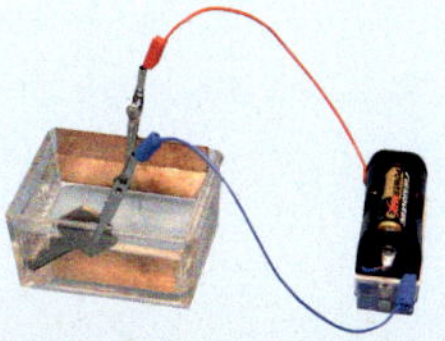

Der Strom hat eine **chemische Wirkung.**

Galvanische Spannungsquellen

Möglichkeiten zur Erzeugung elektrischer Spannung

Die Erforschung der elektrischen Spannung hat eine lange Geschichte. Schon bei den Griechen war bekannt, dass geriebener Bernstein andere Körper anzieht. Vom Bernstein sind auch die Namen Elektron und Elektrizität abgeleitet. Bernstein heißt auf griechisch „electron".

Bis zum 18. Jahrhundert kannte man nur die Reibung als Möglichkeit, Ladungen zu trennen und somit elektrische Spannung zu erzeugen.

Im 17. und 18. Jahrhundert gab es zahlreiche Versuche, Elektrisiermaschinen zu bauen. Sie nutzten das Prinzip der **Reibungselektrizität.**

Eine der ersten funktionsfähigen Elektrisiermaschinen baute der Magdeburger Bürgermeister und Forscher OTTO VON GUERICKE (1602–1686). Diese elektrische Quelle eignete sich zur Untersuchung der elektrischen Spannung. Sie wurde auch genutzt, um interessante Effekte vorzuführen. Für technische Anwendungen war sie jedoch nicht geeignet.

Mit Reibungselektrizität machen wir auch im Alltag Erfahrungen. Wenn man im Auto gesessen hat, aussteigt und die Tür berührt, kann man einen **elektrischen Schlag** bekommen. Beim Ausziehen von Pullovern hört man es manchmal knistern. Im Dunkeln kann man sogar kleine Funken sehen. Ursache für diese Erscheinungen ist die Reibung unterschiedlicher Materialien aneinander. 1780 beobachtete der italienische Arzt LUIGI GALVANI (1737–1798), dass frisch präparierte Froschschenkel zucken, wenn in ihrer Nähe ein Funken an einer Elektrisiermaschine überspringt und die Nerven des Froschschenkels gleichzeitig mit einer Messerspitze berührt werden. Weitere Untersuchungen zu dieser „tierischen Elektrizität" ergaben:

Der Froschschenkel beginnt auch zu zucken, wenn man verschiedene Teile mit einem Bogen aus zwei verschiedenen Metallen verbindet.

Später stellte sich heraus, dass nicht der Froschschenkel das Entscheidende ist, sondern eine leitende Flüssigkeit und zwei verschiedene Metalle. Nach seinem Entdecker heißen aus solchen Teilen aufgebaute elektrische Quellen **galvanische Elemente.**

1. *Halte einen Stift aus Kunststoff oder einen Plastikkamm, den du kräftig am Ärmel deiner Kleidung gerieben hast, über kleine Papierschnitzel! Beschreibe, was du beobachtest! Erkläre!*

2. *Hält man ein Blatt Papier an eine senkrechte, glatte Wand (Tür, Schrank), so fällt das Papier ab. Reibt man das Papier zuvor z. B. am Ärmel, so bleibt es an der senkrechten Wand kleben. Probiere es aus! Erkläre diese Erscheinungen!*

3. *Aus zwei verschiedenen Metallen und einer leitenden Flüssigkeit kann man sich eine einfache elektrische Quelle herstellen. Statt der leitenden Flüssigkeit in einem Becherglas ist auch eine Orange, ein Apfel oder eine Kartoffel nutzbar (s. Abb.).*
   a) *Baue dir ein solches einfaches galvanisches Element!*
   b) *Miss die Spannung bei verschiedenen Kombinationen von Metallen!*
   c) *Welches Ergebnis erhält man mit zwei gleichen Metallen?*
   d) *Nutze verschiedene leitende Flüssigkeiten! Was kannst du feststellen?*

Die voltasche Säule

Der italienische Naturforscher ALESSANDRO VOLTA (1745–1827) untersuchte die von GALVANI entdeckten Erscheinungen genauer und fand heraus, dass immer dann eine Spannung auftritt, wenn zwei verschiedene Metalle durch eine leitende Flüssigkeit miteinander verbunden sind. Ausgehend davon untersuchte VOLTA, unter welchen Bedingungen eine besonders große Spannung auftritt. Mit den Metallen Kupfer und Zink und als leitende Flüssigkeit verdünnte Schwefelsäure machte er die besten Erfahrungen (Abb. 1a). Eine solche Kombination wird nach ihm VOLTA-Element genannt. VOLTA hatte damit den Vorläufer unserer heutigen Batterien erfunden. Die Suche nach noch stärkeren elektrischen Quellen führte zu neuen Anordnungen. So schrieb VOLTA im März 1800 in einem Brief:
„… Dreißig, vierzig … oder mehr Kupferstücke, … jedes in Verbindung mit einem Stück Zink; ferner eine gleiche Anzahl Schichten, z. B. Salzwasser, Lauge oder dergleichen; eine solche Anlage der Leiter stets in der gleichen Weise wiederholt; das ist alles, woraus mein neuer Apparat besteht."
Mit dieser Anordnung, **voltasche Säule** genannt (Abb. 1b), konnten Spannungen von 50 V bis 100 V erzeugt werden.

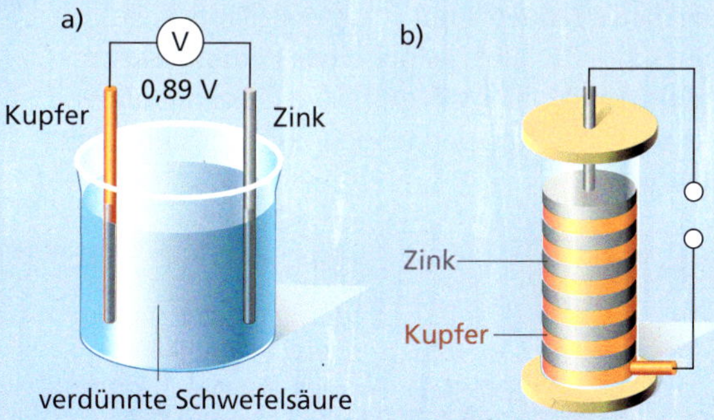

1 Das Volta-Element (a) und die voltasche Säule (b)

4. *Baue ein VOLTA-Element (Abb. 2)! Verwende Kupfer, Zink und Salzwasser!*
   Miss die Spannung! Untersuche, wie sich die Spannung ändert, wenn andere leitende Flüssigkeiten verwendet werden!

5. *Plane ein Experiment mit dem Ziel herauszufinden, ob die Spannung von*
   - *der Größe der Metallplatten,*
   - *der Form der Metallplatten,*
   - *dem Abstand der Metallplatten*

   abhängt! Führe das Experiment durch!

6. *Lass die in Aufgabe 4 beschriebene Anordnung eine Zeit lang unverändert stehen! Lies die Spannung nach 5 min, 10 min, 20 min und 30 min ab! Erkläre!*

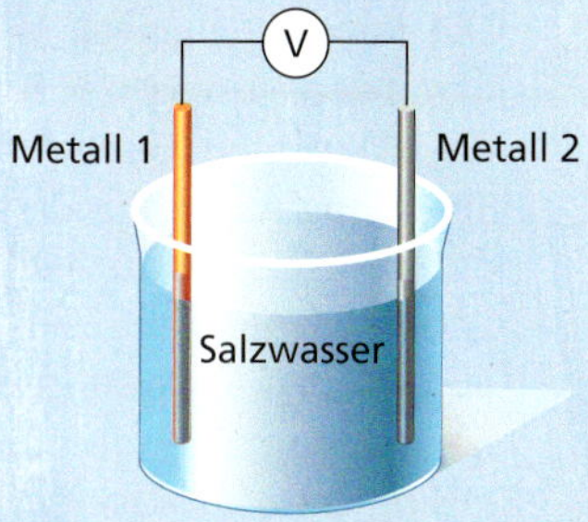

2 VOLTA-Element

Moderne elektrische Quellen

Viele elektrische Geräte werden heute mit Batterien betrieben. Diese Batterien sehen ganz verschieden aus und sind auch unterschiedlich aufgebaut (Abb. 3).

7. *Untersuche oder erkunde den Aufbau einer Monozelle oder einer Flachbatterie!* ***Vorsicht!*** *Es besteht Verletzungsgefahr!*
   Beachte, dass Batterien Sondermüll sind und entsorge die Reste entsprechend!

8. *Stelle eine Übersicht zu in Geräten häufig verwendeten Batterien zusammen! Gib ihre Spannung an und wo sie eingesetzt werden! Warum muss es unterschiedliche Arten von Batterien geben?*

9. *Erkundige dich, wie wiederaufladbare Batterien (Akkumulatoren) aufgebaut sind und wo sie genutzt werden! Was geschieht beim Aufladen eines Akkumulators? Was sollte man beim Aufladen beachten?*

3 Verschiedene Arten von Batterien

Die elektrische Spannung

Damit sich Elektronen gerichtet durch einen elektrischen Leiter bewegen können, müssen Kräfte auf sie wirken. Diese Kräfte entstehen dadurch, dass ein elektrischer Leiter an eine elektrische Quelle angeschlossen wird.
Die elektrische Quelle treibt die Elektronen und damit den elektrischen Strom an. Man sagt auch, die elektrische Quelle besitzt eine elektrische Spannung und treibt damit die elektrischen Ladungsträger bzw. den elektrischen Strom an.
Verschiedene elektrische Quellen können den elektrischen Strom unterschiedlich stark antreiben. Dadurch werden auch die Wirkungen des elektrischen Stromes beeinflusst. Die Stärke des Antreibens wird durch die physikalische Größe **elektrische Spannung** beschrieben.

Die elektrische Spannung gibt an, wie stark der Antrieb des elektrischen Stromes ist.

Formelzeichen: ***U***
Einheit: 1 Volt (1 V)

Die Einheit 1 V ist nach dem italienischer Naturforscher ALESSANDRO VOLTA (1745–1827) benannt, der viele elektrische Erscheinungen erforscht hat.

Elektrische Spannungen in Natur und Technik	
Körperzellen des Menschen	0,07 V
Knopfzelle	1,35 V
Monozelle, Mignonzelle	1,5 V
Akkumulator (Handy)	≈3,5 V
Fahrraddynamo	6 V
Autobatterie	12 V
Haushaltssteckdose	230 V
Straßenbahn	500 V
Zitteraal	bis 800 V
Elektrolokomotive	15 kV
Generator im Kraftwerk	15 kV
Überlandleitung	bis 380 kV
zwischen Wolken und Erde (Gewitter)	bis 10^9 V

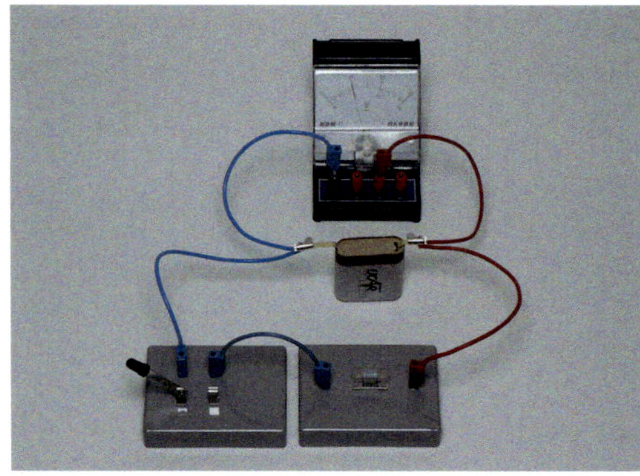

1 Messung der Spannung an einer Batterie

Vielfaches der Einheit 1 V ist ein Kilovolt (1 kV):
1 kV = 1 000 V
Teil der Einheit 1 V ist ein Millivolt (1 mV):
1 V = 1 000 mV

Die elektrische Spannung wird mit **Spannungsmessern,** auch **Voltmeter** genannt, gemessen. Die Spannung kann sowohl an der elektrischen Quelle als auch am Gerät gemessen werden. Da eine Spannung stets zwischen zwei unterschiedlichen Punkten anliegt, sind Spannungsmesser parallel zu dem Gerät zu schalten, an dem die Spannung gemessen werden soll.
Eine Spannung zwischen zwei Punkten ist immer dann vorhanden, wenn die elektrische Ladung der betreffenden Punkte unterschiedlich ist. So herrscht z. B. am Pluspol einer Batterie Elektronenmangel, am Minuspol Elektronenüberschuss. Zwischen den beiden Polen besteht eine Spannung.

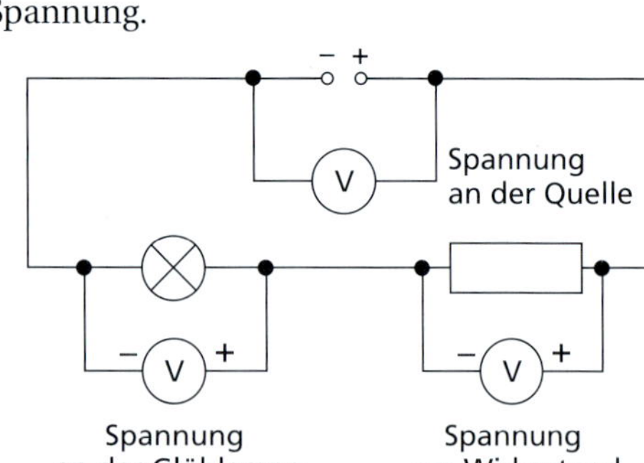

2 Spannungsmesser sind immer parallel zu dem elektrischen Gerät oder dem Bauteil zu schalten, an dem die Spannung gemessen werden soll.

Mosaik

Messprinzipien für Stromstärke und Spannung

Häufig angewendet werden **Drehspulinstrumente** (Abb. 1), die die magnetische Wirkung des elektrischen Stromes nutzen. Eine Spule ist drehbar zwischen den beiden Polen eines Dauermagneten gelagert. Durch diese Spule fließt der Strom, dessen Stärke gemessen werden soll. Je nach der Stärke des Stromes wird die Spule mehr oder weniger gedreht.

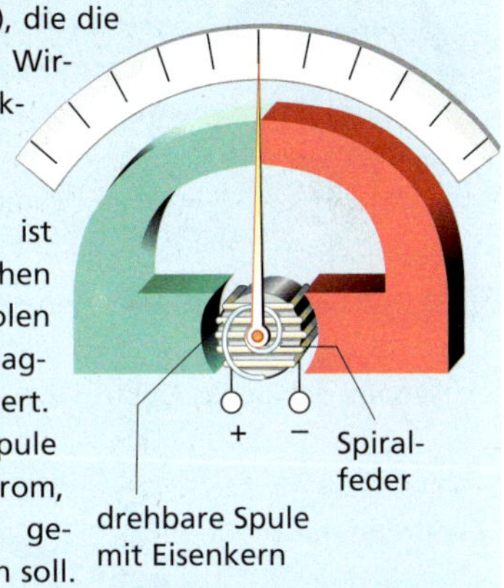

1 Prinzipieller Aufbau eines Drehspulinstrumentes

Und je nach Richtung des Stromes dreht sie sich in die eine oder andere Richtung. Deshalb ist bei diesen Instrumenten genau auf die Polung zu achten. Die Spiralfeder bewirkt, dass der Zeiger immer wieder in seine Ausgangsstellung zurückkehrt.

Eine andere Möglichkeit wird bei einer **Spannungswaage** genutzt. (Abb. 2). Verbindet man z. B. den Plus- und Minuspol einer elektrischen Quelle mit je einer der Metallplatten, so ziehen sich diese wegen der gegensätzlichen Ladungen an. Je größer die Spannung ist, desto größer sind die Anziehungskräfte. Die Polung spielt keine Rolle, weil die Platten in jedem Fall unterschiedlich aufgeladen werden.

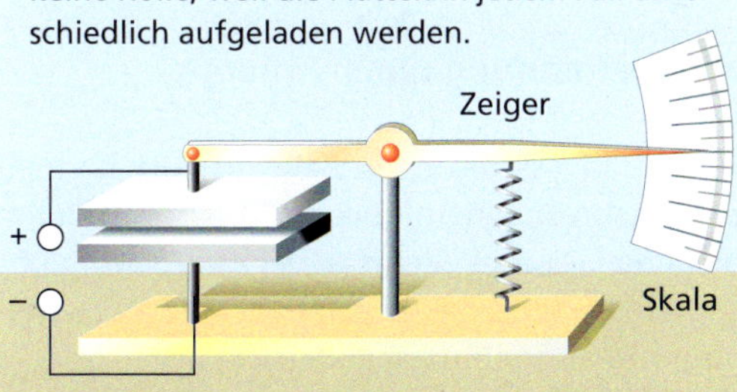

2 Prinzipieller Aufbau einer einfachen Spannungswaage

Experimentieren in der Physik

Das **Experiment** ist neben der Arbeit mit Modellen und theoretischen Überlegungen ein unverzichtbares Mittel, um in der Physik zu neuen Erkenntnissen zu gelangen und um theoretische Erkenntnisse zu bestätigen. Das Ziel eines Experiments besteht darin, eine Frage an die Natur zu beantworten. Dazu wird eine Erscheinung unter ausgewählten, kontrollierten und veränderbaren Bedingungen beobachtet und ausgewertet. Die Bedingungen und damit das gesamte Experiment müssen wiederholbar sein. In der Schule werden Experimente u. a. genutzt, um Zusammenhänge zwischen physikalischen Größen zu erkennen und genauer zu untersuchen. Experimente werden auch durchgeführt, um den Wert physikalischer Größen zu bestimmen. Dabei werden physikalische Gesetze angewendet. Experimente laufen im Wesentlichen in drei Etappen ab: Vorbereitung, Durchführung und Auswertung.

Beim **Vorbereiten eines Experiments** ist zu überlegen,
- welche Größen zu messen sind und wie sie gemessen werden können,
- welche Messfehler auftreten und wie man sie klein halten kann,
- welche Größen verändert und welche konstant gehalten werden müssen,
- welche Geräte und Hilfsmittel erforderlich sind,
- wie die Experimentieranordnung gestaltet werden muss,
- wie die gewonnenen Messwerte ausgewertet werden sollen.

Beim **Durchführen eines Experiments** wird die Experimentieranordnung aufgebaut und gemessen. Bedingungen werden verändert bzw. konstant gehalten. Alle Daten werden protokolliert.

Beim **Auswerten eines Experiments** werden Vergleiche durchgeführt, Diagramme angefertigt und Berechnungen vorgenommen. Dabei wird in Bezug auf die Frage- oder Aufgabenstellung ein Ergebnis formuliert.
Bestandteil der Auswertung vieler Experimente sind Fehlerbetrachtungen zur Abschätzung der Genauigkeit der Messungen.

Physik in Natur und Technik

Das Elektroskop

Um nachzuweisen, ob ein Körper elektrisch geladen ist, benutzt man ein Elektroskop (Abb. 1).
Beschreibe den Aufbau und erkläre die Wirkungsweise eines Elektroskops!
Kann man mit einem Elektroskop die Art der elektrischen Ladung eines Körpers bestimmen?

Ein Elektroskop dient dem Nachweis elektrischer Ladungen.
Es besteht aus einem Metallstab, der leitend mit einem drehbar gelagerten Metallzeiger verbunden ist. Berührt man das obere Ende des Metallstabes mit einem negativ geladenen Körper (Abb. 2), so gehen Elektronen auf dieses Ende über. Von dort verteilen sie sich auf den gesamten Metallstab und den Metallzeiger.
Nun sind Metallstab und Metallzeiger negativ geladen. Gleichartig geladene Körper stoßen sich ab. Da der Zeiger drehbar gelagert ist, wird er vom Metallstab abgestoßen. Es kommt zu einem Zeigerausschlag.
Wird die Spitze des Metallstabes mit einem positiv geladenen Körper berührt (Abb. 3), so wandern Elektronen von Metallstab und Metallzeiger zum positiv geladenen Körper, denn ungleiche Ladungen ziehen sich an. Dadurch entsteht auf dem Metallstab und auf dem Zeiger ein Elektronenmangel, also positive Ladung. Metallstab und Zeiger stoßen sich ebenfalls ab.

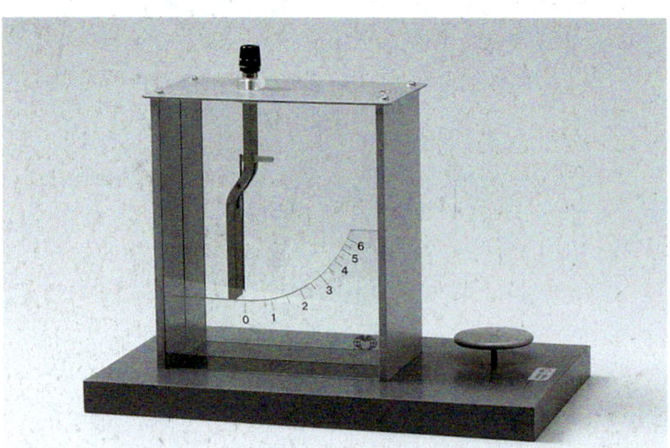

1 Aufbau eines einfachen Elektroskops

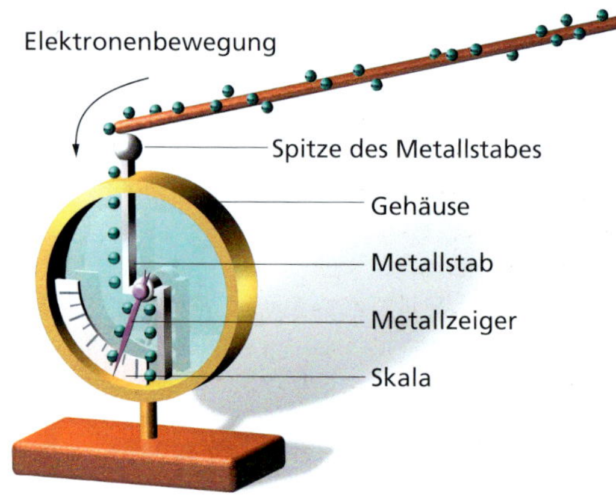

2 Negativ geladenes Elektroskop

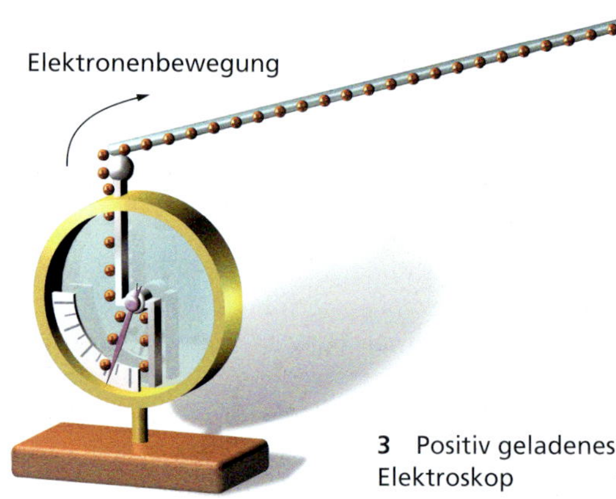

3 Positiv geladenes Elektroskop

Der Ausschlag erfolgt also bei einem Elektroskop unabhängig von der Art der Ladung. Demzufolge kann man mit einem Elektroskop nur nachweisen, ob und wie stark ein Körper geladen ist, nicht jedoch, welche Ladung er besitzt.

Ladungstrennung durch Influenz

Durch inniges Berühren bzw. Reiben können Elektronen von einem Körper auf einen anderen übergehen. Anschließend ist der eine Körper positiv, der andere negativ geladen. Diese Erscheinung wird als **Reibungselektrizität** bezeichnet.

Eine Ladungstrennung auf einem Körper kann auch erreicht werden, wenn man diesen Körper überhaupt nicht berührt.

Wie kann man auf einem Körper Ladungstrennung hervorrufen, ohne diesen Körper zu berühren?

Wir wissen bereits, dass zwischen elektrisch geladenen Körpern elektrische Felder existieren und in diesen auf elektrisch geladene Körper Kräfte wirken. Diese Kräfte kann man nutzen, um auf Körpern Ladungstrennung hervorzurufen.
Bringt man eine negativ geladene Kugel in die Nähe eines Elektroskops, so schlägt der Zeiger aus (Abb. 1).

1 Elektroskop bei Annährung eines geladenen Körpers: Es kommt zu einem Zeigerausschlag.

Um die geladene Kugel existiert ein elektrisches Feld. Seine Form ist in Abb. 2, S. 167, dargestellt. Die im Metallstab und Metallzeiger des Elektroskops vorhandenen beweglichen negativen Elektronen werden in diesem Feld abgestoßen, bewegen sich also von der negativ geladenen Kugel weg. Die Spitze des Metallstabes des Elektroskops ist dann positiv geladen, der Metallstab und der Zeiger negativ. Da sich gleichartig geladene Körper abstoßen, schlägt der Zeiger des Elektroskops aus.
Entfernt man die negativ geladene Kugel, so verteilen sich die negativ geladenen Elektronen wieder gleichmäßig auf Metallstab und Zeiger. Der Ausschlag des Zeigers geht zurück.
Die Ladungstrennung auf einem Körper unter dem Einfluss eines elektrischen Feldes bezeichnet man als **Influenz.**
Influenz tritt immer dann auf, wenn sich ein geladener Körper in der Nähe ungeladener, leitender Körper befindet.

Elektrofilter gegen Staub

Staub gibt es überall: in Wohnungen, in Betrieben und im Freien.
Auch in Kohlekraftwerken entsteht viel Staub in Form von Asche. Gelangt diese Asche mit dem Rauch ins Freie, kann sie die Umwelt stark belasten. Deshalb versucht man, die Asche aufzufangen und zu entsorgen. Dazu benutzt man Entstaubungsanlagen.
Das Herzstück einer Entstaubungsanlage ist ein Elektrofilter (Abb. 2).
Wie kann die Wirkungsweise eines Elektrofilters erklärt werden?

Ein Elektrofilter besteht aus zwei Platten, die positiv geladen sind (s. Abb. 1, S. 180). Zwischen diesen Platten befindet sich ein Draht, der so stark negativ geladen ist, dass er Elektronen versprüht. Diese Elektronen setzen sich auf den Staubteilchen des Rauchgases fest, das durch den Filter geleitet wird. Dadurch werden die Staubteilchen selbst negativ geladen. Die negativ geladenen Staubteilchen werden von den positiv geladenen äußeren Platten angezogen, denn zwischen dem Draht und den geladenen Platten existiert ein elektrisches Feld. In diesem elektrischen Feld wirken Kräfte auf die negativ geladenen Staubteilchen. Die Staubteilchen lagern sich an den positiv geladenen Platten ab. Mithilfe eines Klopfwerkes wird der angelagerte Staub abgeschüttelt, in einer Auffangvorrichtung gesammelt und entsorgt.

2 Elektrofilter in einem Kraftwerk

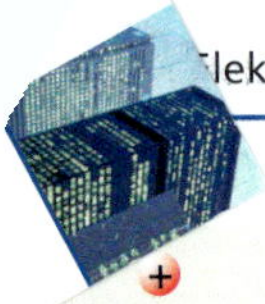

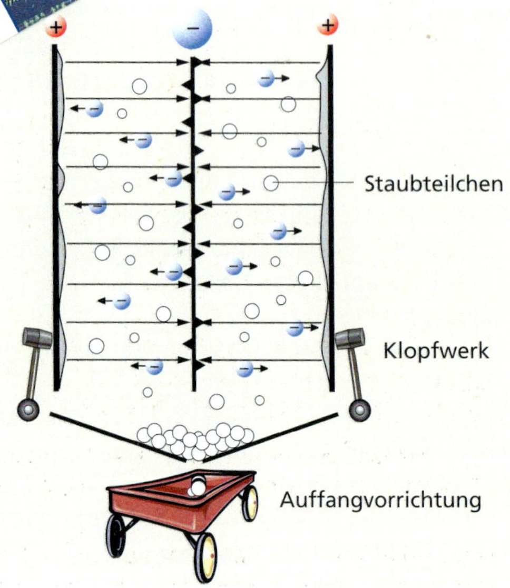

1 Aufbau eines Elektrofilters zur Rauchgasreinigung

In Kohlekraftwerken wird der Rauch durch solche Elektrofilter geleitet und von Asche gereinigt. Das ist ein wichtiger Beitrag zur Verringerung der Luftverschmutzung.

Blitz und Donner

Mit Blitz und Donner kündigt sich ein Gewitter an. Während eines Gewitters können Dutzende von Blitzen auftreten. Weltweit werden 70 bis 100 Blitze in jeder Sekunde registriert.
Die durchschnittliche Stromstärke beträgt etwa 40 000 A bei einem Durchmesser der Blitze von 10 bis 20 cm, ihre Länge meist 2 bis 3 km und ihre Dauer weniger als 1 s.
Wie entsteht ein Blitz? Gibt es nur Blitze zwischen einer Wolke und der Erde?

Ein Blitz ist ein zeitlich kurzer, aber sehr starker elektrischer Strom, der die unterschiedlichen Ladungen zwischen geladenen Wolken bzw. Wolken und der Erde ausgleicht.
Elektrisch geladene Gewitterwolken entstehen vor allem an warmen, schwülen Tagen. Warme, aber auch feuchte Luft steigt nach oben. Dabei kühlt sie sich ab. Aus dem in der Luft befindlichen Wasserdampf werden dadurch Wassertropfen, Eiskristalle und Hagelkörner. Der Mechanismus der Ladungstrennung in der Wolke ist noch nicht in allen Einzelheiten geklärt. Ein Erklärungsansatz ist folgender (Abb. 3): Ein Teil der aufgestiegenen Hagelkörner fällt wieder herab, weil sie zu schwer sind. Durch das schnelle Aufsteigen von Luft mit Wassertropfen und Eiskristallen sowie das Herabfallen von Hagelkörnern kommt es infolge von Reibung zu Ladungstrennungen. Damit entstehen in Gewitterwolken Bereiche, die unterschiedlich geladen sind.

2 Blitze sind kurzzeitige elektrische Entladungen zwischen Wolke–Erde bzw. zwischen Wolke–Wolke.

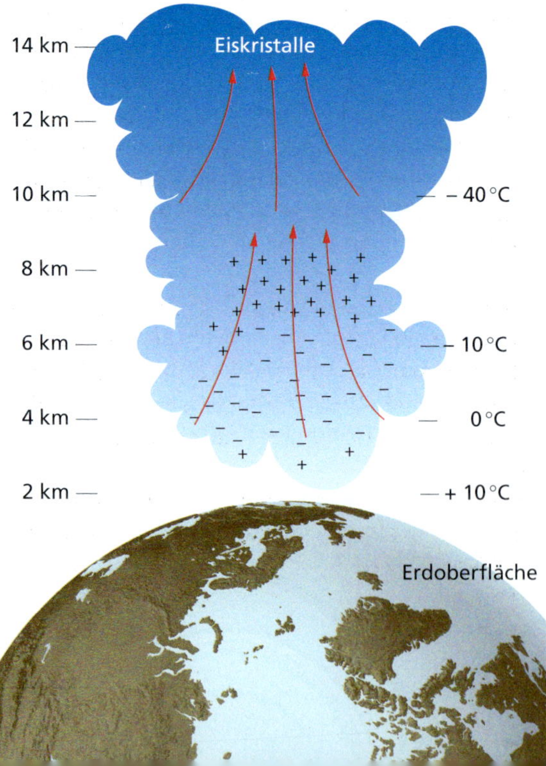

3 Aufbau einer Gewitterwolke

1 Ein Ladungsausgleich durch Blitze kann zwischen Wolken sowie zwischen Wolken und der Erde erfolgen.

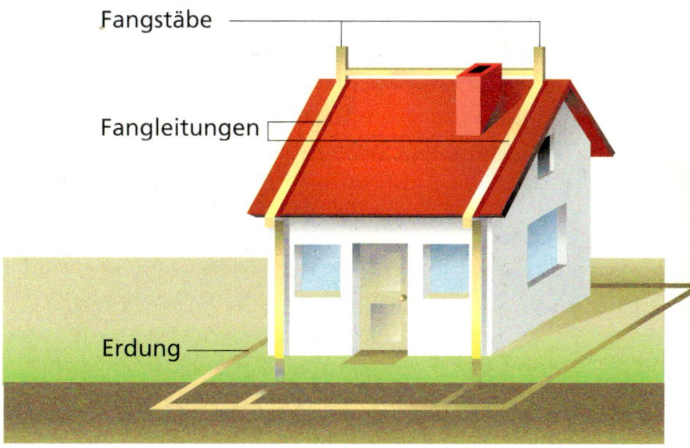

2 Blitzschutzanlage eines Hauses: Über Fangstäbe und Fangleitungen wird der Blitz zur Erde abgeleitet.

Wenn die unterschiedlichen Ladungen in Gewitterwolken groß genug sind, kommt es zu einem Ladungsausgleich durch einen Blitz. Dabei wandern Elektronen zum positiv geladenen Körper (Abb. 1).

Der Blitzableiter

Gewitter sind häufig mit Sturmböen, starkem Regen oder Hagel verbunden. Erhebliche Schäden können aber auch dann entstehen, wenn ein Blitz in eine Hochspannungsleitung, in Gebäude, in Bäume oder gar in Menschen einschlägt. Deshalb muss man sich vor Blitzen schützen. An Häusern werden dazu häufig Blitzschutzanlagen angebracht.
Wie funktioniert eine Blitzschutzanlage? Wie kann man sich vor Blitzeinschlag schützen, wenn man im Freien von einem Gewitter überrascht wird?

Blitze schlagen vor allem in hohe, spitze Gebäude und Gegenstände ein, z. B. in hohe Bäume, Kirchturmspitzen oder Spitzen von Dächern. Mithilfe einer Blitzschutzanlage wird der Blitz „aufgefangen" und ungefährlich in die Erde abgeleitet.
Eine Blitzschutzanlage (Abb. 2) besitzt Fangstäbe und Fangleitungen, die die höchsten Stellen des Gebäudes bilden, sodass der Blitz dort einschlägt. Über dicke Eisendrähte wird der elektrische Strom des Blitzes in die Erde abgeleitet. Damit ist man in Gebäuden relativ sicher. Das gilt auch für Pkw und andere geschlossene Fahrzeuge, die wie ein **faradayscher Käfig** wirken (Abb. 3).
Für den Menschen ist ein Blitzeinschlag in den Körper und auch in unmittelbare Nähe seines Aufenthaltsortes lebensgefährlich. Am sichersten ist es, sich in eine Mulde zu legen oder zu hocken. Beachte: Bäume bieten keinen Schutz.

3 Schon MICHAEL FARADAY (1791–1867) stellte fest, dass elektrische Entladungen (Blitze) nicht in einen Raum eindringen, der von einem elektrischen Leiter umgeben ist. Eine solche Anordnung wird als faradayscher Käfig bezeichnet.

r Strom in der Tasche – die nlampe

Die Abbildung zeigt eine Stabtaschenlampe mit metallischem Gehäuse. Ihr Aufbau ist in Abbildung 1 dargestellt.

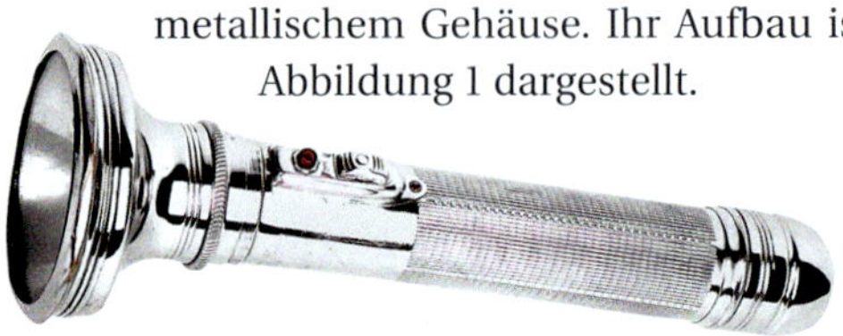

Die Taschenlampe besitzt als elektrische Quelle zwei Batterien, die in Reihe geschaltet sind.
Der eine Pol berührt die Glühlampe. Im Schraubverschluss der Taschenlampe befindet sich eine Metallfeder, die den andere Pol der Batterie berührt. Eine Rückleitung an das andere Ende der Batterie ist nicht zu erkennen. Trotzdem leuchtet die Lampe bei geschlossenem Schalter.
Wie ist die Wirkungsweise dieser Taschenlampe zu erklären? Zeichne einen Schaltplan für diese Taschenlampe!

Die Glühlampe kann nur leuchten, wenn sie in einem geschlossenen Stromkreis mit einer elektrischen Quelle verbunden ist.

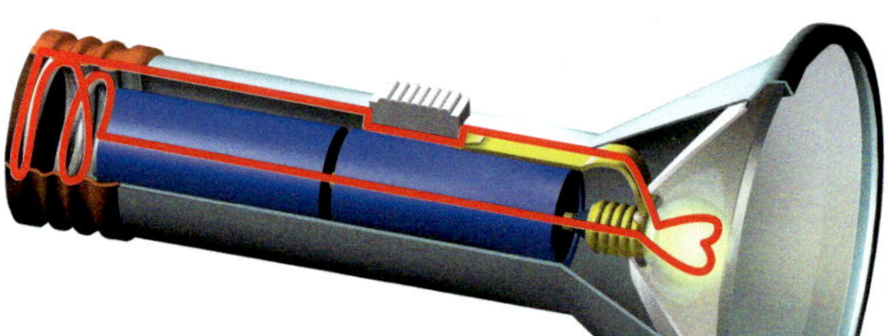

1 Weg des elektrischen Stromes durch eine Taschenlampe mit metallischem Gehäuse

Die elektrische Quelle besteht bei der Taschenlampe aus zwei Batterien. Der eine Pol der elektrischen Quelle ist direkt mit der Glühlampe verbunden. Die Rückleitung zum anderen Ende der Quelle übernimmt das Metallgehäuse. Wenn der Schalter geschlossen wird, kann ein elektrischer Strom fließen. Sie sind so angeordnet, dass der Pluspol der einen Batterie mit dem Minuspol der anderen verbunden ist.

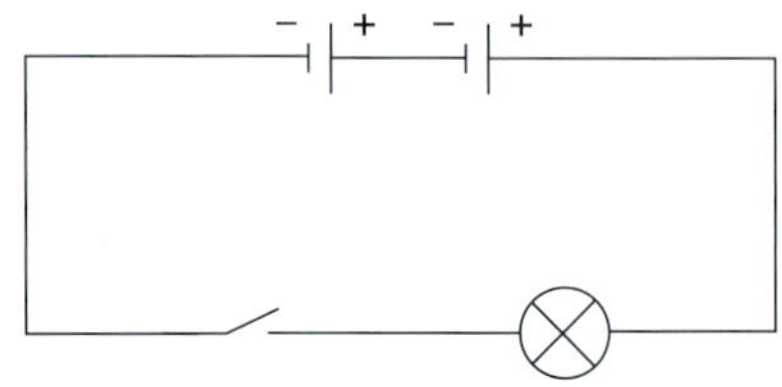

2 Schaltplan für eine Taschenlampe mit zwei Batterien

Wenn der Verschluss der Taschenlampe abgeschraubt wird, leuchtet die Lampe nicht mehr, weil der Stromkreis dann unterbrochen ist.
Bei einer Taschenlampe mit Kunststoffgehäuse kann das Gehäuse die Rückleitung des Stromes nicht übernehmen. Deshalb ist in diesen Taschenlampen eine Rückleitung eingebaut.

Schukostecker und Schukodose – zwei, die zueinander passen

Der Kontakt mit Strom aus der Steckdose kann lebensgefährlich sein. Deshalb muss bei elektrischen Geräten eine solche Berührung ausgeschlossen werden, selbst wenn das Gerät defekt ist. Vor allem bei Geräten mit Metallgehäusen kann z. B. ein defektes Kabel eine elektrische Verbindung zum Gehäuse herstellen. Deshalb dürfen Geräte mit Metallgehäuse nur mit Schutzkontaktsteckern (Schukosteckern) an Schutzkontaktsteckdosen (Schukodosen) angeschlossen werden. Dadurch wird ein zusätzlicher Schutzleiter mit dem Metallgehäuse verbunden (Abb. 3). Wirksam ist ein solcher Schutzleiter allerdings nur dann, wenn er fachgerecht im Gerät, am

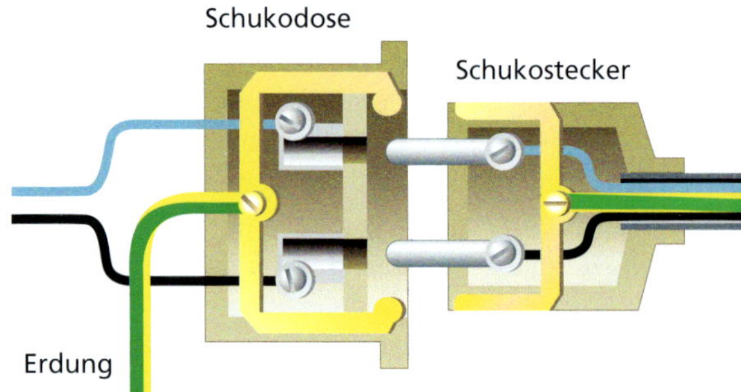

3 Schukostecker und Schukosteckdose: Der Schutzleiter ist an seiner grün-gelben Farbe erkennbar.

Schukostecker und an der Schukodose angeschlossen ist.
Wie kann durch die Benutzung von Schukosteckern und Schukodosen eine Berührung mit elektrischem Strom an Geräten vermieden werden?

Geräte mit Metallgehäuse besitzen im Anschlusskabel drei elektrische Leiter: zwei Leiter zum Betreiben des Gerätes und noch einen Schutzleiter (Abb. 1). Dieser Schutzleiter ist im Gerät leitend mit dem Metallgehäuse verbunden.
Zugleich ist der Schutzleiter über die Schutzkontakte in Schukostecker und Schukodose mit der Erde verbunden (s. Abb. 3, S. 182).

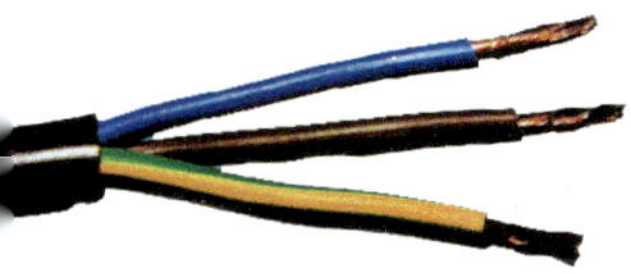

1 Bei Geräten mit Schukoanschluss werden stets dreiadrige Kabel verwendet. Der Schutzleiter ist grün-gelb.

Kommt es durch einen Defekt im Gerät zu einer Verbindung des Metallgehäuses mit elektrischem Strom, so wird dieser Strom sofort über den Schutzleiter in die Erde abgeleitet.

Der elektrische Strom fließt wie beim Kurzschluss von einem Pol der Quelle in die Erde ab, wenn er durch den Schutzleiter dazu die Möglichkeit hat. Das Gerät hört auf zu arbeiten. Eine Berührung des Metallgehäuses durch den Menschen ist ungefährlich.
Bei Geräten mit Kunststoffgehäuse ist ein Schutzleiter nicht erforderlich, da Kunststoff ein Isolator ist. Solche Geräte haben deshalb meist keine Schukostecker, sondern Flachstecker, die in Schukosteckdosen passen.

Eine Wechselschaltung erspart Wege

In großen Räumen, langen Fluren oder Treppenhäusern möchte man eine Lampe von verschiedenen Stellen aus- und einschalten können. Dazu benutzt man Umschalter, auch Wechselschalter genannt.
Entwirf einen Schaltplan für eine solche Anlage! Beschreibe ihre Wirkungsweise! Baue ein Modell für eine solche Anlage auf!

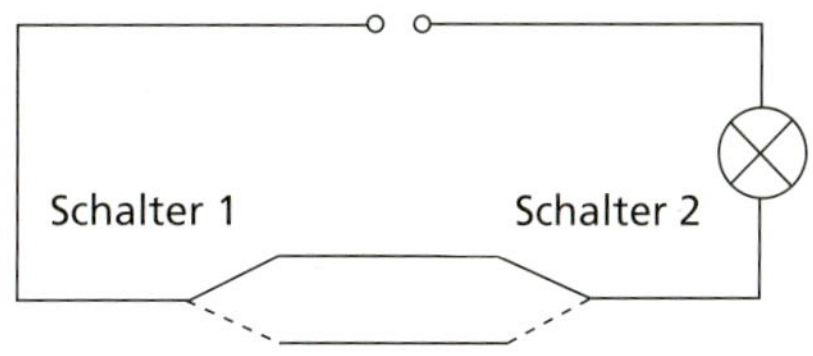

2 Schaltplan für eine Wechselschaltung

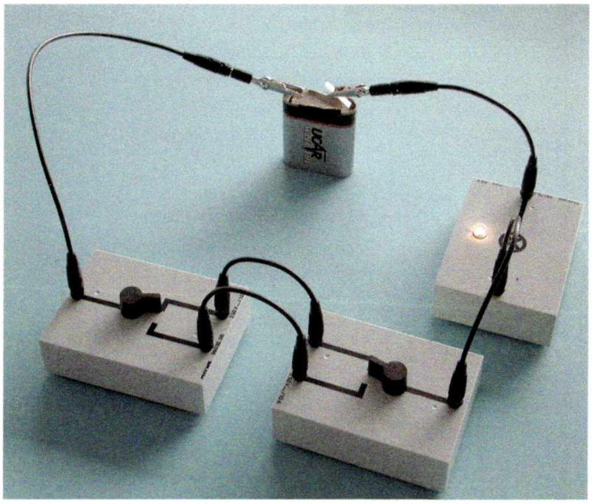

3 Modell einer Wechselschaltung

Im gezeichneten Schaltplan (Abb. 2) ist der Stromkreis geschlossen. Die Lampe leuchtet. Wird einer der beiden Schalter geöffnet, so verlöscht die Glühlampe. Abb. 3 zeigt das Modell einer solchen Anlage.

Eine sichere Sache – die Hausinstallation

Die elektrischen Leitungen in Häusern müssen so verlegt sein, dass an allen Geräten die erforderliche Betriebsspannung anliegt. Darüber hinaus darf es zu keiner Gefährdung des Menschen kommen, auch wenn ein Gerät oder eine Leitung einmal defekt ist.
Vor allem müssen Berührungen des Menschen mit elektrischem Strom und Brände durch Kurzschluss vermieden werden. Deshalb sind in der elektrischen Anlage in Häusern verschiedene Sicherheitsmaßnahmen eingebaut. In Abb. 1, S. 184, sind solche Maßnahmen dargestellt.
Erläutere die Wirkungsweise verschiedener wichtiger Sicherheitsmaßnahmen bei einer elektrischen Hausinstallation!

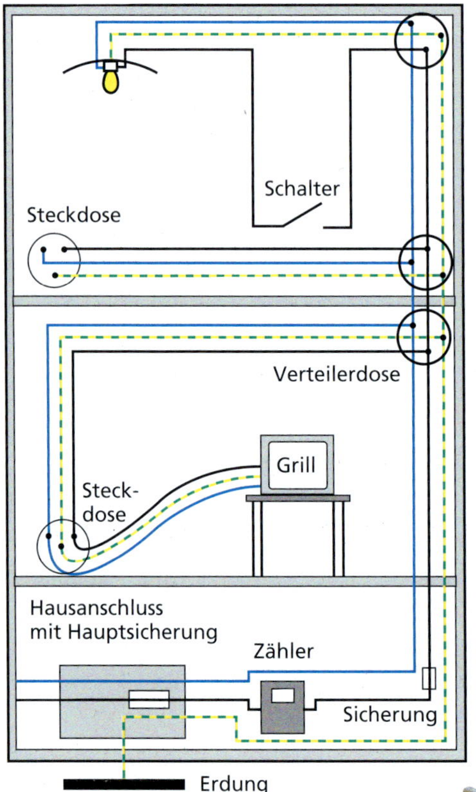

1 Aufbau einer Hausinstallation

Mit der Sicherung elektrischer Anlagen in Häusern soll vermieden werden, dass durch die Leitungen zu große elektrische Ströme fließen. Durch große Ströme können sich die Leitungen erhitzen, die Isolierungen können durchschmelzen und es kann sogar zu Bränden kommen. Solche großen Ströme treten auf, wenn es in einem Gerät oder in den Leitungen einen Kurzschluss gibt oder wenn zu viele Geräte gleichzeitig angeschlossen sind.

Um den elektrischen Strom in Leitungen zu begrenzen, werden verschiedene Arten von **Sicherungen** (Schmelzsicherungen, Sicherungsautomaten oder Leitungsschutzschalter) eingebaut. Diese unterbrechen den Stromkreis, wenn der Strom zu groß wird, bevor sich die Leitungen erhitzen und es zu Schäden kommt. Dabei muss jedoch beachtet werden, dass für den jeweiligen Stromkreis Sicherungen mit den richtigen Werten zu verwenden sind.

Mosaik

Sicherungen

Die wichtigsten Arten von Sicherungen, die im Haushalt bei elektrischen Geräten und bei Pkw verwendet werden, sind **Schmelzsicherungen** (s. Foto) und **Sicherungsautomaten**.

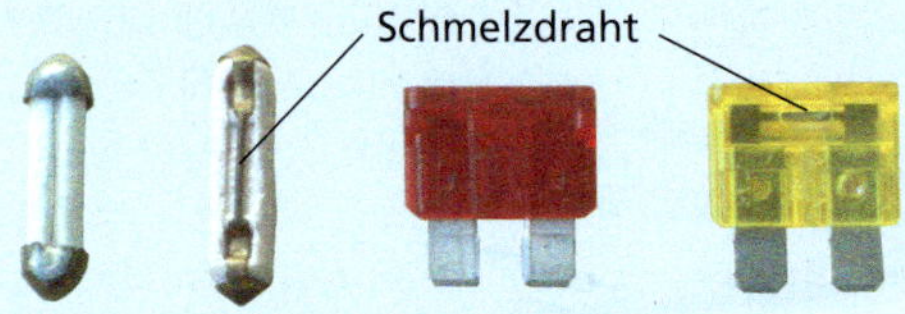

Die im Haushalt verwendeten Schmelzsicherungen haben eine andere Form, aber einen ähnlichen Aufbau und die gleiche Wirkungsweise. Genutzt wird die Wärmewirkung des elektrischen Stromes. Die Sicherung wird in Reihe geschaltet. Der elektrische Strom fließt durch den Schmelzdraht, der für eine bestimmte maximale Stromstärke ausgelegt ist. Wird der Strom im Stromkreis zu groß, dann schmilzt der Schmelzdraht. Der Stromkreis wird dadurch unterbrochen. Es muss eine neue Schmelzsicherung eingesetzt werden.

Bei **Sicherungsautomaten** werden die Wärmewirkung und die magnetische Wirkung des elektrischen Stromes genutzt. Beide Wirkungen sind umso größer, je größer die elektrische Stromstärke ist. Der Weg des Stromes durch den Sicherungsautomaten ist in Abb. 2 rot eingezeichnet. Genauere Informationen sind unter **www.schueler-lexikon.de** zu finden.

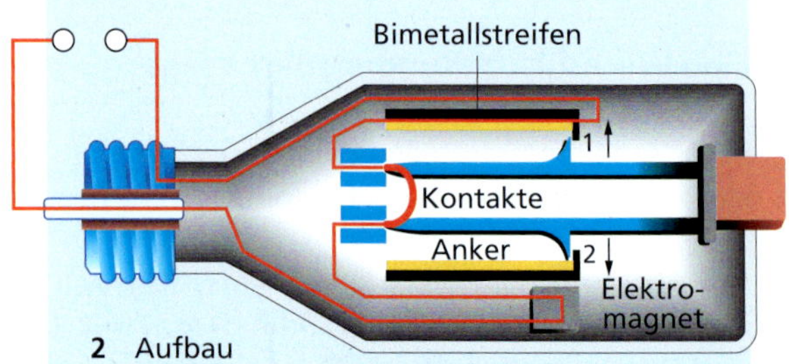

2 Aufbau eines Sicherungsautomaten mit Elektromagnet und Bimetallstreifen

Leerlaufspannung und Klemmenspannung

Elektrische Quellen haben eine elektrische Spannung, unabhängig davon, ob sie in einen Stromkreis eingeschaltet sind oder nicht.
Die elektrische Spannung einer Quelle bei offenem Stromkreis nennt man **Leerlaufspannung** (U_L). Die Spannung der Quelle bei geschlossenem Stromkreis heißt **Klemmenspannung** (U_K oder U).

Leerlaufspannung U_L	Klemmenspannung U_K
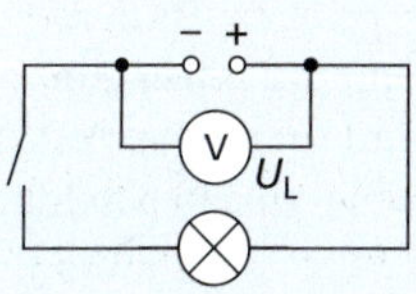	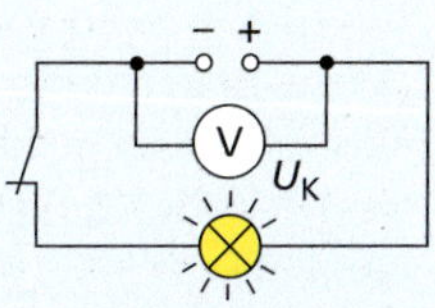
Der Stromkreis ist offen. Das elektrische Gerät arbeitet nicht.	Der Stromkreis ist geschlossen. Das elektrische Gerät arbeitet.

Untersuche experimentell, ob die Leerlaufspannung und die Klemmenspannung von elektrischen Quellen jeweils gleich groß sind!

Vorbereitung:
Um die Aufgabe zu lösen, werden Leerlauf- und Klemmenspannung für verschiedene elektrische Quellen gemessen und miteinander verglichen. Als Bauelement wird ein elektrischer Widerstand verwendet.

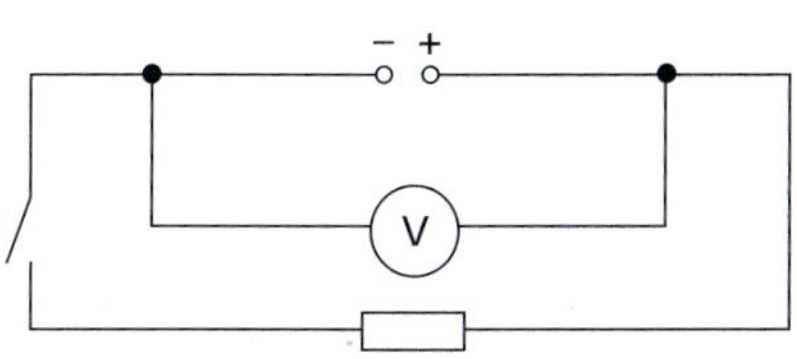

Durchführung:
Die Experimentieranordnung (Abb. 1) wird nach dem Schaltplan aufgebaut. Die Messwerte werden aufgenommen und in eine Messwertetabelle eingetragen.

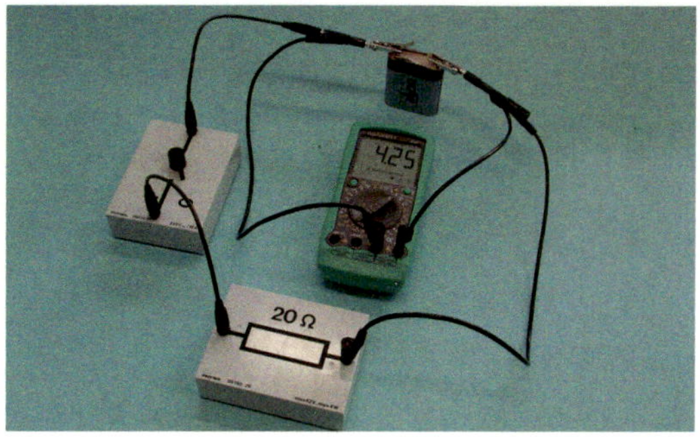

1 Experimentieranordnung zur Messung von Leerlaufspannung und Klemmenspannung

Auswertung:

Elektrische Quelle	U_L in V	U_K in V
Monozelle	1,5	1,3
Flachbatterie	4,5	4,0
Stromversorgungsgerät	8,0	7,5

Im Experiment sind die Klemmenspannungen stets kleiner als die Leerlaufspannungen. Weitere Untersuchungen haben ergeben:

Die Klemmenspannung einer elektrischen Quelle ist stets kleiner als die Leerlaufspannung:

$$U_K < U_L$$

Dies ist damit zu erklären, dass die Spannung einer elektrischen Quelle nicht nur den elektrischen Strom durch das elektrische Gerät, sondern auch den durch die elektrische Quelle selbst antreiben muss.
Elektrische Geräte haben in der Regel eine bestimmte **Betriebsspannung,** bei der die gewünschte Wirkung des elektrischen Stromes am besten umgesetzt wird. Diese Betriebsspannung soll mit der Leerlaufspannung der elektrischen Quelle übereinstimmen. Bei einer Reihenschaltung muss die jeweilige Teilspannung, die an einem Gerät anliegt, gleich seiner Betriebsspannung sein.

gewusst · gekonnt

1. Wenn man einen zunächst ungeladenen Glasstab mit einem Tuch reibt, dann ist anschließend der Glasstab positiv geladen. Wie ist das Tuch geladen? Begründe!

2. Nenne und erläutere Beispiele aus Natur, Technik und Alltag für die Ladungstrennung durch Reibung!

3. Reibe einen Plastikkamm an Stoff und halte ihn über einige kleine Papierschnitzel oder Styroporkugeln!

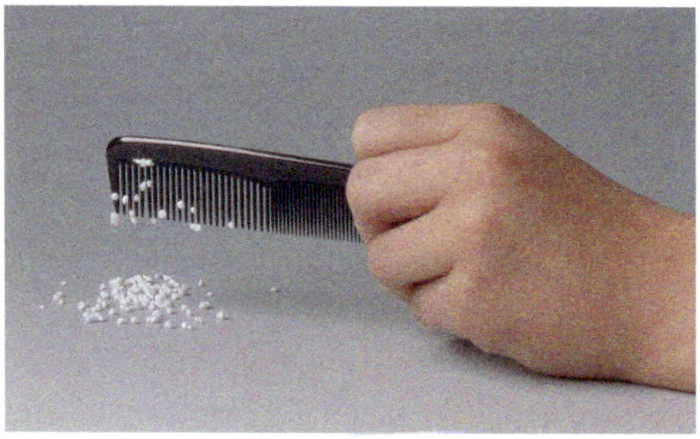

a) Was kannst du beobachten?
b) Erkläre deine Beobachtungen!

*4. Mit einem Bandgenerator (s. Abb.) kann man elektrische Ladungen trennen. Beschreibe den Aufbau und erkläre die Wirkungsweise eines Bandgenerators!

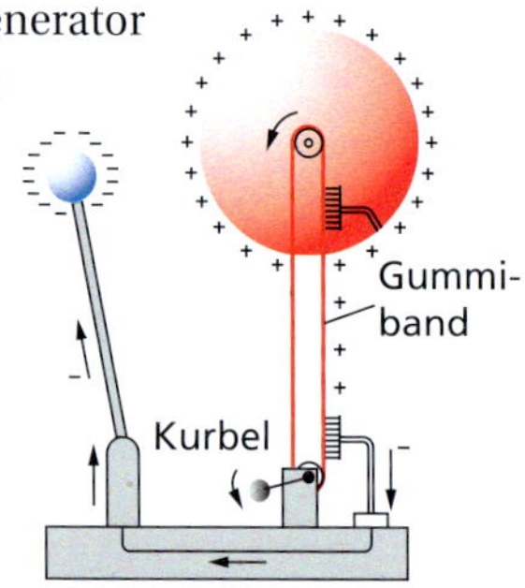

5. Wenn man einen Pullover auszieht, knistert es manchmal. Im Dunkeln kann man sogar Funken sehen.
Ähnliches tritt auf, wenn man sich frisch gewaschene, trockene Haare mit einem Plastikkamm kämmt.
Erkläre diese Erscheinungen!

6. Du kannst eigene Untersuchungen mit geladenen Körpern machen, wenn du einen Luftballon aufbläst, ihn an einem dünnen Faden aufhängst, ihn durch Reiben mit den Händen auflädst und ihm dann geladene Gegenstände, z. B. ein Lineal aus Kunststoff, näherst. Beschreibe und erkläre deine Beobachtungen!

7. Was versteht man unter einem elektrischen Schlag? Unter welchen Bedingungen kann er auftreten?

8. Wenn man aus einem Auto mit Sitzen aus Kunststoff steigt, bekommt man beim Anfassen der Tür häufig einen elektrischen Schlag. Erkläre!

9. Geht man eine Treppe hinunter, rutscht mit den Händen auf der Plastikoberfläche des Geländers entlang und berührt anschließend das Metallgeländer, so bekommt man manchmal einen elektrischen Schlag.
Erkläre diese Erscheinung!

10. In der Textilindustrie werden große Rollen, über die Garn geführt wird, mit der Erde elektrisch verbunden.
Warum ist diese Maßnahme sinnvoll?

11. Legt man ein Blatt Papier auf eine Schreibtischplatte aus Kunststoff, so haftet das Blatt fest daran.

a) Erkläre diese Erscheinung!
b) Wo treten ähnliche Erscheinungen auf?

12. Schnellhefter aus Kunststoff „kleben“ manchmal regelrecht zusammen.
Wie ist diese Erscheinung zu erklären?

13. Auf Fernsehgeräten, besonders auf dem Bildschirm, sammelt sich schnell viel Staub.
Wie ist das zu erklären?

14. Eine positiv geladene Kugel wird einem Elektroskop genähert (s. Abb.).

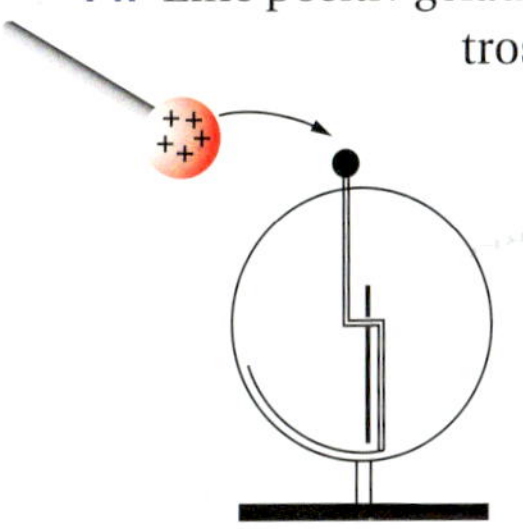

a) Was kann man beobachten, wenn man die Kugel nähert bzw. entfernt?
b) Erkläre die Beobachtung!

15. Wenn man einen durch Reiben aufgeladenen Gegenstand (z. B. ein Lineal oder einen Kunststoffstab) in die Nähe eines dünnen Wasserstrahls hält, kann man eine merkwürdige Beobachtung machen (s. Abb.).

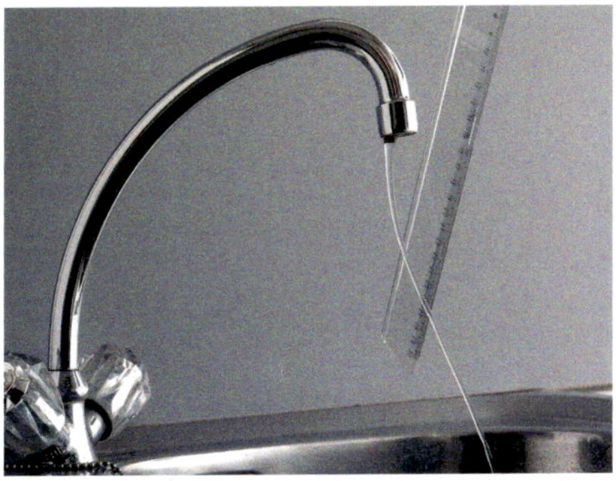

a) Probiere es selbst aus!
b) Wie kann man diese Erscheinung erklären?

16. Ein Körper hat eine negative Ladung von 0,1 C. Wie groß ist der Elektronenüberschuss auf diesem Körper?

17. Ein Körper hat eine positive Ladung von 0,5 C. Wie viele Elektronen müssen auf ihn übergehen, damit er elektrisch neutral wird?

***18.** Eine Kugel ist nach außen zunächst elektrisch neutral. Mithilfe eines Bandgenerators wird die Kugel aufgeladen. Dabei gehen $3{,}1 \cdot 10^{10}$ Elektronen auf die Kugel über.
a) Wie ist die Kugel dann geladen?
b) Wie groß ist die Ladung der Kugel?

19. Die Skizze zeigt das elektrische Feld zwischen einer Platte und einer Spitze.

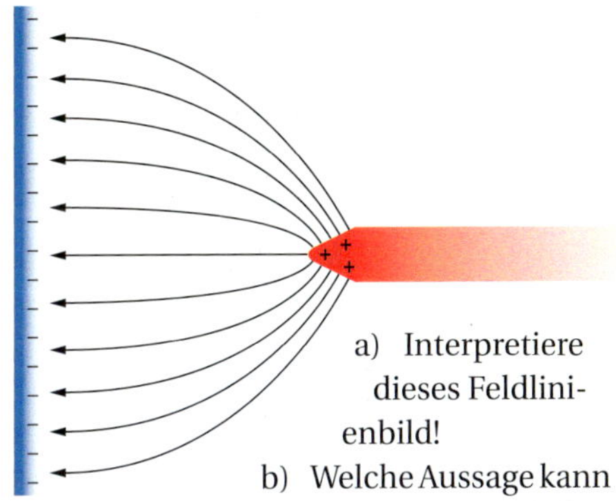

a) Interpretiere dieses Feldlinienbild!
b) Welche Aussage kann man aus dem Feldlinienbild über die Stärke des Feldes in der Nähe der Spitze bzw. der Platte treffen? Begründe!

20. Worin besteht der Unterschied zwischen einem elektrischen Feld und dem Feldlinienbild dieses Feldes?

***21.** Bei einer elektrisch geladenen Kugel verteilen sich die Elektronen immer gleichmäßig über die gesamte Oberfläche.
Erkläre diese Erscheinung!

22. Als Erfinder des Blitzableiters gilt der amerikanische Staatsmann und Naturforscher Benjamin Franklin (1706–1790).
a) Informiere dich über Leben und Wirken von B. Franklin! Nutze dazu z. B. die Internetadresse **www.schuelerlexikon.de**!
b) Formuliere Regeln für das Verhalten bei Gewittern im Freien!

***23.** Empfindliche elektronische Geräte oder auch Räume müssen von äußeren elektrischen Feldern abgeschirmt werden. Wie kann man das erreichen?

24. Benenne in den folgenden Aussagen, was strömt! Wie kann man feststellen, wie groß der jeweilige Strom ist?
a) Der Verkehrsstrom auf der neu gebauten Autobahn A 20 reißt nicht ab.
b) Riesige Wassermassen strömten in der Elbe in Richtung Magdeburg.
c) Zu einer Sportveranstaltung im Berliner Olympiastadion strömen Zuschauer aus nah und fern.
d) Beim Klingelzeichen strömen alle auf den Schulhof.

25. Plane einen Versuch, wie du herausfinden kannst, welcher von zwei Wasserströmen der größere ist! Prüfe deine Ideen nach, indem du den Versuch ausführst!

26. Ein Garten wird eine Stunde lang mit Wasser gesprengt. Die Wasseruhr zeigt an, dass in dieser Stunde 540 Liter Wasser verbraucht wurden.
a) Wie viele Liter Wasser strömen pro Minute bzw. pro Sekunde durch den Querschnitt des Wasserschlauchs?
b) Wie groß ist die „Wasserstromstärke“ in diesem Fall?

27. In der Skizze wurde dieselbe Glühlampe mit einer Flachbatterie verbunden. Was ist gleich? Was ist unterschiedlich? Begründe!

28. Wie kannst du erreichen, dass eine Lampe in einem Stromkreis mal schwach, dann sehr hell leuchtet?

29. Wie musst du zwei Lämpchen an eine Flachbatterie halten, damit sie beide leuchten!

30. Bei einer Fahrradbeleuchtung führt nur ein Draht zum Scheinwerfer und zum Rücklicht.
a) Warum leuchten die Lampen trotzdem, wenn der Dynamo in Betrieb ist?
b) Zeichne einen Schaltplan für die Beleuchtungsanlage eines Fahrrades!
c) Was passiert, wenn die Isolierung eines Kabels an einer Stelle durchgescheuert ist und das Kabel am Rahmen anliegt? Begründe!

31. Der Scheinwerfer an Ulrikes Fahrrad leuchtet beim Betrieb des Dynamos nicht. Woran könnte das liegen? Was müsste sie tun, um den Fehler zu finden und zu beheben?

32. Nachdem Mathias seine Fahrradbeleuchtung repariert hat, kommt er zu dem Schluss, dass man in Stromkreisen grundsätzlich die zweite Zuleitung sparen könne. Was hältst du davon? Begründe deine Aussage physikalisch!

33. Zwei Glühlampen sind an eine elektrische Quelle angeschlossen (Abb. a, b). Was passiert, wenn jeweils eine der beiden Lampen aus der Fassung geschraubt wird? Begründe!

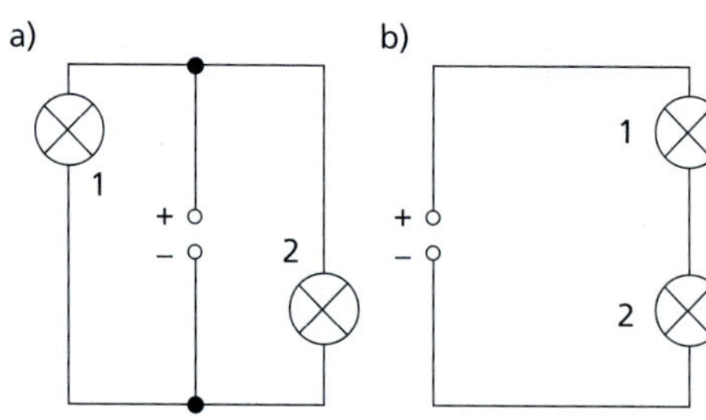

34. Gib die folgenden Stromstärken in den angegebenen Einheiten an:
a) 2,4 A, 0,27 A und 0,08 A in mA;
b) 320 mA, 81 mA und 6 mA in A;
c) 14 mA, 280 mA und 4 650 mA in A;
d) 1,8 A, 0,75 A und 0,023 A in mA!

35. Nenne und erläutere Beispiele aus Haushalt und Technik für die verschiedenen Wirkungen des elektrischen Stromes!

36. An einem Vielfachmessgerät werden nacheinander die Messbereiche
a) 10 mA,
b) 100 mA und
c) 300 mA eingestellt.
Lies die elektrische Stromstärke jeweils für die Zeigerstellungen A bis D im Bild ab!

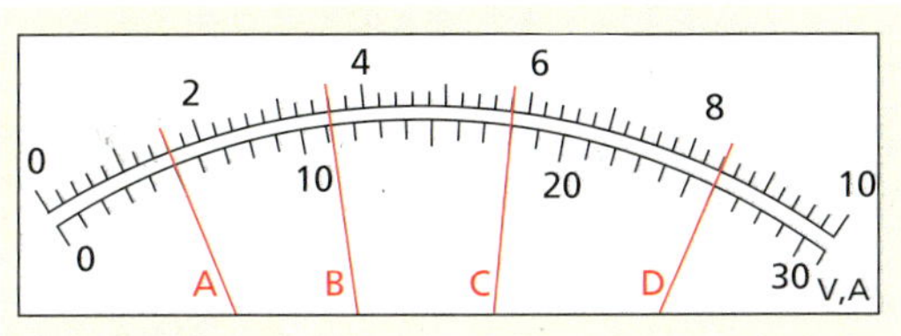

37. Warum solltest du am Vielfachmessgerät zunächst den größten Messbereich einstellen, wenn du die elektrische Stromstärke messen willst?

38. Begründe, warum ein Strommesser stets in Reihe zu dem elektrischen Gerät geschaltet werden muss, durch das der elektrische Strom fließt!

39. Untersuche in einem einfachen Stromkreis die elektrische Stromstärke und setze dich mit dem Begriff „Stromverbrauch“ auseinander!
Vorbereitung:
Zeichne einen Schaltplan für einen Stromkreis, der aus einer Glühlampe und einem Schalter besteht und in dem du an drei verschiedenen Stellen die elektrische Stromstärke messen kannst!
Durchführung:
Baue die Schaltung nach dem Schaltplan auf! Miss nacheinander an drei verschiedenen Stellen die elektrische Stromstärke und notiere die Messwerte!
Auswertung:
Vergleiche die Messwerte! Wodurch könnte die Genauigkeit der Messergebnisse beeinflusst worden sein?
Was kann man, ausgehend von den experimentellen Ergebnissen, zum Begriff „Stromverbrauch“ sagen?

40. Verbinde nacheinander dieselbe Glühlampe aus einer Fahrradlampe mit einer Flachbatterie (4,5 V), einer Monozelle (1,5 V) und einer Blockbatterie (6 V)! Was kannst du beobachten? Was würde passieren, wenn du die Lampe an eine Blockbatterie von 9 V oder an eine Autobatterie (12 V) anschließt?

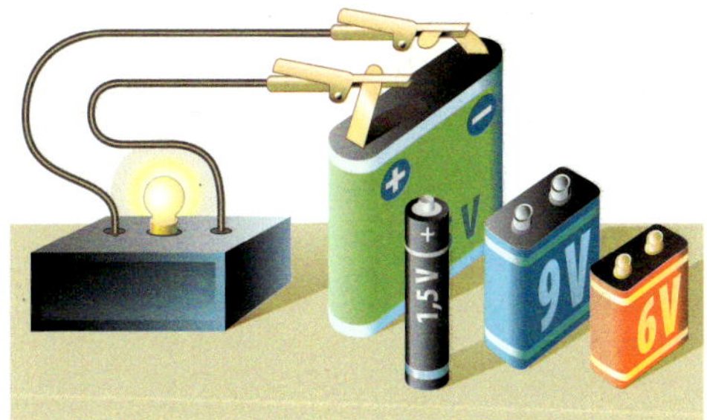

41. Gib folgende Spannungen in den angegebenen Einheiten an:
a) 12,5 V, 8,3 V und 0,36 V in mV;
b) 15 000 V, 6 800 V und 230 V in kV;
c) 110 kV, 220 kV und 380 kV in V!

42. Wie groß sind die elektrischen Spannungen, wenn am Vielfachmessgerät nacheinander die Messbereiche
a) 3 V, b) 10 V und c) 60 V eingestellt werden? Lies jeweils für die Zeigerstellungen A bis D die Messwerte ab!

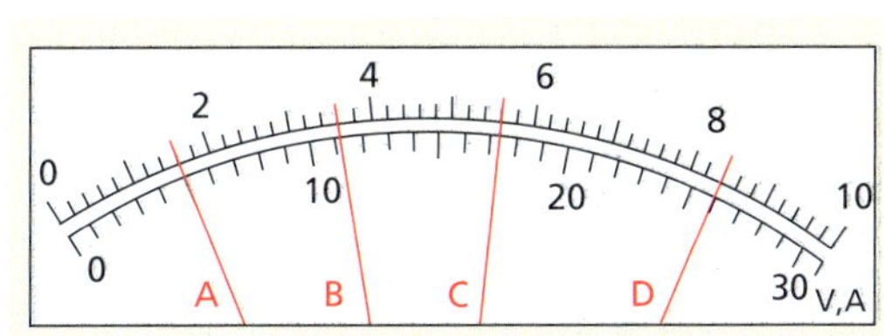

43. Prüfe die Spannung nach, die auf Batterien, Knopfzellen und Monozellen angegeben ist!

44. Warum ist auf manchen elektrischen Geräten die Betriebsspannung angegeben? Erkunde, welche Betriebspannung Handys, CD-Player und Taschenrechner haben! Was passiert, wenn die Betriebsspannung deutlich über- oder unterschritten wird?

Elektrischer Strom, Stromstärke und Spannung

Körper können elektrisch **neutral, positiv** oder **negativ** geladen sein.

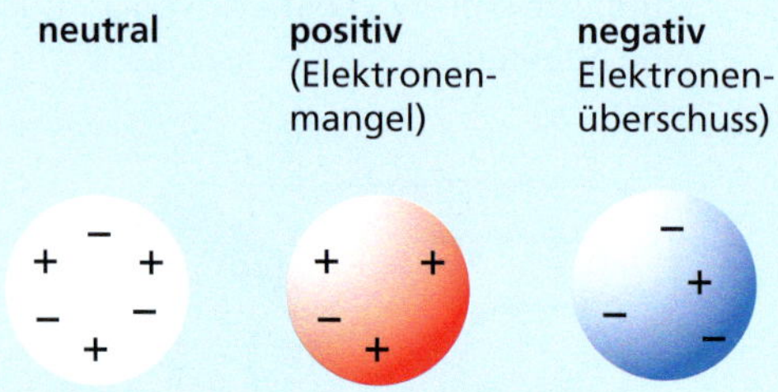

Ein **elektrisches Feld** existiert im Raum um elektrisch geladene Körper, in dem auf andere elektrisch geladene Körper Kräfte ausgeübt werden.

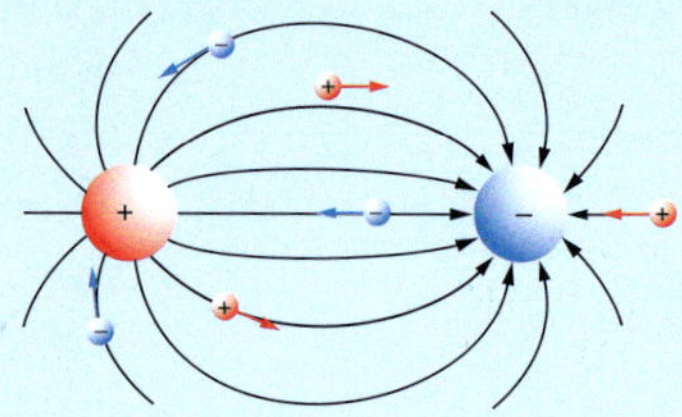

Ein elektrischer Strom in einem Stromkreis ist nur vorhanden, wenn eine elektrische Quelle und ein elektrisches Gerät durch Leitungen miteinander verbunden sind.

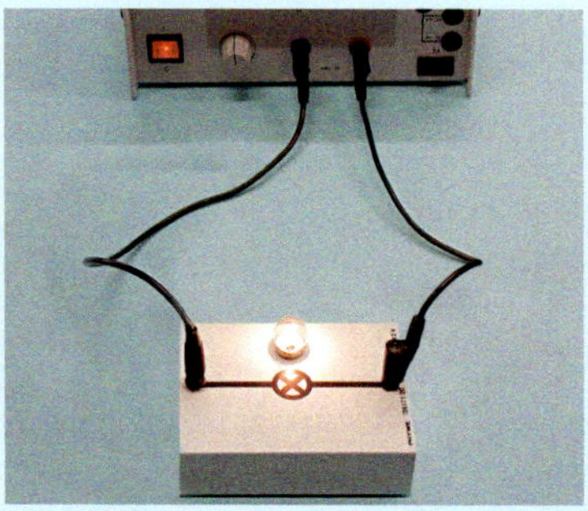

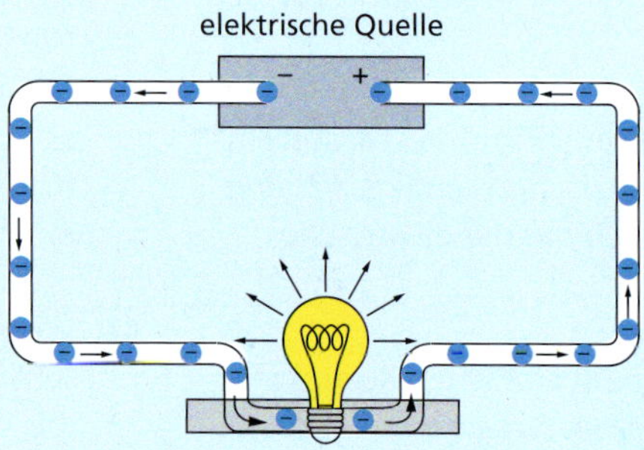

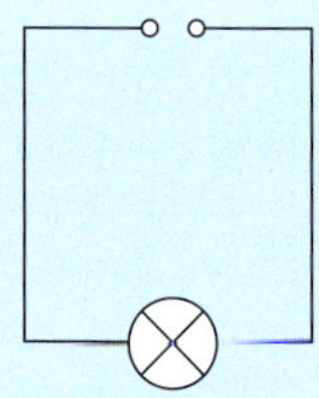

Elektrischer Strom ist nur an seinen Wirkungen erkennbar (Lichtwirkung, Wärmewirkung, magnetische Wirkung, chemische Wirkung).

Wichtige physikalische Größen in der Elektrizitätslehre sind die **elektrische Stromstärke** und die **elektrische Spannung.**

Die elektrische Stromstärke I	**Die elektrische Spannung U**
gibt an, wie viele Ladungsträger sich in jeder Sekunde durch den Querschnitt eines Leiters bewegen.	gibt an, wie stark die elektrischen Ladungsträger angetrieben werden.
Einheiten: 1 A, 1 mA 1 A = 1000 mA	**Einheiten**: 1V, 1 mV, 1 kV 1 kV = 1000 V 1 V = 1000 mV
Messgeräte für die Stromstärke sind Strommesser (Amperemeter). Strommesser sind in Reihe zum elektrischen Gerät zu schalten, bei dem die Stromstärke gemessen werden soll.	**Messgeräte** für die Spannung sind Spannungsmesser (Voltmeter). Spannungsmesser sind parallel zum elektrischen Gerät zu schalten, an dem die Spannung gemessen soll.

4.2 Helligkeit nach Wunsch – Energieverteilung in Stromkreisen

Überall die gleiche Spannung?

Ein Computerarbeitsplatz wird eingerichtet. Damit kommen zu der großen Anzahl elektrischer Geräte in unserem Haushalt noch weitere hinzu, sodass oft Steckdosen fehlen. Eine Verteilerleiste kann Abhilfe schaffen. *Wodurch wird erreicht, dass alle Steckdosen in Wohnungen und auch die Verteilerleiste dieselbe Spannung liefern?*

Eine leuchtende Kette

Die Lichterkette einer Weihnachtsbaumbeleuchtung wird mit einem Kabel an die Steckdose angeschlossen und alle Lämpchen leuchten. Wenn man ein Lämpchen locker dreht, so verlöschen alle Lämpchen der Kette. Es gibt aber auch Lichterketten, die weiter leuchten, wenn eine Lampe kaputt ist. *Wie ist das zu erklären? Was für eine Schaltung liegt bei einer solchen Lichterkette vor?*

Lampen leisten Unterschiedliches

Auf einem Lämpchen steht 6 V/ 0,2 A. Als es versehentlich an eine Blockbatterie von 9 V angeschlossen wird, leuchtet es kurz hell auf und brennt dann durch. Eine 60-Watt-Lampe schrauben wir dagegen in eine Leselampe, die an 230 V angeschlossen ist. Sie leuchtet angenehm hell. *Was bedeuten diese Zahlenangaben? Lassen sich aus ihnen Schlüsse für die Verwendung von elektrischen Bauteilen und Geräten ziehen?*

Energieverteilung durch Reihenschaltung von Verbrauchern

Will man gleichzeitig mehrere Verbraucher, z. B. mehrere Glühlampen, betreiben, so kann man sie in Reihe oder parallel zueinander schalten. Schaltet man zwei unterschiedliche Glühlampen in Reihe, so leuchten sie unterschiedlich hell. An den Glühlampen wird unterschiedlich viel Energie umgesetzt (Abb. 1).
Die Stärke des Antriebes der elektrischen Quelle, die Spannung U, teilt sich auf beide Geräte auf. An den Geräten liegen die Teilspannungen U_1 und U_2 (Abb. 2).

Für die elektrische Spannung in unverzweigten Stromkreisen gilt:

$$U = U_1 + U_2 + \ldots$$

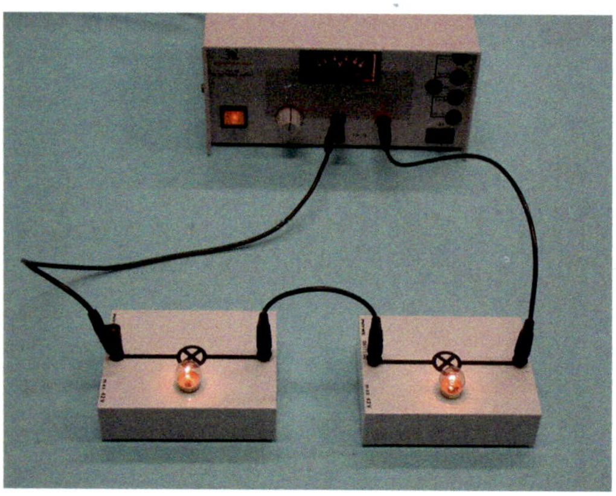

1 An in Reihe geschalteten unterschiedlichen Glühlampen wird unterschiedlich viel Energie umgesetzt.

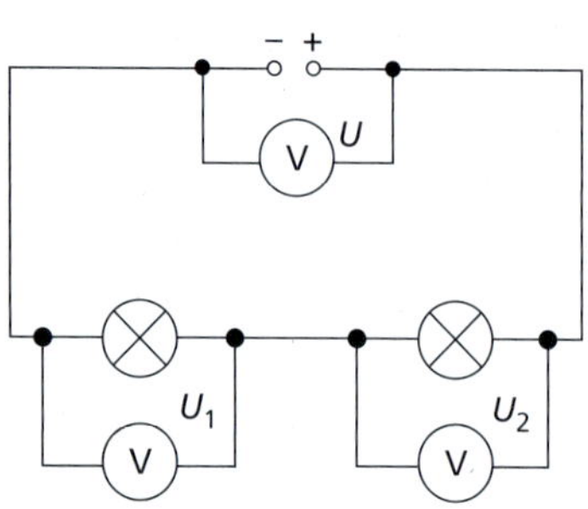

2 Spannungen im unverzweigten Stromkreis

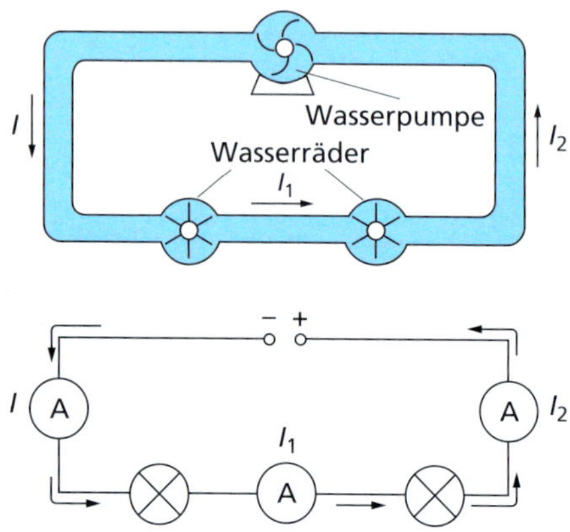

3 Stromstärken im unverzweigten Stromkreis

Der gesamte Elektronenstrom bewegt sich durch die Leitungen und die Geräte. Elektronen können weder entweichen noch hinzukommen noch sich stauen. Ähnlich ist das in einem Wasserstromkreis: An verschiedenen Stellen fließt jeweils die gleiche Wassermenge je Zeiteinheit durch die Querschnittsfläche der Rohre (Abb. 3).

Für die elektrische Stromstärke in unverzweigten Stromkreisen gilt:

$$I = I_1 = I_2 = \ldots$$

Bei gleicher Stromstärke kann bei einer Reihenschaltung von Geräten der Energieumsatz unterschiedlich sein. Misst man z. B. an einer Anordnung entsprechend Abb. 1 die Spannung an den beiden Glühlampen, dann zeigt sich: An der helleren Glühlampe liegt eine größere Spannung als an der dunkleren Glühlampe. Bei der helleren Glühlampe erfolgt offensichtlich auch ein größerer Energieumsatz. Dieser Zusammenhang zwischen Spannung und Energieumsatz gilt für beliebige Geräte in Reihenschaltung.

Bei einer Reihenschaltung von Geräten oder Bauelementen ist der Energieumsatz umso größer, je größer die jeweilige Teilspannung ist.

Energieverteilung durch Parallelschaltung von Verbrauchern

Verschiedene Verbraucher kann man nicht nur in Reihe, sondern auch parallel zueinander schalten. Schaltet man zwei Glühlampen gleicher Bauart in Reihe, dann liegt an jeder der Glühlampen die Hälfte der Spannung U der elektrischen Quelle. In **verzweigten Stromkreisen** existiert an den Verzweigungspunkten derselbe Antrieb für beide Teilströme (Abb. 1). Die Teilspannungen sind gleich der Gesamtspannung U.

Für die elektrische Spannung in verzweigten Stromkreisen gilt:

$$U = U_1 = U_2 = \ldots$$

Haben Geräte und Bauelemente, die angeschlossen werden sollen, die gleiche Betriebsspannung, so müssen sie parallel geschaltet werden. Das gilt z. B. für Geräte und Bauelemente (Glühlampen) im Haushalt, die in der Regel eine Betriebsspannung von 230 V benötigen. Damit diese Spannung anliegt, müssen die Geräte parallel zur elektrischen Quelle (Steckdose) mit 230 V geschaltet werden.

In **verzweigten Stromkreisen** teilt sich der Elektronenstrom an den Verzweigungspunkten in zwei Teilströme auf (Abb. 2). Ein Teil der Elektronen bewegt sich in den einen Teilstromkreis, die anderen Elektronen in den anderen.

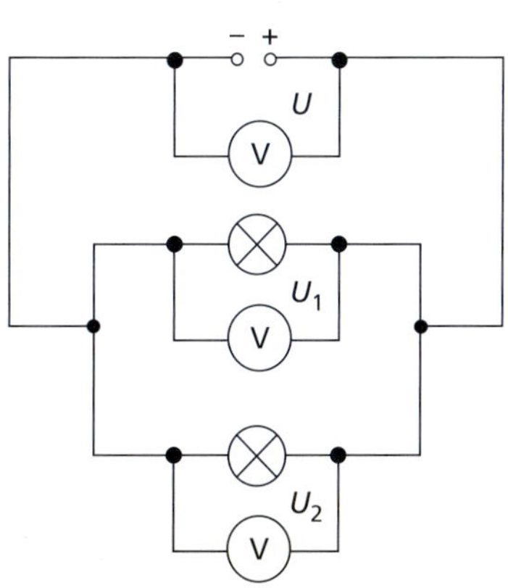

1 Spannungen im verzweigten Stromkreis

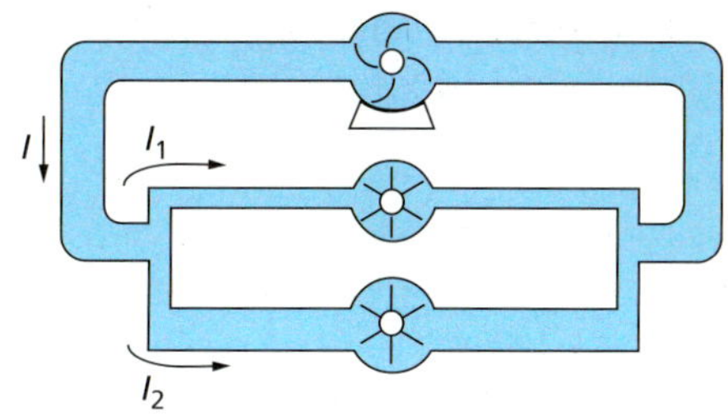

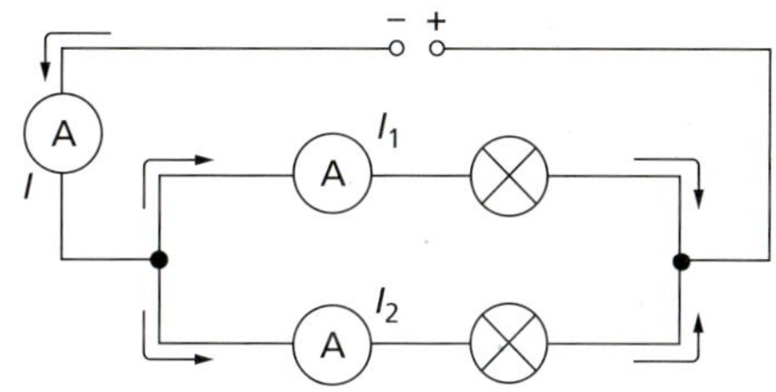

2 Stromstärken im verzweigten Stromkreis

Für die elektrische Stromstärke in verzweigten Stromkreisen gilt:

$$I = I_1 + I_2 + \ldots$$

Verbindet man z. B. zwei verschiedene Glühlampen so mit einer elektrischen Quelle, dass sie parallel geschaltet sind (Abb. 2) dann zeigt sich: Wie auch bei einer Reihenschaltung (s. S. 192) ist bei Parallelschaltung der Energieumsatz an verschieden Glühlampen unterschiedlich. Da die Spannung an den parallel geschalteten Glühlampen gleich ist, hängt der unterschiedliche Energieumsatz offenbar mit unterschiedlichen Stromstärken zusammen.

Misst man an einer Anordnung entsprechend Abb. 2 die Stromstärken, dann zeigt sich: Durch die hellere Glühlampe fließt ein Strom größerer Stärke. Bei der dunkleren Glühlampe ist die Stromstärke geringer. Bei der helleren Glühlampe erfolgt ein größerer Energieumsatz. Dieses Versuchsergebnis kennzeichnet den Zusammenhang zwischen Stromstärke und Energieumsatz für beliebige Geräte in Parallelschaltung.

Bei einer Parallelschaltung von Geräten oder Bauelementen ist der Energieumsatz umso größer, je größer die jeweilige Teilstromstärke ist.

Zusammenhang zwischen Spannung und Stromstärke – Das ohmsche Gesetz

Je größer die elektrische Spannung in einem Stromkreis ist, desto größer ist der Antrieb des elektrischen Stromes. Damit bewegen sich mehr Elektronen durch den Querschnitt des Leiters. Die elektrische Stromstärke steigt. So leuchtet z. B. eine Glühlampe heller, wenn sie an eine stärkere elektrische Quelle angeschlossen wird.

Der Zusammenhang zwischen Stromstärke und Spannung wurde von dem deutschen Forscher GEORG SIMON OHM (Abb. 2) entdeckt und ist im **ohmschen Gesetz** beschrieben.

Für alle metallischen Leiter gilt unter der Bedingung, dass die Temperatur konstant ist:

$$I \sim U$$

Mit der anliegenden Spannung U wächst auch die Stromstärke I. Die Gesetzesaussage $I \sim U$ ist gleichbedeutend mit der Formulierung

$$\frac{U}{I} = \text{konstant.}$$

Stellt man für einen metallischen Leiter bei $\vartheta = \text{konstant}$ den Zusammenhang zwischen der Stromstärke I und der Spannung U in einem Diagramm dar, so erhält man als Graph eine Gerade (Abb. 1). Das ohmsche Gesetz gilt nur unter der Bedingung, dass die Temperatur konstant ist. Diese Gültigkeitsbedingung für das ohmsche Gesetz ist nicht immer erfüllt. Verändert sich beispielsweise bei einer Glühlampe (Metallfadenlampe) die Spannung, so ändert sich auch die Stromstärke und die Temperatur des Glühfadens. Es gilt nicht $I \sim U$ (Abb. 3).

2 GEORG SIMON OHM (1789–1854) arbeitete zunächst als Lehrer für Mathematik und Physik und war später als Professor für Physik in München tätig.

Der elektrische Widerstand

Bewegen sich die Elektronen im Stromkreis, so stoßen sie mit den Metall-Ionen der elektrischen Leiter zusammen. Dadurch wird die gerichtete Bewegung der Elektronen behindert. Dem elektrischen Strom wird ein Widerstand entgegengesetzt. Die elektrische Spannung verursacht entgegen dem Widerstand einen Stromfluss bestimmter Stromstärke. Der Quotient aus Spannung und Stromstärke ist geeignet, die Größe **elektrischer Widerstand** zu beschreiben.

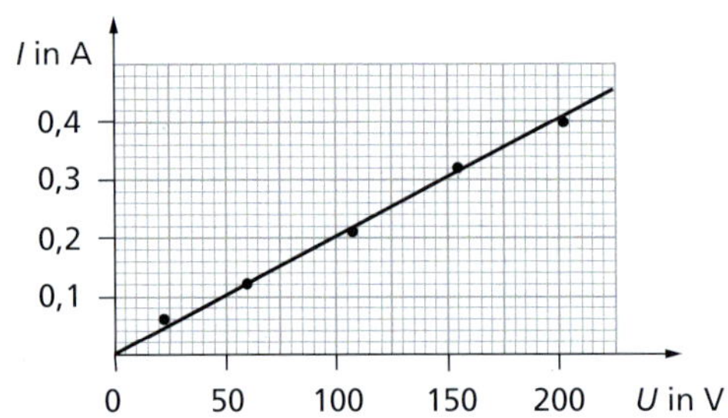

1 Kennlinie eines Konstantandrahtes (ϑ = konstant)

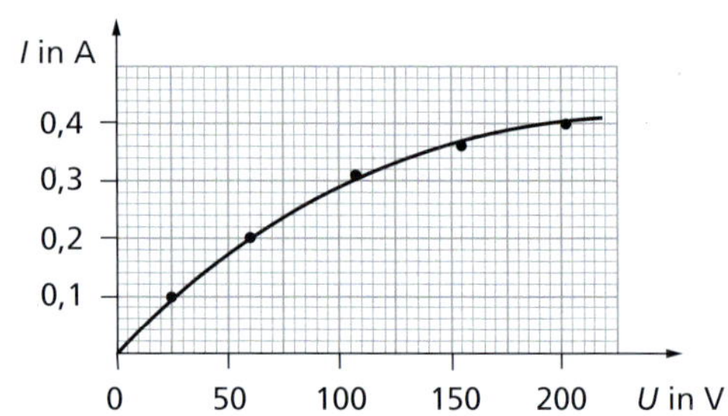

3 Kennlinie einer Metallfadenlampe ($\vartheta \neq$ konstant)

Der elektrische Widerstand eines Bauteils gibt an, wie stark der elektrische Strom in ihm behindert wird.

Formelzeichen: *R*
Einheit: 1 Ohm (1 Ω)

Für die Einheit 1 Ohm gilt: $1\,\Omega = \frac{1\,V}{1\,A}$

Vielfache der Einheit 1 Ω sind ein Kiloohm (1 kΩ) und ein Megaohm (1 MΩ):

$1\,k\Omega = 1\,000\,\Omega$

$1\,M\Omega = 1\,000\,k\Omega = 1\,000\,000\,\Omega$

Der elektrische Widerstand von Bauteilen oder Geräten kann mithilfe von **Widerstandsmessern** (Ohmmetern) direkt gemessen werden (Abb. 1). Dazu wird in ein Vielfachmessgerät eine elektrische Quelle eingesetzt. Der Nullpunkt der Skala ergibt sich, wenn der Widerstand praktisch null ist. Die Stromstärke und damit der Zeigerausschlag sind dann am größten. Mit Zunahme des Widerstandes nimmt die Stromstärke ab und ist null, wenn der Widerstand sehr groß ist. Jedem Wert der Stromstärke kann so ein Widerstandswert zugeordnet werden.
Der elektrische Widerstand kann aber auch aus der Stromstärke und der Spannung berechnet werden, die man mit Amperemeter und Voltmeter messen kann.

Der elektrische Widerstand eines Bauteils kann berechnet werden mit der Gleichung:

$R = \frac{U}{I}$ — *U* **elektrische Spannung**, *I* **elektrische Stromstärke**

Elektrische Widerstände in Natur und Technik

Verlängerungsschnur	ca. 0,1 Ω
Heizplatte im Herd	15 Ω
Heizung einer Waschmaschine (1000 W)	50 Ω
100-W-Glühlampe	530 Ω
60-W-Glühlampe	880 Ω
Körperwiderstand des Menschen (von Hand zu Hand)	ca. 1 kΩ

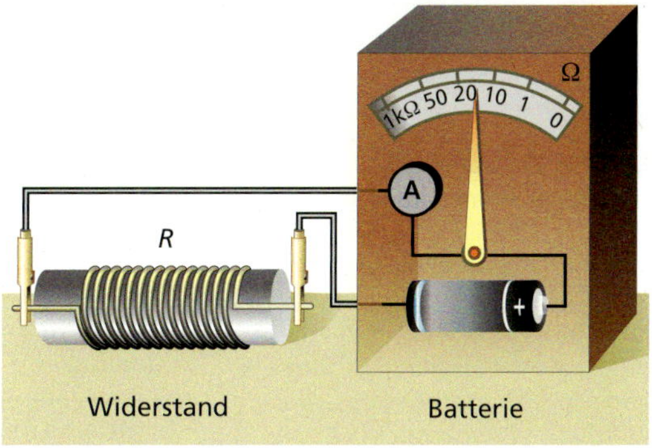

1 Im Ohmmeter wird der unbekannte Widerstand *R* mit einem Strommesser in Reihe an eine Batterie angeschlossen.

Bestimmt man den elektrischen Widerstand von Metalldrähten bei unterschiedlicher Temperatur, dann zeigt sich:

Bei den meisten Metallen erhöht sich mit steigender Temperatur ihr elektrischer Widerstand.

Das kann man auch bei einer Glühlampe feststellen: Bei Vergrößerung der Spannung erhöht sich die Stromstärke und damit die Temperatur der Glühwendel. Damit vergrößert sich ihr elektrischer Widerstand (s. Abb. 3, S. 194). Die Temperaturabhängigkeit des elektrischen Widerstandes hängt vom jeweiligen Stoff ab. Sie muss bei technischen Widerständen (s. S. 199) beachtet werden und wird bei metallischen Widerstandsthermometern genutzt.
Im Teilchenmodell kann man die Vergrößerung des Widerstandes bei Temperaturerhöhung folgendermaßen deuten: Mit Erhöhung der Temperatur bewegen sich die Metall-Ionen im Leiter heftiger. Dadurch wird die gerichtete Bewegung der Elektronen stärker behindert. Der Widerstand wird größer.
Den Technikern ist es gelungen Materialien herzustellen, deren Widerstand weitgehend temperaturunabhängig ist. Ein solches Material ist **Konstantan,** eine Legierung aus Kupfer, Nickel und Mangan.

2 Rohkupfer

Stromstärke-Spannung-Messungen – Verarbeitung der Daten mit einem Computer

Beachte!

Mithilfe von **Tabellenkalkulationsprogrammen** kann man Daten in Tabellen ordnen, in Diagrammen veranschaulichen und auch Berechnungen durchführen. Für die dargestellten Beispiele eignet sich jedes gängige Tabellenkalkulationsprogramm. Hier wurde das **Programm MS Excel** verwendet.

Für verschiedene Widerstände wird gemessen, wie groß die Stromstärke bei verschiedenen Spannungen ist. Die Messwerte sind in den folgenden Messwertetabellen erfasst.

Drahtwiderstand aus Konstantan

Spannung in V	0	2	4	6	8	10
Stromstärke in mA	0	5,9	12,2	17,7	23,8	29,7

Schichtwiderstand

Spannung in V	0	2	4	6	8	10
Stromstärke in mA	0	11,8	23,9	35,7	48,3	60,4

Der Quotient aus der Spannung U und der Stromstärke I ist der Widerstand R:

$$R = \frac{U}{I}$$

Bei einer bestimmten Temperatur hat der Widerstand einen bestimmten Wert.

Um zu erkennen, ob der Widerstand konstant ist oder ob er sich ändert, gibt es zwei Möglichkeiten:

a) Es wird der Quotient aus der jeweiligen Spannung und der Stromstärke gebildet. Ist dieser Quotient konstant, so liegt ein konstanter Widerstand vor.

b) Es wird das Stromstärke-Spannung-Diagramm gezeichnet. Ist der Graph eine Gerade, so ist der Widerstand konstant.

Beide Möglichkeiten kannst du mit einem Computer in einem Tabellenkalkulationsprogramm realisieren.

Darstellen der Messwerte und Berechnen der Geschwindigkeit

So kann man die Messwerte im Tabellenkalkulationsprogramm darstellen und die Geschwindigkeit berechnen.

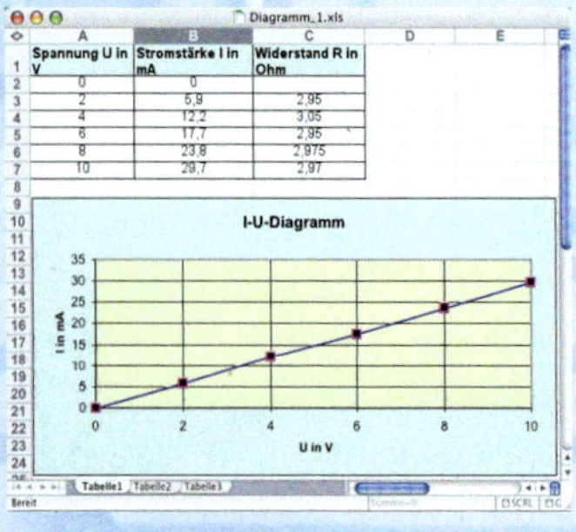

Dazu kannst du in folgenden Schritten vorgehen:

1. Öffne das Tabellenkalkulationsprogramm!
2. Trage in die erste Zeile den Kopf der Tabelle ein! Der Tabellenkopf kann farbig, die Schrift fett gestaltet werden. Dazu musst du die jeweiligen Zellen markieren und im Menü „Format“ bei den Zellen die entsprechenden Einstellungen vornehmen.
3. Speichere die Daten, z. B. unter dem Namen „Draht“.
4. Gib die Messwerte für Spannung und Stromstärke ein!
5. Wenn du die Berechnung des Widerstandes vornehmen willst, kannst du so vorgehen:
   - Setze den Cursor in die Zelle C3!
   - Klicke in der Menüleiste auf das Gleichheitszeichen und gibt die Rechenoperation B3/A3 ein! Drücke „Enter“!
   - Wiederhole das für die Zellen C4 bis C7!

Du erhältst damit die Tabelle, die links dargestellt ist.

Darstellen der Messwerte in einem Stromstärke-Spannung-Diagramm

Die aufgenommenen Messwerte können in einem Stromstärke-Spannung-Diagramm dargestellt werden. Ein solches *I*-*U*-Diagramm lässt sich mit einem Tabellenkalkulationsprogramm zeichnen. Man kann jeweils den Graphen für einen einzelnen Widerstand oder auch die Graphen für beide Widerstände in einem Diagramm darstellen. Dabei kannst du in folgenden Schritten vorgehen:

1. Trage die Messwerte so in die Tabelle ein, wie es rechts dargestellt ist!
2. Markiere die Zellen, in denen die Messwerte stehen!
3. Rufe dann den Diagramm-Assistenten durch Klicken auf das entsprechende Symbol in der Menüleiste auf!
   Wähle ein **Liniendiagramm mit Datenpunkten** aus! Drücke dann auf die Schaltfläche „Weiter"!
4. Gehe im zweiten Schritt zum Bereich „Reihe"! Da Reihe 1 die Spannung-Achse ist, muss sie bei Datenreihe entfernt werden. Dann wird der Cursor in die Beschriftung der Rubrikenachse (X) gesetzt und die Messwerte für die Spannung in der Tabelle markiert. Mit „Weiter" kommst du zum 3. Schritt.
5. Nun kannst du das Diagramm und die Achsen beschriften und das Diagramm fertig stellen.
6. Die Graphen verlaufen zunächst nicht durch den Punkt (0;0). Um das zu ändern, bewege den Mauszeiger in die Nähe der Zeit-Achse! Wenn das Wort „Rubrikenachse" erscheint, öffnet sich durch Doppelklick ein Menü. Öffne dort „Skalierung" und entferne bei der Größenachse das Häkchen. Damit erhältst du das unten abgebildete *I*-*U*-Diagramm.

◇	A	B	C
1	Spannung in V	Stromstärke 1 in mA	Stromstärke 2 in mA
2	0	0	0
3	2	5,9	11,8
4	4	12,2	23,9
5	6	17,7	35,7
6	8	23,8	48,3
7	10	29,7	60,4

Der Diagramm-Assistent hat folgendes Symbol: 

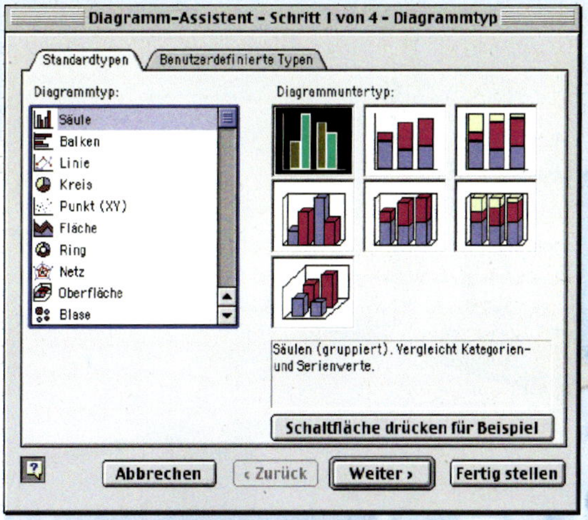

◇	A	B	C	D	E	F
1	Spannung in V	Stromstärke 1 in mA	Stromstärke 2 in mA			
2	0	0	0			
3	2	5,9	11,8			
4	4	12,2	23,9			
5	6	17,7	35,7			
6	8	23,8	48,3			
7	10	29,7	60,4			

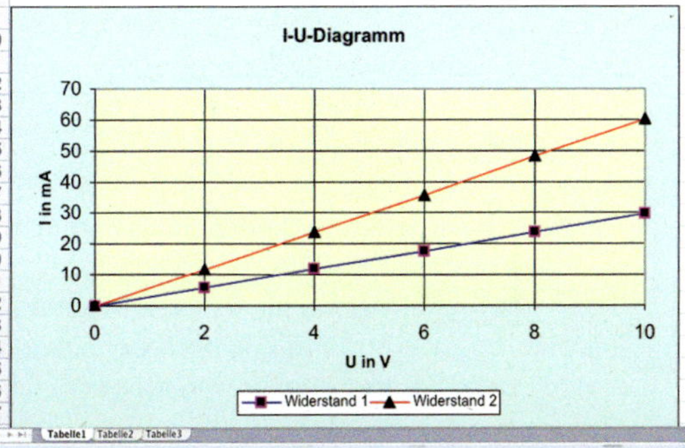

Aus dem Diagramm ist erkennbar: Die Graphen sind näherungsweise Geraden. Das bedeutet: Beide Widerstände sind über den gewählten Spannungsbereich hinweg konstant.
Die Farben der Graphen und der Flächen kannst du beliebig ändern.

Der elektrische Widerstand in unverzweigten und verzweigten Stromkreisen

Durch Reihen- und Parallelschaltung von Bauteilen ändert sich der Gesamtwiderstand in Stromkreisen. Dadurch leuchten z. B. gleiche Glühlampen unterschiedlich hell (Abb. 1 und 2). Schaltet man zwei Bauteile in Reihe in den Stromkreis, so gilt für den elektrischen Widerstand das folgende Gesetz:

Bei einer Reihenschaltung von Bauteilen beträgt der Gesamtwiderstand:

$$R = R_1 + R_2 + \ldots$$

Der Gesamtwiderstand ist also in diesem Falle immer größer als der größte Teilwiderstand. Anders ist das bei einer Parallelschaltung von zwei Bauteilen. In diesem Fall addieren sich die Widerstände der einzelnen Bauteile nicht, sondern es gilt:

Bei einer Parallelschaltung von Bauteilen beträgt der Gesamtwiderstand:

$$\frac{1}{R} = \frac{1}{R_1} + \frac{1}{R_2} + \ldots$$

1 Reihenschaltung gleicher Glühlampen

2 Parallelschaltung gleicher Glühlampen

Theoretisches Herleiten von Gleichungen in der Physik

Da viele Gesetzesaussagen in der Physik als Gleichungen formuliert werden, kann man mathematische Mittel nutzen, um neue Erkenntnisse zu gewinnen.
Dabei werden vor allem die Regeln für das äquivalente Umformen von Gleichungen angewendet, um neue Gleichungen abzuleiten. Dies wird u. a. beim Lösen physikalisch-mathematischer Aufgaben für konkrete Anwendungen genutzt.

Aus bekannten Gesetzen kann man auf diesem Wege auch neue Gesetze herleiten, z. B. das Gesetz für den Gesamtwiderstand in unverzweigten Stromkreisen.

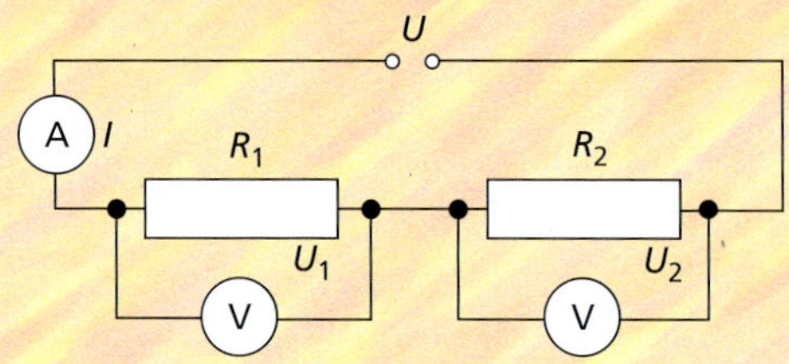

3 Spannungen, Stromstärken und Widerstände im unverzweigten Stromkreis

Bei der **Reihenschaltung von Widerständen** (Abb. 3) gilt:

(1) $U = U_1 + U_2$ und

(2) $I = I_1 = I_2$

Dividiert man die Gleichung (1) durch die konstante Stromstärke I, erhält man:

(3) $\frac{U}{I} = \frac{U_1}{I} + \frac{U_2}{I}$

Mit $R = \frac{U}{I}$ folgt daraus das Gesetz:

(4) $R = R_1 + R_2$

Theoretisch hergeleitete Gesetze müssen durch die Praxis bestätigt werden.
Dazu nutzt man Messungen in Experimenten, um theoretisch ermittelte Erkenntnisse experimentell zu bestätigen oder zu widerlegen.

Das Widerstandsgesetz

Viele Bauteile in elektrischen Geräten sind Drähte. Der elektrische Widerstand eines Drahtes ist abhängig von dem Stoff, aus dem er besteht, von seiner Länge und seiner Querschnittsfläche. Genauere Untersuchungen zeigen:

Der elektrische Widerstand eines Leiters ist umso größer, je größer die Länge und je kleiner die Querschnittsfläche sind. Er ist auch abhängig von dem Stoff, aus dem der Leiter besteht.

Die Abhängigkeit des Widerstandes vom Stoff wird durch den **spezifischen elektrischen Widerstand** beschrieben. Dieser gibt an, wie groß der Widerstand eines Drahtes aus diesem Stoff ist, der 1 m lang ist und eine Querschnittsfläche von 1 mm^2 besitzt (Abb. 1). Der spezifische elektrische Widerstand ist eine Materialkonstante.
Alle Abhängigkeiten des elektrischen Widerstandes eines Drahtes sind im **Widerstandsgesetz** zusammengefasst.

Der elektrische Widerstand eines Leiters kann berechnet werden mit der Gleichung:

$$R = \rho \cdot \frac{l}{A}$$

- ρ **spezifischer elektrischer Widerstand**
- l **Länge des Leiters**
- A **Querschnittsfläche des Leiters**

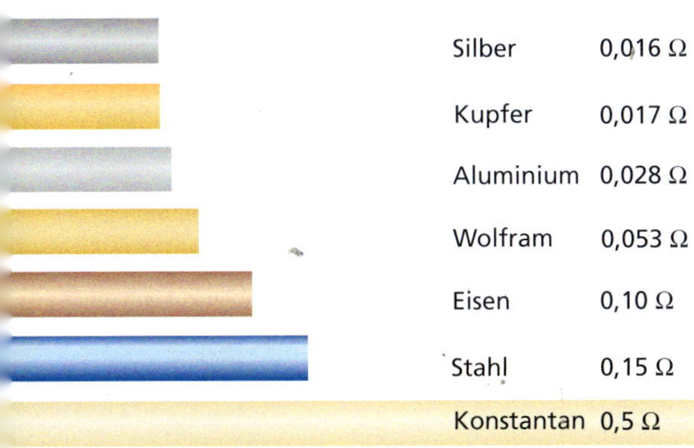

1 Elektrische Widerstände verschiedener Stoffe bei einer Länge von 1 m und 1 mm^2 Querschnittsfläche

Mosaik

Technische Widerstände

Die Bezeichnung „Widerstand" wird sowohl für die physikalische Größe als auch für elektrische Bauelemente benutzt.
In elektrischen Geräten befinden sich Widerstände unterschiedlicher Bauformen. **Festwiderstände** haben einen unveränderlichen, „festen" Widerstand (Abb. 2a und 3).
Bei **regelbaren Widerständen** (Abb. 2b und 4) werden mit einem Gleit- oder Drehkontakt unterschiedliche Längen eines Widerstandsdrahtes eingestellt, der vom elektrischen Strom durchflossen wird ($R \sim l$).

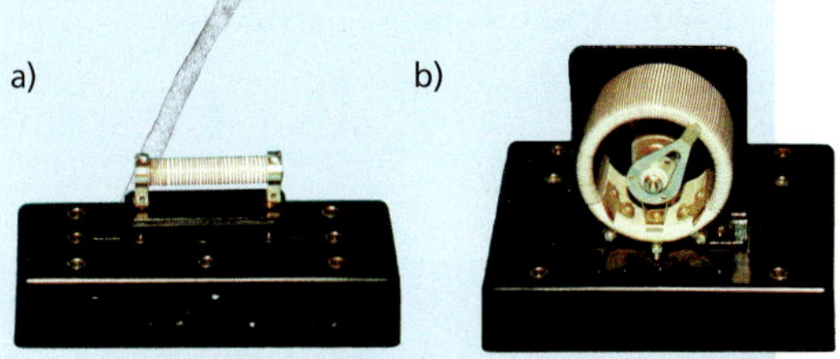

2 Drahtwiderstände: Auf Keramikzylinder werden lange, isolierte Metalldrähte gewickelt.

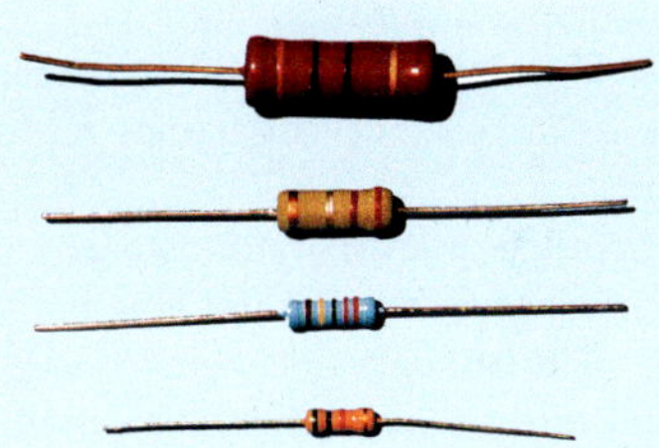

3 Schichtwiderstände: Auf Keramikröhrchen werden dünne Kohle- oder Metallschichten aufgedampft. Aus den farbigen Ringen kann der Widerstand über einen Code abgelesen werden.

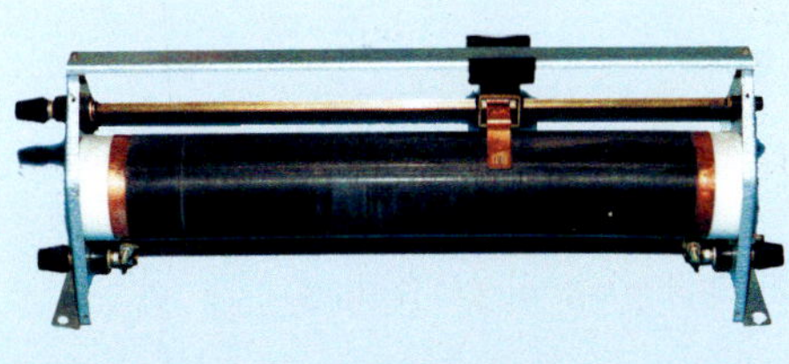

4 Gleitwiderstand: Mit einem Schieber wird die Länge des Drahtes im Stromkreis verändert.

Widerstände und Spannungen im unverzweigten Stromkreis

Bei einer Reihenschaltung von zwei Widerständen liegt an jedem der Widerstände eine Teilspannung an (Abb. 1). Der Wert der Teilspannung ist vom Wert des jeweiligen Widerstandes abhängig. Der Zusammenhang zwischen den Spannungen und den Widerständen wird als **Spannungsteilerregel** bezeichnet. Für zwei in Reihe geschaltete Widerstände lautet sie:

Bei einer Reihenschaltung von zwei Widerständen verhalten sich die an ihnen anliegenden Teilspannungen wie die entsprechenden elektrischen Widerstände:

$$\frac{U_1}{U_2} = \frac{R_1}{R_2}$$

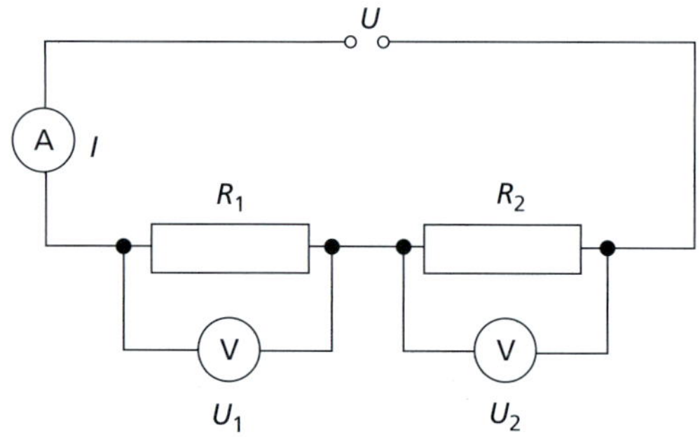

1 Widerstände und Spannungen bei einer Reihenschaltung von zwei Bauteilen

Damit lassen sich mithilfe von Festwiderständen oder regelbaren Widerständen in Stromkreisen unterschiedliche Teilspannungen erzeugen. In der Praxis wird häufig eine **Spannungsteilerschaltung** genutzt. Sie wird auch als **Potenziometerschaltung** bezeichnet (s. unten).

Mosaik

Die Spannungsteilerschaltung

In Geräten und beim Experimentieren werden häufig veränderbare Spannungen benötigt. Dies ist z. B. in einer Dimmerschaltung der Fall, mit der man die Helligkeit einer Stehlampe stufenlos regeln kann.

Dazu verwendet man Spannungsteiler, mit deren Hilfe man einer Quelle mit der Spannung U jede kleinere Teilspannung entnehmen kann. Diese Schaltung wird als **Spannungsteilerschaltung** (Potenziometerschaltung) bezeichnet (Abb. 2).

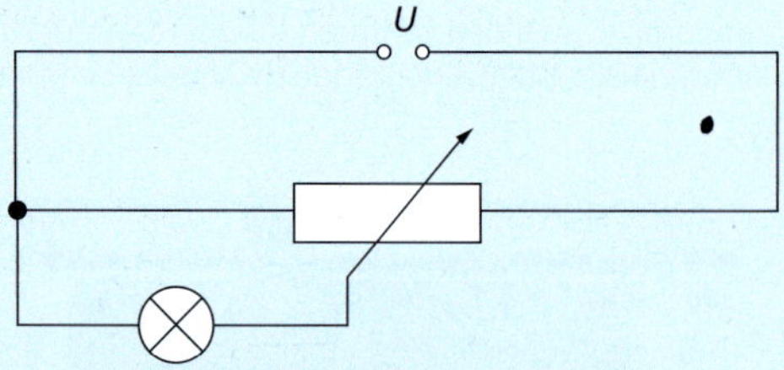

2 Spannungsteilerschaltung

Ein Spannungsteiler ist ein regelbarer Widerstand mit drei Anschlüssen. Einer der Anschlüsse ist mit einem verstellbaren Abgriff verbunden, der den Widerstand R in die beiden Teilwiderstände R_1 und R_2 „teilt" (Abb. 3). Wie groß die Widerstände R_1 und R_2 sind, hängt von der Stellung des Abgriffs ab. Befindet er sich z. B. am linken Rand eines Gleitwiderstandes (Abb. 3), zeigt der Spannungsmesser links 0 V an. Bewegt man den Abgriff zum anderen Ende des Widerstandes, steigt die Spannung stufenlos an und hat am Ende ihren Höchstwert erreicht.

Nach der Spannungsteilerregel liegt am kleineren Teilwiderstand die kleinere Teilspannung an.

Bei Parallelschaltung eines Gerätes wie in Abb. 2 ist von einem Ersatzwiderstand auszugehen, der kleiner als der kleinste Teilwiderstand ist. Demzufolge ist der Spannungsabfall am Gerät kleiner als am Teilwiderstand R_1 ohne Belastung (s. Gesetze für Spannungen und Widerstände im verzweigten Stromkreis).

3 Widerstände und Spannungen am Spannungsteiler

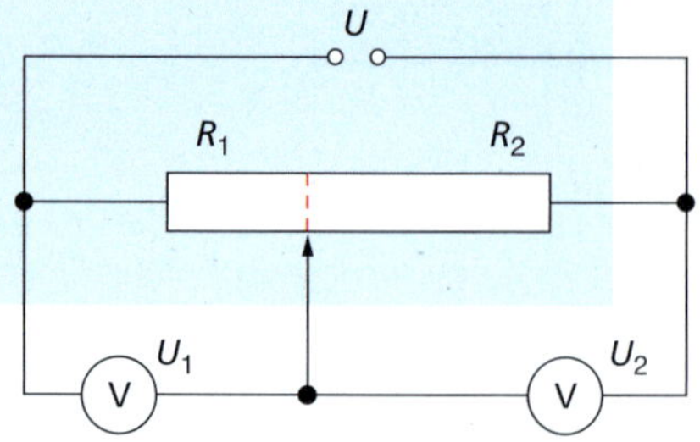

Schaltung von Bauteilen in Stromkreisen

	Reihenschaltung von Bauteilen	Parallelschaltung von Bauteilen
Beispiel	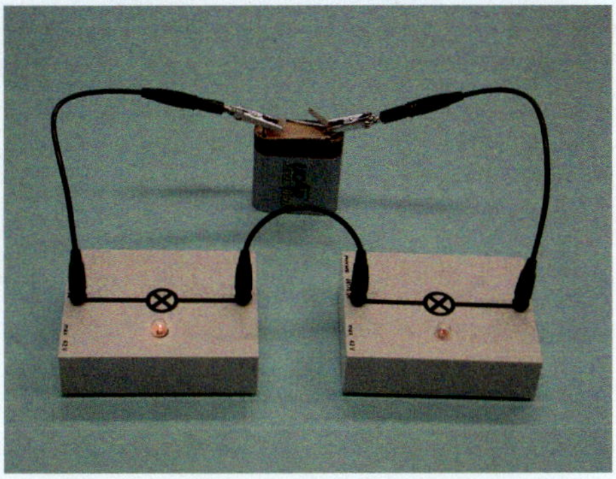	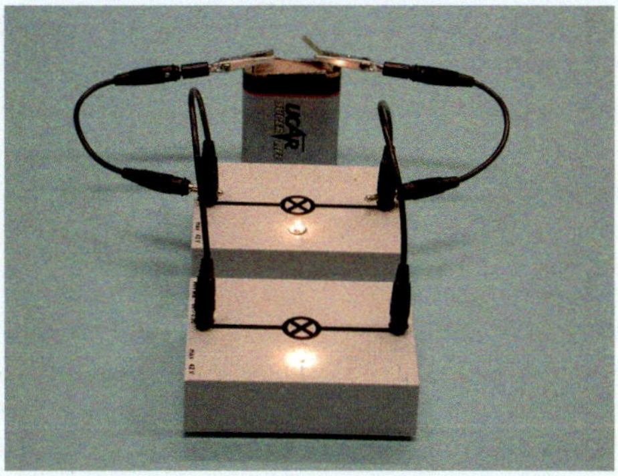
elektrische Spannung	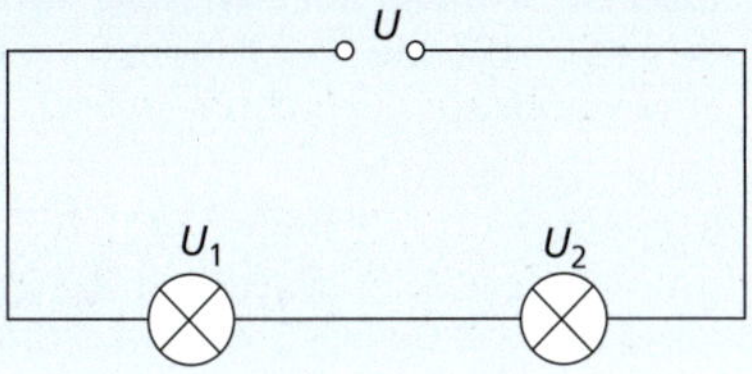 Die Gesamtspannung U ist gleich der Summe der Teilspannungen U_1 und U_2.	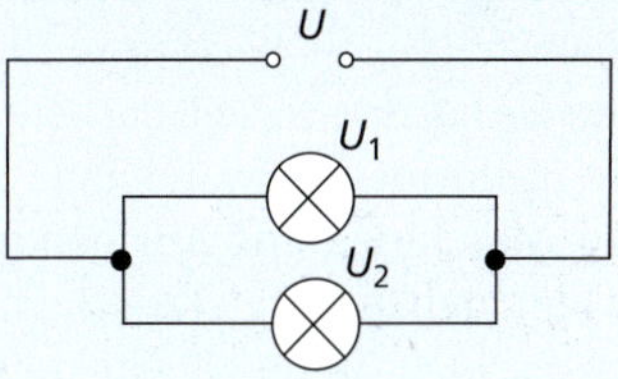 Die Teilspannungen U_1 und U_2 sind ge-nauso groß die Gesamtspannung U.
elektrische Stromstärke	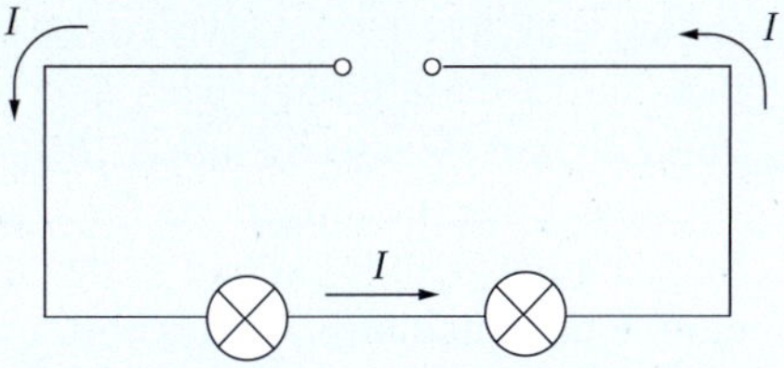 Die Stromstärke ist an allen Stellen gleich groß.	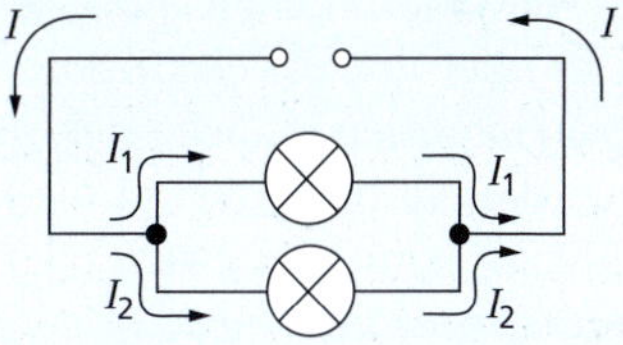 Die Gesamtstromstärke I ist gleich der Summe der Teilstromstärken I_1 und I_2.
Schalter	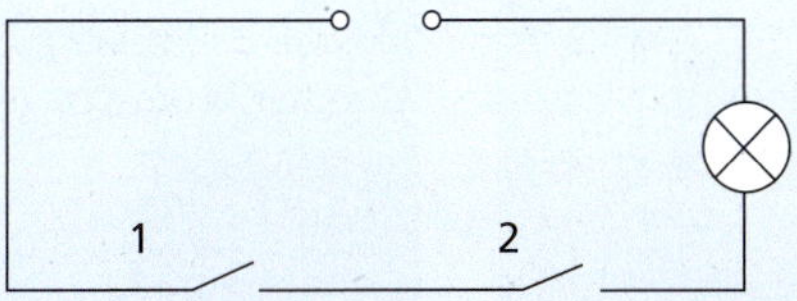 Die Lampe leuchtet nur, wenn Schalter 1 und Schalter 2 geschlossen sind (UND-Schaltung).	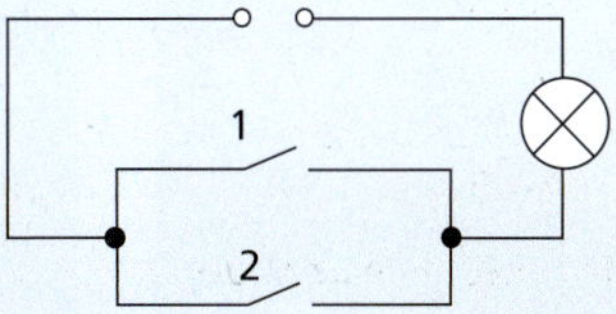 Die Lampe leuchtet, wenn Schalter 1 oder Schalter 2 geschlossen sind (ODER-Schaltung).

Elektrische Energie

Im Alltag spricht man oft über Energie: Sie wird verbraucht, gewonnen, umgewandelt, verwertet, gespeichert, kostet viel, wird immer weniger, muss erhalten bleiben.

Überall nutzen wir die verschiedensten Formen der Energie. Wie wichtig gerade die elektrische Energie für uns ist, bemerken wir schon, wenn z. B. wegen Bauarbeiten für einige Stunden die Versorgung unterbrochen werden muss oder durch schwere Unwetter Beschädigungen im Netz auftreten. Computer, Kühlschrank und Radio funktionieren nicht mehr. Die Gasheizung springt nicht an. Der Bildschirm des Fernsehapparates bleibt dunkel. Straßenbahnen und Züge können nicht mehr fahren. Elektrische Energie wird deshalb häufig als wichtigste Energieform bezeichnet. Sie hat den Vorteil, dass sie sich gut in andere Energieformen umwandeln lässt.

Die Geräte, Maschinen und Anlagen funktionieren nur, wenn man ihnen elektrische Energie zuführt. Das geschieht in den Stromkreisen, in die sie geschaltet werden. Die elektrische Energie betreibt automatische Produktionsanlagen in der Industrie (Abb. 1) ebenso wie Geräte im Haushalt. Anlagen oder Haushaltsgeräte sind „Verbraucher" der elektrischen Energie. Letztlich wandeln sie aber nur die elektrische Energie in andere Energieformen um. Die elektrische Energie versetzt die „Verbraucher" in die Lage, Licht auszusenden, Wärme abzugeben oder mechanische Arbeit zu verrichten (Abb. 2).

1 Automatische Anlagen arbeiten mit elektrischer Energie. Sie steigern die Effektivität von Produktionsprozessen.

Elektrische Energie ist die Fähigkeit des elektrischen Stromes, mechanische Arbeit zu verrichten, Wärme abzugeben oder Licht auszusenden.

Formelzeichen: E
Einheiten: **1 Joule (1 J)**
1 Wattsekunde (1 Ws)

Für die Einheiten gilt: 1 Ws = 1 J
1 Ws = 1 V · 1 A · 1 s

Vielfaches der Einheit 1 Ws ist eine Kilowattstunde (1 kWh): 1 kWh = 3 600 000 Ws

Benannt ist diese Einheit nach dem englischen Physiker JAMES PRESCOTT JOULE (1818–1889), der wichtige Untersuchungen zu Energieumwandlungen durchgeführt hat und zu den Entdeckern des Energieerhaltungssatzes gehört.

2a Ein ans Netz geschalteter Kronleuchter lässt einen Raum hell erstrahlen, da er viel Licht aussendet.

2b In einem Elektroherd gibt die elektrische Energie über Heizspiralen genügend Wärme zum Kochen und Backen ab.

2c Die elektrische Energie versetzt einen Mixer in die Lage, mechanische Arbeit zu verrichten, z. B. Teig zu kneten.

Elektrische Energie – elektrische Arbeit

Mithilfe von Elektromotoren werden Lasten gehoben und Transportbänder bewegt. Alle diese Maschinen mit Elektromotoren wandeln elektrische Energie in mechanische Energie um. Dabei wird **elektrische Arbeit** verrichtet.

Die elektrische Arbeit gibt an, wie viel elektrische Energie in andere Energieformen umgewandelt wird.

Formelzeichen: W
Einheiten: 1 Wattsekunde (1 Ws)
1 Kilowattstunde (1 kWh)

Die bei diesen Vorgängen umgewandelte Energie und damit die elektrische Arbeit ist abhängig von der anliegenden Spannung, der Stromstärke im Gerät und der Einschaltdauer des Gerätes.

Die elektrische Arbeit (umgewandelte Energie) kann folgendermaßen berechnet werden:

$$W = \Delta E = U \cdot I \cdot t$$

U Spannung
I elektrische Stromstärke
t Zeit

Hat z. B. ein Gerät eine Leistung von 1000 W und ist es eine Stunde lang in Betrieb, so beträgt die verrichtete Arbeit und damit die genutzte elektrische Energie 1 kWh. Es gilt immer $W = \Delta E$.

1 Bei eingeschalteten Geräten dreht sich die Zählerscheibe in einem Elektrizitätszähler. Die Anzahl der Umdrehungen ist proportional zur umgesetzten Energie. Je mehr Umdrehungen in einer bestimmten Zeit erfolgen, desto höher sind die Kosten.

Die genutzte elektrische Energie kann mit einem Elektrizitätszähler (Kilowattstundenzähler) gemessen werden (Abb. 1). Schaltet man z. B. bei einem Heizlüfter verschiedene Heizstufen ein, dann dreht sich die Zählerscheibe bei der größeren Heizstufe schneller als bei der kleineren. Meist gilt: 375 Umdrehungen entsprechen einer genutzten Energie von 1 kWh.

Die Kosten für die von einem Elektrizitätswerk zur Verfügung gestellte und von einem Haushalt tatsächlich abgenommene elektrische Energie werden am Jahresende „in Rechnung" gestellt (Abb. 2). Diese Rechnung beinhaltet neben den Bereitstellungskosten (Grundpreis) vor allem die tatsächlich in Anspruch genommene Energie in Kilowattstunden (kWh). So kostete z. B. eine Kilowattstunde (1 k Wh) im Jahre 2005 in Halle durchschnittlich 0,15 Euro.

Zähler-Nr. 620960 Verbrauchszeitraum: 26.11.2003 – 25.11.2004

Zählerstand (alt):	22434	Zählerstand (neu):	24853
Verbrauch:	2419 kWh		
Arbeitspreis 1):	15,0100 Cent/kWh x 2419		= 363,09 EUR
Grundbetrag Strom 2):	22,50 EUR/365 Tage		= 22,50 EUR
Messen/Abrechnen 2):	20,20 EUR/365 Tage		= 20,20 EUR
		Netto	= 405,79 EUR
		Ust. 16 %	= 64,93 EUR
		Rechnungsbetrag:	= **470,72 EUR**

1) Kosten für in Anspruch genommene Energie
2) Kosten für Energiebereitstellung (Grundpreis)

2 Jahresendabrechnung eines Energieversorgers (Ausschnitt)

Elektrische Leistung

Auf einem Reisetauchsieder findet man die Angabe 230 V/400 W (sprich Watt). Bei einer Glühlampe steht auf dem Sockel oder dem Glaskolben 230 V/100 W. Auf dem Typenschild eines jeden elektrischen Gerätes werden in der Regel die **Betriebsspannung** und die **elektrische Leistung** angegeben (Abb. 1).
Je höher die Leistung ist, umso mehr elektrische Energie wandelt das Gerät in einer bestimmten Zeit in andere Energieformen um:
Ein Tauchsieder mit 1000 W bringt die gleiche Menge Wasser schneller zum Sieden als ein Reisetauchsieder (400 W). Eine Bohrmaschine von 1000 W leistet mehr als eine von 500 W. Lautsprecherboxen mit großen Leistungen haben mehr „Power" als solche mit niedrigen Wattzahlen. Allgemein gilt:

> **Die elektrische Leistung gibt an, wie viel elektrische Energie in jeder Sekunde umgewandelt wird.**
>
> **Formelzeichen:** P_{el}
> **Einheit:** **1 Watt (1 W)**

Für die Einheit gilt: $1\ \text{W} = 1\ \text{V} \cdot 1\ \text{A} = 1\ \frac{\text{Nm}}{\text{s}}$
Vielfache der Einheit 1 W sind ein Kilowatt (1 kW) und ein Megawatt (1 MW):

1 kW = 1 000 W
1 MW = 1 000 kW = 1 000 000 W

Die elektrische Leistung eines Gerätes ist abhängig von der anliegenden Spannung und von der Stromstärke.

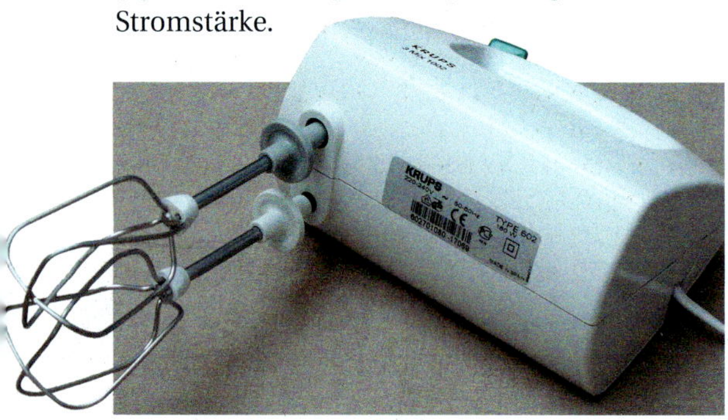

1 Das Typenschild einer Küchenmaschine gibt Auskunft über die Betriebsspannung und die Leistung.

2 Mit Leistungsmessern kann die elektrische Leistung direkt gemessen werden. Mit dem abgebildeten Messgerät kann man die Leistung einzelner Geräte bestimmen.

> **Die elektrische Leistung kann berechnet werden mit den Gleichungen:**
>
> $P_{el} = \frac{W_{el}}{t}$ **oder** $P_{el} = U \cdot I$
>
> W_{el} elektrische Arbeit
> t Zeit
> U elektrische Spannung
> I elektrische Stromstärke

Um die elektrische Leistung eines Gerätes zu ermitteln, kann man Spannung und Stromstärke messen und dann die Leistung berechnen. Sie kann auch mit **Leistungsmessern (Wattmetern)** direkt gemessen werden (Abb. 2).

Elektrische Leistungen in der Technik	
Taschenrechner	0,02 W
Spielzeugmotor	1 W
Fahrraddynamo	3 W
Energiesparlampen	5 W – 20 W
Glühlampen im Haushalt	25 W –100 W
Scheinwerferlampen im Auto	60 W
Heizkissen	60 W
Küchenmaschine	200 W
Mikrowelle	0,8 kW
Tauchsieder, Kochplatte	bis 1 kW
Motor einer Elektrolokomotive	5 MW
Kraftwerksblock	bis 1 000 MW

Elektrische Leistung bei Reihen- und Parallelschaltung

Bei Lichterketten, z. B. bei einer Weihnachtsbaumbeleuchtung, sind Glühlampen in Reihe geschaltet. Nach den Gesetzen der Reihenschaltung von Verbrauchern (s. S. 192) ist die Stromstärke überall gleich groß. An den einzelnen Geräten oder Bauteilen liegen die Teilspannungen U_1, U_2, ...

Die an jedem Gerät oder Bauteil umgesetzte Leistung ergibt sich als Produkt aus der betreffenden Teilspannung und der überall gleichen Stromstärke.

Für die Leistung bei Reihenschaltung gilt:

$$P_{el} = (U_1 + U_2 + \dots) \cdot I$$

$$P_{el} = P_1 + P_2 + \dots$$

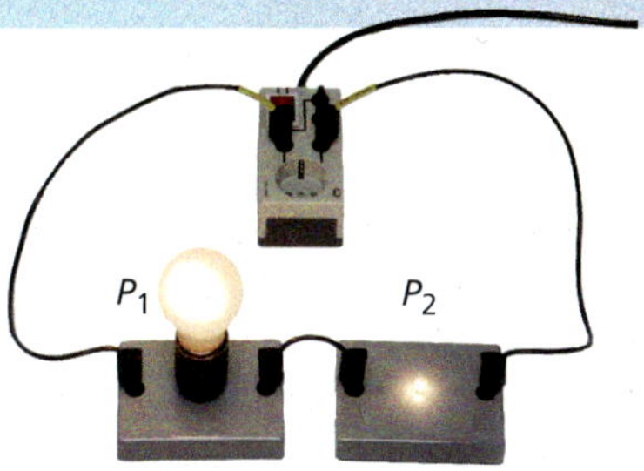

1 Die elektrische Leistung teilt sich bei einer Reihenschaltung im Verhältnis der Widerstände auf.

Schaltet man Geräte oder Bauelemente parallel zur elektrischen Quelle, so sind die Teilspannungen gleich der Spannung der Quelle. Die Stromstärken durch die Geräte sind unterschiedlich (s. S. 193).

Für die Leistung bei Parallelschaltung gilt:

$$P_{el} = (I_1 + I_2 + \dots) \cdot U$$

$$P_{el} = P_1 + P_2 + \dots$$

Sind z. B. zwei Glühlampen, die unterschiedliche Widerstände haben, parallel geschaltet, so gilt: Die Stromstärken sind umgekehrt proportional den Widerständen. Demzufolge teilt sich die Leistung ebenfalls umgekehrt proportional zu den Widerständen auf.

Im Haushalt sind die meisten Geräte parallel zueinander geschaltet. Die Betriebsspannung beträgt 230 V. Sind mehrere Geräte in Betrieb, so addieren sich deren elektrische Leistungen.

Für den Gesamtenergieumsatz von mehreren Geräten oder Bauteilen gilt:

$$W_{el} = (P_1 + P_2 + \dots) \cdot t$$

P_1, P_2	elektrische Leistungen
t	Zeit des Betriebs

Mosaik

Schaltung von elektrischen Quellen

Um einen größeren Antrieb des elektrischen Stromes zu erhalten, werden mehrere elektrische Quellen in Reihe geschaltet (s. Abb.). Die Spannungen der einzelnen Quellen addieren sich zu einer Gesamtspannung. Das wird z. B. bei Taschenlampen, Radios, CD-Playern und anderen batteriebetriebenen Geräten genutzt, um die erforderliche Betriebsspannung zu erhalten: Man nutzt 2, 3 oder 4 Batterien. Beim Einsetzen der Batterien ist auf die richtige Polung zu achten.

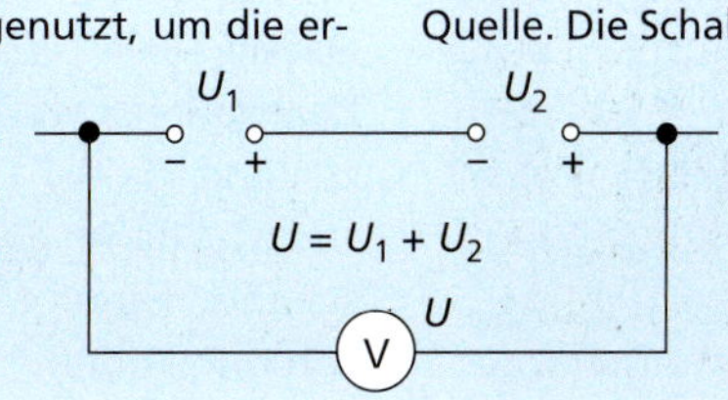

Bei falscher Polung erhält man unter Umständen die Spannung null. Darüber hinaus können Schäden am Gerät auftreten.

Elektrische Quellen können auch parallel zueinander geschaltet werden. Dann ist die Gesamtspannung gleich der Spannung der einzelnen Quelle. Die Schaltung hat den Vorteil, dass mit ihr ein elektrisches Gerät länger betrieben werden kann als nur mit einer einzigen Quelle, da in den Quellen mehr Energie gespeichert ist.

Physik in Natur und Technik

Die Glühlampe und ihr Widerstand

In Glühlampen befindet sich eine Wendel (s. Foto), die vom elektrischen Strom durchflossen wird. Je nach der angelegten Spannung ändert sich die Stromstärke. Die Glühlampe leuchtet verschieden hell.
Der Stromfluss durch die Glühlampe ändert die Temperatur der Wendel und damit ihren elektrischen Widerstand. Im normalen Betrieb erreichen Wendeln aus Wolfram Temperaturen bis zu 2 500 °C. Das Element Wolfram hat eine Schmelztemperatur von 3 380 °C.
Wie groß ist der elektrische Widerstand der Wendel einer 40-W-Glühlampe bei Zimmertemperatur und bei Betriebstemperatur?
Was kann man daraus über die Stromstärke beim Einschalten der Glühlampe ableiten?

Vorbereitung:
Um den elektrischen Widerstand der Wendel zu bestimmen, müssen Spannung und Stromstärke gemessen werden, denn es gilt $R = U/I$. Bei jeder einzelnen Messung wird die Temperatur der Wendel als konstant angenommen.
Die Messung bei Zimmertemperatur kann durchgeführt werden, wenn man die Stromstärke so klein hält, dass sich die Wendel nicht oder nur geringfügig erwärmt. Dazu schaltet man die Lampe an eine elektrische Quelle mit geringer Spannung, z. B. etwa 2 V.
Um die Betriebsspannung zu erreichen, wird die Lampe an eine Quelle von 230 V angeschlossen. Der Strom, der nun durch die Lampe fließt, ist wegen der etwa 100-mal so großen Spannung ebenfalls größer. Dadurch erwärmt sich die Wendel bis zur Betriebstemperatur.

Die Messwertetabelle wird so entworfen, dass die gemessenen Spannungen und Stromstärken erfasst werden können. Die letzte Spalte dient der Berechnung des Widerstandes.
Das Experiment wird nach folgendem Schaltplan aufgebaut:

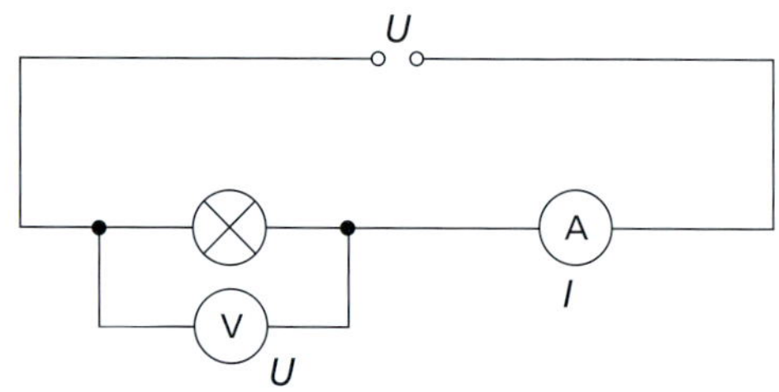

Durchführung:
Bei den jeweiligen Bedingungen werden Spannung und Stromstärke gemessen. Die Messwerte der beiden Messungen werden in die Messwertetabelle eingetragen.

Auswertung:

Bedingung	U in V	I in mA	R in Ω
Zimmertemperatur	1,8	18	100
Betriebstemperatur	225	175	1 290

Aus Spannung und Stromstärke wird mithilfe der Gleichung $R = U/I$ jeweils der Widerstand berechnet, wobei die Einheiten zu beachten sind. Die Antworten auf die eingangs gestellten Fragen lauten: Bei Zimmertemperatur beträgt der elektrische Widerstand der Wendel einer 40-W-Glühlampe 100 Ω, bei Betriebstemperatur dagegen 1 290 Ω. Daraus folgt: Die Stromstärke ist im Moment des Einschaltens wesentlich größer als im Betriebszustand, da bei U = konstant $I \sim 1/R$. Das ist die Ursache dafür, dass Glühlampen meist beim Einschalten kaputtgehen. Dünne Stellen der Wendel „brennen durch“.

Ein Strommesser für viele Bereiche

Mit einem Vielfachmessgerät kann man die elektrische Stromstärke z. B. bis zu einem Wert von 1 A messen. Dazu nutzt man einen bestimmten Messbereich, der mindestens 1 A betragen muss. Für größere Stromstärken braucht man einen größeren Messbereich.
Das Messwerk im Messgerät kann jedoch nur Stromstärken in einem kleinen Bereich messen.

Wie kann der Messbereich eines Strommessers erweitert werden?

Wenn durch das Messwerk von Strommessern immer nur ein Strom bis zu einer bestimmten Stärke fließen darf, so muss bei einer größeren Stromstärke ein Teilstrom durch einen zweiten Stromkreis fließen.

Das kann man erreichen, indem man zu dem Messwerk einen Nebenwiderstand parallel schaltet, so wie das in Abb. 1 dargestellt ist. Am Verzweigungspunkt teilt sich der Strom auf. Nur ein Teilstrom fließt durch das Messwerk. Für die Stromstärke gilt:

$$I_1 = I - I_2.$$

Durch unterschiedliche Nebenwiderstände kann man verschiedene Messbereiche erhalten.

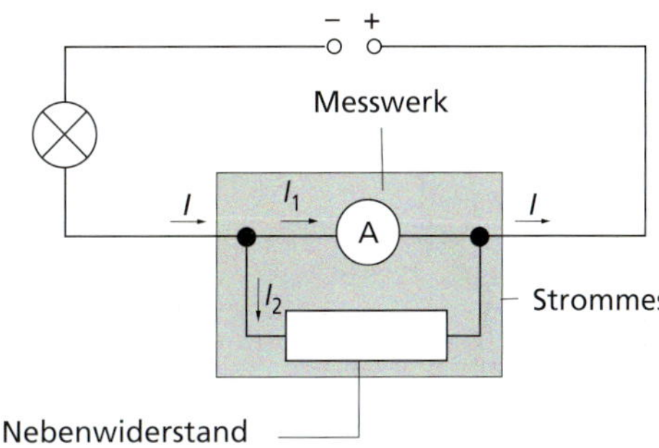

1 Messbereichserweiterung eines Strommessers

Mosaik

Spannungs- und stromrichtiges Messen

Bei jeder Art von Messung treten Messfehler auf. Dabei gibt es bei der Messung von Spannungen und Stromstärken eine Besonderheit durch die Art der Schaltung der Messgeräte: Die auftretenden Messfehler kann man klein halten.
Unterschieden wird zwischen der spannungsrichtigen und der stromrichtigen Schaltung. Bei der **spannungsrichtigen Schaltung** (Abb. 2) zeigt der Spannungsmesser genau die Spannung an, die am Bauteil anliegt, denn Spannungsmesser und Bauteil sind parallel geschaltet und für die Parallelschaltung gilt $U_1 = U_2$.

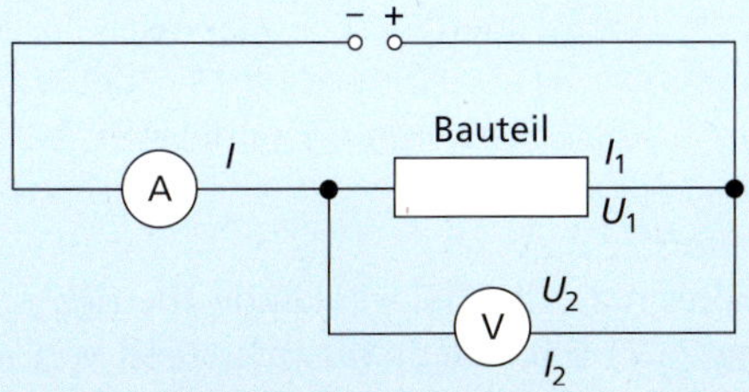

2 Spannungsrichtige Schaltung

Der Strommesser zeigt dagegen die Gesamtstromstärke an, die durch das Bauteil und den Spannungsmesser fließt, denn es gilt $I = I_1 + I_2$.
Bei der **stromrichtigen Schaltung** (Abb. 3) zeigt der Strommesser die Stromstärke an, die durch das Bauteil fließt. Der Spannungsmesser dagegen zeigt die Gesamtspannung an.

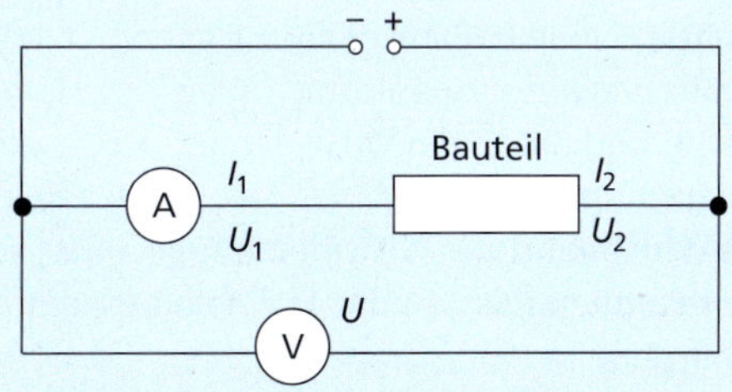

3 Stromrichtige Schaltung

Welche der beiden Schaltungen man wählt, hängt bei einem Experiment von der Aufgabenstellung und den gegebenen Bedingungen ab.

Kleine Lampen an große Spannungen

In Diaprojektoren werden kleine Halogenlampen als Lichtquellen verwendet. Sie geben bei einer Stromstärke von ca. 6,3 A sehr helles Licht ab. Ihre Betriebsspannung beträgt jedoch nur 24 V. Angeschlossen wird ein solcher Diaprojektor aber an die Netzspannung von 230 V.

Halogenlampe

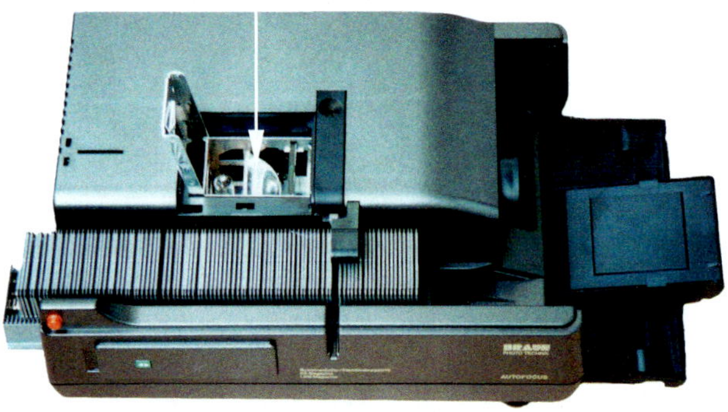

1 Diaprojektor mit Halogenlampe

Eine Halogenlampe hat eine Betriebsspannung von 24 V. Wie kann man sie trotzdem an eine Netzspannung von 230 V anschließen?

Analyse:
Grundsätzlich ist in einem Stromkreis immer das Zusammenwirken der drei physikalischen Größen Spannung, Stromstärke und Widerstand zu untersuchen. Bei der Halogenlampe ist zu klären, welches Gesetz eine Aussage über unterschiedliche Spannungen im Stromkreis ermöglicht: Es kann nur um eine Reihenschaltung gehen, in der die Summe aus der Spannung U_L an der Halogenlampe und an einem Vorwiderstand U_{vor} die Netzspannung U ergibt ($U = U_L + U_{vor}$). Der elektrische Widerstand des Vorwiderstandes muss so gewählt werden, dass an der Halogenlampe nur 24 V anliegen.
In Bezug auf die Stromstärken ist zu fragen, wie groß sie sein dürfen, ohne die Bauelemente zu zerstören. Da die Halogenlampe erst bei einem Strom der Stärke 6,3 A ihre volle Helligkeit erreicht, darf der Vorwiderstand bei dieser Stromstärke nicht „durchschmoren".

Zur Lösung des Problems hilft folgender Schaltplan:

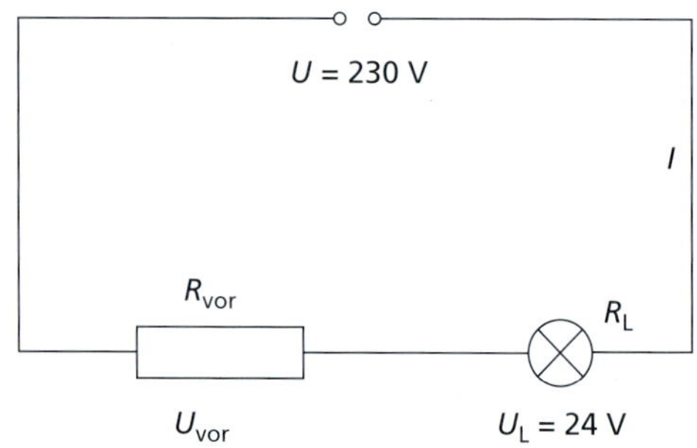

Gesucht: R_{vor}

Gegeben: $U = 230\ \text{V}$
$U_L = 24\ \text{V}$
$I = 6{,}3\ \text{A}$

Lösung:
Der Vorwiderstand kann nach folgender Gleichung berechnet werden:

$$R_{vor} = \frac{U_{vor}}{I}$$

U_{vor} ist nicht bekannt, kann aber mit dem Gesetz für Spannungen im unverzweigten Stromkreis berechnet werden:

$$U = U_{vor} + U_L \quad | - U_L$$
$$U_{vor} = U - U_L$$
$$U_{vor} = 230\ \text{V} - 24\ \text{V}$$
$$U_{vor} = 206\ \text{V}$$

Damit lässt sich R_{vor} berechnen:

$$R_{vor} = \frac{U_{vor}}{I}$$

$$R_{vor} = \frac{206\ \text{V}}{6{,}3\ \text{A}}$$

$$\underline{R_{vor} = 32{,}7\ \Omega}$$

Ergebnis:
Schaltet man die Halogenlampe (Betriebsspannung 24 V) mit einem Vorwiderstand von etwa 33 Ω in Reihe, so kann man sie an 230 V Netzspannung anschließen.

Hell, heller, am hellsten

Die Lampe eines Fahrrades leuchtet nicht immer gleich hell. Während sie im Stillstand überhaupt nicht leuchtet, nimmt ihre Helligkeit zu, je mehr „in die Pedalen" getreten wird. Mit dem Dynamo als Quelle im Stromkreis können Spannungen bis zu 6 V erzeugt werden. Auf kleinen Lämpchen wie für das Fahrrad wird außer der Spannung noch die Stromstärke angegeben.
Was bedeuten die Angaben 6 V/0,4 A auf einer Fahrradlampe? Wie kann experimentell geprüft werden, wovon die Helligkeit der Lampe abhängt?

Beantwortung der 1. Frage:
Die Angabe 6 V/0,4 A bedeutet folgendes: An die Lampe darf höchstens die Betriebsspannung 6 V gelegt werden. Dann fließt ein Strom der Stärke 0,4 A. Wird die Betriebsspannung überschritten, dann vergrößert sich die Stromstärke, und die Lampe kann durchbrennen. Das Produkt aus Spannung und Stromstärke kennzeichnet die Leistung der Lampe. Sie beträgt 2,4 W.
Liegt die Spannung unter 6 V, dann ist auch die Stromstärke kleiner als 0,4 A und damit die Leistung kleiner als 2,4 W.

Beantwortung der 2. Frage:
Vorbereitung:
Der Vergleich mit dem Fahrraddynamo liefert die Idee der Versuchsdurchführung: Die Spannung an der Lampe wird schrittweise von 0 V auf 6 V erhöht. Das hat unterschiedliche Stromstärken zur Folge. Die Werte für Spannung und Stromstärke werden gemessen.

Die Experimentieranordnung (Abb. 1) wird nach folgendem Schaltplan aufgebaut:

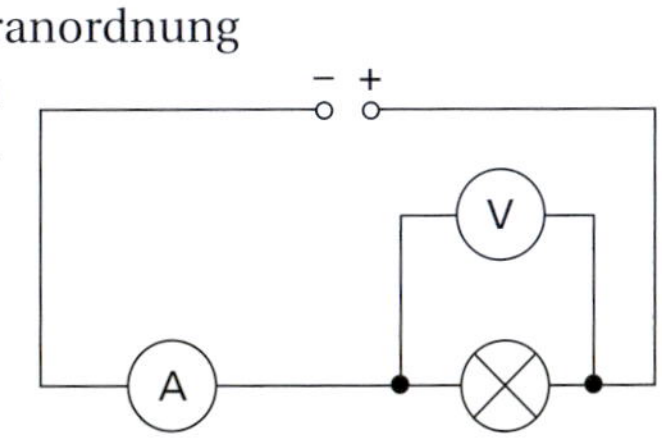

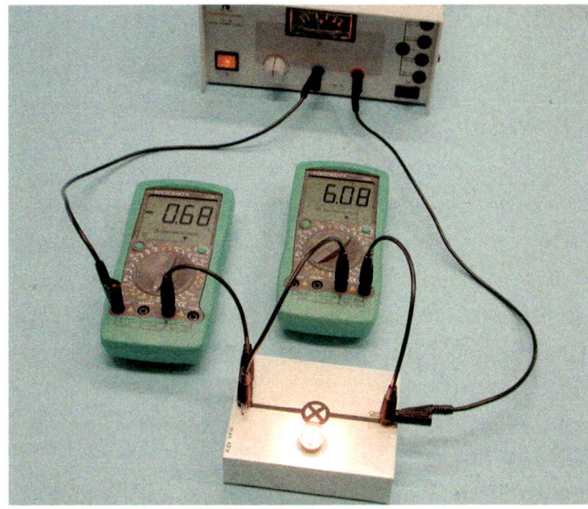

1 Experimentieranordnung zur Untersuchung der Helligkeit einer Glühlampe

Durchführung:
Die Messwerte für die Spannungen und Stromstärken werden in die vorbereitete Tabelle eingetragen. Auch die jeweilige Helligkeit der Lampe wird notiert. Die letzte Spalte dient der Berechnung der Leistung.

U in V	*I* in mA	Helligkeit der Glühlampe	*P* in W
0	0	leuchtet nicht	0
2	130	leuchtet kaum	0,26
4	265	leuchtet hell	1,06
6	400	leuchtet sehr hell	2,40

Auswertung:
Die Lampe leuchtet umso heller, je größer die anliegende Spannung und die Stromstärke in der Lampe sind. Das zeigt sich im Produkt von Spannung und Stromstärke, also der Leistung.
Erst bei Betriebsspannung hat die Lampe ihre volle Leistung erreicht. Aus den Messergebnissen kann man folgendes schlussfolgern:
Bei konstanter Betriebsspannung von 6 V leuchtet eine Lampe mit einer größeren Leistung, z. B. 5 W, heller als die Fahrradlampe von 2,4 W. Glühlampen gleicher Leistung leuchten gleich hell. Je größer bei gleicher Leistung ihre Betriebsspannung ist, desto kleiner ist die Stromstärke.

Vorsicht, Überlastung!

Einzelne Stromkreise im Haushalt werden meistens mit Sicherungen von 10 A oder 16 A abgesichert. Sie schmelzen oder „springen heraus“, wenn die fließenden Ströme diese Werte überschreiten und unterbrechen so den Stromfluss im Stromkreis. Deshalb kann man z. B. in einer Küche, trotz vieler Steckdosen in einem Stromkreis, nicht beliebig viele elektrische Geräte gleichzeitig betreiben (Abb. 1).

Ist es möglich, in einem Stromkreis, der mit 16 A gesichert ist, gleichzeitig einen Elektrogrill (1,5 kW), einen Wasserkocher (1 750 W) und eine Kaffeemaschine (900 W) zu betreiben?

Analyse:
Die Steckdosen in einer Küche sind alle parallel geschaltet, damit an allen Geräten dieselbe Betriebsspannung von 230 V anliegt. Der Schaltplan sieht folgendermaßen aus:

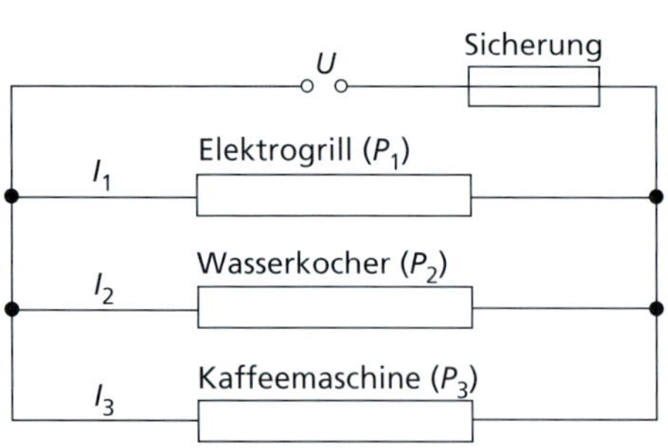

Die Gesamtstromstärke, die durch die Sicherung fließt, ist im verzweigten Stromkreis gleich der Summe der Teilstromstärken in jedem einzelnen Gerät. Sie darf nicht höher als die durch die Sicherung maximal zugelassene Stromstärke sein.

Gesucht: I

Gegeben: $I_{max} = 16\ \text{A}$
$U = 230\ \text{V}$
$P_1 = 1{,}5\ \text{kW} = 1\,500\ \text{W}$
$P_2 = 1\,750\ \text{W}$
$P_3 = 900\ \text{W}$

Lösung:
Für einen verzweigten Stromkreis gilt für die Stromstärken:

$$I = I_1 + I_2 + I_3$$

und für die Spannungen:

$$U = U_1 = U_2 = U_3$$

Die Stromstärke in einem Gerät kann aus der Leistung des Gerätes und der anliegenden Spannung berechnet werden.

$$P = U \cdot I \quad | : U \quad \rightarrow \quad I = \frac{P}{U}$$

Damit erhält man für drei Geräte:

$$I = \frac{P_1}{U} + \frac{P_2}{U} + \frac{P_3}{U}$$

$$I = \frac{1\,500\ \text{V} \cdot \text{A}}{230\ \text{V}} + \frac{1\,750\ \text{V} \cdot \text{A}}{230\ \text{V}} + \frac{900\ \text{V} \cdot \text{A}}{230\ \text{V}}$$

$$I = 6{,}5\ \text{A} + 7{,}6\ \text{A} + 3{,}9\ \text{A}$$

$$I = 18\ \text{A} \qquad I_{max} = 16\ \text{A}$$

$$\underline{I > I_{max}}$$

Dasselbe Ergebnis für die Gesamtstromstärke erhält man, wenn man die Leistungen aller Geräte addiert und dann durch die anliegende Spannung dividiert.

Ergebnis:
Wenn man alle drei Geräte einschaltet, dann wäre die Gesamtstromstärke erheblich größer als die maximal abgesicherte Stromstärke von 16 A. Die Sicherung würde reagieren und den Stromkreis unterbrechen.
Man müsste mindestens ein Gerät ausschalten, damit die anderen beiden Geräte betrieben werden können.

Eine Zählerscheibe dreht sich

Die elektrische Energie, die wir im Haushalt nutzen, wird mit einem Elektrizitätszähler gemessen. Dieser Zähler zeigt die elektrische Energie an, die von allen Geräten im Haushalt in Anspruch genommen wurde. In jedem Elektrizitätszähler dreht sich eine Zählerscheibe. Aus dem Typenschild kann man entnehmen, wie viele Umdrehungen einer Kilowattstunde entsprechen. Diese Angaben variieren je nach Zählertyp. *Wie kann man mithilfe eines Elektrizitätszählers (120 Umdrehungen/kWh) die elektrische Energie ermitteln, die ein Haushaltstauchsieder (1 000 W) bzw. ein Reisetauchsieder (200 W) während einer Betriebsdauer von 10 Minuten in Wärme umwandeln?*

Vorbereitung:
Will man die in Anspruch genommene Energie eines Gerätes ermitteln, dann muss man dafür sorgen, dass nur dieses Gerät in Betrieb ist und alle anderen abgeschaltet sind.
Die Tauchsieder werden nacheinander über einen Zähler ans Netz geschlossen (Abb. 1). Es wird eine bestimmte Zeit lang registriert, wie viele Umdrehungen die Zählerscheibe ausführt. Aus der Anzahl der Umdrehungen kann die genutzte Energie mithilfe der Kenndaten des Zählers berechnet werden.

Durchführung:
Das Experiment wird wie in Abb. 1 aufgebaut.

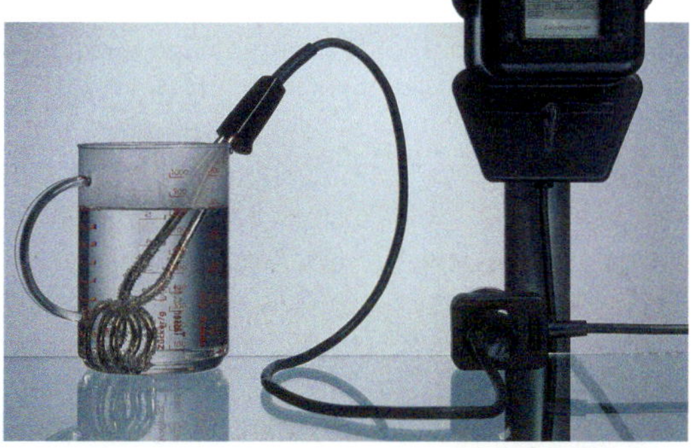

1 Messung des Energieverbrauchs eines Tauchsieders mit einem Elektrizitätszähler

Nun wird der Haushaltstauchsieder 10 Minuten lang eingeschaltet und die Anzahl der Umdrehungen der Zählerscheibe registriert. Dasselbe wiederholt man mit dem Reisetauchsieder.

Tauchsieder	Umdrehungen
1000 W	20
200 W	4

Auswertung:
Der Zähler dreht sich bei einem Verbrauch von 1 kWh 120-mal. Das bedeutet bei einem Betrieb von 10 Minuten

a) für den Haushaltstauchsieder:
120 Umdrehungen ≘ 1 kWh
20 Umdrehungen ≘ 0,17 kWh

b) für den Reisetauchsieder:
4 Umdrehungen ≘ 0,03 kWh

Der Haushaltstauchsieder entnimmt dem Netz bei gleicher Betriebsdauer etwa fünfmal so viel Energie wie der Reisetauchsieder.

Mosaik

Gleiche Leistung – unterschiedliche Spannung

Eine Haushaltslampe und die Scheinwerferlampe eines Pkw haben zwar die gleiche Leistung von 60 W, werden aber mit unterschiedlicher Spannung betrieben: eine Glühlampe im Haushalt mit 230 V, die Scheinwerfer eines Pkw mit 12 V. Um die Leistung von 60 W zu erreichen, muss wegen

$$P = U \cdot I$$

bei einer großen Spannung die Stromstärke klein bzw. bei einer kleinen Spannung die Stromstärke groß sein. Das bedeutet: Die Stromstärke durch Glühlampen im Haushalt ist bei gleicher Leistung wesentlich kleiner als die durch die Scheinwerferlampe eines Pkw. Große Stromstärken erwärmen jedoch die Leitungen. Deshalb führen z. B. Überlandleitungen Spannungen von 380 kV. In Verteilungsnetzen wird diese Hochspannung auf 230 V transformiert.

gewusst · gekonnt

1. Bestätige in einem Experiment das Gesetz für die elektrische Stromstärke in einem unverzweigten Stromkreis!
Vorbereitung:
Wie lautet das Gesetz? Zeichne einen Schaltplan mit zwei Glühlampen!
Durchführung:
Baue die Schaltung nach dem Schaltplan auf! Miss an drei Stellen die elektrische Stromstärke und notiere die Messwerte!
Auswertung:
Beantworte die experimentelle Aufgabe! Wodurch könnte die Genauigkeit der Messergebnisse beeinflusst worden sein?

2. Bestätige in einem Experiment das Gesetz für die elektrische Stromstärke in einem verzweigten Stromkreis! Gehe bei diesem Experiment wie in Aufgabe 25 vor.

3. Zwei Glühlampen gleicher Bauart sind in einem Stromkreis parallel geschaltet. An verschiedenen Stellen sind Strommesser eingebaut.

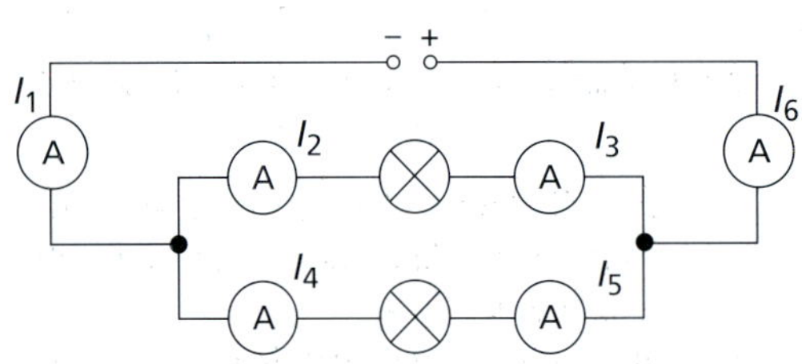

a) Welche Strommesser zeigen die gleiche Stromstärke an?
b) Was kann man über die Stromstärken I_1, I_2 und I_4 aussagen?
c) Was kann man über die Helligkeit beider Glühlampen aussagen?

4. Im Haushalt ist ein elektrischer Stromkreis mit einer Sicherung von 10 A abgesichert. Angeschaltet sind der Kühlschrank ($I_1 = 0{,}4$ A), das Fernsehgerät ($I_2 = 0{,}3$ A) und ein elektrischer Heizkörper ($I_3 = 3{,}5$ A). Außerdem sind zwei elektrische Kochplatten ($I_4 = 5{,}2$ A) in Betrieb. Was geschieht, wenn nun noch ein Mikrowellenherd ($I_5 = 3{,}5$ A) angeschaltet wird? Begründe!

5. Ein Motor und eine Glühlampe sind in einem Stromkreis parallel geschaltet.

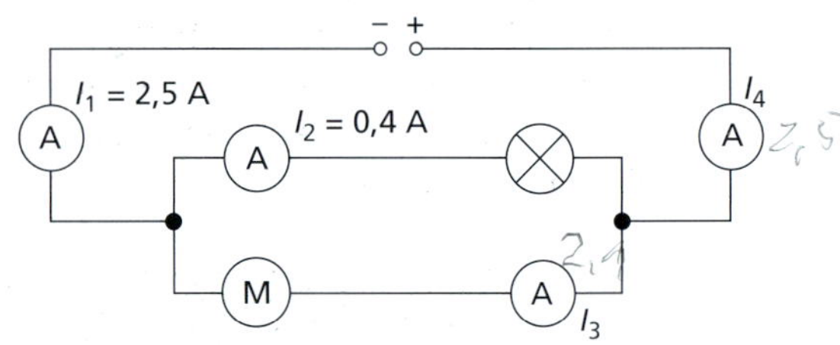

Wie groß sind die Stromstärken I_3 und I_4? Begründe!

6. Bestätige in einem Experiment das Gesetz für die elektrische Spannung in einem unverzweigten Stromkreis!
Vorbereitung:
Wie lautet das Gesetz? Zeichne einen Schaltkreis mit zwei Glühlampen!
Durchführung:
Baue die Schaltung auf! Miss die Klemmenspannung und die beiden Spannungen an den Lampen! Notiere die Messwerte!
Auswertung:
Beantworte die experimentelle Aufgabe! Wodurch könnte die Genauigkeit der Messergebnisse beeinflusst worden sein?

7. Bestätige in einem Experiment das Gesetz für die elektrische Spannung in einem verzweigten Stromkreis! Gehe bei diesem Experiment wie in Aufgabe 6 vor!

8. Im Haushalt werden elektrische Geräte parallel geschaltet. Begründe, weshalb diese Art der Schaltung gewählt wird!

9. Warum brennen die 10 in Reihe geschalteten 20-V-Kerzen einer Lichterkette beim Anschluss an eine Steckdose nicht durch?

10. In einem Experiment werden eine 230-V-Lampe und eine 6-V-Lampe in Reihe an eine elektrische Quelle von 230 V geschaltet.
a) Warum geht bei dieser Schaltung die 6-V-Lampe nicht kaputt?
b) Erkläre die unterschiedliche Helligkeit beider Lampen, obwohl in einem unverzweigten Stromkreis die Stromstärke überall gleich groß ist!

11. Manche elektronischen Geräte haben eine geringere Betriebsspannung als die zur Verfügung stehende elektrische Quelle. Was kann man tun, um ein solches Gerät dennoch anschließen zu können? Begründe!

12. Wie kann man zwei 6-V-Lampen an eine elektrische Quelle von 12 V (Autobatterie) anschließen? Fertige einen Schaltplan an und begründe ihn!

13. Je mehr Glühlampen man in Reihe an eine elektrische Quelle anschließt, desto schwächer leuchten sie (s. Abb.).
Erkläre diese Erscheinung!

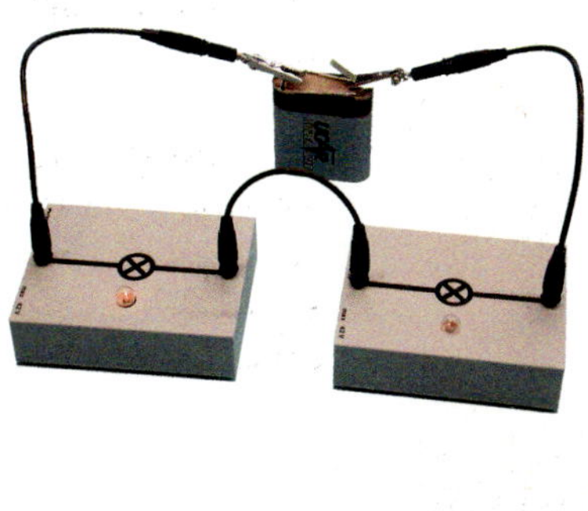

14. Untersuche experimentell den Zusammenhang zwischen Spannung und Stromstärke an einem technischen Widerstand!
Vorbereitung:
Zeichne einen Schaltplan für den experimentellen Aufbau!
Durchführung:
Baue die Schaltung nach dem Schaltplan auf! Nimm 5 Messwertepaare für Spannung und Stromstärke auf und trage die Ergebnisse in eine Tabelle ein!
Auswertung:
Stelle die Messwertepaare in einem I-U-Diagramm grafisch dar! Welcher Zusammenhang besteht zwischen Spannung und Stromstärke? Überprüfe den Zusammenhang rechnerisch!

15. In einem Stromkreis befindet sich ein elektrischer Leiter. Wie ändert sich der Strom, der durch den Leiter fließt, wenn die Spannung der elektrischen Quelle verdoppelt wird?

16. In einem Experiment wurden für ein elektrisches Bauelement folgende Messwertepaare aufgenommen:

U in V	1	2	3	4	5	6
I in A	0,15	0,22	0,29	0,34	0,36	0,37

a) Stelle die Messwertepaare grafisch dar!
b) Gilt für dieses Bauelement das ohmsche Gesetz? Begründe!
c) Um was für ein elektrisches Bauelement könnte es sich handeln?

17. Gib folgende Widerstände in den angegebenen Einheiten an:
a) 600 Ω und 2 750 Ω in kΩ,
b) 140 kΩ und 87 kΩ in Ω und in MΩ,
c) 3,8 MΩ und 0,056 MΩ in kΩ und in Ω!

18. Ein Konstantandraht hat einen Widerstand von 50 Ω. Welche Spannung muss angelegt werden, damit in ihm ein Strom der Stärke a) 1 A, b) 2 A, c) 4 A und d) 0,5 A fließt?

19. Deute die unterschiedlichen Widerstände einer Glühlampe bei verschiedenen Temperaturen mit dem Teilchenaufbau der Stoffe und dem Modell der Elektronenleitung!

20. Bei einem Kurzschluss werden die beiden Pole einer elektrischen Quelle ohne Verbraucher leitend miteinander verbunden. Lediglich die Quelle selbst setzt dem Stromfluss einen elektrischen Widerstand entgegen. Bei einem 6-V-Akkumulator beträgt dieser Widerstand 0,05 Ω.
Wie groß ist die Stromstärke, wenn man die beiden Anschlüsse des Akkumulators kurzschließt?

21. In Sprachkapseln älterer Telefone wurden Kohlekörnermikrofone verwendet (s. Abb.).

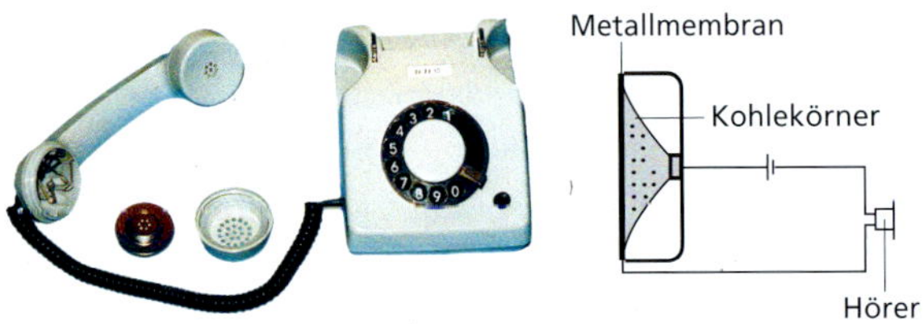

Durch Schallschwingungen (z. B. Sprache) werden unterschiedliche Druckkräfte auf die Kohlekörner ausgeübt. Durch Zusammendrücken der Körner ändert sich ihr elektrischer Widerstand.
Wie ändert sich die elektrische Stromstärke, wenn die Spannung konstant bleibt?

***22.** Der menschliche Körper ist sehr empfindlich für elektrischen Strom. Aufgrund von Untersuchungen wird empfohlen, Ströme bereits ab einer Stärke von 10 mA zu meiden.
Der Körperwiderstand des Menschen von Hand zu Hand beträgt bei trockener Haut bis 30 kΩ, bei feuchter Haut ca. 1 kΩ.

a) Wie groß dürfen die Spannungen höchstens sein, um Gefährdungen des Menschen auszuschließen?
b) Welche Konsequenzen ergeben sich daraus für den Umgang mit Netzspannung und anderen hohen Spannungen?

23. Auf S. 194 ist die *I*-*U*-Kennlinie einer Metallfadenlampe dargestellt.
Wie groß ist ihr Widerstand bei 50 V und bei 200 V? Erkläre den Unterschied der beiden Werte!

24. Für ein elektronisches Bauelement wurde die nachfolgend dargestellte *I*-*U*-Kennlinie aufgenommen.

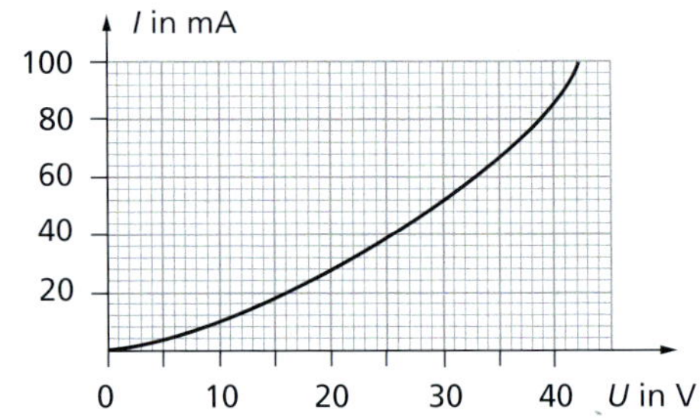

a) Interpretiere diese Kennlinie! Nutze die Hinweise zum Interpretieren auf S. 71!
b) Bestimme den elektrischen Widerstand des Bauelements für 15 V und für 30 V!
c) Kann das Bauelement ein metallischer Leiter sein? Begründe!

***25.** Die Skizze zeigt den Aufbau eines Widerstandsthermometers.

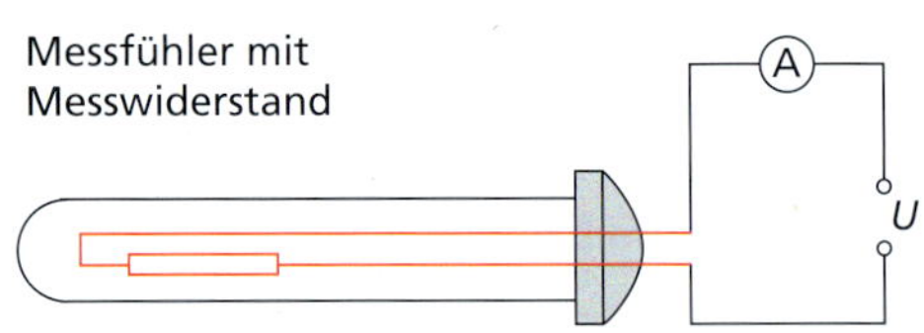

Beschreibe den Aufbau und erkläre seine Wirkungsweise!

26. Bei Halogenlampen, die in Taschenlampen verwendet werden, findet man die Angabe 2,8 V/0,85 A. Wie groß ist der elektrische Widerstand einer solchen Halogenlampe?

27. Warum verwendet man zum Nachweis des ohmschen Gesetzes z. B. einen Draht aus Konstantan und nicht aus Eisen?

Fuck Physik

28. Warum bestehen elektrische Leitungen häufig aus Aluminium oder Kupfer?

***29.** Der abgebildete regelbare Widerstand hat einen elektrischen Widerstand von 800 Ω. Der Durchmesser des Widerstandsdrahtes aus Stahl beträgt 1 mm.

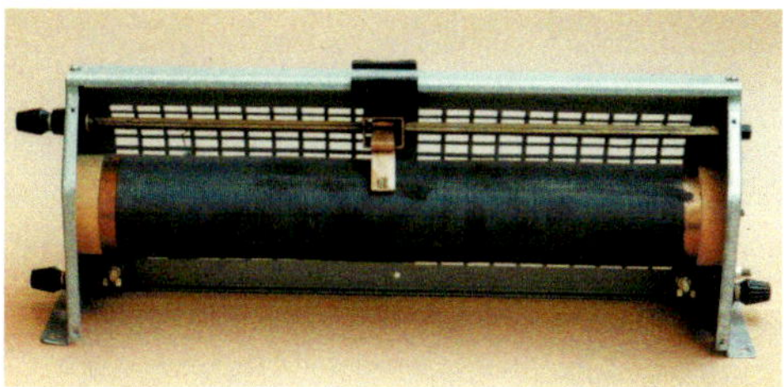

a) Wie lang ist der aufgewickelte Draht?
b) Wie groß ist der elektrische Widerstand, wenn der Strom nur durch $^1/_4$ des Drahtes fließt?
c) Wie groß ist die Stromstärke im Widerstand, wenn der Strom durch den halben Widerstand fließt und die anliegende Spannung 20 V beträgt?

30. Der Widerstand der Verbindungsleitungen, die du beim Experimentieren benutzt, ist sehr klein im Vergleich zu den Widerständen der Bauteile und Geräte im Stromkreis. Begründe, warum das sein muss!

31. Elektrische Kabel bestehen aus Aluminium oder Kupfer (s. Abb.). Um das Wievielfache ist der elektrische Widerstand eines Kabels aus Aluminium etwa größer als der eines gleich langen und gleich dicken Kabels aus Kupfer? Runde sinnvoll!

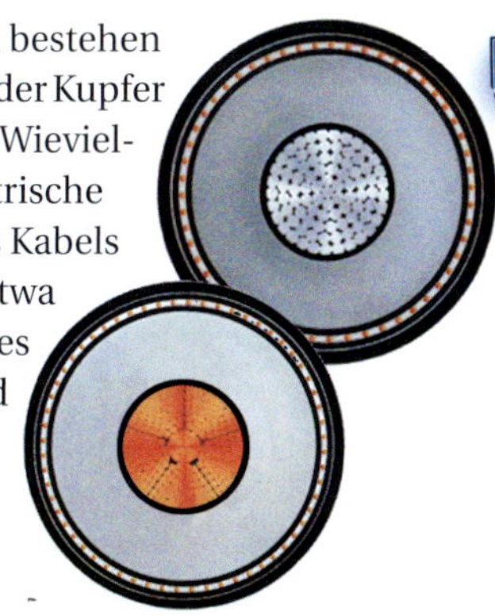

***32.** Du findest im Keller eine Rolle mit isoliertem Kupferdraht und willst ermitteln, wie viele Meter Draht auf der Rolle sind. Die beiden Enden des Drahtes sind zugänglich.
Gib Möglichkeiten an, wie man die Länge des Drahtes bestimmen kann!

***33.** Seit 1989 erfolgte eine Umstellung der im Haushalt verwendeten Netzspannung von 220 V auf 230 V. Von diesen 230 V darf die Spannung maximal um 6 % nach oben und um 10 % nach unten abweichen.
a) Berechne die Spannungen, die maximal bzw. minimal im Netz auftreten dürfen!
b) Wie groß ist in einer 60-W-Glühlampe die Stromstärke bei normaler, bei der höchsten und bei der niedrigsten Spannung? Die Glühlampe hat im gesamten Bereich einen Widerstand von 880 Ω.

34. Manche elektronischen Geräte haben eine geringere Betriebsspannung als die zur Verfügung stehende elektrische Quelle. Was ist zu tun, um solche Geräte dennoch anschließen zu können? Begründe!

35. Der Messbereich eines Spannungsmessers beträgt 10 V.
Berechne die Größe des erforderlichen Vorwiderstandes, wenn der Messbereich auf 100 V erweitert werden soll! Der Innenwiderstand des Messwerkes des Spannungsmessers beträgt 10 kΩ.

36. Bereite einen Schülervortrag mit dem Thema „Leben und Leistungen von GEORG SIMON OHM“ vor! Nutze dazu neben Nachschlagewerken auch die Adresse **www.schuelerlexikon.de** im Internet!

37. Zwei Widerstände mit 50 Ω und mit 200 Ω sind mit einer elektrischen Quelle in Reihe geschaltet.
a) Zeichne den Schaltplan!
b) Am Widerstand mit 50 Ω liegt eine Spannung von 12 V an. Wie groß ist die am anderen Widerstand anliegende Spannung?
c) Welche Spannung hat die Quelle? Begründe!
d) Wie groß ist die Stromstärke, die durch die Widerstände fließt?

38. Stelle im Heft in einer Tabelle Geräte zusammen, die im Haushalt genutzt werden! Die gesuchten Daten befinden sich meistens auf den Geräten, manchmal aber auch in den Betriebsanleitungen. Nutze folgendes Muster:

Gerät	elektrische Leistung
...	...

39. Auf Kleinglühlampen ist häufig außer der Spannung noch die Stromstärke angegeben. Ordne die Lampen in der Tabelle nach steigender Leistung!

Nr.	Spannung	Stromstärke
1	12 V	0,1 A
2	6 V	0,5 A
3	4 V	0,1 A
4	2,8 V	0,85 A
5	1,5 V	0,53 A

40. Wie viel länger dauert es, eine Suppe statt mit einer Kochplatte von 2 000 W mit einer von 1 000 W auf die gleiche Temperatur zu erwärmen? Was kannst du unter dem Aspekt des „Energieverbrauchs" feststellen?

41. Was bedeuten die Angaben auf den Typenschildern?

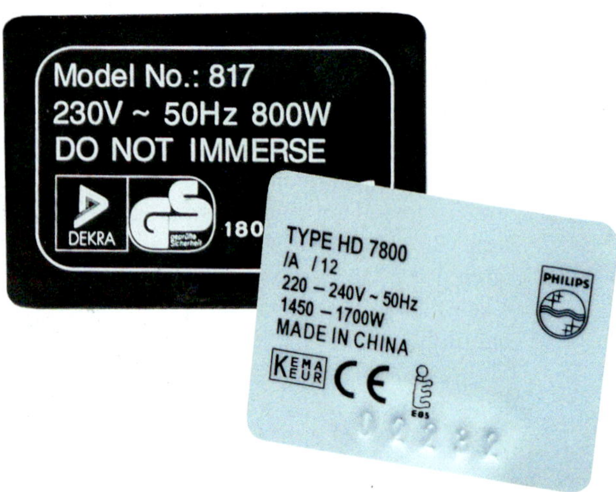

42. Bestimme experimentell die elektrische Leistung eines Gerätes!

Vorbereitung:
Nach welcher Gleichung kann die elektrische Leistung berechnet werden?
Welche physikalischen Größen müssen gemessen werden?
Entwirf einen Schaltplan!

Durchführung:
Baue die Schaltung nach dem Schaltplan auf!
Führe die notwendigen Messungen durch!

Auswertung:
Berechne die elektrische Leistung des Gerätes! Welche Fehler können bei den Messungen auftreten?

43. Auf der Glühlampe für einen Fahrradscheinwerfer steht: 6 V / 2,4 W.
Berechne die Stromstärke bei vollem Betrieb der Glühlampe!

44. Was bedeutet die Angabe 230 V / 7 W auf einer Energiesparlampe?
Vergleiche mit einer „normalen" Glühlampe, z. B. 230 V / 40 W!

45. Ein Stromkreis ist mit 16 A abgesichert. Welche elektrische Leistung kann man einer Steckdose (230 V) maximal entnehmen?

46. Für Glühlampen, die nacheinander an eine Quelle von 230 V angeschlossen werden, ergeben sich folgende Stromstärken:

P in W	25	40	60	75
I in A	0,11	0,18	0,26	0,33

Interpretiere die Messwerte!
Welcher Zusammenhang besteht zwischen Leistung, Spannung und Stromstärke?

*47. Beschreibe die Durchführung und Auswertung eines Experiments, mit dem du die Leistung eines Spielzeugmotors bestimmen kannst! Entwirf auch eine Schaltskizze!

48. ICE-Züge haben Motoren mit einer Leistung von 5 MW. Wie groß ist die Stromstärke, die durch die Fahrleitung fließt, wenn der Zug mit voller Motorleistung anfährt? Die Spannung zwischen Gleis und Fahrleitung beträgt 15 kV. Schätze, bevor du rechnest!

49. Lisa benötigt 5 Minuten, um ihr Haare mit einem Föhn (1 500 W) zu trocknen. Wie viel Energie wird in dieser Zeit umgewandelt?

50. Vergleiche die Energien, die beim Betrieb einer Glühlampe (230 V / 60 W) und der Lampe eines Autoscheinwerfers umgewandelt werden! Durch die Scheinwerferlampe, die durch eine Batterie mit 12 V gespeist wird, fließt ein Strom der Stärke 5 A.

51. Vom einem Widerstand sind die Angaben 20 Ω / 5 W bekannt. Darf dieser Widerstand direkt an eine Quelle von 12 V angeschlossen werden? Begründe!

52. Schau dir den Elektrizitätszähler in eurer Wohnung gründlich an und notiere dir wichtige Angaben!
Was misst der Elektrizitätszähler eigentlich?
In welcher Einheit wird gemessen?

53. Die Stromrechnung für private Haushalte setzt sich aus einem Grundpreis für die Bereitstellung der Energie, dem Arbeitspreis für die genutzte elektrische Energie und der Mehrwertsteuer zusammen. Berechne für folgendes Beispiel die Kosten für die genutzte elektrische Energie in einem Jahr!

Energieverbrauch:	1 585 kWh
Arbeitspreis:	0,15 Euro / kWh
Grundpreis:	42,70 Euro / Jahr
Mehrwertsteuer:	16 %

54. Berechne für eine Woche die Kosten für die Nutzung elektrischer Energie in deinem Haushalt! Lies dazu im Abstand von einer Woche den Zählerstand am Elektrizitätszähler ab! Multipliziere die elektrische Arbeit mit den gültigen Kosten für eine Kilowattstunde! Beachte dabei, dass Haushalte 16 % Mehrwertsteuer zu zahlen haben!

55. Aus ökonomischen und ökologischen Gründen sollte jeder sparsam mit Elektroenergie umgehen. Nenne und begründe einige Maßnahmen der rationellen und sparsamen Nutzung von Energie im Haushalt!

*56. Auf Akkumulatoren, z. B. dem Akkumulator für eine Videokamera und einen Kleinakku, findet man bestimmte Angaben (s. Foto). Die entsprechenden Angaben bei einer Autobatterie lauten z. B. 70 Ah.
a) Erkunde, was die Angaben bedeuten!
b) Ermittle, bei welchen weiteren Geräten Akkumulatoren verwendet werden und welche elektrische Energie maximal in ihnen gespeichert werden kann!

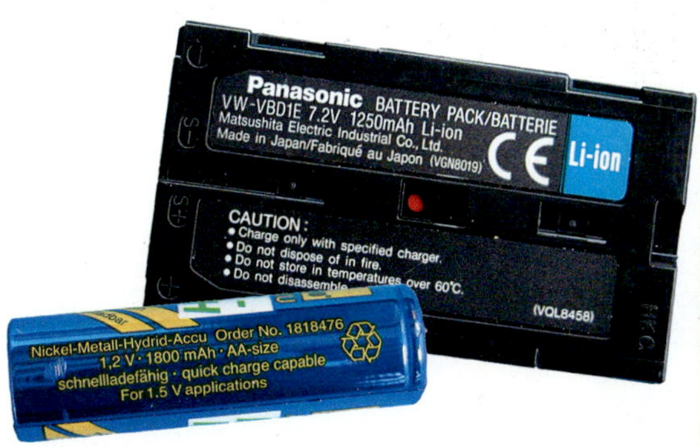

Gesetze für die Reihen- und Parallelschaltung von Bauteilen

Für die **Reihenschaltung** und die **Parallelschaltung** von Bauteilen in Stromkreisen gelten folgende Gesetze:

Reihenschaltung von Bauteilen
(unverzweigter Stromkreis)

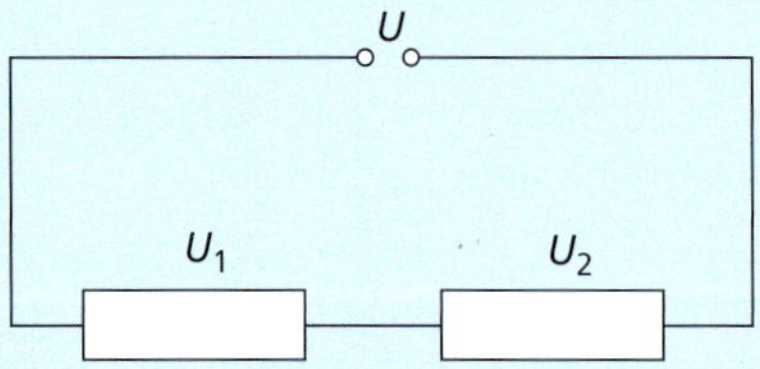

Die Gesamtspannung U ist gleich der Summe der Teilspannungen U_1 und U_2.

$$U = U_1 + U_2$$

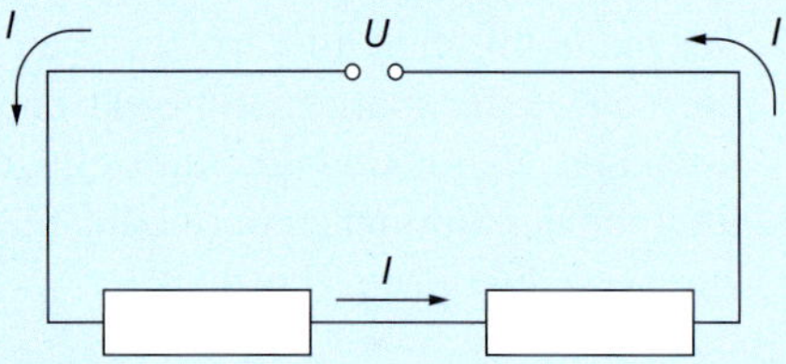

Die Stromstärke ist an allen Stellen gleich groß.

$$I = I_1 = I_2$$

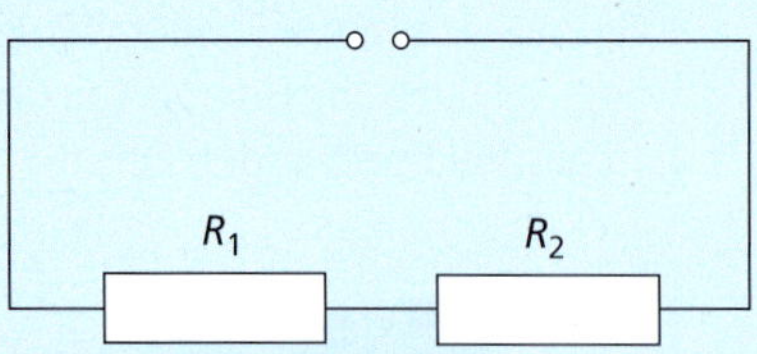

Der Gesamtwiderstand ist gleich der Summe der Teilwiderstände.

$$R = R_1 + R_2$$

Parallelschaltung von Bauteilen
(verzweigter Stromkreis)

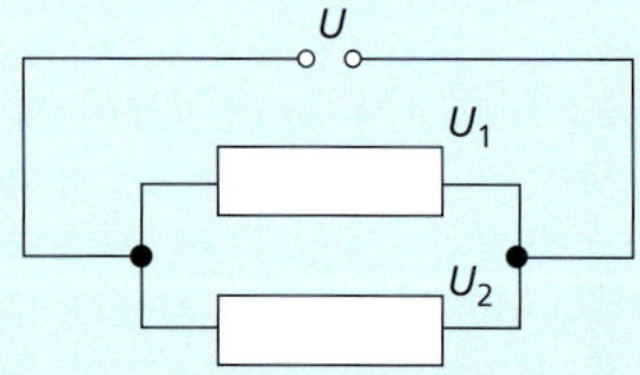

Die Teilspannungen U_1 und U_2 sind genauso groß wie die Gesamtspannung U.

$$U = U_1 = U_2$$

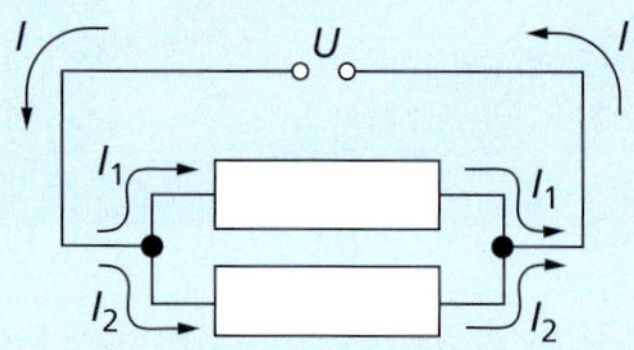

Die Gesamtstromstärke I ist gleich der Summe der Teilstromstärken I_1 und I_2.

$$I = I_1 + I_2$$

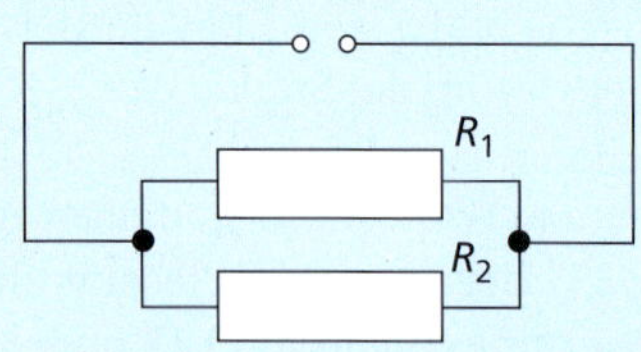

Der Gesamtwiderstand ist kleiner als der kleinste der Teilwiderstände.

$$R = \frac{R_1 \cdot R_2}{R_1 + R_2}$$

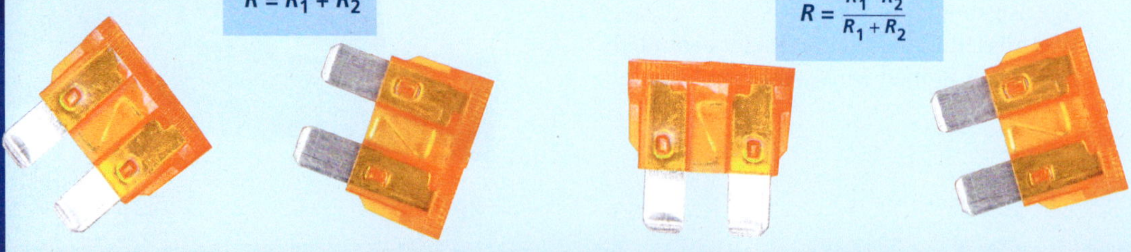

Elektrischer Widerstand, elektrische Energie, elektrische Arbeit und Leistung

Der elektrische Widerstand		
eines Bauteils gibt an, wie stark der elektrische Strom in ihm behindert wird.	**Einheiten:** 1 Ω, 1 kΩ, 1 MΩ 1 kΩ = 1 000 Ω 1 MΩ = 1 000 kΩ	**Messgeräte** für den Widerstand sind Widerstandsmesser (Ohmmeter).

Für metallische Leiter gilt bei ϑ = konstant das **ohmsche Gesetz**, das sich in folgenden Formen darstellen lässt:

$$I \sim U \qquad \frac{U}{I} = \text{konstant} \qquad R = \frac{U}{I}$$

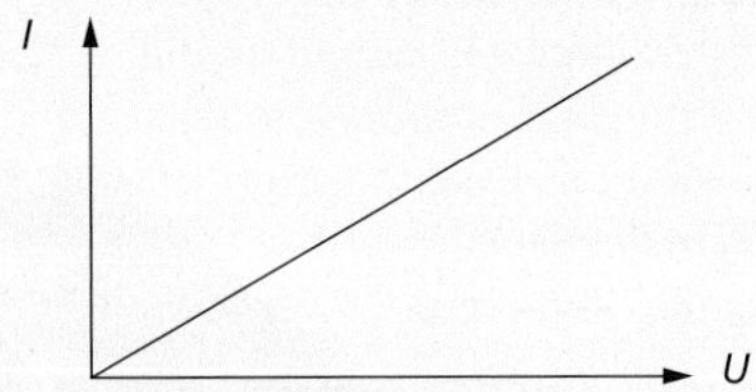

Der **elektrische Widerstand** eines metallischen Leiters ist abhängig von der Länge des Leiters, seiner Querschnittsfläche und dem Stoff, aus dem er besteht.

$$R = \rho \cdot \frac{l}{A}$$

ρ spezifischer elektrischer Widerstand
l Länge des Leiters
A Querschnittsfläche des Leiters

Die **elektrische Energie** ist die Fähigkeit des elektrischen Stromes, mechanische Arbeit zu verrichten, Wärme abzugeben oder Licht auszusenden.

Die elektrische Arbeit *W*	**Die elektrische Leistung *P***
gibt an, wie viel elektrische Energie in andere Energieformen umgewandelt wird.	gibt an, wie viel elektrische Energie in jeder Sekunde in andere Energieformen umgewandelt wird.
Einheiten: 1 Joule (1 J) 1 Wattsekunde (1 Ws) 1 Kilowattstunde (1 kWh)	**Einheiten:** 1 Watt (1 W) 1 Kilowatt (1 kW) 1 Megawatt (1 MW)
Messgeräte für die verrichtete elektrische Arbeit sind **Elektrizitätszähler** (Kilowattstundenzähler).	**Messgeräte** für die elektrische Leistung sind **Leistungsmesser** (Wattmeter).
Berechnungsmöglichkeiten: $W_{el} = U \cdot I \cdot t$ $W_{el} = P \cdot t$	**Berechnungsmöglichkeiten:** $P_{el} = \frac{W_{el}}{t}$ $\qquad P_{el} = U \cdot I$
Für den Gesamtenergieumsatz von mehreren Verbrauchern gilt: $W_{el} = (P_1 + P_2 + \ldots)t$	Befinden sich mehrer Verbraucher im Stromkreis, so gilt für die Gesamtleistung P_{el}: $P_{el} = P_1 + P_2 + \ldots$

4.3 Magnetismus – Magnete und die magnetischen Wirkungen des elektrischen Stroms

Ein Kompass weist die Richtung

Mithilfe eines Kompasses kann man die Himmelsrichtungen bestimmen und sich in unbekanntem Gelände orientieren. Auch in der Seefahrt wurden und werden Kompasse zur Orientierung genutzt.
Warum kann man mit einem Kompass die Himmelsrichtungen bestimmen?

Magnete zur Befestigung

Mithilfe von Haftmagneten kann man Informationszettel oder Ansichtskarten leicht an Wandtafeln anbringen, verschieben oder auch entfernen. Allerdings haften die Magnete nicht an allen Tafeln.
Aus welchen Stoffen müssen Wandtafeln bestehen, damit man Gegenstände mithilfe von Magneten daran befestigen kann?

Magnete üben Kräfte auf Körper aus

Wenn man einen Magneten in die Nähe von Eisenfeilspänen bringt, dann werden diese Eisenfeilspäne vom Magneten angezogen. Dabei fällt zweierlei auf: Zum einen werden die Eisenfeilspäne von bestimmten Stellen des Magneten besonders stark angezogen. Zum anderen richten sie sich in typischer Weise aus.
Wie sind diese Erscheinungen zu erklären?
Welche Stoffe werden von Magneten angezogen, welche nicht? Wie sind Magnete überhaupt aufgebaut?

Magnete und ihre Wirkungen

Magnete werden heute vielfältig genutzt: als Haftmagnete, für Türverschlüsse, als Kompassnadeln. Sie haben eine besondere Eigenschaft: Sie ziehen Körper aus bestimmten Stoffen an.

Magnete sind Körper, die andere Körper aus Eisen, Nickel oder Cobalt anziehen.

Körper, die diese magnetische Eigenschaft auf Dauer oder über sehr lange Zeit besitzen, nennt man **Dauermagnete** oder **Permanentmagnete.**
Dauermagnete bestehen ebenfalls aus Eisen, Nickel, Cobalt. Sie können verschiedene Formen haben (Abb. 1). Weit verbreitet sind Stabmagnete und Hufeisenmagnete, aber auch kreisförmige Magnete.
Dauermagnete werden heute meist aus speziellen Legierungen (Eisen-Nickel, Eisen-Aluminium) hergestellt. Dabei nutzt man, dass Körper aus Eisen, Nickel und Cobalt selbst magnetisch werden, wenn man sie in die Nähe eines starken Magneten bringt.

Körper, die von Magneten angezogen werden, sind auch selbst magnetisierbar.

Diese Eigenschaft von Körpern aus Eisen, Nickel und Cobalt, den **ferromagnetischen Stoffen,** ergibt sich aus ihrem Aufbau.

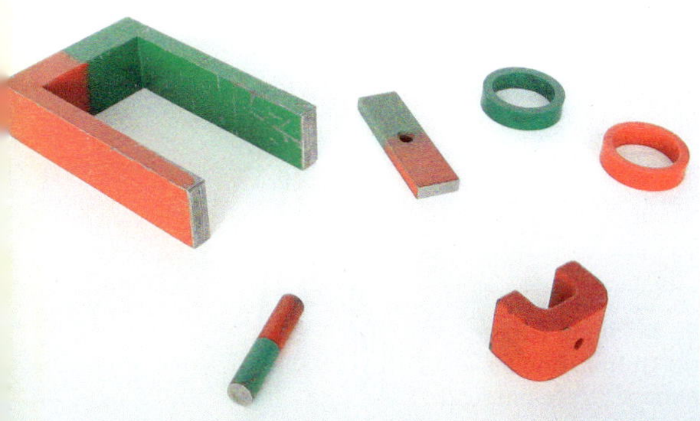

1 Dauermagnete unterschiedlicher Form

2 Unmagnetisiertes (a) und magnetisiertes (b) Eisen im Modell

Magnetisierbare Stoffe bestehen aus winzigen Bereichen, von denen sich jeder wie ein kleiner Magnet verhält. Im unmagnetisierten Zustand sind diese **Elementarmagnete** völlig ungeordnet (Abb. 2a). Der Körper ist nach außen hin unmagnetisch. Unter dem Einfluss eines Magneten können sich die Elementarmagnete ausrichten (Abb. 2b). Der Körper wird selbst magnetisch.
Die Ausrichtung der Elementarmagnete und damit der Magnetismus des Körpers geht verloren, wenn man einen Magneten zu stark erhitzt oder starken Erschütterungen aussetzt, ihn also z. B. mit einem Hammer bearbeitet.
Lassen sich in einem Stoff die Elementarmagnete leicht ausrichten, so bezeichnet man diesen Stoff als **magnetisch weich.** Die Ausrichtung der Elementarmagnete geht bei weichmagnetischen Stoffen aber auch leicht wieder teilweise oder ganz verloren. Ein Stoff, für den das zutrifft, ist z. B. Weicheisen, das man für die Herstellung von Transformatoren, Elektromotoren und Generatoren verwendet. Die Eisenkerne von Elektromagneten bestehen ebenfalls aus Weicheisen. Auch wenn sich in der Nähe eines magnetisch weichen Stoffes kein Magnet befindet, bleibt meist ein geringer Restmagnetismus zurück. Stoffe, bei denen die Ausrichtung der Elementarmagnete nur unter dem Einfluss starker Magnete erfolgt und lange Zeit erhalten bleibt, bezeichnet man als **magnetisch hart.** Aus solchen Stoffen stellt man Dauermagnete her, die z. B. als Haftmagnete verwendet werden.

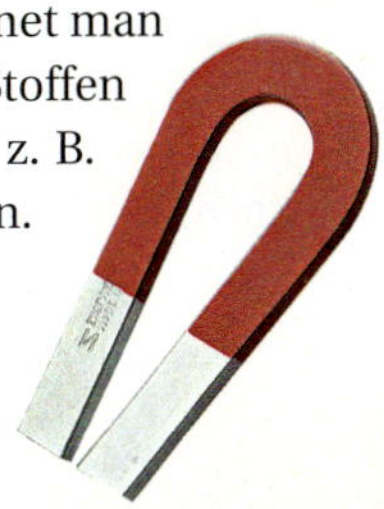

Eigenschaften von Magneten

Magnete ziehen Körper aus ferromagnetischen Stoffen an. Diese Anziehung ist nicht an allen Stellen des Magneten gleich stark. An bestimmten Stellen ist die Anziehung am größten. Bei Stabmagneten und Hufeisenmagneten sind es die Enden (Abb. 1). Diese Stellen, an denen die stärksten anziehenden Kräfte wirken, nennt man **Pole** des Magneten.

> **Jeder Magnet hat zwei Pole, den Nordpol und den Südpol.**

Auch wenn man einen Magneten zerteilt, hat jeder Teil wieder zwei Pole, einen **Nordpol** und einen **Südpol.** Das ergibt sich aus dem Aufbau eines Magneten (s. Abb. 2b, S. 221). Darüber hinaus gibt es auch keramische Magnete, die mehr als ein Polpaar besitzen. Solche Magnete verwendet man z. B. bei Fahrraddynamos.

Magnete können sich anziehen oder abstoßen, je nachdem, welche Pole sich gegenüberstehen (Abb. 2). Die anziehende und abstoßende Wirkung von Magneten kann auch durch andere Körper (z. B. Holz, Papier) hindurchgehen (Abb. 3). Nur Gegenstände aus Eisen, Nickel und Cobalt können nicht durchdrungen werden. Besonders gut zur **magnetischen Abschirmung** eignen sich Körper aus weichmagnetischen Stoffen, z. B. aus Weicheisen. Zur magnetischen Abschirmung empfindlicher Messgeräte und Anlagen nutzt man Bleche aus Weicheisen.

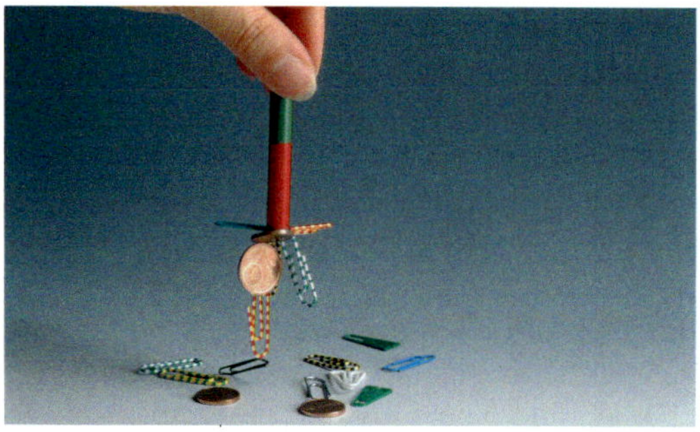

1 An den Polen eines Magneten sind die magnetischen Kräfte am größten.

Gleiche Magnetpole stoßen sich ab.

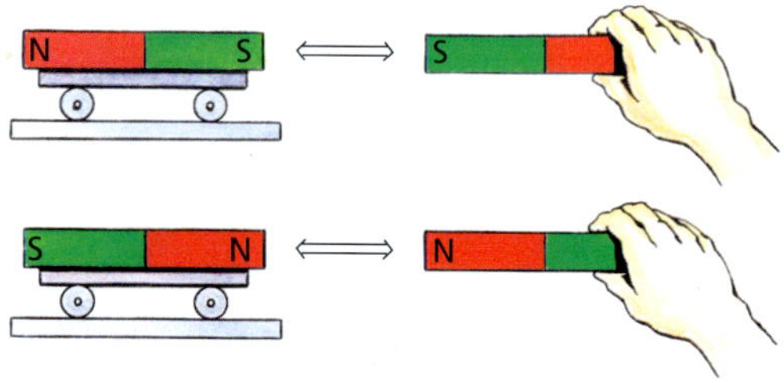

Ungleiche Magnetpole ziehen sich an.

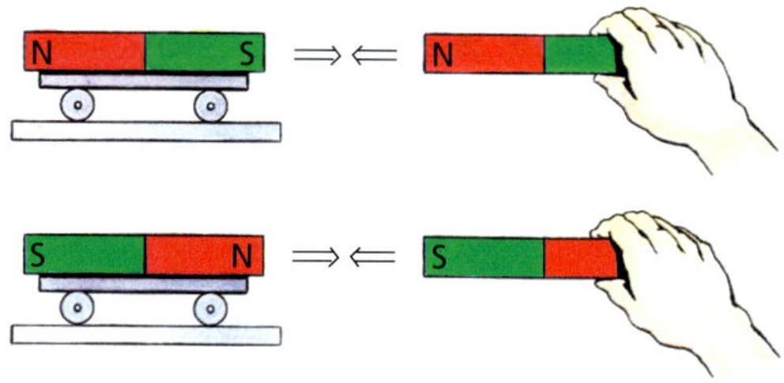

2 Kräfte zwischen Magneten

Das magnetische Feld

Den Raum um einen Magneten, in dem eine magnetische Wirkung auf andere Magnete bzw. auf Körper aus Eisen, Nickel und Cobalt zu beobachten ist, nennt man **Magnetfeld** oder **magnetisches Feld.**

> **Ein magnetisches Feld existiert im Raum um einen Magneten, in dem auf andere Magnete bzw. auf Körper aus ferromagnetischen Stoffen Kräfte ausgeübt werden.**

3 Magnete wirken durch Holz und viele andere Stoffe hindurch. Das Magnetfeld durchsetzt diese Stoffe.

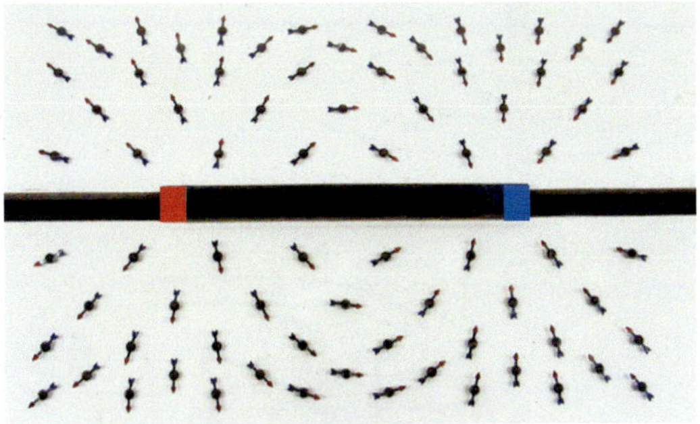

1 Kleine Magnete richten sich in einem magnetischen Feld aus.

Ein magnetisches Feld lässt sich durch das Ausrichten magnetischer Körper (z.B. kleiner Magnetnadeln, Abb 1) oder durch Kräfte auf Körper aus ferromagnetischen Stoffen nachweisen. Legt man auf einen Magneten eine Glasplatte oder ein Blatt Papier und streut darauf Eisenfeilspäne, dann richten sich die Eisenfeilspäne in bestimmter Weise aus. Es ergibt sich ein typisches Bild (Abb. 3).
Zeichnet man anstelle der Ketten aus Eisenfeilspänen Linien, so erhält man ein **Feldlinienbild** dieses Feldes (Abb. 2).

Ein magnetisches Feld lässt sich mithilfe eines Feldlinienbildes veranschaulichen. Das Feldlinienbild ist ein Modell des Feldes.

Aus einem Feldlinienbild ist z. B. erkennbar, wie sich kleine Magnete im betreffenden Magnetfeld ausrichten.

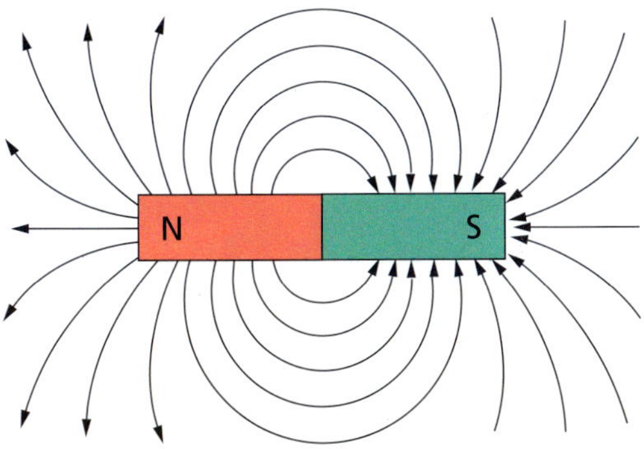

2 Feldlinienbild eines Stabmagneten: Die Feldlinien verlaufen vom Nord- zum Südpol.

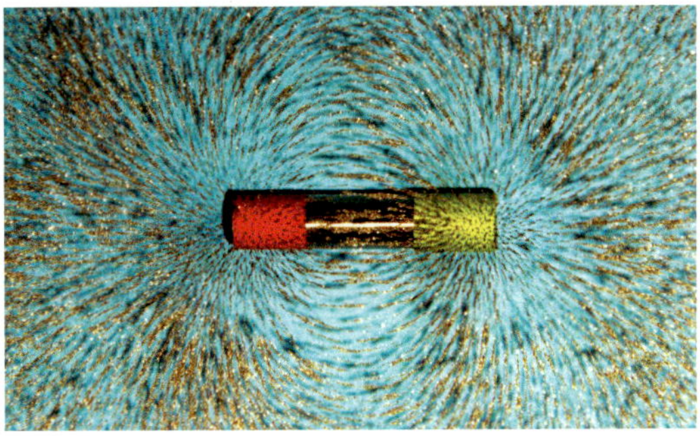

3 Eisenfeilspäne ordnen sich im magnetischen Feld eines Stabmagneten in bestimmter Weise an.

Für das Feldlinienbild als Modell des magnetischen Feldes gilt:
- **Die Richtung der Feldlinien gibt die Richtung der wirkenden Kräfte auf Probekörper (z.B. kleine Magnete) an.**
- **Je größer die Anzahl der Feldlinien in einem bestimmten Gebiet des Feldes ist, desto stärker ist das magnetische Feld.**

Das Modell Feldlinienbild

Da das Feldlinienbild eines Magnetfeldes ein Modell ist, gilt wie für jedes andere Modell, dass es eine Vereinfachung der Wirklichkeit ist. In wichtigen Eigenschaften stimmt es mit der Wirklichkeit überein, in anderen nicht. So ist z. B. aus einem Feldlinienbild erkennbar,
- in welcher Richtung Kräfte auf Probekörper wirken, die sich in der Nähe des Magneten befinden,
- an welchen Stellen das Magnetfeld stärker oder schwächer ist.

Die Grenzen dieses Modelles bestehen u. a. darin, dass
- das Magnetfeld im gesamten Raum um einen Magneten vorhanden ist und nicht nur in einer Ebene,
- das Magnetfeld auch zwischen den Feldlinien existiert und
- keine Aussage über die absolute Stärke des Magnetfeldes gemacht werden kann.

Verlaufen die Feldlinien im gleichen Abstand und parallel zueinander, so ist die Stärke des Magnetfeldes überall gleich groß. Ein solches Feld wird als **homogenes Feld** bezeichnet.

Magnetfelder stromdurchflossener Leiter

1820 entdeckte der dänische Physiker HANS CHRISTIAN OERSTED (1777–1851), dass eine Magnetnadel in der Nähe eines stromdurchflossenen Leiters abgelenkt wird (Abb. 1). Ein stromdurchflossener Leiter wirkt wie ein Magnet. Besonders stark ist die magnetische Wirkung, wenn der Leiter als Spule aufgewickelt ist und einen Eisenkern enthält. Man nennt eine solche stromdurchflossene Spule mit Eisenkern einen **Elektromagneten** (Abb. 3).

Um stromdurchflossene gerade Leiter und um stromdurchflossene Spulen existiert ein Magnetfeld.

Schaltet man den Strom ab, hört die magnetische Wirkung auf.
Das Magnetfeld einer stromdurchflossenen Spule hat eine ähnliche Form wie das Magnetfeld eines Stabmagneten (s. Abb. 2, S. 223).
Die Feldlinien sind geschlossen. Auch einem Elektromagneten kann man einen Nord- und Südpol zuordnen. Mit der Änderung der Polung der elektrischen Quelle ändert sich die Lage von Nord- und Südpol.
Im Äußeren der Spule verläuft das Magnetfeld wie bei einem Stabmagneten vom Nord- zum Südpol. Im Innern der Spule verläuft es dagegen vom Südpol zum Nordpol.

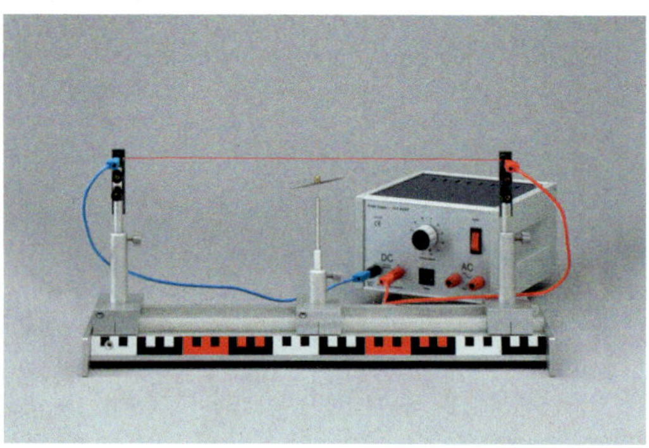

1 Eine Magnetnadel wird in der Nähe eines stromdurchflossenen Leiters abgelenkt.

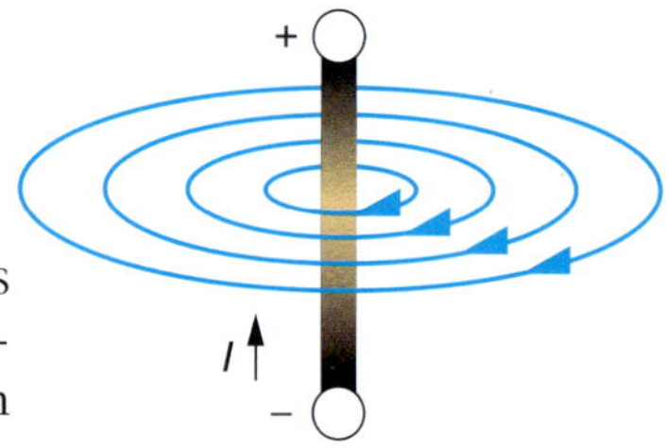

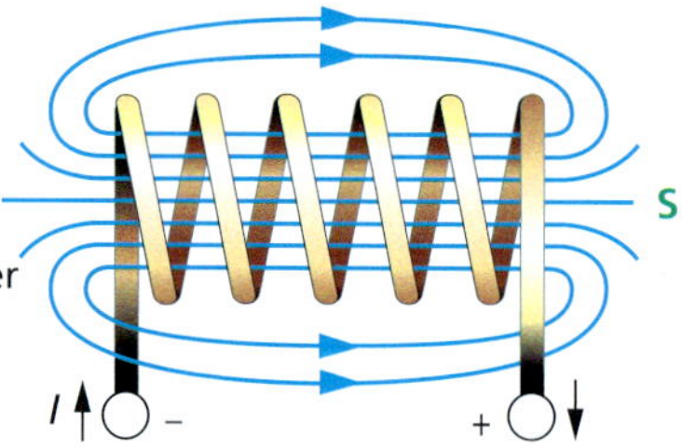

2 Feldlinienbilder um stromdurchflossene gerade Leiter und Spulen

Die Stärke des Magnetfeldes einer stromdurchflossenen Spule ist umso größer,
– je größer die Stromstärke in der Spule ist,
– je größer die Windungszahl der Spule ist und
– je kürzer die Spule ist.
Um eine Spule mit Eisenkern ist das Magnetfeld wesentlich stärker als um eine Spule ohne Eisenkern.

Im Innern einer Spule bzw. in einem Eisenkern ist die Stärke des Magnetfeldes überall gleich. Es ist ein **homogenes Magnetfeld.**

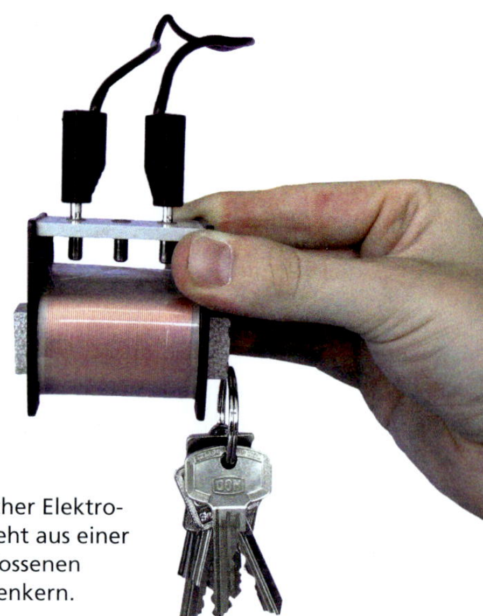

3 Ein einfacher Elektromagnet besteht aus einer stromdurchflossenen Spule mit Eisenkern.

Mosaik

Bedeutung von Modellen für die Erkenntnisgewinnung

Du kennst bereits viele unterschiedliche Modelle. So ist ein Spielzeugauto ein Modell für einen richtigen Pkw (Abb. 1). Eine Modelleisenbahn sieht ähnlich aus wie eine tatsächliche Eisenbahn. Ein Globus ist ein Modell für unsere Erde.

1 Ein Pkw und sein Modell haben Gemeinsamkeiten, unterscheiden sich aber auch in vielem.

Vergleicht man das jeweilige reale Objekt (Pkw, Eisenbahn, Erde) mit dem entsprechenden Modell, dann zeigt sich: Ein Modell ist eine Vereinfachung der Wirklichkeit. Auch Physiker nutzen Modelle. Beispiele für solche Modelle sind das Teilchenmodell, das Modell eines Motors oder Feldlinienbilder für magnetische Felder.

Ein Modell ist ein vom Menschen geschaffenes Ersatzobjekt für ein komplizierteres reales Objekt. Viele Modelle existieren als Gegenstände. Man nennt sie **gegenständliche Modelle.** Oft schafft man sich auch Vorstellungen, die nur „im Kopf" existieren und die z. B. zeichnerisch dargestellt werden können. Solche Modelle nennt man **Denkmodelle.** Im Fall des Magnetfeldes ist das reale Objekt das Magnetfeld selbst. Ein Modell dafür ist ein Feldlinienbild. Es ist ein Denkmodell, das der berühmte englische Naturforscher Michael Faraday (1791–1867) in die Physik eingeführt hat.

Ein Modell ist durch folgende Merkmale gekennzeichnet:
- Ein Modell stimmt in einigen Merkmalen oder Eigenschaften mit dem Original überein, in anderen nicht.
- Ein Modell ist nur innerhalb bestimmter Grenzen gültig und sinnvoll anwendbar.
- Ein Modell ist weder richtig noch falsch, sondern zweckmäßig und geeignet oder unzweckmäßig und nicht geeignet zur Beschreibung, Erklärung oder Voraussage von Erscheinungen.

Modelle gibt es nicht nur für reale Objekte, sondern auch für solche Vorgänge, wie die Entstehung von Luftströmungen (Wind), die Entstehung einer Sonnenfinsternis oder das Ausbrechen eines Vulkans. In der Physik werden Modelle in vielfältiger Weise genutzt:
- Modelle dienen zur Veranschaulichung des Aufbaus von realen Objekten.
- Mit Modellen kann der Aufbau technischer Geräte verdeutlicht und ihre Wirkungsweise erklärt werden.
- Modelle helfen beim Verstehen von Erscheinungen und Vorgängen in Natur und Technik.

homogenes Magnetfeld

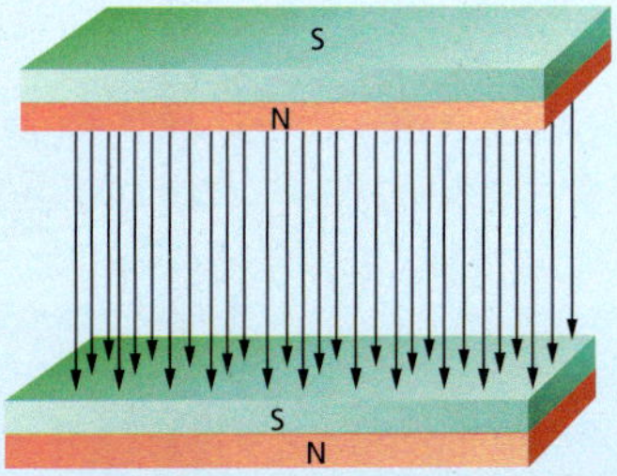

Die Feldlinien verlaufen parallel und in gleichem Abstand voneinander.

inhomogenes Magnetfeld

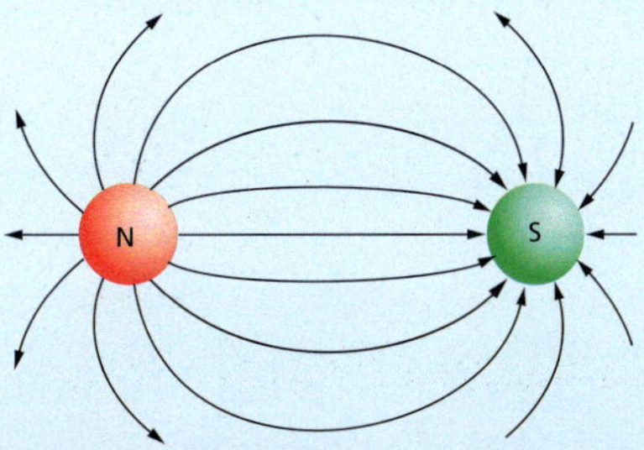

Die Feldlinien verlaufen nicht parallel zueinander. Sie haben unterschiedlichen Abstand.

Kraft auf einen stromdurchflossenen Leiter im Magnetfeld

Befindet sich ein stromdurchflossener Leiter in einem Magnetfeld, so wird auf diesen Leiter eine Kraft ausgeübt (Abb. 1). Die Ursache dafür besteht in Folgendem: Auf bewegte Ladungsträger in einem Magnetfeld wird eine Kraft ausgeübt, also auch auf bewegte Elektronen in einem elektrischen Leiter oder in einer Elektronenstrahlröhre. Allgemein gilt:

Auf stromdurchflossene Leiter wirkt in einem Magnetfeld eine Kraft senkrecht zum Stromfluss und senkrecht zur Richtung des magnetischen Feldes.

Die Richtung der Kraft auf stromführende Leiter ergibt sich nach der **Rechte-Hand-Regel (UVW-Regel).**

Rechte-Hand-Regel (UVW-Regel):

Daumen:	**Stromrichtung von + nach – (Bewegungsrichtung positiv geladener Ladungsträger, Ursache U)**
Zeigefinger:	**Richtung des Magnetfeldes vom Nord- zum Südpol (Vermittlung V)**
Mittelfinger:	**Richtung der Kraft (Wirkung W)**

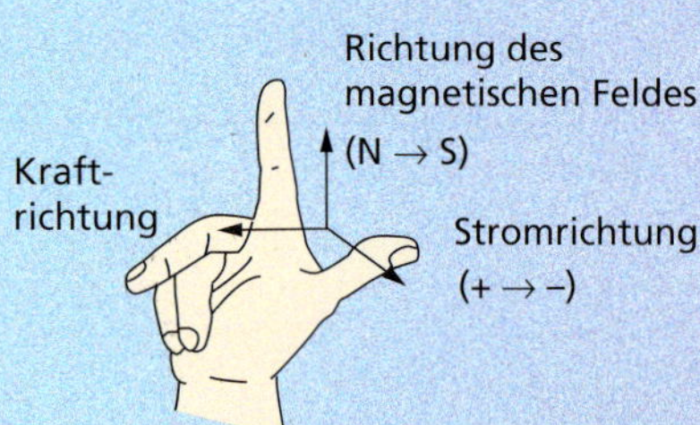

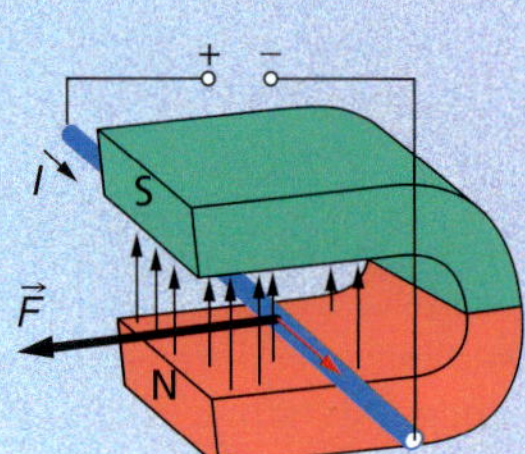

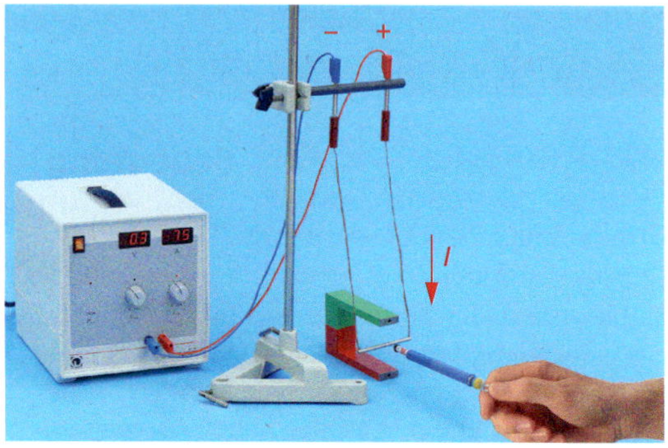

1 Auf einen stromdurchflossenen Leiter wirkt im Magnetfeld eine Kraft.

Die Erscheinung, dass auf einen stromdurchflossenen Leiter in einem Magnetfeld eine Kraft ausgeübt wird und damit der Leiter in Bewegung gesetzt werden kann, wird als **elektromotorisches Prinzip** bezeichnet.
Dabei wird elektrische in mechanische Energie umgewandelt. Genutzt wird das elektromotorische Prinzip bei Elektromotoren (s. S. 229) und bei elektrischen Messgeräten, z. B. bei Drehspulinstrumenten (s. S. 177).

Mosaik

Kräfte zwischen stromdurchflossenen Leitern

Bringt man in das Magnetfeld eines stromdurchflossenen Leiters einen zweiten stromdurchflossenen Leiter, so wirkt auf diesen eine Kraft. Die Richtung der Kraft kann mit der Rechte-Hand-Regel bestimmt werden.

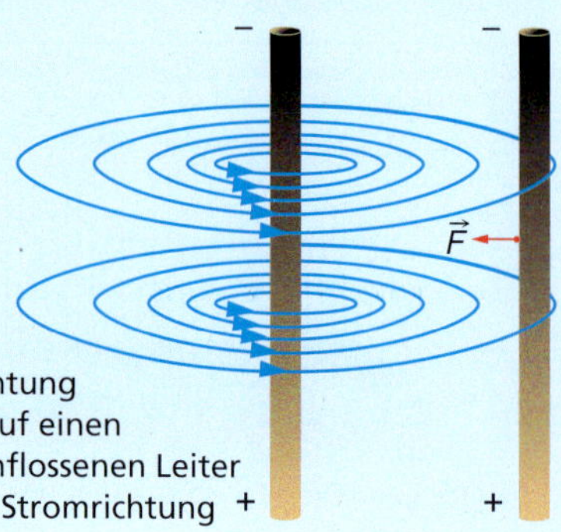

2 Die Richtung der Kraft auf einen stromdurchflossenen Leiter ist von der Stromrichtung abhängig.

Physik in Natur und Technik

Ein Elektromagnet als Kran

Große Elektromagnete werden genutzt, um schwere Lasten zu heben und zu transportieren. Solche Lasthebemagnete werden vor allem auf Schrottplätzen, in Stahlwerken und auf Baustellen eingesetzt (Abb. 1).

Wie ist ein Lasthebemagnet aufgebaut?
Wie kann man seine Wirkungsweise erklären?

1 Aufbau eines Lasthebemagneten

Ein Lasthebemagnet besteht aus einer Spule und einem Eisenkern. Fließt durch die Spule ein Strom, so entsteht ein Magnetfeld, das durch den Eisenkern verstärkt wird. Körper aus Eisen und Stahl werden von diesem Magneten angezogen. Beim Abschalten des Stromes fallen sie ab.

Ein klingender Magnet

Das wichtigste Bauteil einer elektrischen Klingel ist ein Elektromagnet. Auch in einem Türgong (Abb. 2), der zwei Töne erzeugt, ist ein Elektromagnet enthalten.

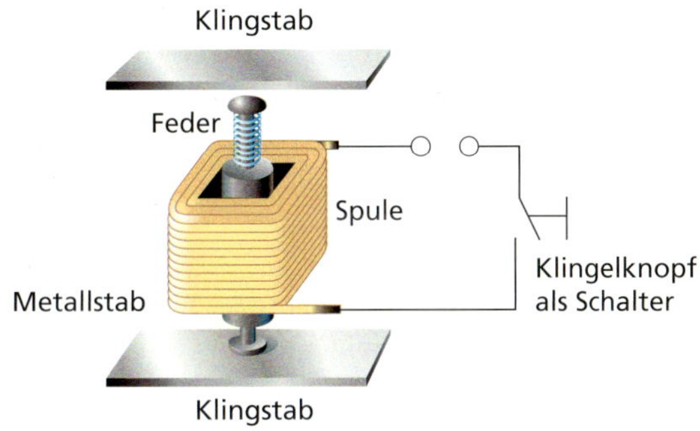

2 Aufbau eines Türgongs

Beschreibe den Aufbau und erkläre die Wirkungsweise eines elektrischen Türgongs!

Der Türgong enthält einen Stromkreis mit einer Spule. In der Spule befindet sich ein Metallstab, der auf einer Feder gelagert ist. Oberhalb und unterhalb der Spule befinden sich die Klingstäbe (Abb. 2). Die Spule befindet sich in einem Stromkreis mit einer elektrischen Quelle und einem Schalter (Klingelknopf).

Wird durch Betätigung des Klingelknopfes (Schalter) der Stromkreis geschlossen, so fließt ein elektrischer Strom. Durch die magnetische Wirkung des elektrischen Stromes wird die Spule zu einem Elektromagneten. Der Elektromagnet übt eine Kraft auf den in der Spule befindlichen Metallstab aus, sodass dieser gegen den Klingstab stößt.
Dabei wird der Metallstab zunächst gegen den einen Klingstab gelenkt. Nach Loslassen des Klingelknopfes wird der Stromkreis geöffnet und die magnetische Wirkung auf den Metallstab hört auf.
Durch die Feder wird der Metallstab zurückgezogen und gegen den anderen Klingstab gelenkt. Danach bewegt er sich wieder in die Ruhelage.

Orientierung mit dem Kompass

Zur Orientierung in einer unbekannten Gegend kann man Karte und Kompass nutzen (Abb. 1). Insbesondere ist es möglich, mithilfe eines Kompasses die Himmelsrichtungen zu bestimmen, sich zu orientieren und die künftige Marschrichtung festzulegen.
Wie ist ein Kompass aufgebaut?
Wie funktioniert er?

Ein Kompass dient zur Bestimmung der Himmelsrichtungen. Er besteht aus einer drehbar gelagerten kleinen Magnetnadel und einer Skala mit den Himmelsrichtungen, die ebenfalls drehbar sein kann. Die Bauformen können dabei sehr unterschiedlich sein. Meist ist die Kompassnadel auf einer Spitze leicht drehbar gelagert, so wie das bei dem unten abgebildeten Kompass ist. Es gibt auch Kompasse, bei denen die Magnetnadel in Form einer Kugel ausgebildet und leicht drehbar in einer Flüssigkeit gelagert ist.
Um sich mit einem Kompass im Gelände orientieren zu können, nutzt man aus, dass die Erde selbst ein sehr großer, aber nicht sehr starker Magnet ist (Abb. 3). Dabei ist zu beachten: Der magnetische Südpol liegt in der Nähe des geografischen Nordpols, der magnetische Nordpol in der Nähe des geografischen Südpols (Abb. 2).

1 Orientierung mit dem Kompass: Die Nadel richtet sich in Nord-Süd-Richtung aus.

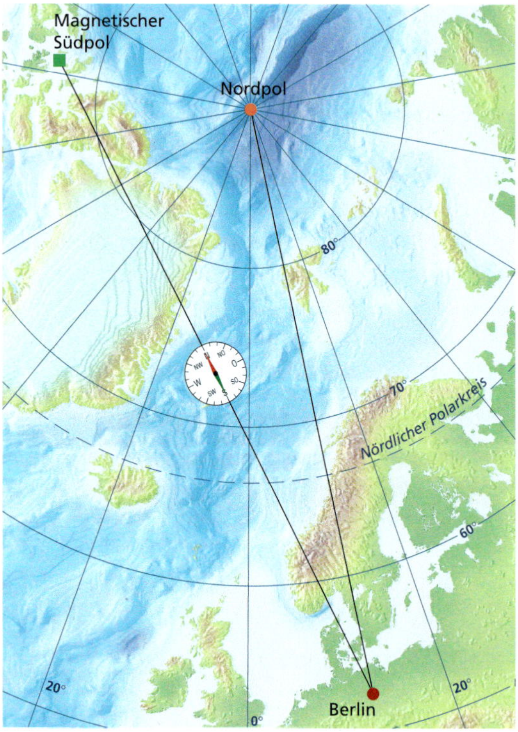

2 Der magnetische Südpol liegt in der Nähe des geografischen Nordpols.

Im Magnetfeld der Erde richtet sich die drehbar gelagerte Magnetnadel entsprechend der Richtung der Feldlinien dieses Magnetfeldes aus.
Da die geografischen Pole und die magnetischen Pole der Erde nicht zusammenfallen, zeigt eine Magnetnadel nicht genau in Nord-Süd-Richtung. Die Abweichung beträgt in Deutschland 1°–2°.

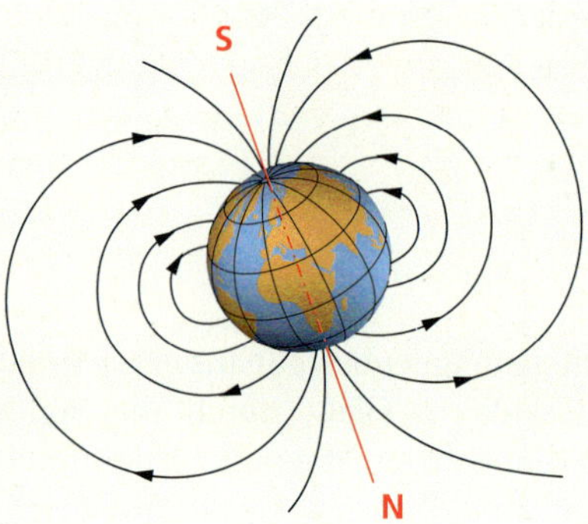

3 Magnetfeld der Erde in Erdnähe: Es ähnelt dem Magnetfeld eines Stabmagneten.

Der Gleichstrommotor

Elektromotoren (Abb. 1, 3) werden heute in sehr vielen Geräten und Anlagen zum Antrieb genutzt. Einige dieser Motoren werden mit Gleichstrom betrieben, andere mit Wechselstrom.
Wie ist ein Gleichstrommotor aufgebaut? Wie funktioniert ein Gleichstrommotor?

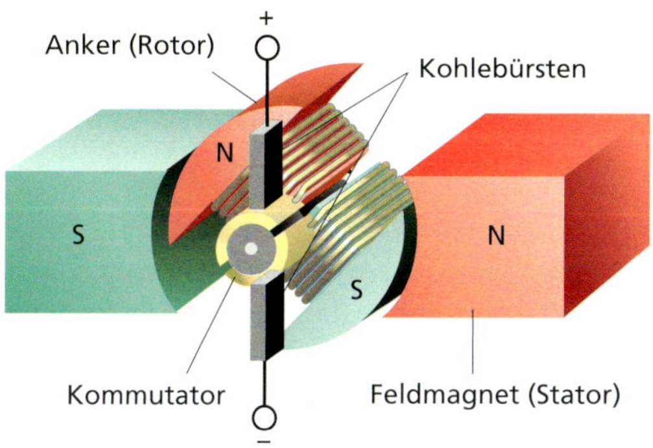

1 Aufbau eines Gleichstrommotors

Ein Gleichstrommotor dient zur Umwandlung von elektrischer Energie in mechanische Energie, mit der mechanische Arbeit verrichtet wird. Dabei wird eine Drehbewegung erzeugt, die zum Antrieb von Geräten und Anlagen verwendet wird.
In Gleichstrommotoren werden die Kräfte zwischen Magneten genutzt. Die wesentlichen Teile eines Gleichstrommotors sind der feststehende Feldmagnet (Stator), der drehbar gelagerte Anker (Rotor), der Kommutator (Polwender) und die Kohlebürsten (Abb. 1). Durch den **Feldmagneten** (Dauer- oder Elektromagnet) wird ein magnetisches Feld aufgebaut. In diesem Feld ist ein Elektromagnet, der **Anker,** drehbar gelagert. Über **Kohlebürsten** als Schleifkontakte wird der Anker an eine Gleichspannung angeschlossen. Durch den Stromfluss im Anker wird dieser zum Magneten und es treten Kräfte zwischen Feldmagneten und Anker auf. Diese Kräfte führen zu einer Drehbewegung des Ankers.
Wenn sich die ungleichen Magnetpole des Feldmagneten und des Ankers direkt gegenüberstehen, muss das Magnetfeld des Ankers umgepolt werden, damit die Drehbewegung weiterlaufen kann. Dies geschieht durch den **Kommutator** (Polwender). Durch die Trägheit bei der Drehbewegung bewegt sich der Anker über den Totpunkt (Abb. 2b) hinweg und der Strom durch den Anker wird umgepolt. Es treten wieder abstoßende und anziehende Kräfte zwischen Feldmagneten und Anker auf, die zur Fortsetzung der Drehbewegung führen (Abb. 2c).
Der skizzierte Gleichstrommotor läuft recht ungleichmäßig. Für technische Anwendungen hat man deshalb Anker entwickelt, die wesentlich komplizierter aufgebaut sind und einen gleichmäßigen Lauf gewährleisten.

3 Elektromotor (aufgeschnitten)

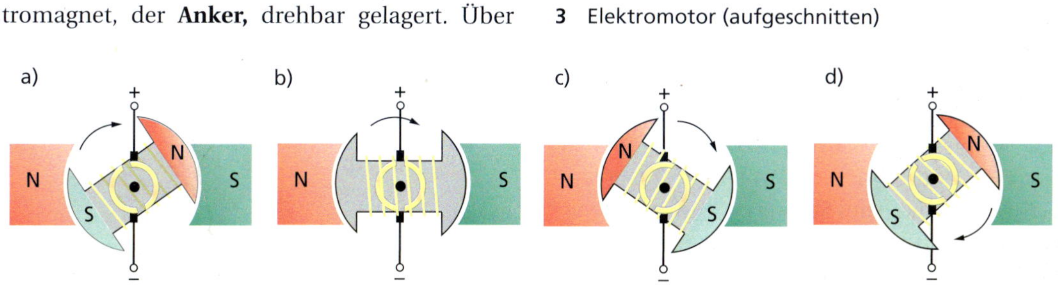

2 Wirkungsweise eines Gleichstrommotors: Die Lage der Magnetpole beim Rotor ändert sich ständig, da durch den Kommutator nach jeder halben Drehung eine Umpolung erfolgt.

Elektrische Messgeräte

Elektrische Messgeräte werden zur Messung der elektrischen Spannung und der elektrischen Stromstärke genutzt. Dabei verwendet man häufig Vielfachmessgeräte (s. Abb.), mit denen man unterschiedlich Spannungen und Stromstärken sowohl im Gleichstromkreis als auch im Wechselstromkreis messen kann. Vom Aufbau des Messwerkes her kann man zwischen **Drehspulmessgeräten** und **Dreheisenmessgeräten** unterscheiden.

Wie sind solche Messgeräte aufgebaut? Wie funktionieren sie? Welche Besonderheiten sind bei ihrer Nutzung zu beachten?

Bei einem **Drehspulmessgerät** besteht das Messwerk aus einer drehbar gelagerten Spule (Drehspule), die fest mit einem Zeiger verbunden ist und die sich im Magnetfeld eines Permanentmagneten drehen kann (Abb. 1).

Fließt durch die drehbar gelagerte Spule ein Strom, so wird die Spule selbst zu einem kleinem Elektromagneten und tritt mit dem Permanetmagneten in Wechselwirkung. Je nach der Lage der Magnetpole schlägt der Zeiger nach links oder rechts aus. Spiralfedern sorgen dafür, dass der Zeiger nicht beliebig weit ausschlägt und beim Ausschalten des Stromes wieder in die Ausgangslage zurückgeht.

Die Lage der Magnetpole bei der Drehspule ist von der Stromrichtung abhängig. Einen Ausschlag in eine Richtung erhält man nur bei

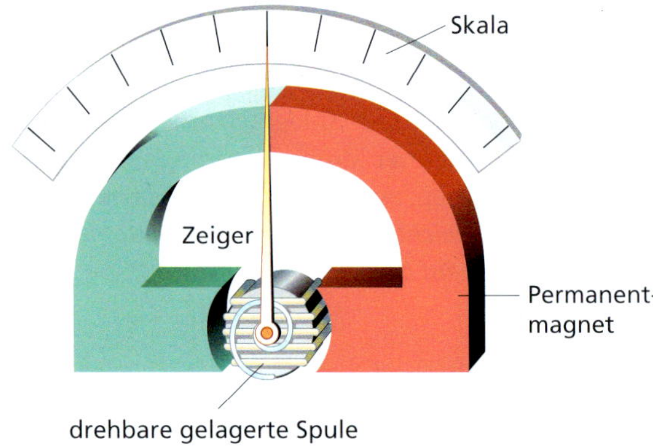

1 Aufbau eines Drehspulmesswerkes

Gleichstrom. Baut man Gleichrichter ein, so kann man mit solchen Geräten auch Wechselströme messen.

Bei einem **Dreheisenmessgerät** (Abb. 2) befinden sich ein feststehendes Eisenblättchen in einer feststehenden Spule. Ein zweites, bewegliches Eisenblättchen ist mit einem Zeiger verbunden. Fließt Strom durch die Spule, so werden die beiden Eisenblättchen gleichsinnig magnetisch und stoßen einander ab. Die Abstoßung und damit der Zeigerausschlag ist umso größer, je größer die Stromstärke ist. Da beide Eisenblättchen jeweils gleichsinnig magnetisiert werden, kann mit einem solchen Gerät sowohl Gleichstrom als auch Wechselstrom gemessen werden.

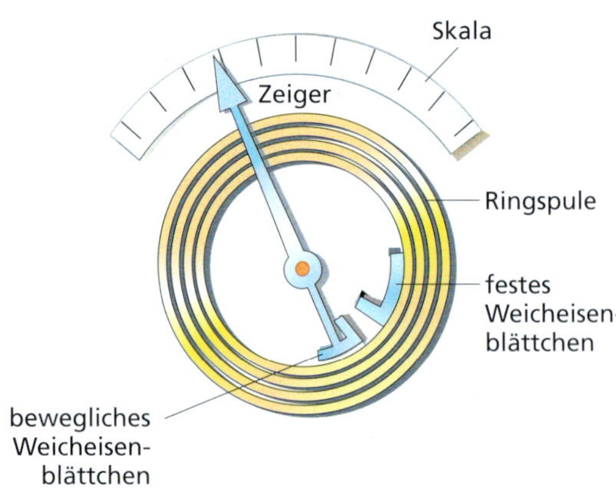

2 Aufbau eines Dreheisenmesswerkes: Es können Gleich- und Wechselströme gemessen werden.

Mosaik

Magnetspeicher

Um Ton- und Bildinformationen zu speichern, müssen diese als Signale auf ein entsprechendes Speichermedium geprägt werden. Sie müssen von dort auch wieder abrufbar sein. Weit verbreitet sind Magnetspeicher. Zu solchen Speichern gehören **Magnetbänder** für Tonbandgeräte, Diktiergeräte, Videorecorder und Camcorder sowie **Magnetplatten** bei Disketten und Festplatten von Computern.

Auf Magnetbändern können analoge oder digitale Signale gespeichert werden. Auf Disketten und Festplatten speichert man digitale Signale, weil nur diese von Computern verarbeitet werden können.

Das Grundprinzip der magnetischen Speicherung ist überall gleich: Auf eine Trägerschicht ist eine sehr dünne, magnetisierbare Schicht aufgebracht, die häufig aus Cobalt und Nickel besteht. Die Elementarmagnete dieser Schicht sind zunächst ungeordnet.

Zum Speichern wird das Magnetband oder die Magnetplatte an einer Spule, dem Aufnahme- oder Schreibkopf, vorbeigeführt (Abb. 1a). Durch das Magnetfeld dieser Spule, das sich entsprechend den Signalen ändert, erfolgt eine Ausrichtung der Elementarmagnete und damit eine Magnetisierung. Das Abbild des Signals ist in der Ausrichtung der Elementarmagnete gespeichert. Durch starke Magnetfelder könnte sich diese Ausrichtung ändern. Deshalb gilt:

Magnetspeicher dürfen keinen starken Magnetfeldern ausgesetzt werden.

Beim Auslesen des Signals wird das magnetisierte Band am Wiedergabe- oder Lesekopf vorbeigeführt (Abb. 1b), wobei durch die sich ändernden Magnetfelder in der Spule eine Spannung hervorgerufen wird, die ein Abbild der gespeicherten Informationen ist.

Bei **Videobändern** wendet man wegen der großen Datenmengen folgenden Trick an: Aufnahme- und Wiedergabeköpfe sind auf einer Trommel befestigt, die mit 1500 U/min rotiert. Die Daten werden in Schrägspuren nebeneinander auf dem Videoband gespeichert (Abb. 2).

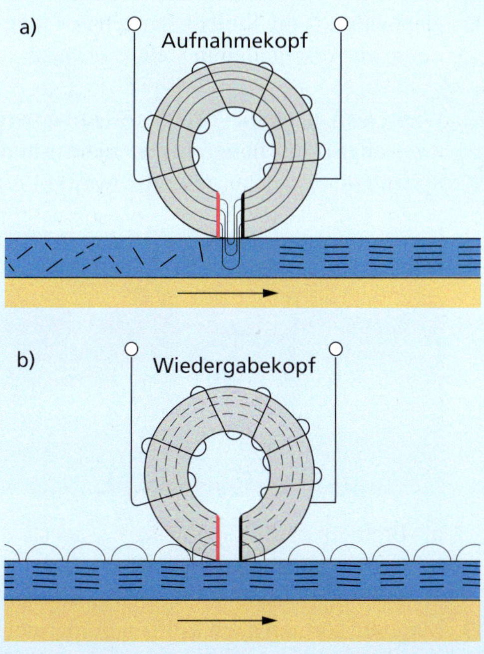

1 Aufnahme (a) und Wiedergabe (b) bei einem Magnetband

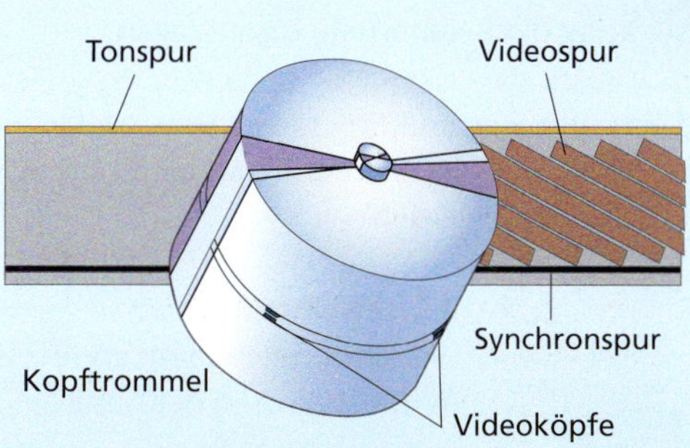

2 Bei Videobändern wendet man das Schrägspurverfahren an.

gewusst · gekonnt

1. Untersuche, ob Gegenstände, wie Büroklammern, Lineal, Schere, Kamm, Papier, Münzen, Nägel und Schrauben, von einem Magneten angezogen werden!

2. Erläutere, wie magnetische Seifenhalter, Schraubendreher, Büroklammerspender und Türschließer funktionieren!

3. Von zwei äußerlich gleich aussehenden Stäben ist der eine ein unmagnetischer Eisenstab und der andere ein Permanentmagnet. Erläutere, wie man ohne spezielle Hilfsmittel feststellen kann, welcher der beiden der Eisenstab ist!

4. Untersuche, in welchem Abstand eine Büroklammer von einem Stabmagnet merklich angezogen wird!
Wiederhole den Versuch unter verschiedenen Bedingungen!
Beschreibe die Versuchsdurchführung und formuliere dein Versuchsergebnis in einem Merksatz!

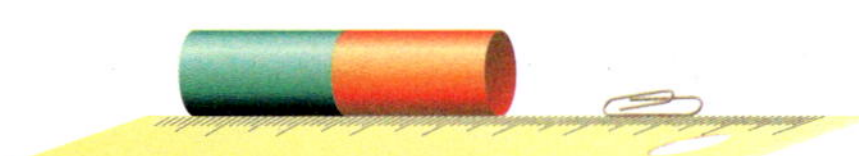

5. Ein Stabmagnet wurde versehentlich zerbrochen. Was kannst du über die magnetische Wirkung der beiden Teile voraussagen?

6. Begründe, warum Körper aus Eisen, Nickel oder Cobalt in der Nähe von Magneten selbst zu Magneten werden!

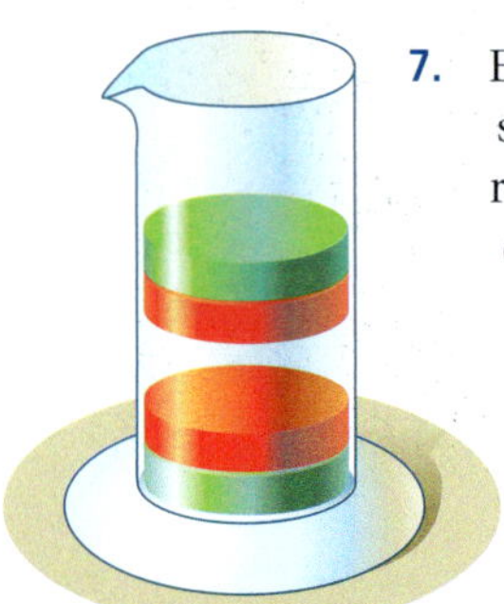

7. Ein Scheibenmagnet schwebt über einem anderen, so wie es in der Abbildung dargestellt ist.
Sage voraus, was passiert, wenn der obere Magnet umgedreht wird!

8. Deute das Versuchsergebnis, das in der Abbildung dargestellt ist!

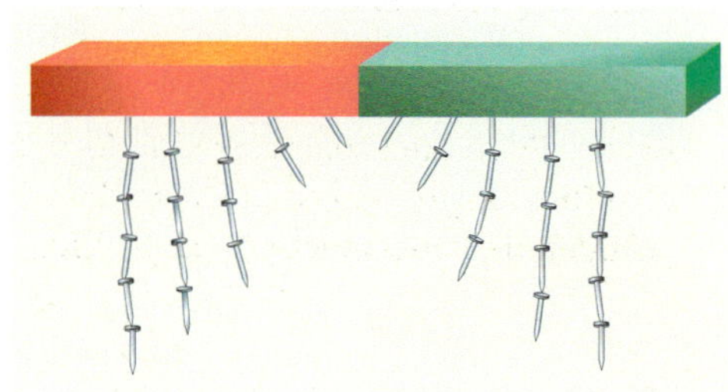

9. Begründe, warum sich eine frei drehbare Magnetnadel stets in Nord-Süd-Richtung einstellt!

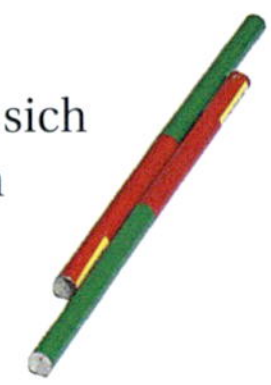

10. Probiere aus, bei welcher Anordnung sich die Kraftwirkungen von zwei gleichen Stabmagneten verstärken bzw. abschwächen! Interpretiere deine Versuchsergebnisse!

11. Zeige mithilfe eines Stabmagneten und mehreren Büroklammern oder kleinen Eisennägeln, wie sich die Kraftwirkungen des Magneten an verschiedenen Stellen ändern!

12. Wenn man an einen Pol eines Stabmagneten zwei lange Nägel hängt, so gehen die unteren Spitzen der Nägel auseinander (s. Abb.).

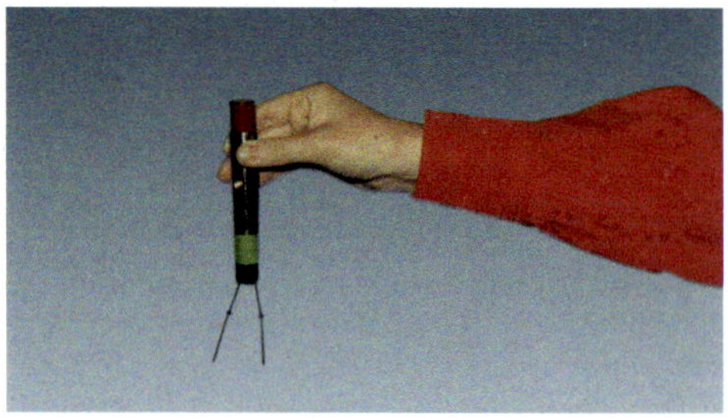

a) Probiere es aus!
b) Erkläre diese Erscheinung!

13. Magnete können auch Kräfte aufeinander ausüben, wenn sie weiter voneinander entfernt sind.
Begründe, warum das so ist!

14. Wenn man einen magnetisierten Eisennagel mit einem Hammer bearbeitet, verliert er seine magnetische Wirkung. Erkläre!

15. Wenn man an einem Nagel oder an einer Nadel aus Eisen mehrmals gleichmäßig in gleicher Richtung entlangstreicht, wird der Nagel oder die Nadel magnetisiert (s. Abb.).

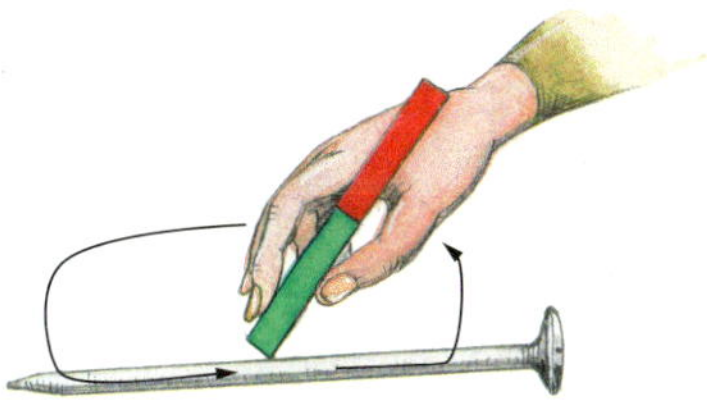

a) Stelle dir einen solchen Magneten her und baue dir daraus einen einfachen Kompass!
b) Kontrolliere mit einem anderen Kompass, ob die Ausrichtung der selbst gebauten Magnetnadel stimmt!

16. Dauermagnete werden mit der Zeit schwächer. Woran liegt das?

17. Ein Kompass zeigt dir nur dann die richtige Richtung an, wenn die Nadel nicht durch andere magnetische Kräfte als die des Erdmagnetfeldes beeinflusst wird. Wodurch können Fehler bei der Richtungsbestimmung mit einem Kompass entstehen? Begründe!

18. Halte einen Kompass je einmal oben und unten an einen eisernen Heizkörper!
a) Beschreibe deine Beobachtungen!
* b) Erkläre deine Beobachtungen!

19. Warum kann man für das Gehäuse eines Kompasses nicht alle Materialien verwenden?

20. Wickle mehrere Male einen isolierten Draht um einen Kompass und halte die Enden des Drahtes an die Pole einer Batterie! Beschreibe und erkläre deine Beobachtungen!

21. Du willst herausfinden, ob in einem bestimmten Raum ein magnetisches Feld vorhanden ist. Diskutiere Möglichkeiten!

22. Ein Magnet ist nicht gekennzeichnet. Du weißt daher nicht, wo sich der Nordpol und wo sich der Südpol befinden.
a) Wie kann man experimentell herausfinden, welches der Nordpol ist?
b) Welche Hilfsmittel werden dazu benötigt?
c) Beschreibe dein Vorgehen!

23. Von welchen Körpern könnten die abgebildeten Magnetfelder erzeugt worden sein? Begründe!

a) b)

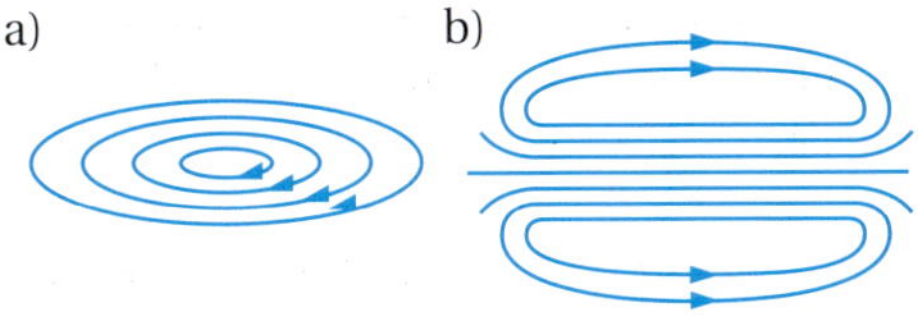

24. Stelle dir vor, du befindest dich mit einer Expedition in der Antarktis. Genau unter deinen Füßen ist ein magnetischer Pol. Du hast einen Kompass, dessen Nadel so gelagert ist, dass sie sich in jede Richtung drehen kann. Wie stellt sich die Nadel ein? Begründe!

25. Zeichne das Feldlinienbild eines stromdurchflossenen geraden Leiters! Woran könnte es liegen, dass ein Mitschüler zu einem anderen Ergebnis gekommen ist?

***26.** Die Abbildung zeigt das Feldlinienbild eines Dauermagneten aus einem Fahrraddynamo. Interpretiere es!

27. Eine Magnetnadel hat sich in der Nähe eines Stabmagneten so ausgerichtet, wie in der Abbildung gezeichnet. Kennzeichne die Pole des Stabmagneten und zeichne sein Feldlinienbild!

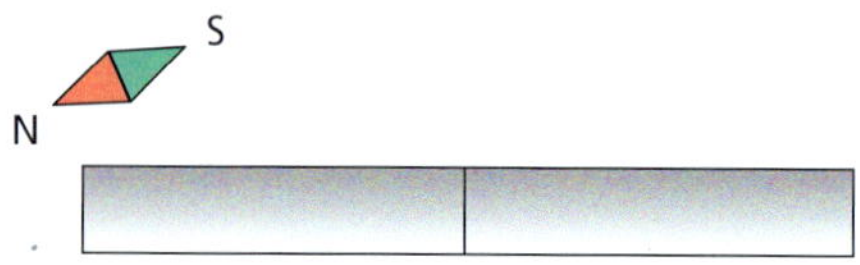

28. Stelle dir aus einer Spule und einem Eisenkern einen Elektromagneten her, indem du die Spule an eine elektrische Quelle anschließt.
Untersuche, wovon die Stärke eines Elektromagneten abhängt! Baue den Versuch entsprechend der Abbildung auf!

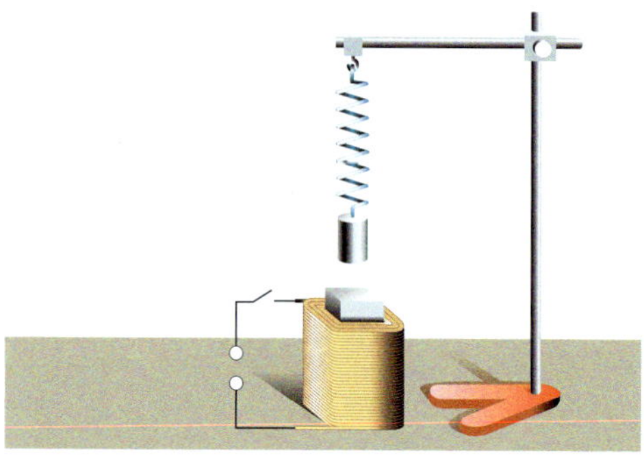

a) Schalte die elektrische Quelle ein! Beschreibe und erkläre deine Beobachtung!
b) Wähle an der elektrischen Quelle eine größere Spannung! Was beobachtest du? Welche Vermutung kannst du aus der Beobachtung ableiten?
c) Führe den Versuch nacheinander mit zwei Spulen durch, die eine unterschiedliche Windungszahl haben! Schalte in den Stromkreis einen Strommesser und regele die Spannung so, dass die Stromstärke in beiden Fällen gleich groß ist! Was beobachtest du?
Welche Vermutung kannst du ableiten?

29. Begründe, warum in den starken Elektromagneten, die man auf Schrottplätzen zum Transport schwerer Lasten einsetzt, die Spulenkerne keine Dauermagnete sind!

***30.** Ein Relais ist ein elektromagnetischer Schalter. Es hat den in der Abbildung dargestellten Aufbau.

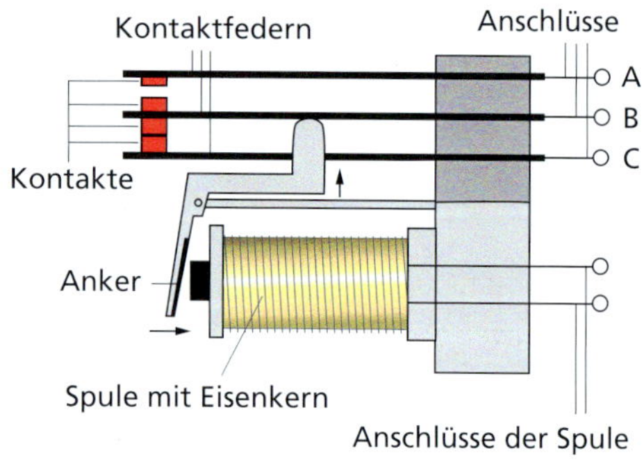

Beschreibe den Aufbau eines Relais! Erkläre seine Wirkungsweise!

31. Baue dir mithilfe von Batterien, Eisennägeln und Klingeldraht einen Lasthebemagneten! Probiere aus, welche Höchstlast er heben kann! Wie kannst du die Wirkung des Magneten verstärken?

32. Der Rotor eines Gleichstrommotors ist ein Elektromagnet. Welchen Vorteil hat das gegenüber einem Dauermagneten?

33. Was bedeutet die Angabe 16 V/0,1 A, die auf einem Elektromotor steht?

34. In Drehspulinstrumenten (s. Abb.) wird zur Messung der elektrischen Stromstärke die magnetische Wirkung des elektrischen Stromes genutzt. Beschreibe, wie ein solches Gerät funktioniert!

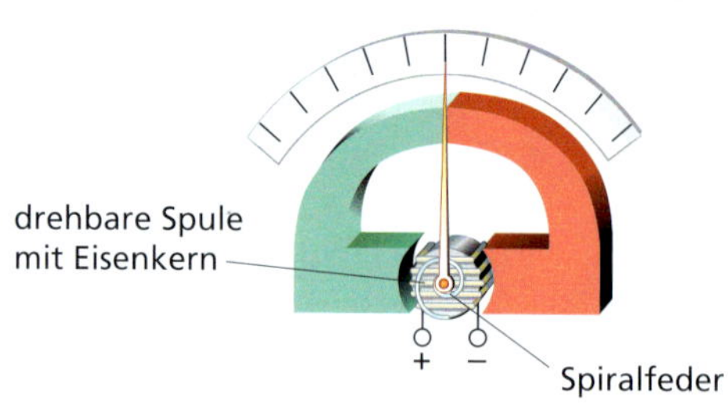

35. Eine elektrische Klingel hat den in der Abbildung dargestellten Aufbau.

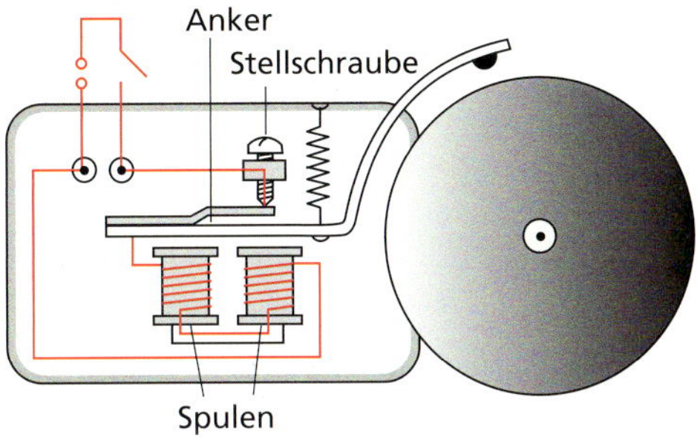

Beschreibe den Aufbau und erkläre die Wirkungsweise einer solchen Klingel!

***36.** Welche Vorteile hat ein Relais gegenüber anderen Schaltern?

37. Baue ein einfaches Modell eines Gleichstrommotors!
Bringe dazu in die Nähe eines Elektromagneten (Stator) eine drehbar gelagerte Kompassnadel, die die Funktion eines Rotors demonstrieren soll (s. Abb.)!

a) Beschreibe, wie du die Kompassnadel durch Ein- und Ausschalten des Elektromagneten zum Drehen bringen kannst!
b) Wie kannst du die Drehrichtung der Kompassnadel ändern?

38. Weise die Kraft auf einen stromdurchflossenen Leiter (Lamettafaden) nach, der sich in einem Magnetfeld befindet!
Baue den Versuch entsprechend der Abbildung rechts oben auf!

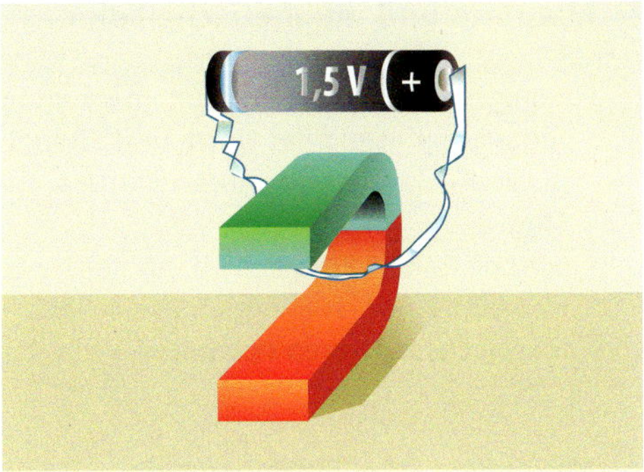

a) In welche Richtung bewegt sich der Lamettafaden?
b) Was passiert, wenn du die Anschlüsse an der Batterie vertauschst oder den Magneten umdrehst?
c) Erkläre deine Ergebnisse mithilfe der UVW-Regel!

***39.** Welche technischen Geräte werden mit einem Gleichstrommotor betrieben? Vergleiche die Leistungen dieser Geräte!

***40.** Die Laufwerke von CD-Playern werden mithilfe von Schrittmotoren angetrieben. Erkunde, wie ein solcher Motor aufgebaut ist und funktioniert!
Nutze das Internet und das Suchwort „Schrittmotor“!

41. Bereite einen Schülervortrag zum Thema „Magnete und ihre Anwendungen in der Technik“ vor!
Gehe dabei sowohl auf Dauermagnete als auch auf Elektromagnete ein!
Nutze auch das Internet, z. B. die Adresse **www.schuelerlexikon.de!**

42. Auf den Feldern und Wiesen in Mecklenburg-Vorpommern und Brandenburg machen in jedem Herbst Tausende von Zugvögeln Rast, bevor sie zu ihrem Flug in den Süden aufbrechen. Wie orientieren sich die Vögel auf diesen langen Strecken?
Suche Informationen im Internet und nutze auch die Adresse **www.schuelerlexikon.de!**

Summa summarum

Magnete und magnetische Felder

Ein **magnetisches Feld** existiert im Raum um Dauermagnete und stromdurchflossene Leiter.
- Jedes Magnetfeld hat Nord- und Südpol.
- In einem Magnetfeld wirken Kräfte auf ferromagnetische Stoffe (Eisen, Nickel, Cobalt) und andere Magnete.
- Gleiche Pole stoßen sich ab, ungleiche Pole ziehen sich an.
- Im Magnetfeld ist Energie gespeichert.
- Magnetfelder lassen sich mithilfe von Feldlinienbildern veranschaulichen.

Magnetfeld eines Stabmagneten

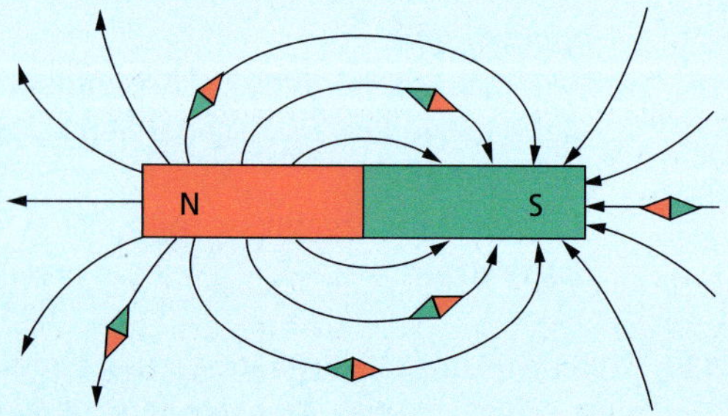

Magnetfeld einer stromdurchflossenen Spule

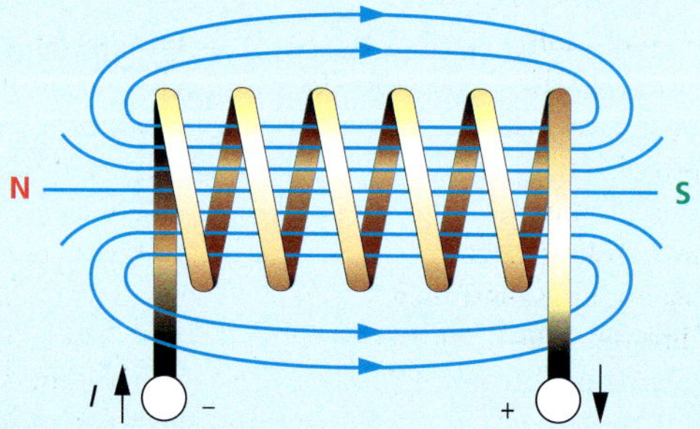

Die **Stärke des Magnetfeldes** um eine stromdurchflossene Spule (Elektromagnet) ist umso größer,
- je größer die Stromstärke in der Spule ist,
- je größer die Windungszahl der Spule ist.

Um eine Spule mit Eisenkern ist das Magnetfeld wesentlich stärker als um eine Spule ohne Eisenkern.

Wichtige Anwendungen von Elektromagneten sind **Lasthebemagnete, Klingeln, Türgongs** und **elektromagnetische Relais.**

Aufbau eines Gleichstrommotors

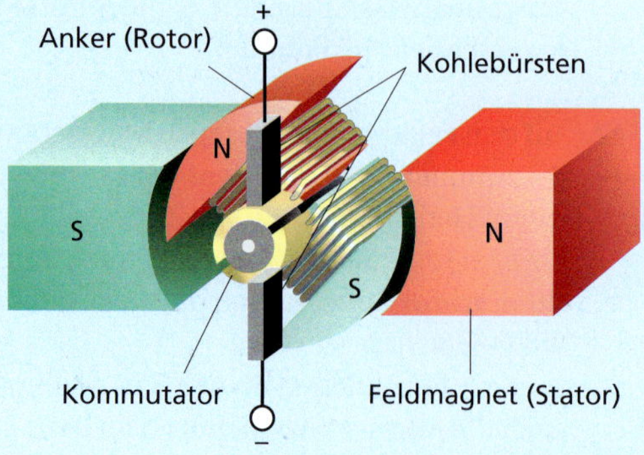

Eine weitere Anwendung von Elektromagneten ist der Gleichstrommotor. Bei ihm wird das **elektromotorische Prinzip** genutzt:
Auf stromdurchflossene Leiter im Magnetfeld werden Kräfte ausgeübt, die eine Bewegung hervorrufen können.

Register

Bildquellenverzeichnis

ABB Kabel und Draht GmbH: 188/1, 215/2; AEG Hausgeräte GmbH: 23/1a-b, 202/2b; ADAC: 55/3; Kathrin Bahro, Berlin: 9/4, 22/1c, 23/1d, 202/2c, 204/1, 210/0; Big Box of Art: 61/2a; BMWi: 156/1; BMW Rolls-Royce GmbH: 54/2; Corel Photos: 7/1, 10/6, 13/1, 22/1a-b, 36/3, 37/1, 37/3, 38/4, 38/5, 47/1, 48/1a, 49/3, 50/1, 56/1, 61/3a-b, 64/1, 65/4, 67/1, 87/1, 87/3, 89/1a-d, 91/1, 91/2, 96/3, 101/1, 102/1, 102/2, 103/1a, 110/1, 112/1, 115/1c, 119/1, 126/0, 127/1, 128/1c, 132/1a, 135/1, 163/1; Cornelsen Experimenta GmbH & Co. KG: 62/1, 62/2, 71/1, 97/3, 146/1, 161/0, 169/3, 169/4, 169/5, 169/7, 172/2, 176/1, 178/1, 224/1, 230/0a; Deutsche Bahn AG: 236/1; Deutscher Teeverband e. V.: 141/1; DPA: 132/1c; Archiv DUDEN Paetec Schulbuchverlag: 14/1, 39/2, 42/2, 55/2, 64/3, 73/1, 73/2, 90/1, 90/2, 93/2, 93/3, 120/1, 124/0, 125/1, 148/2, 153/2, 153/3, 154/3, 179/2, 216/1, 220/2; Euro Speedway Lausitz: 11/3, 53/2; ESA: 137/3; John Foxx: 113/1; Fulda Reifen GmbH & Co. KG: 55/1; Bärbel Grimm, Berlin: 8/3, 105/2; Hamburgische Electricitätswerke (HEW): 29/1; Hemera Photo Objects: 10/3, 11/1, 18/0, 19/0, 22/2, 23/2, 24/2, 34/0, 35/1, 37/0, 42/0, 48/0, 54/3, 67/0, 78/0, 78/1, 79/0, 81/0, 82/2, 95/0, 95/1, 100/1, 106/1, 111/1, 117/1, 120/3, 121/2, 136/0, 139/0, 145/1, 145/2, 149/0, 151/0, 160/0, 169/2, 182/0, 209/0, 221/0, 228/0, 231/01, 231/02, 232/1, 233/1; Hessen Touristik Service GmbH: 48/1c, 76/2; Howaldtswerke Deutsche Werft AG, Kiel: 99/2; H-TEC Wasserstoff-Energie-System: 32/0; Kilian, Claudia: 53/1; Heinz-Günter Lau GmbH, Ahrensburg: 204/2; Günter Liesenberg, Berlin: 9/2, 28/2, 37/2, 103/1b, 103/1c, 143/2, 169/6a-b, 180/2, 228/1; LEYBOLD-DIDACTIC GMBH: 94/2a-b, 172/1, 226/1; Lufthansa Bildarchiv: 10/2, 96/1, 96/2, 97/1; Mahler, H., Berlin: 61/1a-b, 79/1a-c, 88/2a-b, 103/1d, 121/1b, 132/1b, 140/0, 169/1, 173/2, 186/1, 187/1, 211/1, 222/1, 225/1; Mannesmann Dematic AG, Wetter: 10/8, 38/1, 227/1; Juliana Mentzel, Radewege: 42/1; Lothar Meyer, Potsdam: 11/2, 22/1d, 28/3, 28/4, 38/2, 38/6, 38/8, 39/1, 41/0, 43/1a, 48/1b, 49/1, 54/1, 55/4, 56/2, 65/2, 69/1, 72/1, 75/1, 77/0, 80/0, 80/2b, 81/2, 82/1, 88/3a-c, 93/1, 99/1a-b, 105/1, 106/4, 107/2, 115/1b, 116/1, 121/1a, 121/1d, 123/0, 127/3, 127/4, 128/1b, 129/1b, 129/3b, 135/2, 137/2, 143/1a-b, 145/3, 154/1, 165/1a-c, 173/3, 173/4, 184/01, 184/02, 186/2, 199/2a-b, 199/3, 199/4, 203/1, 203/0, 207/0, 208/1, 213/1, 214/1, 215/1, 217/2, 220/1, 222/3, 223/1, 223/3, 229/3, 239/0b, 232/2, 233/2; Meyer-Werft, Papenburg: 88/1; NASA: 36/1, 45/3, 46/1, 47/2, 62/3; ÖAMTC: 58/1; Adam Opel AG: 115/1a, 148/1, 150/2, 152/1, 181/3; Osram GmbH: 8/2, 9/1, 23/1c, 191/3, 202/2a, 206/0, 216/2; Jürgen Pettkus, Zepernick: 8/1; PhotoDisc, Inc.: 10/4, 10/5, 36/2, 87/2, 98/1, 102/3, 115/1d, 120/2, 121/1c, 127/2, 128/1a, 137/1a-b; Photosphere: 24/3, 202/1; PHYWE SYSTEME GMBH & Co KG: 77/1, 174/0; Bernd Raum, Neuenhagen: 10/1, 28/1; rebelpeddler Chocolate Cards: 194/2; Christel Ruppin, Berlin: 191/1; Seppelfricke Haus- und Küchentechnik GmbH: 25/2; Siemens AG: 10/7, 10/9, 12/1, 24/1, 38/7, 148/3, 153/1, 164/2, 191/2, 212/1, 217/1; Technorama, Winterthur: 164/1, 220/3; Michael Unger, Königs Wusterhausen: 64/2; Universität Bremen, Fachgebiet Mineralogie: 195/2; Patrik Vogt, Landau: 40/1, 108/1a-c, 168/2, 170/1, 170/2, 170/3, 171/1, 173/1, 183/3, 185/1, 190/1, 192/1, 198/1, 198/2, 201/1, 201/2, 205/1, 209/1, 213/2, 221/1, 224/3; Varta Batterie AG: 168/1, 175/3; Volkswagen AG: 9/3, 37/4, 38/3, 61/2b, 92/3; Zeppelin Luftschifftechnik GmbH, Friedrichshafen: 90/3.

Titelbild: Corel Photos

ISAAC NEWTON (1643–1727)

Der englische Forscher ISAAC NEWTON war einer der bedeutendsten Naturwissenschaftler der Geschichte. Als Sohn eines Landpächters, der noch vor seiner Geburt starb, wuchs NEWTON in bescheidenen materiellen Verhältnissen auf. Der Rektor seiner Schule ermöglichte dem begabten Schüler gemeinsam mit seinem Onkel ein Universitätsstudium. Danach war NEWTON als Wissenschaftler in verschiedenen Einrichtungen tätig.
NEWTON entdeckte grundlegende Gesetze der Mechanik (newtonsche Gesetze). Er fand das Gravitationsgesetz, führte zahlreiche optische Untersuchungen durch und entwickelte das erste Spiegelteleskop.

JAMES PRESCOTT JOULE (1818–1889)

JAMES PRESCOTT JOULE wurde in einen englischen Dorf in der Nähe von Manchester geboren. Neben einer Tätigkeit in der elterlichen Brauerei nahm er Unterricht in Mathematik und Naturwissenschaften und beschäftigte sich mit physikalischen Problemen.
JOULE entdeckte 1840 das Gesetz über die Stromwärme. Mit seinen Untersuchungen zum Zusammenhang zwischen Wärme und mechanischer Arbeit trug er wesentlich zur Durchsetzung des Energieerhaltungssatzes bei. Ihm zu Ehren wird als Einheit der Energie das Joule verwendet

JULIUS ROBERT MAYER (1814–1878)

JULIUS ROBERT MAYER wurde als Sohn eines Apothekers in Heilbronn geboren. Schon in seiner Schulzeit beschäftigte er sich mit physikalischen und chemischen Problemen. Nach einer Apothekerlehre studierte MAYER Medizin und war anschließend als Arzt tätig.
Ausgehend von medizischen Untersuchungen kam er zu der Erkenntnis, dass einer bestimmten Arbeit eine gleich große Wärme entspricht.
1845 veröffentlichte er erstmals in einem Aufsatz das Gesetz von der Erhaltung der Energie. Der Nichtphysiker MAYER gilt als einer der Mitentdecker des Energieerhaltungssatzes